全国高职高专建筑工程技术专业规划教材

土木工程概论

主　编　陈克森　赵得思
副主编　钱　巍　郭青芳　金　芳　马智鹏
主　审　刘建华

黄河水利出版社
·郑州·

内 容 提 要

本书主要介绍了土木工程所涉及的原材料、基本构件、工程类型及其构造特点、土木工程施工及项目管理等相关知识。全书共分为九章,主要内容为绪论、土木工程材料、土木工程构件及其基本结构、地基与基础工程、建筑工程、交通工程、水利工程、土木工程施工、土木工程项目管理等。

本书主要作为高职高专建筑工程、基础工程、水利工程、道路与桥梁工程、市政工程、给水排水工程等专业以及土建类的管理、监理、检测各专业的教材,也可作为有关工程技术人员的参考用书。

图书在版编目(CIP)数据

土木工程概论/陈克森,赵得思主编.—郑州:黄河水利出版社,2010.12 (2014.8 重印)

全国高职高专建筑工程技术专业规划教材

ISBN 978-7-80734-942-6

Ⅰ.①土… Ⅱ.①陈… ②赵… Ⅲ.①土木工程-高等学校:技术学校-教材 Ⅳ.①TU

中国版本图书馆 CIP 数据核字(2010)第 235976 号

出 版 社:黄河水利出版社

地址:河南省郑州市顺河路黄委会综合楼 14 层　　邮政编码:450003

发行单位:黄河水利出版社

发行部电话:0371-66026940、66020550、66028024、66022620(传真)

E-mail:hhslcbs@126.com

承印单位:河南承创印务有限公司

开本:787 mm×1 092 mm 1/16

印张:17

字数:398 千字　　印数:8 101—10 100

版次:2010 年 12 月第 1 版　　印次:2014 年 8 月第 3 次印刷

定价:32.00 元

前　言

本书是为适应国家高等职业技术教育的发展而编写的。针对高职高专建筑工程、基础工程、水利工程、道路与桥梁工程、市政工程、给水排水工程等专业学生的能力拓展和土建类的管理、监理、检测各专业学生的能力培养，本书在编写时不只是局限于把基本概念介绍清楚，更注重把各类工程的结构类型、适用条件、构造特点以及主要技术参数作较为详细的介绍。本书内容力求精练，注重理论联系实际，突出职业教育的教材特点。

本书主要介绍了土木工程所涉及的原材料、基本构件、工程类型及其构造特点、土木工程施工及项目管理等相关知识，主要内容包括绪论、土木工程材料、土木工程构件及其基本结构、地基与基础工程、建筑工程、交通工程、水利工程、土木工程施工、土木工程项目管理等。

本书编写人员及编写分工为：山东水利职业学院陈克森（第一章、第八章），山东水利职业学院郭青芳（第二章），湖北水利水电职业技术学院金芳（第三章），甘肃工业职业技术学院赵得思（第四章），甘肃工业职业技术学院马智鹏（第五章），沈阳农业大学高等职业技术学院钱巍（第六章），河南黄河勘测设计研究院张翠萍（第七章），山东水利职业学院刘祥柱（第九章）。本书由陈克森、赵得思担任主编，钱巍、郭青芳、金芳、马智鹏担任副主编，全书由陈克森统稿。

山东大学土建与水利学院刘建华副教授担任了本书的主审工作，对书的编写提出了许多建设性意见，使本书内容更为严谨，在此深表感谢。

本书在编写过程中，得到了编者所在单位领导、黄河水利出版社领导和编辑的大力支持与帮助，在此表示深深的谢意。

本书在编写过程中参阅和借鉴了有关文献，其中绝大部分已在本书参考文献中列出，但也难免有遗漏，编者在此向这些文献的作者一并表示衷心的感谢。

由于编者水平有限，书中难免存在缺点、错误和不妥之处，敬请广大读者批评指正。

编　者

2010 年 8 月

目　录

第一章　绪　论

【学习指导】

本章重点介绍了土木工程的基本概念、重要地位以及土木工程的发展史。要求了解土木工程的发展和近代、现代典型土木工程项目的基本知识，掌握土木工程概论课程的学习方法。

第一节　土木工程的重要地位

土木工程有两层含义：一层是指与人类生活、生产活动有关的各类工程设施，另一层是指为了建造工程设施应用材料、工程设备在工地上所进行的勘察、设计、施工等工程技术活动。它是工程建设的对象，即建造在地上或地下、陆地或水中，直接或间接地为人类生活、生产、军事、科学研究服务的各种工程设施，例如房屋、道路、铁路、隧道、河道、堤坝等各种工程设施，也指所应用的材料、设备和所进行的勘测设计、施工、保养、维修等技术活动。

土木工程为国民经济的发展和人民生活的改善提供了重要的物质技术基础，在国民经济中占有举足轻重的地位。铁路、公路、水运、航空等的发展都离不开土木工程。为改善人民的居住条件，国家每年在建造住宅方面的投资是十分巨大的。1987 年城市人均居住面积为 3. 6 m^2；1990 年，人均居住面积 7. 1 m^2；到 2009 年，人均居住面积已达 29. 72 m^2。各种工业建设，无论其性质和规模如何，首先必须兴建厂房才能投产。火力发电固然需要建设厂房，核电站也是这样的，核反应堆的基础和保护罩乃至核废料的处理，都牵涉到土木工程。即使水力发电，也需建坝和建造机房。露天采矿也不能没有办公用房和生活用房；采矿机械和运输车辆也不能长期露天放置；近海平台的设计和兴建，水下仓库、车库、水下和海底隧道也无一不需土建人员参加。宇宙火箭和航天飞机的发射基地和发射架甚至太空试验站都有土木工程人员的“用武之地”。

土木工程的建设也称为各行各业的基本建设或工程建设，它既包括建筑安装工程，也包括建设单位及其主管部门的投资决策活动和征用土地、工程勘察设计、工程监理等。工程建设是社会化大生产，具有产品体积庞大、建设场所固定、建设周期长、投资数额大、占据资源多的特点，它涉及建筑业、房地产业、工程勘察设计等行业，也带动了物业管理和工程咨询等新兴行业的发展。

土木工程是一门古老的学科，其领域随各种学科的发展而不断发展壮大。因此，对土木工程技术人员的知识面要求更为广阔，学科间的相互渗透和促进的要求也更为迫切，而且要求知识不断更新，故信息科学和国际交流对土木工程人员也极其重要，土木工程技术人员对专业的掌握应更为深入，设计建造和科学研究更需紧密联系。现代的土木工程不仅要求保证按计划完成，而且必须按最佳方案并以最优方式来设计和建造。土木工程建设者的任务是光荣而艰巨的。

第二节　土木工程发展简史

土木工程从起源到现在经历了漫长的发展过程，在漫长的演变和发展过程中，不断注入了新的内涵。它与社会、经济、科学技术的发展密切相关，而就其本身而言则主要围绕着材料、施工技术、力学与结构理论的演变而不断发展。

土木工程经历了古代、近代、现代三个历史时期。

一、古代土木工程

古代土木工程从新石器时代开始到公元 17 世纪工程结构有了定量的理论分析为止。这一时期，人类实践应用简单的工具，依靠手工劳动，没有系统的理论，但是在此期间人类发明了烧制的瓦和砖，这是土木工程发展史上的一件大事，同时，人类也建造了不少辉煌而伟大的工程。

随着历史的发展、人类社会的进步，人们开始掘地为穴、搭木为桥，开始了原始的土木工程。在中国黄河流域的仰韶文化遗址（公元前 5000 ~ 前 3000 年）中，遗存浅穴和地面建筑。西安半坡村遗址（公元前 4800 ~ 前 3600 年）中有很多圆形房屋，直径 5 ~ 6 m，室内竖有木柱来支承上部屋顶，如图 1-1 所示。

(a) 天然石洞　　(b) 西安半坡村遗址

图 1-1　原始建筑物

洛阳王湾的仰韶文化遗址（公元前 4000 ~ 前 3000 年）中有一座面积为 200 m^2 的房屋，墙下挖有基槽，槽内有卵石，这是墙基的雏形。

英格兰的索尔兹伯里的石环，距今已有 4 000 余年，石环直径约 32 m，单石高达 6 m，采用巨型青石近百块，每块重达 10 t，石环间平放着厚重的石梁，这种梁柱结构方式至今仍为建筑的基本结构体系之一。大约公元前 3 世纪出现了经过烧制的砖和瓦，在构造方面，形成了木构架、石梁柱等结构体系，还有许多较大型土木工程。

随着生产力的发展，私有制取代了原始的公有制，奴隶社会代替了原始社会。在奴隶社会里，奴隶主利用奴隶们的无偿劳动力建造了大规模的建筑物，推动了社会文明的进步，也促进了建筑技术的发展。古代的埃及、印度、罗马等先后建造了许多大型建筑、桥梁、输水道等。

埃及的吉萨金字塔群（建于公元前 2700 ~ 前 2600 年）如图 1-2 所示，它造型简单、计算准确、施工精细、规模宏大,是人类伟大的文化遗产。

公元前5～前4世纪,在我国河北临漳,西门豹主持修筑引漳灌邺工程。公元前3世纪中叶,在今四川灌县,李冰父子主持修建都江堰,解决了围堰、防洪、灌溉以及水陆交通问题,是世界上最早的综合性大型水利工程,如图1-3所示。长城原是春秋战国时各诸侯国为互相防御而修建的城墙,秦始皇(公元前246～前210年)于公元前221年统一全国后,为防御北方匈奴的侵犯,于公元前214年在魏、赵、燕三国修建的土长城的基础上进行修缮。明代为了防御外族的侵扰前后修建长城18次,西起嘉峪关,东至山海关,总长6 700 km,成为举世闻名的长城,如图1-4所示。

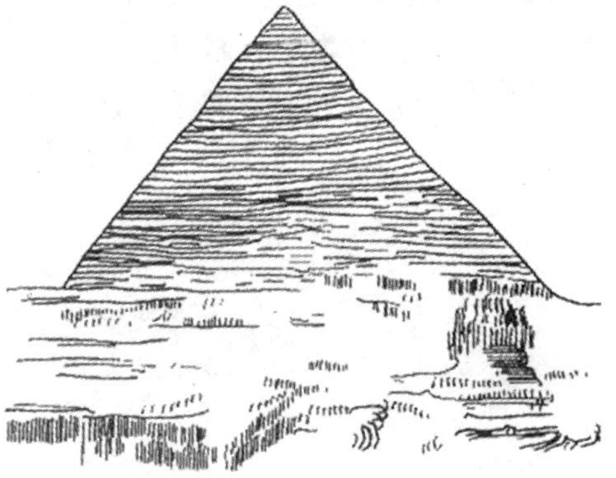

图1-2　埃及吉萨金字塔群

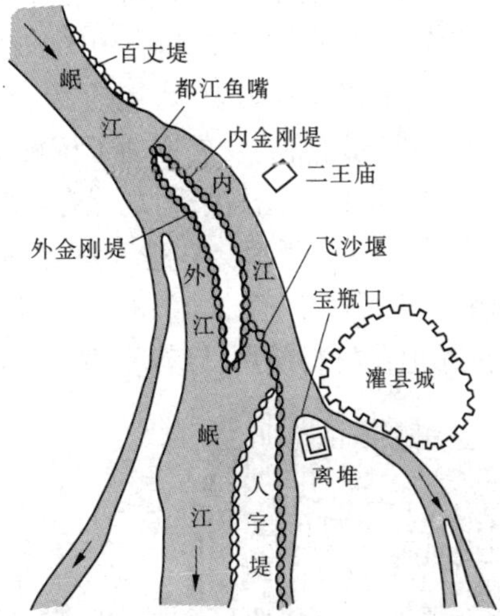

图1-3　都江堰

欧洲以石拱建筑为主的古典建筑达到了很高的水平,早在公元前4世纪,罗马采用拱券技术砌筑下水道、隧道、渡槽等土木工程。在建筑工程方面继承和发展了古希腊的传统柱式。如万神庙(公元120～124年)的圆形正殿屋顶,直径43.43 m,是古代最大的圆顶庙。意大利的比萨大教堂建筑群、法国的巴黎圣母院教堂(1163～1320年),均为拱券结构。圣保罗主教堂是英国最大的教堂,是英国古典主义建筑的代表,教堂内部进深141 m,翼部宽30.8 m,中央穹顶直径34 m,顶端离地111.5 m。

古希腊是欧洲文化的摇篮,公元前5世纪建成的以帕提农神庙为主体的雅典卫城,是最杰出的古希腊建筑,其造型典雅壮丽,用白色大理石砌筑,庙宇宏大,石制梁柱结构精美,在建筑和雕刻上都有很高的成就,是典型的列柱围廊式建筑,如图1-5所示。

古罗马建筑对欧洲乃至世界建筑都产生了巨大的影响。古罗马大斗兽场在功能、形式与结构上做到了和谐统一,建筑平面成椭圆形,长轴188 m,短轴156 m,立面为4层,总高48.5 m,场内有60排座位,80个出入口,可容纳4.8万～8万名观众,如图1-6所示。

我国古代建筑的一大特点是木结构占主导地位,现存高层木结构实物,当以山西应县佛宫寺释迦塔(建于1056年)为代表,塔身外观五层,内有四个暗层,共有九层,高67 m,平面成八角形,是世界上现存最高的木结构之一。

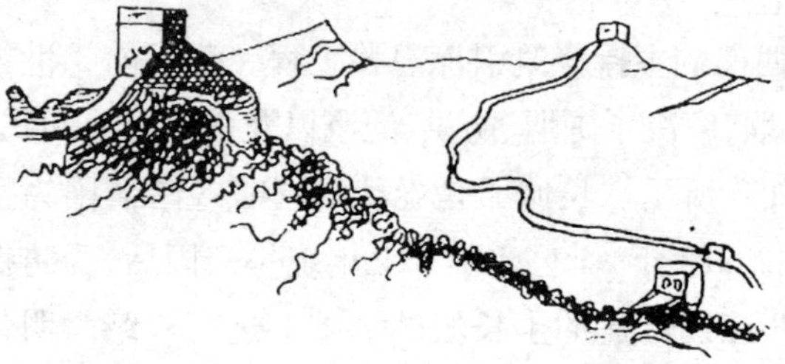

图 1-4　万里长城

图 1-5　帕提农神庙

古代土木工程在建筑上取得巨大成绩的同时，其他的土木工程也取得了重大成就。秦代在全国统一后，修建了以咸阳为中心的通向全国的驰道，形成了全国规模的交通网。在欧洲，罗马建设了以罗马为中心，包括 29 条辐射主干道和 322 条联络干道，总长达 78 000 km 的罗马大道网。道路的发展推动了桥梁工程的发展，桥梁结构最早为行人的石板桥和木梁桥，后来逐步发展成为石拱桥，现保存最完好的我国最早石砌拱桥为河北赵县的安济桥，又名赵州桥，如图 1-7 所示。它建于公元 595 ~ 605 年，为隋代匠人李春设计并参加建造的，该桥全部用石灰石建成，全长 50.83 m，净跨 37.02 m，矢高 7.23 m，矢跨比小于 1/5，桥面宽 9 m。该桥无论在材料使用、结构受力、艺术造型和经济上都取得了极高的成就。

图 1-6　罗马大斗兽场

图 1-7　河北赵县安济桥

在水利工程方面，公元前 3 世纪，中国秦代在今广西兴安开凿灵渠，总长 34 km，落差 32 m，沟通湘江、漓江，联系长江、珠江水系，后建成使用“湘漓分流”的水利工程。运河为人工开挖的水道，用以沟通不同的河流、水系和海洋，连接重要城镇和矿区，发展水上运输。公元 7 世纪初，我国隋代开凿了世界历史上最长的大运河，全长 2 500 km，它北起北京，经天津市和河北、山东、江苏、浙江四省，南至杭州，沟通海河、黄河、淮河、长江和钱塘江五大水系。这一时期，在城市建设方面和工艺技术方面也都取得了很多成绩。人们在建造大量的土木工程的同时，注意总结经验，促进意识的深化，出现了许多优秀的工匠和技术人才，编写了许多优秀的土木工程著作，如中国喻皓著的《木经》、李诫著的《营造法式》及意大利阿尔贝蒂著的《论建筑》等。

二、近代土木工程

从 17 世纪中叶到 20 世纪中叶的 300 年间，土木工程得到了飞速猛进的发展，伽利略在

1638 年出版的著作《关于两门新科学的谈话和数学证明》中,论述了建筑材料的力学性能和梁的强度。1687 年,牛顿总结的力学运动三大定律是土木工程设计理论的基础。瑞士数学家欧拉在 1744 年出版的《曲线的变分法》建立了柱的压屈公式。1773 年,法国工程师库仑著的《建筑静力学各种问题极大极小法则的应用》一文说明了材料的强度理论及一些构件的力学理论。18 世纪下半叶,瓦特发明的蒸汽机的使用推动了产业革命,为土木工程提供了多种建筑材料和施工机具,同时也对土木工程提出了新的要求。

1824 年,英国人 J·阿斯普丁发明了波特兰水泥,1856 年,转炉炼钢法取得成功,这两项发明为钢筋混凝土的产生奠定了基础。1867 年,法国人 J·莫尼埃用钢丝加固混凝土制成了花盆,并把这种方法推广到工程中,建造了一座贮水池,这是钢筋混凝土应用的开端。1875 年,丁·莫尼埃主持建造成第一座长 16 m 的钢筋混凝土桥。1886 年,在美国芝加哥建成的 9 层家庭保险公司大厦,被认为是现代高层建筑的开端。1889 年,在法国巴黎建成高 300 m 的埃菲尔铁塔。

产业革命还从交通方面推动了土木工程的发展。蒸汽轮船的出现推动了航运事业的发展,同时,要求修建港口、码头、开凿运河。苏伊士运河建于 1859 ~ 1869 年,贯通苏伊士海峡,连接地中海和红海,从塞得港至陶菲克港,长 161 km,连同深入地中海和红海的河段,总长 173 km。河面宽 60 ~ 100 m,平均水深 15 m,可通 8 万 t 巨轮,使从西欧到印度洋间的航程比绕道非洲好望角缩短了 5 500 ~ 8 000 km。1819 年,英国马克当筑路法明确了碎石路的施工工艺和路面锁结理论。1825 年,G·斯蒂芬森建成从斯托克特到达灵顿的长 21 km 的第一条铁路。1863 年,英国伦敦建成世界上第一条地铁,长 6.7 km。1869 年,美国建成横贯北美大陆的铁路。20 世纪初,俄国建成西伯利亚铁路。在桥梁工程方面,1779 年英国用铸铁建成跨度为 30.5 m 的拱桥,1826 年英国 T·特尔福德用锻铁建成了跨度 177 m 的梅奈悬索桥,1890 年英国福斯湾建成两孔主跨达 521 m 的悬臂式桁架梁桥。19 世纪,设计理论进一步发展并有所突破,土木工程方面的协会团体也相继出现。

第一次世界大战以后,道路、桥梁、房屋大规模出现。在道路建设方面,沥青混凝土开始用于高级路面。1931 ~ 1942 年,德国首先修筑了长达 3 860 km 的高速公路网。1918 年,加拿大建成魁北克悬臂桥,跨度 548.6 m。1937 年,美国旧金山建成金门悬索桥,跨度 1 280 m,全长 2 825 m。

工业的发展和城市人口的增多,促使大跨度和高层建筑相继出现。1925 ~ 1933 年,在法国、苏联和美国分别建成了跨度达 60 m 的圆壳、扁壳和圆形悬索屋盖。中世纪的石砌拱终于被壳体结构和悬索结构所取代。1931 年,美国纽约的帝国大厦落成,共 102 层,高 378 m,结构用钢 5 万多 t,内有电梯 67 部,可谓集当时技术成就之大成,它保持世界房屋最高纪录达 40 年之久。

1886 年,美国人 P·H 杰克逊首次应用预应力混凝土制作建筑构件后,预应力混凝土先后在一些工程中得到应用并得到进一步发展。超高层建筑相继出现,大跨度桥梁也不断涌现,至此土木工程正向现代化迈进。

必须看到,近代土木工程的发展是以西方土木工程的发展为代表的,在引进西方的先进技术之后,中国先后建造了一些大型的土木工程。1889 年,唐山设立水泥厂。1909 年,詹天佑主持修建的京张铁路建成,全长 200 km,达到当时世界先进水平。1910 年,开始生产机制砖。1934 年,上海建成 24 层的国际饭店和 21 层的白老汇大厦。1937 年,已有近代公路 11

万 km。中国土木工程教育事业开始于 1895 年的北洋大学(今天津大学)和 1896 年的北洋铁路官学堂(今西南交通大学)。1912 年成立中华工程师学会,詹天佑为首任会长,20 世纪 30 年代成立中国土木工程学会。

三、现代土木工程

现代土木工程以社会生产力的现代发展为动力,以现代科学技术为背景,以现代科学材料为基础,以现代工艺与机具为手段高速度地向前发展。

现代土木工程以第二次世界大战后为起点,由于经济复苏,科学技术得到飞速发展,土木工程也进入了新的时代。从世界范围来看,现代土木工程具有以下特点。

(一)土木工程功能化

现代土木工程的特征之一是工程设施同它的使用功能或生产工艺紧密地结合在一起。现代土木工程已超出了它的原始意义的范畴,随着各行各业的飞速发展,其他行业对土木工程提出了更高的要求,土木工程必须适应其他行业的发展要求。土木工程与其他行业的关系越来越密切,它们相互依存、相互渗透、相互作用、共同发展。例如大型挡水坝的混凝土浇筑量达数千万立方米,有的高炉基础也达数千万立方米。满足土木工程特殊功能要求的特种工程结构也发展起来,如核工业的发展就带来了新的工程类型。

随着社会的进步、经济的发展,现代土木工程也要满足日益增长的人们对物质和文化生活的需要,现代化的公用建筑和住宅工程融各种设备及高科技产品成果于一体,不再仅仅是传统意义上的只是四壁的房屋。

(二)城市建设立体化

城市在平面上向外扩展的同时,也向地下和高空发展,高层建筑成了现代化城市的象征。美国的高层建筑数量最多,高度在 160 ~ 200 m 的建筑就有 100 多幢。1973 年,在美国芝加哥建成高达 443 m 的西尔斯大厦,如图 1-8 所示,其高度比 1931 年建造的纽约帝国大厦高出 65 m 左右。1996 年,马来西亚建成高 450 m 的吉隆坡石油双塔楼,是世界上最高的双子楼,如图 1-9 所示。1998 年,我国建成的上海金茂大厦高达 421 m。

地铁、地下商店、地下车库和油库日益增多。道路下面密布的电缆、给水、排水、供热、煤气、通信等管网构成了城市的脉络。现代城市建设已成为一个立体的、有机的整体,给土木工程各个分支以及它们之间的协作提出了更高的要求。

(三)交通运输高速化

由于市场经济的繁荣与发展,对运输系统提出了快速、高效的要求,而现代化技术的进步也为满足这种要求提供了条件。现在人们常说“地球越来越小了”,这就是交通运输高速化的结果。

高速公路出现于第二次世界大战前,但到第二次世界大战后才在各国大规模兴建。据不完全统计,全世界 50 多个国家和地区拥有的高速公路总长超过 17 万 km。铁路运输在公路、航空运输的竞争中也开始向快速化和高速化发展。速度在 150 ~ 200 km/h 以上的高速铁路先后在日本、法国和德国建成。我国的高速铁道建设发展迅速,上海引进磁悬浮高速铁道系统,其试验速度已达 500 km/h 以上,目前已建成并投入商业营运。飞机是最快捷的运输工具,但成本高、运输量小。第二次世界大战以后飞机的容量愈来愈大,功能愈来愈多,对此许多国家和地区相继建设了先进的大型航空港。1974 年投入使用的巴黎戴高乐机场,拥

图 1-8　美国西尔斯大厦

图 1-9　吉隆坡石油双塔楼

有 4 条跑道，跑道面层混凝土厚 400 mm，机场占地面积 $2.995\times10^{7}\ m^{2}$，高峰时每分钟可起降 2 ~ 3 架飞机。又如美国芝加哥国际机场，年吞吐量达 4 000 万人次，高峰时每小时起降飞机 200 架次，居世界第一。我国在北京、上海、香港新建或扩建的机场均已跨入世界大型航空港之列。这种庞大的空中交通设施，对机场的导航系统、客货出入分流系统、安全检查系统、故障紧急救援系统均有很严格的要求，完成这样巨大的航空港建设没有现代土木工程技术是不可能实现的。

(四)工程设施建设大型化

为了满足能源、交通、环保及大众公共活动的需要，许多大型的土木工程在第二次世界大战后陆续建成并投入使用。

古代建设交通道路是"逢山开路，遇水架桥"，但真的遇到大江大河或高山险岭，还是得绕行。如我国的长江，直到 1956 年才有了第一座跨江大桥。有了现代化的施工技术，跨江河甚至跨海湾的大桥陆续建成。自 1937 年美国金门悬索桥一跨超过千米以后，目前已有 6 座悬索桥的跨度超过了金门大桥。其中，日本明石海峡大桥主跨 1 991 m，于 1998 年建成，它连接了日本的本洲与四国岛，是目前世界上跨度最大的悬索桥。居世界第二位的是丹麦的大贝尔特东桥，跨度 1 624 m。居世界第三位的是英国的恒伯尔桥，主跨 1 410 m。值得自豪的是，我国于 1999 年建成的江阴长江大桥，主跨 1 385 m，于 1997 年建成的香港青马大桥主跨 1 377 m，分别居世界第四、第五位。

在拱桥方面，南斯拉夫克尔克二号混凝土拱桥跨度达 390 m，在相当长时间内位居世界第一。但我国于 1997 年在四川万县建成一座跨长江的混凝土拱桥，拱跨 420 m，跃居世界第一。同时，我国黄河的江界河混凝土拱桥跨度 330 m，广西邕江大桥采用了钢筋混凝土组合拱结构，跨度 312 m，均已成为世界名桥。在钢拱桥方面，悉尼港湾桥跨度 503 m，是悉尼的标志性建筑之一；美国的奇尔文科钢拱桥跨度 503.6 m，略超悉尼港湾桥，位居世界第一。

斜拉桥是第二次世界大战以后出现的新桥型。1993 年在上海建成的杨浦斜拉桥，主跨 602 m，当时居世界第一。现在跨度最大的斜拉桥为法国诺曼底桥，跨度达 856 m。上海南浦斜拉桥跨度 423 m，与杨浦桥及高架公路配合，组成内环交通线，不仅解决了上海浦东的交通问题，也是显示上海新风貌的宏伟工程。

在隧道方面，近代开凿了许多穿过大山或越过大江、海峡的通道。目前，世界上最长的山区隧道是挪威的山岭隧道，全长 25.8 km，其次为瑞士的圣哥大隧道，长 16.91 km，于 1980 年建成。1980 年，德国、意大利之间开凿了开尔其隧道，全长近 13 km。中国京广复线开凿的大瑶山隧道，全长 14.295 km。跨海峡的隧道常比穿山隧道要长，穿越英吉利海峡的隧道长 50.3 km，于 1993 年建成。日本于 1985 年建成的连接北海道的青函海底隧道，长 53.8 km，位居世界第一。

在高层建筑方面，1972 年美国纽约建成了世界贸易中心大楼（2001 年在“美国 9 · 11”事件中倒塌），110 层，高 417 m；1994 年美国芝加哥建成的西尔斯大厦，也为 110 层，高 443 m。国内有代表性的高层建筑有：上海金茂大厦，88 层，高 420.5 m；深圳地王大厦，高 325 m；广州中天广场大厦，高 321.9 m；广东国际会议中心，高 200 m。

在高耸结构方面，加拿大多伦多电视塔，横截面为 Y 形，高 549 m，为世界之冠。第二位则为 1967 年建成的莫斯科电视塔，高 537 m。我国上海于 1995 年建成的上海东方明珠塔，高 468 m，居世界第三。以下依次为：吉隆坡电视塔，高 421 m；天津电视塔，高 406 m；北京电视塔，高 380 m。

在大跨度建筑方面，主要是体育馆、展览厅和大型储罐。如美国西雅图的金群体育馆为钢结构穹球顶，直径达 202 m。法国巴黎工业展览馆的屋盖跨度为 218 m × 218 m，由装配式薄壳组成。北京工人体育馆为悬索屋盖，直径 90 m。日本于 1993 年建成的预应力混凝土液化气储罐，容量达 14×10^4 m^3。瑞典、挪威、法国等欧洲国家，在地下岩石中修建不衬砌的油库和气库，其容量高达几十万甚至上百万立方米。

为了满足日益增加的能源要求，海上采油平台、核发电站等也加快了建造速度。20 世纪 50 年代才开始和平利用核能建造原子能电站，到 20 世纪 80 年代已有 277 座核电站分布于 23 个国家，在建的尚有 613 座，分布于 40 个国家。目前，我国已有大亚湾、秦山与连云港核电站，与核电站相配合的土木工程非常复杂，为防辐射泄露及防爆的核安全壳就是要求十分严格的特种结构。再如海上采油平台，全世界已有 300 多座，中国在渤海、东海和南海也建有多座采油钻井平台，正在开采海底石油。这种平台所处环境恶劣、荷载复杂、施工困难而功能要求很高，平台的建造可以显示其土木工程的技术水平。

水利工程中筑坝蓄水，对灌溉、航运、发电有许多益处。目前，世界上最高的重力坝为瑞士的大狄克逊坝，高 285 m；其次为俄罗斯的萨杨苏申克坝，高 245 m；我国于 1989 年建成的青海龙羊峡大坝，高 178 m。为了减小坝体断面，减少工程量，第二次世界大战后发展了钢筋混凝土拱坝。当今世界上最高的双曲拱坝是俄罗斯的英古里坝，坝高 272 m。我国贵州乌江渡坝为拱形重力坝，坝高 165 m。在装机发电容量方面，超过 1×10^7 kW 的电站有 4 座，分别为：美国大古里水电站，总装机容量 $1\,030 \times 10^4$ kW；委内瑞拉水电站，装机容量 $1\,083 \times 10^4$ kW；巴西 - 巴拉圭的伊泰普水电站，总装机容量为 $1\,260 \times 10^4$ kW；我国的三峡水利枢纽,水电站主坝高190 m,总装机容量预计1 820×10^4 kW,居世界第一。

纵观土木工程历史,中国在古代土木工程中拥有光辉成就,至今仍有许多历史遗存,有的已列入世界文化遗产名录。土木工程在近代进展很慢,这与封建时代末期落后的制度有关。我国土木工程在近20年来取得了举世瞩目的成就。以往在列举世界有名的土木工程时,只有长城、故宫、赵州桥等古代建筑,而现在无论是高层建筑、大跨桥梁,还是宏伟机场、港口码头,中国在前十名中均有建树,有的已列前三名,甚至第一名。这些成就均是改革开放以来取得的。

第三节　土木工程发展趋势

土木工程是一门古老的学科,它已经取得了巨大的成就,预测未来土木工程的发展前景,首先要考虑人类社会所面临的挑战和发展机遇。土木工程目前面临的形势是:

(1)世界正经历工业革命以来的又一次重大变革,这便是信息(包括计算机、通信、网络等)工业的迅猛发展,可以预计人类的生产、生活方式将会发生重大变化。

(2)航空、航天事业等高科技事业快速发展,月球上已经留下了人类的足迹,对火星及太阳系内外星空的探索已取得了巨大进步。

(3)地球上居住人口激增,目前世界人口已超过60亿,预计到21世纪末,人口要接近百亿。而地球上的土地资源是有限的,并且因过度消耗而日益枯竭。

(4)生态环境受到严重破坏,如森林植被破坏、土地荒漠化、河流海洋水体污染、城市垃圾成山、空气混浊、大气臭氧层破坏等,工业在发展,技术在进步,而人类生存环境却日益恶化。

人类为了争取生存,争取舒适的生存环境,必将会使土木工程有重大的发展。

一、重大工程项目将陆续兴建

为了解决城市土地供求矛盾,城市建设将向高、深方向发展。目前,完建的高层建筑有:2008年竣工的上海环球金融大厦,高460 m;芝加哥Mglin-Beitler大厦,地上141层,高610 m。日本竹中工务店技术研究所提出了一个摩天城市的方案,底座为400 m×400 m,地下深60 m,地上高1 000 m,总建筑面积800万m^2,可居住3万~4万人。在我国除修建标志性的大厦外,还要大量修建商品住房,由于我国人口基数巨大,加上城市化进程加速,对住宅的需求压力是很大的。这也为今天的学生、明天的工程师们提供了广泛的就业机会和施展才能的舞台。

目前,高速公路、高速铁路的建设仍呈发展趋势,交通土建工程在21世纪将有巨大的进步。设想的环球铁道和环球高速公路已有多种方案。这一工程实现以后,人们可以从南美洲阿根廷的火地岛合恩角北上,经中美洲、北美洲,从阿拉斯加穿白令海峡到俄罗斯,经中国、蒙古、俄罗斯到东欧、西欧,再从西班牙穿直布罗陀海峡到摩洛哥,经北非,穿撒哈拉大沙漠到南非,直达好望角。其中,跨白令海峡和直布罗陀海峡的大桥已有设计方案,并已在土木工程有关杂志上发表。

在中国,交通土建工程也有宏伟的规划。我国实施了以“五纵七横”为骨干的全国公路网建设。“五纵”是从南到北的五条干线,一条是从黑龙江的同江南下直达海南省三亚市的同三高速，其间要穿越渤海湾、长江口和琼州海峡，所以不仅要筑路，而且要建设多座大桥或隧道。其他几条是北京到福州、北京到珠海、内蒙古二连浩特到广西河口、重庆到湛江。“七横”是横贯东西的七条主干线，计有：绥芬河到满洲里、丹东到拉萨、青岛到银川、连云港到新疆霍尔果斯、上海到成都、上海到云南瑞丽、衡阳到昆明。这些干线贯通了首都、直辖市和各省（市、区）的省会或首府，连接了人口100万人以上的大城市和很多50万人口以上的城市。这个系统有完善的安全保障、通信和综合服务系统，为各城市间提供了快速、直达、舒适的运输系统。

在铁路建设方面，北京到上海的高速铁路、上海到杭州的磁悬浮铁路正在规划决策之中。普通铁道中江苏北部到福建的南北铁路、四川内江到昆明线、西安到南京线均在建设之中。青藏、川藏、滇藏的铁路和快速公路或高速公路也在研究中。此外，从昆明经缅甸、孟加拉国到印度的铁路，从昆明经仰光到曼谷，或从仰光经马来西亚到新加坡的国际铁道也已经过一些国际会议研究，在技术上已无重大障碍，只要投资及利益分配得到落实，21世纪前半叶建成通车是有希望的。

航空港及海港和内河航运码头的建设也会在不久的将来取得巨大的进步。

二、土木工程将向海洋、荒漠、太空开拓

地球上的海洋面积占整个地球表面积的70%左右，现在陆地上土地太少，首先想到的是可向海洋发展。近代已经开始向海洋开拓。为了防止噪声对居民的影响，也为了节约用地，许多机场已开始填海造地。如中国澳门机场、日本关西国际机场均修筑了海上的人工岛，在岛上建跑道和候机楼。中国香港大屿山国际机场劈山填海、荷兰 Delf 围海造城都是利用海面造福人类的宏大工程。现代海上采油平台体积巨大，在平台上建有生活区，工人在平台上一工作就是几个月，如果将平台扩大，建成海上城市是完全可能的。另外，从航空母舰和大型运输船的建造得到启发，人们已设想建立海上浮动城市。海洋土木工程的兴建，不仅可解决陆地土地少的矛盾，同时，也将为海底油气资源及矿物的开发提供立足之地。

全世界陆地中约有1/3为沙漠或荒漠地区，千里荒沙，渺无人烟，目前还很少开发。沙漠难以利用主要因为缺水，生态环境恶劣，日夜温差太大，空气干燥，太阳辐射太强，不适于人类生存。近代许多国家已开始沙漠改造工程。在我国西北部，利用兴修水利、种植固沙植物、改良土壤等方法，使一些沙漠变成了绿洲。但大规模改造沙漠，首先要解决水的问题。目前设想有以下几种可能：①在沙漠地下找水，如利比亚已发现撒哈拉大沙漠下有丰富的地下水，现已部分开始利用。②从南极将巨大的冰山拖入沙漠地区，如沙特阿拉伯曾进行可行性研究，运输不成问题，如何利用冰山才符合成本要求仍有待解决。③进行海水淡化，海水淡化方法有多种，但成本均居高不下，如果随着技术进步，成本降低，这是最有希望成为沙漠水源的。沙漠的改造利用不仅增加了有效土地利用面积，同时，还改善了全球生态环境。

向太空发展是人类长期的梦想，在21世纪这一梦想可能变为现实。美籍华裔科学家林柱铜博士利用从月球带回来的岩石烧制成了水泥。可以设想，只要将氢、氧带上月球化合成水，则可在月球上就地制造混凝土。林博士预计在月球上建造一个圆形基地，需水泥100 t、水300 t和钢筋360 t，而除水外，其他材料均可从月球上就地取用。因为月球上有丰富的矿藏，美国已经计划在月球上建造一个基地。日本人设想在月球上建立六角形的蜂房式基地，用钢铁制成，可以拼接扩大，内部造成人工气候，使之适合人类居住。随着太空站和月球基

地的建立，人类可向火星进发。与地球极为相似的星球是火星，但火星上缺氧，对于如何使火星地球化，人们设想利用生物工程，将制氧微生物及低等植物移向火星，使之在较短时间内走完地球几亿年才走完的进程，使火星适合人类居住，那时人类便可向火星移民，而火星到地球可用宇宙飞船联系，人们的生活空间将大大扩展。

三、工程材料向轻质、高强、多功能化发展

近百年以来，土木工程的结构材料主要还是钢材、混凝土、木材和砖石。21 世纪在工程材料方面希望有较大突破。

（一）传统材料的改性

工程用钢的发展趋势是采用低合金钢。强度达到 1 860 MPa 的高强钢丝已在预应力结构中得到普遍应用，有的国家已达 2 000 MPa。钢绞线和粗钢筋的大量生产，使长、大预应力混凝土结构在桥梁房屋中得以推广。

混凝土材料应用很广，且耐久性好，但其强度（比钢材）低，韧性差，建造工程笨重而易开裂。目前，常用混凝土强度可达等级 C50 ~ C60（强度为 50 ~ 60 N/mm^2），特殊工程可达 C80 ~ C100，今后将会有 C400 的混凝土出现，而常用的混凝土可达 C100 左右。为了改善韧性，加入微型纤维的混凝土、塑料混合混凝土等正在开发应用之中。对于钢材，主要问题是易锈蚀、不耐火，必须研制生产耐锈蚀（甚至不锈）的钢材，生产高效防火涂料用于钢材及木材。

轻集料混凝土、加气混凝土得到较大发展，混凝土的表观密度由 2 400 kg/m^3 降至 600 ~ 1 000 kg/m^3。从世界范围来看，C50 ~ C75 的混凝土已相当普遍，马来西亚吉隆坡石油双塔楼中有的混凝土柱采用了 C80 的高强混凝土，1989 年在美国西雅图建成的双联合广场大厦中有的柱子混凝土强度等级达到 C120。

（二）化学合成材料的应用

目前的化学合成材料主要用于门窗、管材、装饰材料，今后的发展是向大面积围护材料及结构骨架材料发展。一些化工制品具有耐高温、保温、隔声、耐磨、耐压等优良性能，用于制造隔板等非承重功能构件很理想。目前，碳纤维以其轻质、高强、耐腐蚀等优点而用于结构补强，在其成本降低后可望用做混凝土的加筋材料。

（三）发展复合材料

利用多种材料组合，按其各自的优点开发新兴产品，如钢管混凝土、压型钢板楼盖，可以充分发挥钢材受拉性能好、混凝土抗压性能好的优越性。利用层压技术组合传统材料，开发具有建筑装饰、受力、热工、隔声、绝缘、防火、防水等新性能的复合材料，创建土木工程材料广阔的新市场。

四、设计方法精确化、设计工作自动化

一些新的理论与方法，如计算力学、结构动力学、网络理论、随机过程论、滤波理论等的成果，随着计算机的普及而渗透到了土木工程领域。

在 19 世纪与 20 世纪，力学分析的基本原理和有关微分方程已经建立，用以指导土木工程设计取得了巨大成功。但是，由于土木工程结构的复杂性和人类计算能力的局限性，人们对工程的设计计算还比较粗糙，有一些还主要依靠经验。三峡大坝用数值法分析其应力分

布，其方程组可达几十万甚至上百万个，靠人工计算显然是不可能的。快速电子计算机的出现，使这一计算得以实现。类似的海上采油平台、核电站、摩天大楼、地下过海隧道等巨型工程，有了计算机的帮助，便可合理地进行数值分析和安全评估。此外，计算机的进步，使设计由手工走向自动化。目前，大部分设计部门已经丢掉了传统的制图版而改用计算机绘图，这一进程在21世纪将进一步发展和完善。

数值计算机的进步使过去不能计算的带有盲目性的估计可以变为较精确的分析，例如：土木工程中的由各个杆件分析到整体分析，工程结构的定型分析到按施工阶段的全过程仿真分析，工程结构中在灾害载荷作用下的全过程非线性分析，与时间有关的长时间徐变分析和瞬间的冲击分析等。电子计算机使高次超静定的分析成为可能：1980年，英国建成亨伯悬索桥，单跨达1 410 m；1983年，西班牙建成卢纳预应力混凝土斜拉桥，跨度达440 m；1982年建成的济南黄河斜拉桥跨度为220 m。这些桥在设计过程中均采用电算分析方法。薄壳、悬索、网架和充气结构等相继出现：美国密歇根庞蒂亚克体育馆充气塑料薄膜覆盖面积达35 000多m^2，可容纳8万观众；上海体育馆圆形网架直径119 m；北京工人体育馆悬索屋面净跨为94 m。大跨度建筑的设计也是理论水平的一个标志。

从20世纪50年代开始，美国等有关国家将可靠性理论引入土木工程领域。我国近年来陆续颁布的工程结构设计标准，都已将基于概率分析的可靠性理论应用于工程实际。计算机也远不止是用于结构的力学分析，而是渗透到土木工程的各个领域，如计算机辅助设计、辅助制图、现场管理、网络分析、结构优化及人工智能等。这些都充分说明了现代土木工程在理论上已经达到了相当高的水平。

五、信息和智能化技术全面引入土木工程

信息、计算机、智能化技术在工业、农业、运输业和军事工业等各行各业中得到了愈来愈广泛的应用，土木工程也不例外，将这些高新技术应用于土木工程将是今后相当长时间的重要发展方向。现举一些例子加以说明。

(一)信息化施工

所谓信息化施工，是在施工过程中所涉及的各部分各阶段广泛应用计算机信息技术，对工期、人力、材料、机械、资金、进度等信息进行收集、存储、处理和交流，并加以科学地综合利用，为施工管理及时准确地提供决策依据。例如，在隧道及地下工程中将岩土样品性质的信息、掘进面的位移信息收集集中，快速处理及时调整并指挥下一步掘进及支护，可以大大提高工作效率，并可避免事故的发生。信息化施工可通过网络与其他国家和地区的工程数据库联系，在遇到新的疑难问题时可及时查询解决。信息化施工还可大幅度提高施工效率和保证工程质量，减少工程事故，有效控制成本，实现施工管理现代化。

(二)智能化建筑

智能化建筑还没有确切的定义，但有两个方面的要求应予满足。一方面是房屋设备应用先进的计算机系统监测与控制，并可通过自动优化或人工干预来保证设备运行的安全、可靠、高效。例如有客来访，可远距离看到形象并对话，遇有歹徒可摄像、可报警、可自动关闭防护门等。又如供暖制冷系统，可根据主人需要调至一标准温度，室温高了送冷风，室温低了送暖风。另一方面是安装了对居住者的自动服务系统。如早晨准点报时叫醒主人，并可根据需要放送新闻或提醒主人今天的主要日程安排，同时早餐自动加工，当你洗漱完毕后即

可用餐。总之,这是一个非常温馨的住宅。对于办公楼来讲,智能化要求配备办公自动化设备、快速通信设备、网络设备、房屋自动管理和控制设备等。

(三)智能化交通

智能化交通(ITS)在欧美已于20世纪90年代开始研究,中国也正迎头赶上。智能化交通一般包括以下几个系统:①先进的交通管理系统;②交通信息服务系统;③车辆控制系统;④车辆调度系统;⑤公共交通系统等。智能化交通应具有信息收集、快速处理、优化决策、大型可视化系统等功能。

(四)土木工程分析的仿真系统

许多工程结构都毁于台风、地震、火灾、洪水等灾害。在这种小概率、大荷载作用下的工程结构的性能很难一一去做试验加以验证,主要是因为:一是参数变化条件不可能全模拟;二是实体试验成本过高;三是破坏试验有危险性,设备达不到要求。而计算机仿真技术可以在计算机上模拟原型大小的工程结构在灾害荷载作用下从变形到倒塌的全过程,从而揭示结构不安全的部位和因素。用此技术指导设计可大大提高工程结构的可靠性。

当然,计算机应用于土木工程的例子还有许多,本书难以一一列举。土木工程中引入高新技术后必将会有一个新的飞跃。

六、施工过程向工业化发展

大规模的现代化建设促进了建筑标准化和施工机械化。人们力求推行工业化的生产方式,在工厂中定型地、大量地生产房屋、桥梁的构配件和组合件,然后运到现场装配。在20世纪50年代后期,这种预制装配式的潮流几乎席卷了以建筑工程为代表的许多土木工程领域。工业化的发展带动了施工机械的发展,大吨位塔吊高度可达140 m,起吊能力达25 000 t。大型钢模板、商品混凝土、混凝土搅拌运输车、输送泵等相结合,形成了一套现场机械化施工工艺,使传统的现场浇筑混凝土方法获得了新生命,并在高层建筑、桥梁中广泛应用。

七、土木工程的可持续发展

面临人口增长、生态失衡、环境污染、人类生存环境恶化等问题,一些学者呼吁“我们只有一个地球”,并提出“冻结繁荣,停止发展”的口号。这一口号不仅受到发达国家人士的批评,更受到发展中国家的一致反对。如果“停止发展”,则发展中国家永远停留在落后状态,这是不能接受的。20世纪80年代提出了“可持续发展”的原则,已被广大国家和人民所认同。可持续发展是指既满足当代人的需要,又不对后代人满足其需要的发展构成危害。例如,一代人过度消耗能源(如石油)以致枯竭,后代人则无法继续发展,甚至保持原有水平也不可能。这一原则具有远见,我国政府已将“可持续发展”与“计划生育”并列为两大国策,加以大力宣传,作为土木工程工作者对贯彻这一原则负有重大责任。

建设与使用土木工程的过程与能源消耗、资源利用、环境保护、生态平衡有密切关系,对贯彻“可持续发展”原则影响很大。

从资源方面看,建房、修路大多要占地,而我国土地资源十分紧张。在土木工程中不占或少占土地,尽量不占可耕地是必须要坚持的。另外,建材中的黏土砖毁地严重,应予以禁止或限制。建材生产、工程施工还少不了消耗能源和水资源,这方面应尽可能采用可再生资源和循环利用已有资源,如利用太阳能和处理过的废水等。

采用落后的生产工艺建立工厂（如小造纸厂、小化肥厂等），会对环境造成严重污染，切不可因一时一地之利而容许其建设，污染环境。我国应坚决贯彻实行新建厂一定要实行环境评价，对环境不利的项目不准上马这一政策。重大工程如有一些对生态不利的地方应采取措施避免。如长江三峡大坝修建将会影响长江鲟鱼洄游产卵，而这一鱼种已极为稀少，且只有中国长江才有。对此，建坝时专门考虑了“鱼道”，以满足生态平衡的要求。

第四节　本课程的学习目的与方法

土木工程概论既是土木工程、建筑工程、工程管理专业的一门重要的专业基础课，又是一门实践性很强的应用型学科，它系统地阐述了土木工程的专业知识要点，表述了土木工程学综合知识的构成及重要内容。

一、土木工程的知识、能力和素质要求

在土木工程学科知识的系统学习中，不仅要注意知识的积累，更应注意能力的培养。

(1)自主学习能力。高职只有三年，每门课从十几个学时到上百个学时，所学的东西总是有限的，加之土木工程内容广泛，新的技术又不断出现，因而自主学习、扩大知识面及提高自我成长的能力非常重要。学生不仅要向老师学、向课本学，而且要注意在实践中学习，善于查阅文献，善于在网上学习。

(2)综合解决问题的能力。在大学期间大多数课程是单科教学，有一些综合训练及毕业设计可训练综合解决问题的能力。实际工程问题的解决，总是要综合运用各种知识和技能，在学习过程中要注意培养这种综合能力，尤其是设计、施工等实践工作的能力。

(3)创新能力。社会在进步，经济在发展，对人才创新的要求也日益提高，所以在学习过程中要注意创新能力的培养。高职高专学习的主要任务是打好理论基础，强化动手操作能力。

(4)协调、管理能力。现代土木工程不是一个人能完成的，少则几个人、几百人，多则需成千上万人共同努力才能成功。为此，培养自己的协调、管理能力非常重要，同学们毕业后，不论参加哪种业务部分的工作，总会涉及管理工作。

二、主要教学方法及学习建议

大学的教学和训练与中学相比要多样化一些，主要的教学形式有课堂教学、试验教学、设计训练和施工实习。下面对这几个环节作简要介绍。

(一)课堂教学

课堂教学是学校学习最主要的形式，即通过老师的讲授，学生听课而学习。课堂学习时，学生要注意记住老师讲授的思路、重点、难点和主要结论。大学生一般在课堂上作一些笔记，记下老师讲课的内容，有的学生记得极详细，几乎一字不漏；有的学生则只记要点、难点和因果关系。编者建议采用后者，甚至可在教材的空白处旁记，并用自己约定的符号在书上划出重点和各内容之间的联系。

与大班课堂讲授相配套的可能还有小班的讨论课、习题课，以对课程的重点或难点加深理解。参加这样的课时，同学们一定要积极思考，主动参加讨论，这不仅能巩固和加深所学

习的知识，也是对表达能力的一种训练。

课堂教学后，要复习巩固，整理笔记，做到能用自己的语言表达所学的内容。对不懂的问题不要放过，可自己思索，也可与同学切磋，仍不明白时，可记下来，适当的时候找老师答疑讨论。

（二）试验教学

通过试验手段掌握试验技术，弄懂科学原理。在土木工程专业中还开设材料试验、结构检验的试验课，这不仅是学习基本理论的需要，同时，也是同学们熟悉国家有关试验、检测规程，熟悉试验方法及学习撰写试验报告的需要。不要有重理论轻试验的思想，应认真做好每一次试验，并鼓励学生自主设计、规划试验。

（三）设计训练

任何一个土木工程项目确定以后，首先要进行设计，然后才交付施工。设计是综合运用所学知识，提出自己的设想和技术方案，并以工程图及说明书来表达自己的设计意图，从根本上培养学生自主学习、自主解决问题的能力。

设计土木工程项目一定会受到多方面的约束，而不像单科习题那样只有一两个已知条件约束，这种约束不仅有科学技术方面的，还有人文经济等方面的。使土木工程项目“满足功能需要，结构安全可靠，成本经济合理，造型美观悦目”是设计的总体目的，要做到这一点，必须综合运用各种知识，而其答案也不会是唯一的，这对培养学生的综合能力、创新能力有很大作用。

（四）施工实习

贯彻理论联系实际的原则，让学生到施工现场或管理部门学习生产技术和管理知识。通常，一个工地往往很难容纳一个班（几十人）的学生，因此施工实习通常在统一要求下分散进行。这不仅是对学生能否在实际中学习知识技能的一种训练，也是对学生的敬业精神、劳动纪律和职业道德的综合检验。

主动认真地进行施工实习，虚心向工地工人、工程技术人员请教，可以学习到在课堂上学不到的许多知识和技能，但若马马虎虎，仅为完成实习报告而走过场，则会白白浪费自己的宝贵时间。能否成为土木工程方面的优秀人才，施工实习至关重要。

复习思考题

1. 简述土木工程的内涵及其在国民经济发展中的重要地位。
2. 试述土木工程的发展简史。
3. 现代土木工程有哪些主要特点？
4. 土木工程发展趋势如何？
5. 土木工程概论课程的主要学习内容、学习方法与学习过程如何？

第二章　土木工程材料

【学习指导】

本章重点介绍了土木工程材料中常见的材料种类及其基本性能和应用。要求重点掌握常见材料的基本性能和用途，特别是砖、水泥、混凝土、钢材、建筑砂浆等材料的种类以及各种用途，对其他材料作一般了解。

第一节　概　述

土木工程材料是指各类土木工程（建筑工程、交通工程、水利工程等）中所用的材料。土木工程材料是各项基本建设的重要物质基础，其质量直接影响工程的质量与寿命。一幢建筑物从主体结构到每一个细部和构件，都是由各种建筑材料经过设计、施工而成的。因此，正确选择建筑材料的质量、品种、规格以及色彩，对建筑工程的安全、实用、耐久、美观及造价等均有重要意义。新型建筑材料的出现，对建筑形式的变化、结构设计计算和施工技术都会有很大的促进作用。

由于建筑材料品种繁多，作用和功能各不相同，为便于掌握和使用，一般可把材料进行简单的分类。

建筑材料按基本成分分类，可分为金属材料、非金属材料和复合材料，非金属材料按化学组成又可分为无机材料和有机材料，见表 2-1。

表 2-1　建筑材料按基本成分分类

<table>
<tr><td colspan="2" rowspan="2">金属材料</td><td>黑色金属</td><td colspan="2">钢、铁</td></tr>
<tr><td>有色金属</td><td colspan="2">铝、铜、铅及其合金等</td></tr>
<tr><td rowspan="6">非金属材料</td><td rowspan="5">无机材料</td><td>天然石材</td><td colspan="2">花岗岩、石灰岩、大理石等</td></tr>
<tr><td>烧土制品</td><td colspan="2">砖、瓦、陶瓷、玻璃等</td></tr>
<tr><td rowspan="2">胶凝材料</td><td>气硬性胶凝材料</td><td>石灰、石膏、水玻璃等</td></tr>
<tr><td>水硬性胶凝材料</td><td>各种水泥</td></tr>
<tr><td colspan="2">以胶凝材料为基础的人造石</td><td>混凝土
砂浆
石棉水泥制品
硅酸盐建筑制品</td></tr>
<tr><td>有机材料</td><td colspan="3">木材、沥青、树脂和塑料、涂料、橡胶等</td></tr>
<tr><td colspan="2">复合材料</td><td colspan="3">金属－非金属材料、非金属－金属材料
无机－有机材料、有机－无机材料</td></tr>
</table>

建筑材料按在建筑中的用途分类，可分为结构材料、构造材料、绝热材料、吸声材料、防

水材料、装饰材料等。

第二节　石材、砖、瓦

早期使用的土木工程材料主要有石材、砖、瓦等，它们至今仍在土木工程材料中占有重要地位。

一、石材

天然石材是最古老的土木工程材料之一。由于天然石材具有抗压强度高、耐磨性和耐久性良好、经加工后表面美观富于装饰性、资源分布广、蕴藏量丰富、便于就地取材、生产成本低等优点，是古今土木工程中修建城垣、桥梁、房屋、道路及水利工程的主要材料。天然石材经加工后具有良好的装饰性，是现代土木工程的主要装饰材料之一。

石材具有良好的耐久性，用石材建造的结构物具有永久保存的可能。古代人早就认识到这一点，因此许多重要的建筑物及纪念性结构物都是使用石材建造的。

石材的耐水性好，抗压强度高，1 m^2 面积的石材上面能承受5 000 t的压力，所以在石块上叠砌石块，有可能建成大型的结构物。以石材为主的西欧建筑，威严雄浑，给人以庄重高贵的感觉，石材建筑是欧洲文化的象征。许多皇家建筑多采用石材，例如欧洲最大的皇宫——法国凡尔赛宫（1661～1689年建造），占地面积达100多万 m^2，其中建筑面积为11万 m^2，宫殿中建筑物的墙体以及外部的地面全部使用石材建成，如图2-1所示。

图2-1　法国凡尔赛宫

目前，在土木工程中，石材主要用做结构材料、装饰材料、混凝土集料和人造石材的原料等。石材的种类主要有毛石、料石、饰面石材、色石渣、石子等。

（一）毛石

毛石也称片石，是采石场由爆破直接获得的形状不规则的石块。根据平整程度又将其分为乱毛石和平毛石两类。毛石可用于砌筑基础、堤坝、挡土墙等，乱毛石也可用做毛石混凝土的集料。

（二）料石

料石是由人工或机械开采出的较规则的六面体石块，再略经凿琢而成。根据表面加工的平整程度分为毛料石、粗料石、半细料石和细料石四种。料石一般由致密均匀的砂岩、石灰岩、花岗岩加工而成。料石主要用于砌筑墙身、踏步、拱和纪念碑、柱等。

（三）饰面石材

用于建筑物内外墙面、柱面、地面、栏杆、台阶等处装修的石材称为饰面石材。饰面石材按岩石种类分主要有大理石和花岗岩两大类。饰面石材的外形有加工成平面的板材，或者加工成曲面的各种定型件。表面经不同的工艺可加工成凹凸不平的毛面，或者经过精磨抛光成光彩照人的镜面。

(四)色石渣

色石渣也称色石子,是由天然大理石、白云石、方解石或花岗岩等石材经破碎筛选加工而成的,作为集料主要用于人造大理石、水磨石、水刷石、干粘石、斩假石等建筑物面层的装饰工程。

(五)石子

在混凝土组成材料中,砂称为细集料,石子称为粗集料,石子除用做混凝土粗集料外,也常用做路桥工程、铁道工程的路基道渣等。石子分碎石和卵石,由天然岩石或卵石经破碎、筛分而得到的粒径大于5 mm的岩石颗粒,称为碎石或碎卵石。岩石由于自然条件作用而形成的粒径大于5 mm的颗粒称为卵石。

二、砖

砖是一种最为常用的砌筑材料。砖瓦的生产和使用在我国历史悠久,我国在春秋战国时期陆续创制了方形和长形砖,秦汉时期制砖的技术、生产规模、质量和花式品种都有显著发展,史称"秦砖"。制砖的原料容易取得,生产工艺比较简单,价格低,体积小,便于组合,黏土砖还有防火、隔热、隔声、吸潮等优点,所以至今仍然广泛地用于墙体、基础、柱等砌筑工程中。但是,由于生产传统黏土砖毁田取土量大、能耗高、砖自重大,施工生产中劳动强度高、工效低,因此有逐步改革并用新型材料取代的必要。有的城市已禁止在建筑物中使用黏土砖。

(一)砖的分类

砖按照生产工艺分为烧结砖和非烧结砖,按所用原材料分为黏土砖、页岩砖、煤矸石砖、粉煤灰砖、炉渣砖和灰砂砖等,按有无孔洞分为多孔砖、空心砖和实心砖。

(二)常用砖

1.烧结普通砖

1)烧结普通砖的焙烧

烧结普通砖的原料主要是黏土、粉煤灰、页岩、煤矸石等,将原料制成坯体,经干燥后入窑焙烧。焙烧是一个复杂的化学反应过程。

2)烧结普通砖的技术性质

(1)规格:烧结普通砖的外形为直角六面体,标准尺寸是240 mm×115 mm×53 mm。

(2)强度等级:烧结普通砖按抗压强度分为MU30、MU25、MU20、MU15、MU10、MU7.5共六个强度等级。

(3)抗风化性能:是烧结普通砖主要的耐久性之一。它是指在干湿、温度、冻融变化等物理因素作用下,材料不破坏并长期保持其原有性质的能力。砖的抗风化性能越强,耐久性越好。

(4)泛霜:是指砖内可溶性盐类(如硫酸钠等)随着砖内水分蒸发,逐渐于砖的表面析出一层白霜。严重泛霜的出现不仅有损于建筑物的外观,而且对建筑结构的破坏较大。

(5)石灰爆裂:烧结砖的原料中夹有石灰质,经过焙烧,石灰质变为生石灰,生石灰吸水熟化为熟石灰,体积膨胀,使砖产生内应力,导致砖发生爆裂现象。

(6)质量等级:强度和抗风化性能合格的砖根据尺寸偏差、外观质量、泛霜和石灰爆裂分为优等品、一等品和合格品三个质量等级。

3)烧结普通砖的应用

烧结普通砖是砌筑工程中的一种主要材料。它可用做墙体,亦可砌筑柱、拱、烟囱及基础等。

2. 烧结多孔砖和烧结空心砖

为减轻建筑物自重、节约黏土资源、节省烧结时的燃料消耗、提高墙体施工工效,并改善砖的隔热、隔声性能,推广使用多孔砖和空心砖是我国墙体材料改革的一项重要内容。

1)烧结多孔砖

烧结多孔砖是以黏土、页岩或煤矸石为主要原料烧制的主要用于结构承重的多孔砖。烧结多孔砖的孔洞率一般在15%以上。在建筑中烧结多孔砖多用于砌筑六层以下的承重墙或高层框架结构填充墙。多孔砖形状见图2-2。

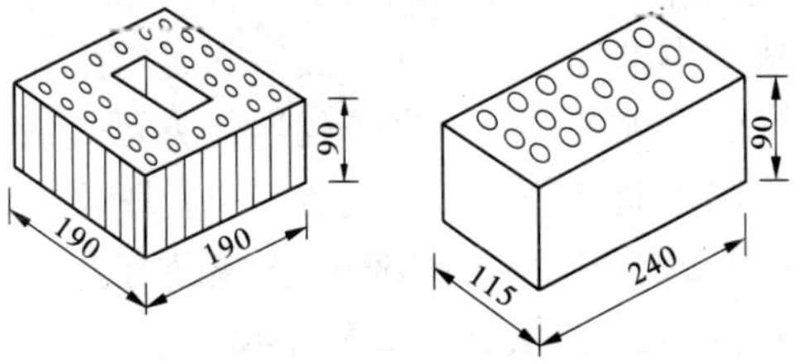

图2-2 烧结多孔砖

2)烧结空心砖

烧结空心砖是以黏土、页岩或粉煤灰为主要原料烧制的空心砖。空心砖顶面有孔,孔大而少,而多孔砖孔小而多。空心砖的孔洞率一般在30%以上。空心砖形状见图2-3。

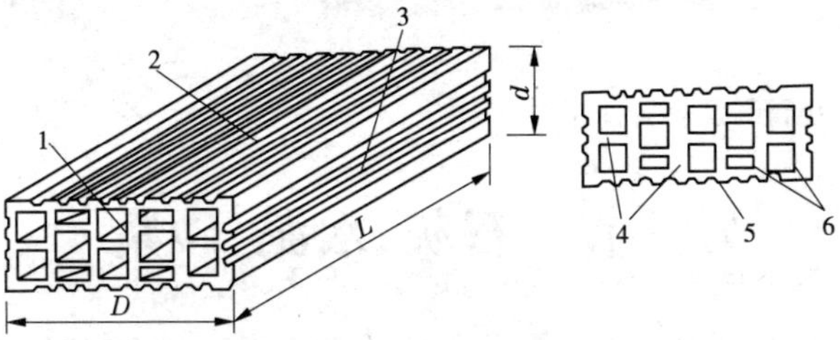

1—顶面;2—大面;3—条面;4—肋;5—凹线槽;6—外壁;

L—长度;*D*—宽度;*d*—高度

图2-3 烧结空心砖

烧结空心砖自重较轻,强度较低,多用于非承重墙,如多层建筑内隔墙或框架结构的填充墙等。

三、瓦

(一)瓦的历史

瓦一般指黏土瓦,以黏土(包括页岩、煤矸石等粉料)为主要原料,经泥料处理、成型、干燥和焙烧而制成。中国瓦的生产比砖早。从甲骨文字形中知道,3 000 多年前的屋脊有高耸的装饰或结构构件,但尚未有实物陶瓦的发掘发现。春秋时期出现板瓦、筒瓦、瓦当等。到了战国时期,一般人的房子都能用上瓦了。秦汉形成了独立的制陶业,并在工艺上做了许多改进,如改用瓦榫头使瓦间相接更为吻合,取代瓦钉和瓦鼻。西汉时期工艺上又取得明显的进步,如带有圆形瓦当的筒瓦由三道工序简化成一道工序,瓦的质量也有较大提高,史称"汉瓦"。

(二)常见的瓦

黏土瓦的生产工艺与黏土砖相似,但对黏土的质量要求较高,如含杂质少、塑性高、泥料均化程度高等。中国目前生产的黏土瓦有小青瓦、脊瓦和平瓦(见图 2-4)。

黏土瓦只能应用于较大坡度的屋面。由于材质脆、自重大、片小,施工效率低,且需要大量木材等缺点,在现代建筑屋面材料中的比例已逐渐下降。

瓦,原本色泽灰黑无光,然而紫禁城的琉璃瓦表面光滑如镜,这种瓦叫琉璃瓦,作为中国帝王之家的专属用品,也成为中国建筑的象征。最早的琉璃瓦实物见于唐昭陵。

一块色泽美丽的琉璃瓦,必须经过两座窑炉的煅烧方可制成。琉璃的制作工艺是采用两次烧成的方式,第一次将制好的黑色瓦坯烧成洁白的素坯,第二次则是为素坯施釉后烧成色彩缤纷的琉璃瓦。上釉的素坯经过窑火的洗礼,火温稍有差异,出窑的琉璃瓦便呈现出不同的色彩,具有良好的防水性和稳定性,如图 2-5 所示。

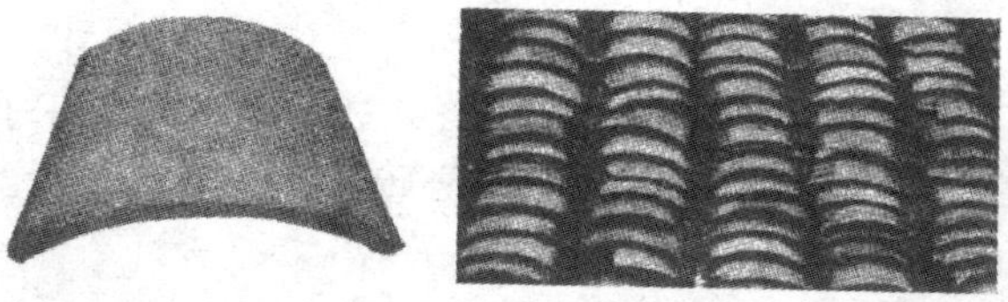

图 2-4　小青瓦及小青瓦屋顶

图 2-5　琉璃瓦

第三节　石灰、水泥、砂浆

胶凝材料又称胶结材料,凡是在物理作用或化学作用下,能把其他固体材料胶结成整体并具有一定强度的材料,统称为胶凝材料。

按胶凝材料的化学组成,可分为无机胶凝材料和有机胶凝材料两大类。无机胶凝材料根据硬化条件不同,又分为气硬性胶凝材料和水硬性胶凝材料。有机胶凝材料以天然合成的有机高分子化合物为基本成分,如沥青、各种合成树脂等。

气硬性胶凝材料只能在空气中硬化,保持和发展其强度。常用的有石灰、石膏、水玻璃等。水硬性胶凝材料既可在空气中硬化也可在水中硬化,保持和发展其强度,如各种水泥。

一、石灰

石灰是一种古老的建筑材料。由于生产工艺简单,价格低廉,有良好的性能,在建筑工程中被广泛应用。建筑工程中所指的石灰包括生石灰、生石灰粉和消石灰等。

（一）石灰的生产及分类

将主要成分是碳酸钙的天然石灰石在 900 ~ 1 100 ℃下煅烧，排除分解出的二氧化碳后，所得到的以氧化钙为主要成分的产品为生石灰。

煅烧生成的块状生石灰经过不同的加工，可得到石灰的以下另外三种产品：

(1)生石灰粉。将块状生石灰磨细制成粉末，其主要成分是 CaO。

(2)消石灰粉。将块状生石灰用适量水熟化而得到的主要成分是 $Ca(OH)_2$ 的白色粉末，又称熟石灰。

(3)石灰膏。将块状生石灰用过量水熟化，或将消石灰粉和水拌和而得到的具有一定稠度的膏状物，其主要成分是 $Ca(OH)_2$ 和水。

（二）石灰的熟化

生石灰加水生成氢氧化钙的过程称为生石灰的熟化或消解。生石灰在熟化过程中会放出大量的热，熟化时体积增大 1 ~2.5 倍。生石灰必须在充分熟化后才能使用，否则未熟化的生石灰将在使用后继续熟化，使材料表面凸起、开裂或局部脱落。

（三）石灰的硬化

块状生石灰用过量水熟化，或将消石灰粉和水拌和，得到一定稠度的石灰膏，石灰膏会在空气中逐渐凝结硬化。其过程是氢氧化钙吸收空气中的二氧化碳，表面水分蒸发形成组织致密的碳酸钙薄膜，阻碍了空气中的二氧化碳的继续渗入，所以其过程十分缓慢。随着时间的延长，表面碳酸钙的厚度逐渐增加，整体强度逐渐增大。

（四）石灰的性质

(1)可塑性好。生石灰熟化为石灰膏时，氢氧化钙表面吸附一层水膜，从而使用石灰配制的砂浆具有良好的可塑性。

(2)强度不高。石灰浆体硬化后强度不高，配比为1:3的石灰砂浆 28 d 抗压强度通常只有 0.2 ~0.5 MPa。

(3)硬化慢且体积收缩大。由于空气中二氧化碳含量较少，表面硬化后，不利于内部水分的蒸发，因此硬化过程缓慢，体积收缩大，容易出现裂缝。

(4)耐水性差。硬化后的石灰受潮后，结晶析出的碳酸钙会再次微溶，所以石灰不宜用于潮湿环境，如基础工程。

（五）石灰的用途

石灰在建筑工程中应用广泛，主要用途如下：

(1)制造石灰乳涂料。由消石灰粉或石灰浆掺入大量的水调制而成，用于粉刷墙面或顶棚。

(2)配制砂浆。可单独配制砂浆，称为石灰砂浆，和水泥一起配制的，称为水泥混合砂浆，用于砌筑和抹灰工程。用于抹灰工程的石灰砂浆，需加入纸筋等纤维材料，以克服收缩性大、易开裂的缺点。

(3)拌制灰土和三合土。在夯实状态下，灰土或三合土比黏土抗渗能力、抗压强度、耐水性均有所提高。灰土和三合土广泛用于建筑物基础的各种垫层。

(4)生产硅酸盐制品。石灰是生产粉煤灰砖、灰砂砖、硅酸盐砌块等硅酸盐制品的主要材料。各类石灰在建筑上的用途见表 2-2。

表 2-2　各类石灰在建筑上的用途

品种名称	使用范围
生石灰	配制石灰膏，磨细成生石灰粉
生石灰粉 （磨细生石灰粉）	用于调制石灰砌筑砂浆或抹面砂浆，配制无熟料水泥（石灰矿渣水泥、石灰粉煤灰水泥、石灰火山灰水泥等），制作硅酸盐制品（如灰砂砖等），制作碳化制品（如碳化石灰空心板），拌制石灰土（灰土）和三合土
消石灰粉	制作硅酸盐制品，拌制石灰土（石灰＋黏土）和三合土
石灰膏	用于调制石灰砌筑砂浆或抹面砂浆，稀释成石灰乳（石灰水）涂料，用于内墙和平顶刷白

二、水泥

水泥是一种粉末状物质，与适量的水混合后，经过物理、化学作用由浆体变成坚硬的石状物，并能将散粒状材料胶结成整体。由于水泥浆体不仅可以在空气中硬化，而且能更好地在水中硬化，故水泥称为水硬性胶凝材料。水泥是重要的建筑材料之一，广泛应用于各类土木工程之中，如建筑、道路、铁路、水利、海港等工程。

水泥的种类繁多，按其主要水硬性物质名称，分为硅酸盐水泥、铝酸盐水泥、硫铝酸盐水泥、氟铝酸盐水泥、铁铝酸盐水泥。按其用途和性能，又可分为通用水泥、专用水泥以及特性水泥三大类。通用水泥是指用于建筑工程的水泥，如硅酸盐水泥、普通硅酸盐水泥（简称普通水泥）、矿渣硅酸盐水泥（简称矿渣水泥）、火山灰质硅酸盐水泥（简称火山灰水泥）、粉煤灰硅酸盐水泥（简称粉煤灰水泥）以及复合硅酸盐水泥（简称复合水泥），即所谓的六大水泥。专用水泥是指专门用途的水泥，如砌筑水泥、道路水泥等。特性水泥是指某种性能比较突出的水泥，如快硬水泥、白色水泥、抗硫酸盐水泥、中热低热矿渣水泥以及膨胀水泥等。下面主要介绍常用的硅酸盐水泥。

（一）硅酸盐水泥的生产

硅酸盐水泥是以石灰质原料（如石灰石）与黏土质原料（如黏土、页岩等）为主，有时辅以少量铁粉，按一定比例配合磨细成生料粉，送入回转窑或立窑，在 1 450 ℃左右的高温下燃烧，使其达到部分熔融，得到以硅酸钙为主要成分的水泥熟料，再将熟料与适量石膏共同磨细而制成的水泥。硅酸盐水泥生产工艺流程如图 2-6 所示。

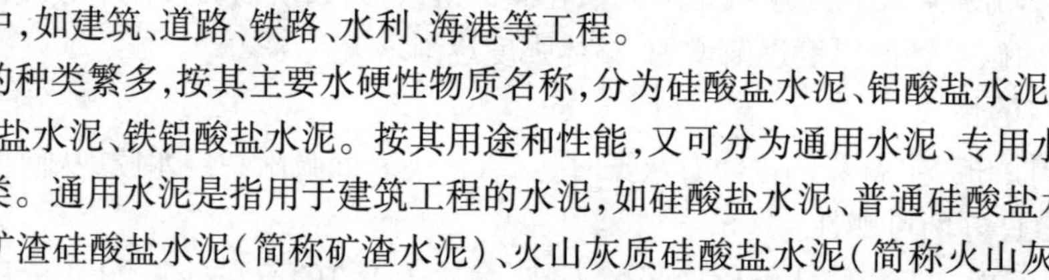

图 2-6　硅酸盐水泥生产工艺流程

生料在高温过程中，首先脱水、分解，生成氧化钙（CaO）、二氧化硅（SiO_2）、三氧化二铝

(Al_3O_2)、三氧化二铁(Fe_2O_3),然后在更高的温度下,CaO 与 SiO_2、Al_3O_2、Fe_2O_3 相结合,形成新的水泥熟料矿物化合物,即硅酸三钙($3CaO \cdot SiO_2$,简写为 C_3S)、硅酸二钙($2CaO \cdot SiO_2$,简写为 C_2S)、铝酸三钙($3CaO \cdot A1_3O_2$,简写为 C_3A)、铁铝酸四钙($4CaO \cdot A1_3O_2 \cdot Fe_2O_3$,简写为 C_4AF)。

除上述四种主要熟料矿物外,水泥熟料中还含有少量的游离氧化钙(CaO)、氧化镁(MgO)、氧化钾(K_2O)、氧化钠(Na_2O)与三氧化硫(SO_3)等有害成分。熟料中所含的游离 CaO 和 MgO 均是过火石灰,一般在水泥硬化并具有一定强度后,才开始与水缓慢作用,并增大体积,使已硬化的水泥浆体开裂,造成水泥体积安定性不良。Na_2O 与 K_2O 则能与某些作为混凝土集料的岩石发生所谓的"碱 - 集料"反应,使水泥石胀裂,危害很大。SO_3 数量过多,会引起水泥产生假凝、强度下降或导致水泥石开裂等不良影响。

水泥熟料是具有不同特性的多种熟料矿物的混合物,因此如果熟料中各种矿物的相对含量不同时,水泥的性质也会发生相应的变化。例如,提高 C_3S 的含量,可以制成高强度水泥;提高 $C_3S + C_3A$ 的总含量,可以制成快硬早强水泥;降低 C_3A 与 C_3S 的含量,提高 C_2S 的含量,则可制成低水化热水泥(如大坝水泥)等。

(二)水泥的水化与凝结硬化

水泥加水拌和后,就开始了水化反应,成为可塑性的水泥浆。随着水化的不断进行,水泥浆逐步变稠,失去可塑性,但尚不具有强度的过程,称为水泥的凝结。随着水化的进一步进行,水泥浆将产生明显的强度并逐渐发展成为坚硬的人造石的过程,称为硬化。水泥的水化是复杂的化学反应,凝结、硬化实质上是一个连续的、复杂的物理化学变化过程,是水化的外在表现,其凝结硬化阶段则是人为划分的。

硅酸盐水泥在一般使用情况下,是在少量水中进行水化作用的。其中,C_3S 水化时,会析出大量的 $Ca(OH)_2$。此外,水泥磨细时所掺的石膏也溶解于水,并与某些成分互相化合。因此,水泥的水化作用基本上是在 $Ca(OH)_2$ 和 $CaSO_4$ 的饱和溶液或过饱和溶液中进行的,忽略水泥中一些次要的和少量的成分,可认为硅酸盐水泥的水化产物主要是 C - S - H 与水化铁酸钙的凝胶,以及氢氧化钙、水化铝酸钙与水化硫铝酸钙的晶体。

经过一定时间,水化物凝胶体的浓度上升,凝胶粒子相互凝聚成网状结构,使水泥浆变稠、失去塑性,这种过程称为凝结。再过若干时间,生成的凝胶增多,被紧密填充在水泥颗粒间而逐渐硬化。图 2-7 为水泥凝结硬化过程示意图。

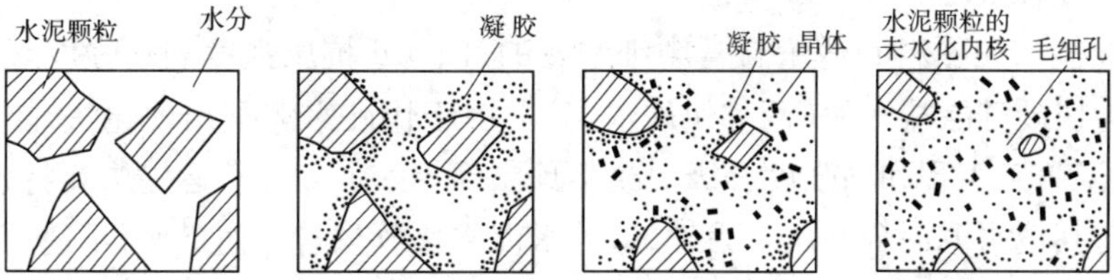

(a)分散在水中未水化的水泥颗粒　(b)大水泥颗粒表面形成水化物膜层　(c)膜层长大并互相连接(凝结)　(d)水化物进一步发展,填充毛细孔(硬化)

图 2-7　水泥凝结硬化过程示意

凝结与硬化没有截然的界限。水泥浆从流动状态到开始不能流动的塑性状态称为初凝,继续凝固直至完全失去塑性而还不具备强度时称为终凝。

水泥和水拌和几分钟后所出现的一种反常的过早变硬的现象称为假凝。它与急凝不同,在这种假凝的过程中没有明显的热放出。一旦出现假凝,可以不用加水再拌和水泥浆,水泥浆又能恢复塑性,直到以普通形式凝结,而且没有强度损失。

(三)水泥的技术性质

1. 细度

水泥颗粒越细,颗粒总表面越大,水化反应越快越充分,强度(特别是早期强度)越高,收缩也越大。

2. 凝结时间

为使混凝土与砂浆有充分的时间进行搅拌、运输、浇灌和砌筑,初凝不能太早。当施工结束后,则要求混凝土或砂浆尽快结硬并具有强度,终凝时间不能太迟。

国家标准规定:硅酸盐水泥的初凝时间不得早于45 min,终凝时间不得迟于6.5 h。

3. 体积安定性

水泥在硬化过程中体积变化是否均匀的性质,称为体积安定性。国家标准规定:游离MgO的含量应小于5%,SO_3的含量不得超过3.5%,以保证水泥在这两方面的体积安定性。用沸煮法检验水泥体积安定性,若用标准稠度水泥净浆做成的试饼煮沸4 h后,经肉眼观察未发现裂纹,用直尺检查没有弯曲,可认为体积安定性合格。

4. 强度

强度是选用水泥的主要技术指标。按国家标准《通用硅酸盐水泥》(GB 175—2007)规定,根据3 d、28 d的抗折强度及抗压强度,将硅酸盐水泥分为42.5、52.5、62.5三个强度等级。按早期强度大小及强度等级,又分为普通型和早强型(用R表示)两种类型。

5. 水化热

水泥的放热过程可以延续很长时间,但大部分热量在早期释放,特别是在前3 d,水化热及放热速率与水泥的矿物成分及水泥细度有关。

(四)其他品种的水泥

在实际施工中,往往会遇到一些有特殊要求的工程,如紧急抢修工程、耐热耐酸工程、新旧混凝土搭接工程等。对这些工程,需要采用其他品种的水泥,如快硬硅酸盐水泥、快凝快硬硅酸盐水泥、白色硅酸盐水泥、高铝水泥和膨胀水泥等。

1. 快硬硅酸盐水泥

凡以硅酸盐水泥熟料和适量石膏磨细制成的,以3 d抗压强度表示强度等级的水硬性胶凝材料称为快硬硅酸盐水泥(简称快硬水泥)。由于快硬水泥凝结硬化快,故适用于紧急抢修工程、低温施工工程和高强度等级混凝土预制件等。但储存和运输中要特别注意防潮,施工时不能与其他水泥混合使用。另外,这种水泥水化放热量大而迅速,不适用于大体积混凝土工程。

2. 快凝快硬硅酸盐水泥

以硅酸钙、氟铝酸钙为主的熟料,加入适量石膏、粒化高炉矿渣、无水硫酸钠,经过磨细制成的一种凝结快、小时强度增长快的水硬性胶凝材料,称为快凝快硬硅酸盐水泥(简称双快水泥)。双快水泥初凝主要用于军事工程、机场跑道、桥梁、隧道和涵洞等紧急抢修工程。同样,不得与其他品种水泥混合使用,并注意放热量大而迅速的特点。

3. 白色硅酸盐水泥

由白色硅酸盐水泥熟料加入适量石膏，磨细制成的水硬性胶凝材料，称为白色硅酸盐水泥（简称白水泥）。白水泥强度高，色泽洁白，可配制彩色砂浆和涂料、白色或彩色混凝土、水磨石等，用于建筑物的内外装修。白水泥也是生产彩色水泥的主要原料。

4. 高铝水泥

高铝水泥是一种快硬、高强、耐热及耐腐蚀的胶凝材料。其主要特性是：早期强度高，耐高温和耐腐蚀。高铝水泥主要用于工期紧急的工程，如国防、道路和特殊抢修工程等，也可用于冬季施工的工程。

5. 膨胀水泥

由硅酸盐水泥熟料与适量石膏和膨胀剂共同磨细制成的水硬性胶凝材料，称为膨胀水泥。按水泥的主要成分不同，分为硅酸盐膨胀水泥、铝酸盐膨胀水泥和硫铝酸盐膨胀水泥；按水泥的膨胀值及其用途不同，又分为收缩补偿水泥和自应力水泥两大类。前述各种水泥的共同点是在硬化过程中产生一定的收缩，可能造成裂纹、透水和不适于某些工程的使用。膨胀水泥在硬化过程中不但不收缩，而且有不同程度的膨胀。膨胀水泥除具有微膨胀性能外，也具有强度发展快、早期强度高的特点。膨胀水泥可用于制作大口径输水管和各种输油、输气管，也常用于有抗渗要求的工程、要求补偿收缩的混凝土结构、要求早强的工程结构结点浇筑等。

三、砂浆

砂浆是一种主要的土木工程材料，其广泛应用于砌筑工程、抹面工程、修补工程。

砂浆是由胶凝材料、细集料、掺合料和水按适当配合比例拌制并经硬化而成的材料。按所用的胶凝材料不同，砂浆可分为水泥砂浆、混合砂浆、石灰砂浆、聚合物砂浆等。

（一）砂浆的组成材料

1. 胶凝材料

胶凝材料是砂浆的重要组成材料，起胶结作用，影响着砂浆流动性、黏聚性和强度等技术性质。常用的有水泥、石灰等。

配制砂浆所选用的水泥品种有普通硅酸盐水泥、矿渣硅酸盐水泥、火山灰质硅酸盐水泥、复合硅酸盐水泥等，选用的一般是32.5级水泥。

可选用石灰作为胶凝材料配制成石灰砂浆，也可用石灰代替部分水泥配制混合砂浆。混合砂浆不但可以节约水泥，而且具有很好的和易性。配制砂浆所用的石灰应预先消化，并符合相应的技术要求。

2. 细集料

细集料在砂浆中所起的作用与混凝土中集料的作用相同，但因砂浆层一般较薄，故对集料的最大粒径要有所限制。

3. 砂浆拌和水

其技术要求与混凝土拌和水相同，应选用洁净无杂质的水。

（二）砂浆的技术要求

1. 和易性

新拌砂浆应具有良好的和易性。砂浆拌和物的和易性包括流动性和保水性两方面性能。砂浆的流动性是指砂浆在自重或外力作用下流动的特性,也称稠度。流动性应根据砂浆的用途、施工工艺及气候条件来选择。砂浆的保水性是指砂浆保持水分的能力。砂浆中的水分应不易流失,摊铺容易。

2. 强度

强度是指边长为70.7 mm的立方体试件,在标准养护条件(温度为(20±3)℃,相对湿度:对水泥混合砂浆为60%~70%,对水泥砂浆为90%以上)下养护28 d的抗压强度平均值(单位为MPa)。

砌筑砂浆的强度分为M2.5、M5、M7.5、M10、M15和M20六个强度等级。

(三)常用砂浆

1. 砌筑砂浆

将砖、石或砌块黏结成为砌体的砂浆,称为砌筑砂浆。它起着黏结砖、石或砌块构成砌体,传递荷载,协调变形的作用。砌筑砂浆的主要技术指标是强度,砌筑砂浆的强度的选择由设计要求决定。

2. 抹面砂浆

抹面砂浆是指压抹在建筑物或构件表面的砂浆,可分为普通抹面砂浆、防水抹面砂浆和装饰抹面砂浆等。抹面砂浆的技术要求是具有良好的和易性和良好的黏结力。

普通抹面砂浆具有保护建筑物、提高耐久性、增强装饰等功能。普通抹面砂浆常选用水泥砂浆、水泥混合砂浆、石灰砂浆等。为了保证抹灰质量及表面平整,避免裂缝、脱落,抹面常分为底层、中层、面层三层涂抹,底层起黏结作用,中层起找平作用,面层起装饰作用。

3. 防水砂浆

防水砂浆主要用于制作砂浆防水层。砂浆防水层又称刚性防水层,仅适用于具有一定刚度的砌体表面。防水砂浆可采用普通水泥砂浆,也可以在水泥砂浆中掺入防水剂以提高砂浆的抗渗能力。防水砂浆的施工操作要求很高,施工时应将墙面清洁湿润,刷一层纯水泥浆,然后抹一层防水砂浆,在初凝前,再抹压一遍。第二、三层以同样的方法操作,最后一层要压光。

4. 装饰砂浆

装饰砂浆是指抹在建筑物内外墙表面,具有保护建筑物和美化装饰作用的砂浆。其胶凝材料可以使用白水泥、彩色水泥,或在常用水泥中掺入颜料,以达到彩色装饰效果。

5. 特种砂浆

(1)隔热砂浆:是以水泥、石灰膏、石膏等胶凝材料与膨胀珍珠岩、膨胀蛭石、火山渣或浮石砂、膨胀矿渣、陶粒砂等轻质多孔集料按一定比例配制成的砂浆。其具有轻质和良好的隔热性能,用于屋面隔热层、隔热墙壁以及供热管道隔热层等处。

(2)吸声砂浆:是由轻质多孔集料制成的具有吸声功能的砂浆。吸声砂浆同时具有隔热作用,主要用于有吸声要求的室内墙壁和顶棚的抹灰。

(3)耐酸砂浆:是用水玻璃与氟硅酸钠拌制而成的具有耐酸功能的砂浆。有时可掺入一定量的石英岩、花岗岩等粉状细集料。其主要用做耐酸地面和耐酸容器的内壁保护层。

(4)防辐射砂浆:是在水泥中掺入重晶石粉配制而成的具有防X射线等能力的砂浆。其主要用于射线防护工程。

(5)膨胀砂浆:是在水泥砂浆中掺入膨胀剂,或使用膨胀水泥配制而成的具有膨胀作用的砂浆。其主要用于修补工程,或装配结构中的填充缝隙。

(6)自流平砂浆:是在砂浆中掺入化学外加剂,使其具有在自身重力作用下能够自然流动成平面的砂浆。其主要用于地面工程。

第四节　混凝土及钢筋混凝土

一、混凝土

混凝土是由胶凝材料、水和集料(亦称骨料)按适当比例配合拌制成拌和物,经一定时间硬化而成的人造石材。按胶凝材料可分为水泥混凝土、沥青混凝土、聚合物混凝土等。

水泥混凝土是最常用的一种混凝土。它是由水泥、水、粗集料和细集料按适当比例配合,拌制均匀,浇筑成型,经硬化后形成的人造石材。

混凝土是一种最常用的建筑材料,具有以下优点:

(1)组成材料中的砂、石等材料取材方便。

(2)在凝结硬化前具有良好的塑性,可浇制成各种形状和大小的结构物或构件。

(3)硬化后具有较高的抗压强度与耐久性。

(4)混凝土与钢筋之间有牢固的黏结力,能制作成钢筋混凝土结构或构件。

混凝土材料的缺点是:抗拉强度低,受拉时变形能力小,容易开裂,自重大。

(一)混凝土的类型

1. 按胶凝材料分类

(1)无机胶凝材料混凝土:如水泥混凝土、石膏混凝土、水玻璃混凝土等。

(2)有机胶凝材料混凝土:如沥青混凝土、聚合物混凝土等。

2. 按表观密度分类

(1)重混凝土:干表观密度大于2 800 kg/m^3,采用特别密实和特别重的集料(如重晶石、铁矿石、钢屑等)配制而成。其常用于防辐射工程或耐磨结构,也可用于工程配重。

(2)普通混凝土:干表观密度为2 000~2 800 kg/m^3,是以天然的砂、石做集料配制而成的。其在建筑工程中最常用,常用于房屋及桥梁的承重结构、道路路面、水工建筑物的堤坝等。

(3)轻混凝土:干表观密度小于2 000 kg/m^3,是用较轻和多孔的集料(如浮石、煤渣等)制成的。其常用做绝热、隔声或承重材料。

3. 按使用功能分类

混凝土按使用功能可分为防水混凝土、耐热混凝土、耐酸混凝土、耐碱混凝土、水工混凝土、港工混凝土等。

4. 按强度特征分类

混凝土按强度特征可分为早强混凝土、超早强混凝土、高强混凝土、超高强混凝土、高性能(HPC)混凝土等。

5. 按坍落度大小分类

混凝土按坍落度大小可分为低塑性混凝土、塑性混凝土、流动性混凝土、大流动性混凝土、流态混凝土。

6. 按维勃稠度值分类

混凝土按维勃稠度值可分为超干硬性混凝土、特干硬性混凝土、干硬性混凝土、半干硬性混凝土。

7. 按施工工艺分类

混凝土按施工工艺可分为普通浇筑混凝土、离心成型混凝土、喷射混凝土、泵送混凝土等。

8. 按配筋情况

混凝土按配筋情况可分为素混凝土、钢筋混凝土、纤维混凝土等。

(二)普通混凝土的组成材料

普通混凝土(简称混凝土)是由水泥、砂、石和水所组成的,根据需要常加入适量的外加剂和掺合剂,表观密度为1 930 ~2 500 kg/m^3。

1. 混凝土中各组成材料的作用

在混凝土中,砂、石起骨架作用,称为集料。水泥与水形成水泥浆,水泥浆包裹在集料表面并填充其空隙。在硬化前,水泥浆起润滑作用,赋予拌和物一定的和易性,便于施工。在硬化后,水泥浆起胶结作用,将集料胶结成一个坚实的整体。混凝土的结构如图2-8所示。

图2-8 混凝土结构

2. 混凝土组成材料的技术要求

混凝土组成材料的性质及其含量对混凝土的技术性质有很大的影响,同时,混凝土的施工工艺(搅拌、运输、养护等)对混凝土的技术性质也有影响。

1)水泥品种的选择

配制混凝土时应根据工程性质、部位、施工条件、环境状况等,参照有关规范规定选用。水泥强度等级的选择应与混凝土的设计强度等级相适应,基本原则是:配制高强度等级的混凝土,选用高强度等级的水泥;配制低强度等级的混凝土,选用低强度等级的水泥。

2)集料

混凝土体积中集料的体积占60% ~80%,集料按粒径的大小分为粗集料和细集料。集料的技术性能直接影响到混凝土的性能。

(1)细集料。细集料是指粒径为0.16 ~5 mm的砂。常用的砂有河砂、海砂及山砂。砂的要求有以下几方面:

①有害杂质。砂中常含有云母、黏土、淤泥、粉砂等杂质,如果这些杂质的含量超过规定的标准,会影响混凝土的性能。工程中应严格控制砂的有害杂质的含量。

②颗粒形状及表面特征。砂的颗粒形状及表面特征会影响砂与水泥的黏结及混凝土拌和物的流动性。表面粗糙带有棱角的山砂与水泥拌制的混凝土强度较高,但混凝土拌和物的流动性较差;表面圆滑的河砂、海砂与水泥的黏结较差,拌制的混凝土强度较低,但拌和物的流动性较好。

③颗粒级配及粗细程度。颗粒级配就是大小颗粒的搭配情况。从图2-9可看出:在混

凝土中,如果是同样粗细的砂,其空隙最大(见图2-9(a));两种粒径的砂搭配起来,空隙就减小了(见图2-9(b));三种粒径的砂搭配空隙更小(见图2-9(c))。可见,要想减小砂粒间的空隙,就要选用大小不同的粒径的砂搭配,以提高混凝土的强度。砂的粗细程度,通常有粗砂、中砂与细砂之分。在一般情况下,用粗砂拌制混凝土比用细砂拌制混凝土所需的水泥浆少。

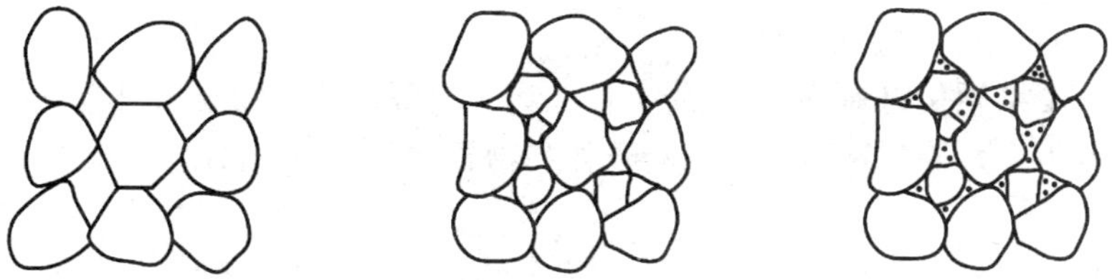

(a)相同粒径砂　　(b)两种不同粒径砂　　(c)三种不同粒径砂

图 2-9　骨料颗粒搭配

④坚固性。砂的坚固性是指砂在气候、环境变化或其他物理因素作用下抵抗破裂的能力。砂在长期受到各种自然因素的综合作用下,其物理力学性能会逐渐下降,这些自然因素包括温度变化、干湿度变化和冻融循环等。因此,混凝土中对砂的坚固性有相应要求。

(2)粗集料。粗集料是指粒径大于5 mm的集料,俗称石。常用的有碎石与卵石。碎石是天然岩石经机械破碎筛分得到的。卵石是由自然风化、水流搬运、分选得到的。配制混凝土的粗集料有以下几个方面的要求:

①有害杂质。粗集料中常含有一些有害杂质,如黏土、淤泥、细屑、硫酸盐、硫化物和有机杂质。这些有害杂质会对混凝土的性能产生影响。在工程中,同样需严格按照标准控制混凝土用粗集料中有害杂质的含量。

②颗粒形状及表面特征。粗集料的颗粒形状及表面特征会影响粗集料与水泥的黏结及混凝土拌和物的流动性。表面粗糙带有棱角的碎石,与水泥黏结较好,其混凝土强度较高,但拌制的混凝土的流动性较差;表面光滑的卵石,与水泥黏结较差,其混凝土强度较低,但拌制的混凝土的流动性较好。粗集料的颗粒形状还有属于叶状和片状的,叶、片状颗粒过多,会使混凝土的强度降低及流动性减小。因此,叶、片状颗粒的含量不宜大于10%。

③最大粒径及颗粒级配。粗集料中公称粒级的上限称为该粒级的最大粒径。粗集料的最大粒径应尽量选用的大些。但混凝土中粗集料的选用还受到结构或构件截面最小尺寸、混凝土中布置钢筋的最小净距和混凝土施工工艺的控制。粗集料的颗粒级配对混凝土的作用和细集料大致相同。石子级配好坏对节约水泥和保证混凝土具有良好的和易性有很大影响。

④强度。为了保证混凝土的强度要求,粗集料也应质地致密,具有足够的强度,必要时应进行岩石抗压检验。

⑤坚固性。粗集料的坚固性对混凝土的作用大致与细集料相同。

(3)混凝土拌和水和养护用水。拌制和养护混凝土用水应选用饮用水、清洁的地表水、地下水以及经适当处理后的工业废水——中水。对其总的要求是:不得影响混凝土的凝结,不得有损于混凝土强度发展,不得降低混凝土的耐久性,不得加快钢筋腐蚀及导致预应力钢筋脆断,不得污染混凝土表面。因此,海水和其他含有害化学物质较多的水不能用。

(4)混凝土外加剂。其是指在拌制混凝土过程中掺入的用以改善混凝土某种性能的物质,其掺量一般不大于水泥用量的5%。混凝土外加剂在改善混凝土拌和物的和易性、调节凝结硬化时间、控制强度发展和提高耐久性等方面起着显著作用。近年来,混凝土外加剂获得迅速发展和推广,已成为混凝土的第五组分。最常用的外加剂有减水剂、早强剂、引气剂(加气剂)、速凝剂、缓凝剂、防水剂、泵送剂等。

(三)普通混凝土的主要技术指标

混凝土在未凝结硬化以前,称为混凝土拌和物。混凝土拌和物要求具有良好的和易性,以方便施工和获得良好的浇筑质量。混凝土拌和物凝结硬化后,要求具有足够的强度,并具有必要的耐久性。

1.混凝土拌和物的和易性

混凝土拌和物的和易性也可称工作性,是指混凝土在搅拌、运输、浇筑、捣实等过程中易于工作,能保持质量均匀而不发生离析的性能。

1)和易性的概念

混凝土拌和物的和易性是一项综合性能,包括流动性、黏聚性和保水性三方面。流动性是指混凝土拌和物在本身自重或机械振捣作用下产生流动,能均匀密实地填满模板的性能。黏聚性是指混凝土拌和物在施工过程中各组成材料之间有一定的黏聚力,不产生分离和离析现象,保持整体均匀的性能。保水性是指混凝土拌和物在施工过程中,具有一定的保水能力,不致产生严重泌水现象,泌出的水会形成泌水通道,影响混凝土的密实,降低混凝土的强度、抗渗性和耐久性。

2)和易性的测定和选择

目前,还没有能够比较全面地反映混凝土拌和物和易性的测定方法。通常,采用坍落度测定混凝土拌和物的流动性,同时,目测拌和物的黏聚性和保水性。

3)坍落度试验

将混凝土拌和物按规定的方法装入标准的坍落筒(无底)内,装满刮平后,垂直向上将筒提起,混凝土拌和物将在自身重力作用下产生坍落,坍落后拌和物最高点与坍落筒之间的高差(mm),即为该混凝土拌和物的坍落度,如图2-10所示。坍落度数值愈大表示流动性愈大。

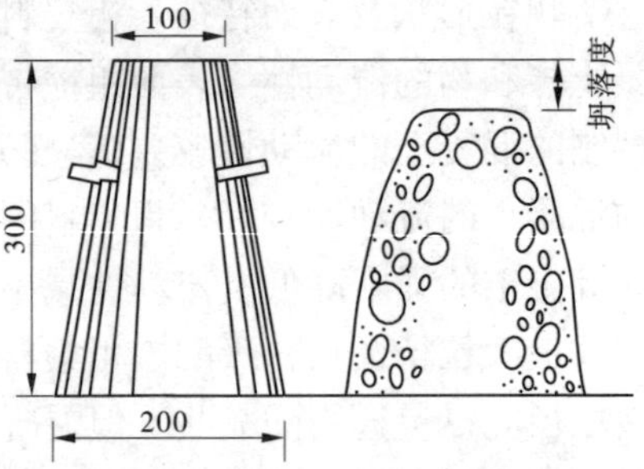

图2-10 混凝土拌和物坍落度的测定 (单位:mm)

测定坍落度的同时应观测混凝土拌和物的黏聚性和保水性。其方法是:用捣棒在已坍落的混凝土锥体侧面轻轻敲打,若锥体均匀下沉则表示黏聚性较好,若锥体出现崩坍则表示黏聚性不好。保水性用坍落筒提起后锥体周围析出水泥浆的多少来判定,析出水泥浆较少者,保水性好。

4)影响和易性的因素

影响和易性的因素主要是水泥浆的数量、稠度、砂率和外加剂。

水泥浆使混凝土拌和物产生流动性。在水灰比不变的前提下,单位体积混凝土拌和物内,水泥浆愈多,拌和物的流动性愈大。但水泥浆不宜过多,否则将产生流浆现象;水泥浆数量也不宜过少，否则不能填满集料之间的空隙。可见，混凝土拌和物中的水泥浆数量应以满足流动性为准。

水泥浆的稠度由水灰比决定，水灰比愈小，水泥浆愈稠，混凝土拌和物的流动性愈差，不利于混凝土浇筑。但水灰比太大，则会产生流浆等现象。可见，水灰比不能过大或过小。

砂率是指混凝土中砂的质量占砂、石质量的百分比，表示混凝土中砂与石子的组合关系。砂率愈大，混凝土中砂的比例愈高。所以，砂率大的混凝土拌和物显得干稠，流动性差；而砂率过小，则砂的体积不足以填充石子之间的空隙，混凝土拌和物的流动性也不好。因此，在配制混凝土时要合理选择砂率。

外加剂可改变混凝土的性能，所以加入少量的引气剂、减水剂等外加剂，可使混凝土拌和物获得较好的和易性。

2. 混凝土的强度

混凝土拌和物经过硬化，应达到规定的强度要求，混凝土的强度包括抗压强度、抗拉强度、抗弯强度、抗剪强度等，其中抗压强度最大，故混凝土主要用来承受压力。

混凝土的抗压强度是把混凝土制作成边长 150 mm 的立方体标准块，在标准条件（温度 (20 ± 2) ℃，相对湿度 95% 以上）下养护到 28 d 龄期，测得的具有 95% 保证率的强度值为混凝土立方体试件抗压强度，简称立方体抗压强度。混凝土强度通常是指混凝土抗压强度。

混凝土强度等级是按混凝土立方体抗压标准强度来划分的。混凝土强度等级采用符号 C 与立方体抗压强度标准值（单位为 MPa）来表示。混凝土划分为 C15、C20、C25、C30、C35、C40、C45、C50、C55、C60、C65、C70、C75、C80 等十四个等级。混凝土强度等级是混凝土结构设计、施工质量控制和工程验收的重要依据。

影响混凝土抗压强度的因素很多，主要有组成材料的配合比、养护条件、龄期等。

混凝土的强度主要取决于水泥石的强度及其与集料间的黏结力，两者均随水泥强度和水灰比而变。水灰比较小，混凝土中所加水分除去与水泥化合反应所需外，剩余水分较少，混凝土内部结构密实，孔隙少，强度较高；水灰比较大，则剩余水分较多，在混凝土中形成较多的孔隙，强度明显下降。

集料本身强度一般都比水泥石的强度高，不会直接影响混凝土的强度。若使用低强度的岩石，会使混凝土的强度降低，用碎石比用卵石配制的混凝土强度高。

养护条件主要是指环境的温度和湿度。当环境温度较高时，混凝土强度发展就较快；当环境湿度较小时，混凝土会因环境干燥而失水，强度不继续发展。当温度低于 0 ℃时，混凝土强度不发展。所以，为保证混凝土强度，周围环境需保持尽量高一点的温度和必要的湿度。

混凝土在正常养护条件下，强度随着龄期的增加而增长。最初的 7 ~ 14 d 内，强度增长较快，28 d 以后增长缓慢，增长过程可延续数十年。

3. 混凝土的耐久性

混凝土的耐久性是指抵抗环境介质作用并长期保持其良好的使用性能和外观完整性的能力。其主要包括抗渗性、抗冻性、耐腐蚀性、混凝土的碳化、碱集料反应、干缩等性能。

1) 抗渗性

抗渗性是指混凝土抵抗水、油等液体的压力作用不渗透的性能。抗渗性直接影响混凝土的抗冻性和耐腐蚀性，是耐久性的重要指标。

2）抗冻性

抗冻性是混凝土抵抗冰冻作用的性能。在冰冻作用下，由于混凝土内部孔隙中的水结冰造成体积膨胀，混凝土就会产生裂缝，反复冻融使裂缝不断扩展致使混凝土强度下降，直到局部或整体破碎。

3）耐腐蚀性

耐腐蚀性是混凝土抗腐蚀的性能。混凝土发生侵蚀，主要是在外界侵蚀介质作用下受到破坏所引起的，与所选用的水泥品种及混凝土本身的密实程度有关。

4）混凝土的碳化

混凝土的碳化是环境中的二氧化碳与水泥石中的氢氧化钙作用，从而减弱了混凝土对钢筋的防锈保护作用。碳化还将引起体积收缩，产生细微裂缝，引起强度下降。

5）碱集料反应

碱集料反应是指硬化混凝土中所含的碱与集料中的活性成分发生反应，生成具有吸水膨胀性的产物，在有水的条件下吸水膨胀，导致混凝土开裂，影响耐久性。

6）干缩

干缩是指混凝土因毛细孔和凝胶体中水分蒸发与散发而引起体积缩小，当干缩受到限制时，混凝土会出现干缩裂缝，从而影响耐久性。

（四）特种混凝土

1. 轻集料混凝土

轻集料混凝土又称轻骨料混凝土，是指粗集料选用轻集料，细集料选用轻集料或普通砂，表观密度不大于1 950 kg/m^3 的混凝土。

轻集料一般指多孔的人造陶粒、工业废渣、天然浮石等堆积密度不大于1 000 kg/m^3 的粗集料，以及粒径不大于5 mm，堆积密度不超过1 100 kg/m^3 的轻砂。大部分轻集料具有微小的气孔，表观密度小，所拌制的混凝土自重小。

与普通混凝土相比，轻集料混凝土孔隙率高，表观密度小，吸水率大，强度低。可用于房屋维护结构或承重构件，同时，具有轻质、保温、绝热等性能。

2. 多孔混凝土

多孔混凝土是内部均匀分布着大量微小气泡的轻质混凝土。多孔混凝土按其气孔形成的方式不同，分为加气混凝土、泡沫混凝土和大孔混凝土。

（1）加气混凝土：由硅质材料和石灰、水泥，掺入发气剂，加水拌匀，经蒸压或蒸养而成。加气混凝土表观密度为400～800 kg/m^3，可制成配筋条板，用做楼板、墙体和屋面构件。

（2）泡沫混凝土：由水泥浆和泡沫剂搅拌并经浇筑、养护硬化而成。泡沫混凝土的性能和用途与加气混凝土基本相同，不过泡沫混凝土可现场浇筑。

（3）大孔混凝土：是以粗集料、水泥和水配制而成的一种轻混凝土，又称无砂大孔混凝土。在大孔混凝土中，水泥浆仅将粗集料集在一起，而不填满粗集料之间的空隙，因而形成大孔结构。因大孔混凝土中孔隙较大，所以大孔混凝土强度较低，为提高其强度，也可掺入少量细集料，这种混凝土可称少砂大孔混凝土。大孔混凝土的表观密度为800～1 500 kg/m^3，多用做非承重墙体材料，由于其孔隙率大，具有透水性，还可以用于排水工程或建筑工程中的排水暗管或井管。

3. 防水混凝土

防水混凝土是指具有良好抗渗性并达到防水要求的混凝土。通常，可以用改善集料颗粒级配、适当增加水泥用量、掺加适当外加剂等办法使混凝土均匀密实，减少甚至杜绝混凝土内部的毛细管通路，以达到较高的抗渗、防水性能。

富水泥浆防水混凝土一般是采用较小的水灰比、较高的水泥用量（不低于 300 kg/m^3）、合理的砂率配制而成的混凝土，富水泥浆防水混凝土适用于环境潮湿的地下结构的防水工程。

集料级配防水混凝土是指严格控制砂、石级配及其混合比例，使集料之间的空隙充分填充，混凝土获得最大的密实度，以提高抗渗性能，达到防水效果的混凝土。

外加剂防水混凝土是在混凝土中掺入外加剂来改善其内部结构以提高抗渗性的混凝土。常用的外加剂有密实剂、复合外加剂等。

4. 耐热混凝土

耐热混凝土通常指长期经受高温（200 ℃以上）作用，并能在高温下保持其物理力学性能不变的混凝土。其根据所用胶凝材料可分为硅酸盐水泥耐热混凝土、铝酸盐水泥耐热混凝土等。

5. 纤维混凝土

纤维混凝土是在普通混凝土中掺加各种纤维而成的，如钢纤维、碳纤维、尼龙、聚丙烯等。纤维的作用是提高混凝土的抗拉强度，降低脆性，提高抗裂性。在纤维混凝土中，纤维的含量以及纤维的特性对其性能有很大影响。纤维混凝土主要用于路面、桥面、机场跑道等工程中。

6. 泵送混凝土

泵送混凝土是指坍落度在 100 mm 以上适用于用泵输送的混凝土。其拌和物具有较大的流动性及不离析的特性，要保证混凝土在泵送管道中顺利输送，就要求混凝土拌和物在输送中阻力小、不离析、不泌水、不阻塞。为此，除对混凝土的组成材料有具体要求外，还应掺入泵送剂或减水剂，必要时还应掺入粉煤灰等拌和物。泵送混凝土已在高层建筑、大型的工业与民用建筑、桥梁工程、港口工程等领域广泛应用。

7. 装饰混凝土

装饰混凝土是利用混凝土本身的水泥和集料的颜色、质感而用做饰面工程的混凝土。常用的有彩色混凝土、图案混凝土、图案花饰混凝土、清水混凝土等。

二、钢筋混凝土

钢筋混凝土是在混凝土中配置钢筋而形成的复合建筑材料，它既可以充分利用混凝土的抗压强度，又可以发挥混凝土对钢筋的保护作用，充分利用钢筋的抗拉、抗弯强度。因此，钢筋混凝土结构被广泛地应用于建筑工程、桥梁工程等土木工程中。

（一）钢筋混凝土的优点

（1）合理发挥材料的性能。混凝土具有很高的抗压强度，但抗拉强度却很低，而钢筋是一种抗拉强度很高的结构材料，在构件的受压部分用混凝土，在构件的受拉部分用钢筋，大大提高了构件的承载力，充分发挥了材料的性能。

（2）耐久性好。在钢筋混凝土结构中，混凝土的强度随着时间的增加而增长，并且钢筋受到混凝土的保护而不易锈蚀。

(3)耐火性好。混凝土包裹在钢筋之外,起着保护钢筋的作用,避免钢材因达到软化温度而造成结构整体破坏。

(4)整体性好。钢筋混凝土结构特别是现浇的钢筋混凝土结构整体性好。

(5)就地取材。钢筋和混凝土两种材料都比较容易得到,价钱也比较便宜。

(6)灵活性大。可以根据构件的受力情况,合理配置钢筋和确定混凝土强度等级,从而达到经济合理的效果。

(二)钢筋混凝土的缺点

(1)自重大。普通钢筋混凝土本身自重比钢结构大,不宜用于大跨度及高层建筑。

(2)抗裂性差。混凝土的抗拉强度及极限拉应变很小,所以在使用荷载的作用下,一般均带裂缝工作。

(3)保温效果差。普通钢筋混凝土的导热系数较大,热量容易传递。

另外,混凝土还有施工受气候条件限制、修复困难等缺点。

(三)预应力钢筋混凝土

为克服普通钢筋混凝土结构的裂缝过早出现这一缺点,充分利用高强度材料,可以设法在结构构件受外荷载作用前,预先对由外荷载引起的混凝土受拉区施加压力,以此产生的预压应力来减小或抵消外荷载所引起的混凝土拉应力,从而使结构构件的拉应力不大,甚至处于受压状态。这种在构件受荷载以前预先对混凝土受拉区施加压应力的结构称为预应力混凝土结构。对于裂缝控制严格、密闭性或耐久性要求高、变形要求严格的结构物,宜采用预应力结构。

第五节　木材、塑料及装饰材料

一、木材

木材作为建筑材料,已有悠久的历史。在建筑工程中,木材可用做桁架、梁、柱、支撑、门窗、地板、桥梁、脚手架、混凝土模板及室内装修材料等。

作为建筑材料,木材的优点是:轻质高强,弹性和韧性良好,能承受冲击和振动,导热性低,易于加工,纹理美观,装饰效果良好。木材的缺点是:构造不均匀,各向异性;含水率变化时胀缩显著,导致尺寸、形状的改变;易腐朽及虫蛀;易燃烧;有天然疵病等。但是,经过一定加工和处理,这些缺点可以得到相当程度的减轻。

建筑用木材分为针叶树和阔叶树两大类。针叶树如松、杉、柏等,一般树干通直而高大,易得木材,纹理通顺,材质均匀,木质较软,易于加工,故又称为软木材。其胀缩变形较小,耐腐蚀性强,有较高的强度,为建筑工程的主要用材,广泛用于承重结构材料。阔叶树如榆木、水曲柳、柞木等,树干通直部分较短,材质较硬而重,难以加工,故又称为硬木材。其强度较大,胀缩、翘曲变形大,易于开裂,不宜做承重构件。经加工后,常有美观的纹理,故适用于内部装修、家具和胶合板。

(一)构造

1. 宏观构造

木材的宏观构造是指用肉眼或放大镜所能观察到的木材组织。由于木材构造的不均匀性,研究木材宏观构造特征时,可从树干的3个切面上来进行剖析,即横切面、径切面和弦切面,如图2-11所示。横切面是与树干主轴重直的切面。径切面是顺着树干方向,通过髓心的切面。弦切面是顺着树干方向,与髓心有一定距离的切面。

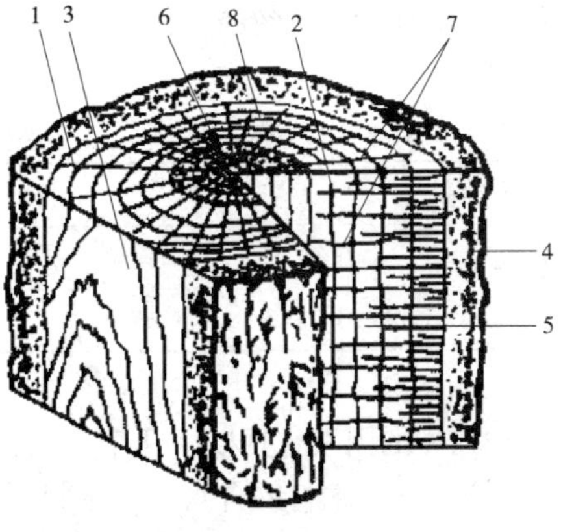

1—横切面;2—径切面;3—弦切面;
4—树皮;5—木质部;6—髓心;7—髓线;8—年轮

图2-11 树干的宏观构造

从横切面上可以看到,树木是由树皮、髓心和木质部所组成的。木质部是建筑材料使用的主要部分,在木质部靠近髓心部分颜色较深,称为心材;靠近树皮的部分颜色较浅,称为边材。一般来说,心材比边材的利用价值大些。

从横切面上还可以看到深浅相间的同心圆环,即所谓年轮,一般树木每年生长一轮。在同一年轮内,春天生长的木质色较浅、质松软,称为春材(早材);夏秋两季生长的木质色较深,质坚硬,称为夏材(晚材)。相同树种,年轮越密,材质越好;夏材部分越多,木材强度越高。

2. 微观构造

木材的微观构造是指借助显微镜才能见到的组织。用光学显微镜观察木材切片,可以看到木材是由无数管状细胞紧密结合而成的,除少数细胞横向排列外,绝大多数细胞纵向排列。每个细胞都是由细胞壁和细胞腔两部分组成的,细胞壁由细纤维组成,其纵向连接较横向牢固,造成细胞壁纵向强度高、横向强度低。细纤维间具有极小的空隙,能吸附和渗透水分。木材细胞壁越厚,腔越小,木材越密实,体积密度和强度也越大,但胀缩也越大。春材细胞壁薄腔大,夏材则细胞壁厚腔小。

(二)主要性质

当木材中仅细胞壁内吸附水达到饱和,而细胞腔及细胞间隙中无自由水存在时的含水率,称为纤维饱和点。纤维饱和点是木材物理力学性质发生变化的转折点。

1. 湿胀干缩

木材具有显著的湿胀干缩性,这是由于细胞壁内吸附水含量变化所致。当木材由潮湿状态干燥到纤维饱和点时,其尺寸不变,继续干燥,即当细胞壁中吸附水蒸发时,则发生体积收缩。反之,干燥木材吸湿时,将发生体积膨胀,直到含水量达到纤维饱和点时,其膨胀值达到最高,以后木材含水量继续增大,体积也不再膨胀。木材的收缩和膨胀对木材的使用有严重影响,它会使木材产生裂缝或翘曲变形,以致引起木结构的接合松弛或凸起、装修部件的破坏等。

2. 强度具有方向性

木材各向异性的特点也影响了木材的力学性能,使木材的各种力学强度都具有明显的方向性。当顺纹受力(作用力方向与木纹方向一致)时,木材抗压、抗拉强度都高;当横纹受力(木纹方向与作用力方向垂直)时,木材的强度都低;而当斜纹受力(作用力方向介于顺纹和横纹之间)时,木材强度随着力与木纹交角的增大而降低。表 2-3 列出木材各种强度值大小的关系。

表 2-3　木材各项强度值比较(以顺纹抗压强度为 1)

抗压		抗拉		抗弯	抗剪	
顺纹	横纹	顺纹	横纹		顺纹	横纹切断
1	1/10 ~ 1/3	2 ~ 3	1/20 ~ 1/3	3/2 ~ 2	1/7 ~ 1/3	1/7 ~ 1

影响强度的因素包括以下几个方面:

(1)含水率。木材的含水率对木材强度影响很大,当细胞壁中水分增多时,木纤维相互间的联结力减弱,使细胞壁软化。因此,当木材含水率在纤维饱和点以内变化时,木材强度随之变化,含水率增加,强度下降,含水率减少,强度上升;而含水率在纤维饱和点以上变化时,木材强度不变。含水率在纤维饱和点以内变化时,对各种强度影响最大的是顺纹抗压强度,其次是抗弯强度,对顺纹抗剪强度影响较小,而对顺纹抗拉强度几乎没有影响。

(2)温度。当环境温度升高时,木材纤维中的胶结物质逐渐软化,因而强度降低。温度超过 40 ℃时,木材开始分解,颜色变黑,强度明显下降;如果环境温度长期超过 50 ℃,则不宜采用木结构。当温度降至 0 ℃以下时,其水分结冰,木材强度增大,但木质变得较脆。一旦解冻,各项强度都低于未冻时的强度。

(3)长期荷载。木材对长期荷载的抵抗能力低于对暂时荷载的抵抗能力,这是由于木材长期在外力作用下产生等速蠕滑,经过长时间以后,便急剧产生大量连续变形的结果。木材在长期荷载下不致引起破坏的最大强度,称为持久强度。木材的持久强度比极限强度小得多,一般为极限强度的 50% ~60%。

(4)疵病的影响。木材在生长、采伐、保管过程中,所产生的内部和外部的缺陷,统称为疵病。木材的疵病包括木节、斜纹、裂纹、腐朽和虫害等。这些疵病都不同程度地降低了木材的物理力学性质,降低了木材的等级,甚至使木材失去了使用价值。

二、塑料

塑料是以合成或天然高分子有机化合物为主要原料,在一定条件下塑化成型,且在常温常压下能保持产品形状不变的材料。

塑料用做建筑材料的时间不长,但发展很快,与传统建筑材料相比,其有下列几方面的特点:

(1)密度小。一般为 0.9 ~2.3 g/cm^3,与木材接近,这就可以减轻建筑物的自重,尤其是对高层建筑具有更重要的意义。

(2)比强度高。有些塑料的比强度比金属高得多,如用玻璃纤维增强的环氧树脂,其比强度要比一般钢材高 2 倍左右。

(3)耐腐蚀性好。一般塑料对酸、碱等化学药品的耐腐蚀性均比金属材料和无机材料好,特别适用于化工厂房的门窗、墙体、屋架等。

(4)装饰性好。大多数塑料具有良好的着色性,因此塑料制品色彩丰富。

此外,塑料具有良好的耐磨性、电绝缘性,其抗震、消声和隔热性能也很好,但其易受环境气候、光照等影响而引起老化，使材料开裂破损，缩短使用寿命。相对而言，塑料成本较高，但它不仅可以用于装饰、装修、防水、给水排水、隔热、隔声等非结构性材料，而且已发展到结构材料的领域，用途越来越广，正逐步成为与混凝土、木材、钢材一样重要的建筑材料。

（一）塑料的组成

根据塑料组成成分的多少，塑料可分为简单组分和复杂组分两类。简单组分的塑料基本上由一种树脂组成，如聚四氟乙烯，也有仅加入少量着色剂、润滑剂等添加剂而成的，如聚苯乙烯、有机玻璃等。复杂组分的塑料除树脂外，还加入各种添加剂，如填充料、增塑剂、硬化剂、着色剂、润滑剂、稳定剂等，酚醛树脂即属此类。

1. 合成树脂

按照受热时形态性能的变化不同，合成树脂又可分为热塑性树脂和热固性树脂。

热塑性树脂具有受热软化而冷却后硬化的性能，且不起化学变化，不论加热和冷却重复多少次，均可保持这种性能，它包括全部聚合树脂和部分缩合树脂。

热固性树脂一旦加热即行软化，然后产生化学变化，相邻的分子互相连接而逐渐硬化，最终成为不能熔化和不能溶解的物质，它包括大部分缩合树脂。

合成树脂在塑料中起胶结作用，不仅本身胶结在一起，而且把其他组分也牢固地胶结起来，除作为塑料的主要成分外，还可作为合成纤维、涂料、胶粘剂等材料的主要组成成分。

2. 填充料

在合成树脂中加入填充料，可以降低链间的流淌性，加入不同的填充料可以得到不同性质的塑料，这是塑料制品品种繁多、性能各异的原因之一。对填充料的要求是：易被树脂润湿，与树脂有很好的黏附性，本身性质稳定，价格便宜，来源广泛。填充料的种类很多，按化学成分分为无机填充料和有机填充料，按形状分为粉状填充料、纤维状填充料和片状填充料等。无机填充料有云母、硅藻土、滑石粉、石灰岩粉、石棉、玻璃纤维等，有机填充料有木粉、纸屑、废棉、废布等。塑料中填充料掺量为40% ~70%。

3. 增塑剂

在塑料中加入增塑剂，能增加聚合物的可塑性和流动性，使其在较低的温度和压力下成型。增塑剂还可改变塑料的性能，使其具有要求的强度、韧性等。

对增塑性的要求首先是相容性，即必须能与树脂均匀地溶混在一起，不游移而集中到表面上来；其次是稳定性，在光、热、大气作用下，不会使塑料产生破坏或脆性、退色及气味；再次是当浸入水中时，既不发胀也不收缩。

常用的增塑剂有邻苯二甲酸酯类、磷酸酯类、樟脑、二苯甲酮、石油磺酸苯酯等。

4. 硬化剂

硬化剂又称变定剂、固化剂。它的作用是使树脂具有热固性，如环氧树脂本身不硬化，需加入胺类（乙二胺等）硬化剂才能硬化。

5. 着色剂

着色剂的加入可使塑料具有鲜艳的色彩和光泽。着色剂既要考虑化学方面的相容性、纯度、抗热和抗溶剂性、抗各类试剂的性能，又要考虑物理方面的浑浊度、不透明性，同时，还要考虑颜色在塑料中的迁移性，对光、电性质的影响，以及气味、密度、熔点等。在加工和使用过程中，着色剂应保持色泽不变，不与塑料组成成分发生化学反应。常用的着色剂是各种颜料和染料，有时也采用能产生荧光和磷光的颜料。

6. 添加剂

添加剂的加入可使塑料适应各种使用要求和具有各种特殊性能。例如:掺入发泡剂(异氰酸酯、肥皂、乙醇和某些偶氮化合物),可制得泡沫塑料;掺入某些卤化物和磷化物,可阻滞燃烧;掺入抗氧化剂(亚磷酸三苯酯),可提高聚合物的防老化性能。

(二)常用建筑塑料

1. 热塑性塑料(由热塑性树脂制成)

1)聚乙烯塑料(PE)

聚乙烯塑料是最常用的材料之一,它是由乙烯单体在催化剂作用下聚合而成的,分子量一般为1.5万~3.5万,是非极性结晶聚合物。聚乙烯塑料具有良好的化学稳定性和耐低温性能(-70 ℃),密度小(0.91~0.97 g/cm^3),但其结构强度不高,质地柔软。如果加入2%~3%的炭黑,可大大提高化学稳定性和抗老化性能,延长它在室外的使用年限。聚乙烯塑料主要用于生产防水防潮薄膜、给水排水管和卫生洁具。

2)聚氯乙烯塑料(PVC)

聚氯乙烯塑料主要是以由乙炔和氯化氢合成的氯乙烯为单体聚合而成的,由于分子中含有氯原子,及C—Cl键之间的偶极影响,聚氯乙烯的极性、硬度和刚性都较大,能耐酸、碱的侵蚀,又因为分子中含有大量的氯,故聚氯乙烯具有很好的阻燃性。

聚氯乙烯塑料可分为软质和硬质两种。软质聚氯乙烯塑料中含有增塑剂,故比较柔软并具有弹性,断裂时的延伸率较高,可制成各种板、片、型材,作为地面材料和装修材料使用。而硬质聚氯乙烯塑料不含或仅含少量的增塑剂,因而强度较高,抗风化能力和耐蚀性都很好,可用来制作天沟、水落管、墙面板、天窗以及给水排水管等建筑制品。

将聚氯乙烯磨成细粉,悬浮于液态增塑剂中,可制成防水抗蚀的涂料。

3)聚苯乙烯塑料(PS)

聚苯乙烯塑料是由苯乙烯单体聚合而成的。其在合成树脂中是最轻的,且具有耐光、耐水、电绝缘性好,易加工和着色等优点;它的缺点是性脆。在建筑中,其主要用做隔热泡沫塑料、饰面板、胶乳涂料等。聚苯乙烯塑料经改性后,适用于生产卫生洁具及配套材料,与门窗配套的建筑小五金、管材、薄板等。

2. 热固性材料

热固性材料是由热固性树脂制成的。

1)酚醛塑料(PF)

酚醛树脂通常是以苯酚与甲醛缩聚而成的,它具有耐热、耐湿、耐化学侵蚀和电绝缘的性能,但本身很脆,加入不同的填充料,可得不同性能的酚醛塑料。以纸、棉布、木片、玻璃布等作为填充料,可制成强度很高的层压塑料。加入木粉而得的酚醛塑料就是我们常说的“电木”。酚醛塑料在建筑上的主要用途是制造各种层压板、保温绝热材料、玻璃纤维增强塑料、胶粘剂及聚合物混凝土。

2)玻璃纤维增强塑料(GRP)

玻璃纤维增强塑料是用玻璃纤维增强不饱和聚酯树脂、酚醛树脂等为胶结材料而得到的,通常称做玻璃钢。其主要优点是轻质高强,机械强度可与钢材相比。此外,还具有优良的耐水性、耐有机溶剂性、耐热性和抗老化性。其缺点是刚度不如金属,有较大的变形性能(如徐变等),且不耐浓酸、浓碱腐蚀。玻璃钢在建筑上的主要用途是做装饰材料、屋面及墙体围护材料、防水材料、浴缸和水箱,也可制成采光材料代替玻璃。

三、装饰材料

建筑装饰材料是指铺设或涂抹在结构物内外表面的饰面材料。按装饰部位分为外墙装饰材料、内墙装饰材料、地面装饰材料及吊顶装饰材料。按组成分为有机装饰材料和无机装饰材料,无机装饰材料又有金属材料与非金属材料之分。

(一)装饰材料的基本要求

1. 材料的颜色、光泽和透明性

颜色是材料对光的反射效果。不同的颜色给人以不同的感觉,如红色、橘红色给人一种温暖、热烈的感觉,绿色、蓝色给人一种宁静、清凉、寂静的感觉。

光泽是材料表面方向性反射光线的性质。材料表面越光滑,则光泽度越高。不同的光泽度可改变材料表面的明暗程度,造成不同的虚实对比效果。

透明性是光线透过材料的性质。根据透明性可将物体分为透明体、半透明体和不透明体。利用不同的透明度调整光线的明暗,可以造成特殊的光学效果。

2. 花纹图案、形状和尺寸

由于材料所用的原料、组成及生产、加工方法的不同,材料的表面组织具有多种多样的特征,如细致或粗糙、平整或凹凸、坚实或疏松等。装饰材料特定的表面组织,可以达到特定的效果。

块材、板材和卷材等装饰材料的形状和尺寸对装饰效果都有很大影响,改变材料的形状和尺寸,并配合花纹、颜色、光泽等可拼装出各种线型和图案,从而获得不同的装饰效果,满足不同的装饰需要。

3. 质感

质感是材料表面组织结构、花纹图案、颜色、光泽、透明性等给人的一种综合感觉。

建筑装饰材料除考虑以上基本要求外,还应具备一定的强度、耐水性、抗火性、耐侵蚀性等基本性质,若同时具有保温、隔热、隔声、吸声、防护等功能则更加理想。

(二)常见装饰材料

1. 天然石材

1)大理岩

大理岩的岩石学定义是:由石灰岩经过地壳内的高温高压作用重结晶形成的变质岩。其由于盛产在中国云南省大理县而得名,主要由方解石、白云石等矿物组成,成分以碳酸钙为主,约占50%以上。大理岩具有质地细密、坚实,抗压强度较高,吸水率小,耐磨不变形等特点。

装饰用大理岩泛指具有装饰功能,并可磨光、抛光的易于加工成建筑石材或工艺品的已变质或未变质的碳酸盐岩类,主要包括大理岩、石灰岩、白云岩等。

纯净大理岩为白色,我国常称汉白玉。由于大理岩中常含氧化铁、云母、石墨、蛇纹石等杂质,而呈现红、黄、绿、棕、黑等各色斑斓纹理,磨光后极为美丽典雅,常根据其纹理特征赋予高雅的名称,如晚霞、残雪、秋香、秋景、雪野等。大理岩经锯切、磨光后主要加工成饰面板和各种花饰雕刻的饰面材料。大理岩的碎屑石渣和石屑可作为水磨石、水刷石、剁假石、假面砖等的主要原料。大理岩板材具有石质细腻、光泽柔润、绚丽多彩、抗压耐烧等特点,主要用于车站、港口、机场、宾馆、博物馆展览厅、办公楼、会议室等高级建筑物的墙面、踏步、柱石、服务台、窗台、踢脚等处的装饰。

2)花岗岩

花岗岩是由地下岩浆冷凝而成的,是火成岩中分布最广的一种岩石,属酸性深成岩。其主要由石英、长石和云母组成,成分以二氧化硅为主,含量一般为65%~75%。花岗岩质地坚硬、性质均一,可作为良好的建筑物地基和天然建筑材料。

装饰用花岗岩指具有装饰功能,并可磨光、抛光的各类岩浆岩及少量其他类岩石,主要是岩浆岩中的深成岩和部分喷出岩及变质岩。其主要包括花岗岩、闪长岩、正长岩、辉长岩(以上均属深成岩),辉绿岩、玄武岩、安山岩(以上均属喷出岩),片麻岩(属变质岩)等。其色调主要由所含长石和有色矿物的颜色而定,有灰色、深灰色、淡红色、粉红色等。花岗岩质地坚硬、耐久、外观绚丽,主要用做建筑物内外饰面材料,也可用做重要的大型建筑物基础、踏步、栏杆、堤坝、桥梁、路面、街边石等。

2. 陶瓷制品

用于建筑饰面或作为建筑构件的陶瓷制品称为建筑陶瓷。建筑陶瓷主要包括陶瓷饰面砖、卫生陶瓷、园林陶瓷、琉璃陶瓷制品等。其中,应用最广的是各种陶瓷饰面砖和卫生陶瓷。

1)釉面瓷砖

釉面瓷砖是以黏土为主要原料烧制而成的,表面覆盖玻璃态釉层。按釉面颜色分为白色砖、花色砖和图案砖三类,按正面形状分为正方形砖、长方形砖和异形砖三类。

釉面瓷砖具有色泽柔和典雅、美观耐用、朴素大方、易清洁、耐酸、防火等特点,常用于建筑物内的厨房、卫生间、内墙裙等装饰。

2)墙地砖

墙地砖包括建筑物外墙装饰贴面砖和室内外地面装饰铺贴用砖,由于目前这类砖的发展趋向是产品常可墙、地两用,故称为墙地砖。墙地砖是以优质陶土为原料,再加入其他材料配成生料,经半干法压型后于1 100 ℃左右焙烧而成的。釉面墙地砖通过釉面着色可制成红、蓝、绿等各种颜色,通过丝网印刷可获得丰富的套花图案。无釉墙地砖通过坯体着色也可制得单色、多色等多种制品。

墙地砖具有质地致密、强度高、耐水、耐磨、不燃、抗冻、不受日照影响等特点,厚的墙地砖一般用做铺地砖,薄的墙地砖用于外墙饰面。

第六节 其他材料

本节主要介绍土木工程中经常用到的其他两种原材料——钢材和沥青。

一、钢材

(一)钢材的冶炼

地球上的铁蕴藏在铁矿中。从铁矿石开始到最终产品的钢材,钢材的生产大致可分为炼铁、炼钢、浇铸和脱氧三道工序。

1. 炼铁

矿石中的铁是以氧化物的形态存在的，因此从矿石中得到铁，要通过化学反应从矿石中除去氧，还原出铁。炼铁的化学反应要在足够的温度下才会发生，所以铁的冶炼都是在可以鼓入热风的高炉内进行的。铁矿石在高温下成为熔融的生铁（含碳量超过2.06%的铁碳合金称为生铁或铸铁）和漂浮其上的溶渣。常温下的生铁质坚而脆，但由于其熔化温度低，在熔融状态下具有足够的流动性，故在机械制造业的铸件生产中有广泛的应用。

2. 炼钢

含碳量在2.06%以下的铁碳合金称为碳素钢。因此，当用生铁制钢时，必须通过氧化作用除去生铁中多余的碳和其他杂质。这一作用也要在高温下进行，称为炼钢。

3. 浇铸和脱氧

按钢液在炼钢炉中或盛钢桶中进行脱氧的方法和程度的不同，碳素结构钢可分为沸腾钢、镇静钢、半镇静钢和特殊镇静钢四类。沸腾钢采用脱氧能力较弱的锰做脱氧剂，脱氧不完全，在将钢液浇铸入钢锭模时，会有气体逸出，出现钢液的沸腾现象。沸腾钢在铸模中冷却很快，钢液中的氧化铁和碳作用生成的一氧化碳气体不能全部逸出，凝固后在钢材中留有较多的氧化铁夹杂和氧孔，钢的质量较差。镇静钢采用锰加硅做脱氧剂，脱氧较安全，硅在还原氧化铁的过程中还会产生热量，使钢液冷却缓慢，气体充分逸出，浇铸不会出现沸腾现象。这种钢质量好，但成本高。半镇静钢的脱氧程度介于上述二者之间。特殊镇静钢是在锰硅脱氧后，再用铝补充脱氧，其脱氧程度高于镇静钢。低合金高强度结构钢一般都是镇静钢。

（二）钢材的加工

钢材的加工分为热加工、冷加工和热处理三种。

1. 热加工

将钢坯加热至塑性状态，依靠外力改变其形状，产生出各种厚度的钢板和型钢，称为热加工。

2. 冷加工

在常温或低于再结晶温度的情况下，通过机械的力量，使钢材产生所需要的永久塑性变形，获得需要的薄板或冷弯薄壁型钢的工艺称为冷加工。冷加工包括冷轧、冷弯、冷拔等延伸性加工，也包括剪、冲、钻、刨等切削性加工。

3. 热处理

钢的热处理是将钢在固态范围内，施以不同的加热、保温和冷却措施，改变其内部组织构造，达到改善钢材性能的一种加工工艺。

（三）钢材的主要性能

钢材有两种完全不同的破坏形式：塑性破坏和脆性破坏。钢材在正常使用条件下，虽然有较高的塑性和韧性，但在某些条件下，仍然存在发生脆性破坏的可能性。

塑性破坏的主要特征是破坏前具有较大的塑性变形，常在钢材表面出现明显的相互垂直交错的锈迹剥落线，只有当构件中的应力达到抗拉强度后才会发生破坏，破坏后的断口呈纤维状，色泽发暗。由于塑性破坏前总有较大的塑性变形发生，且变形持续时间较长，容易被发现和抢修加固，因此不致发生严重后果。

脆性破坏的主要特征是破坏前塑性变形很小，或根本没有塑性变形，可突然迅速断裂，破坏后的断口平直,呈有光泽的晶粒状或有人字纹。由于破坏前没有任何预兆,破坏速度又极快,无法察觉和补救,而且一旦发生常引发整个结构的破坏,后果非常严重,因此在结构的设计、施工和使用过程中,要特别注意防止这种破坏的发生。

钢材存在的两种破坏形式与钢材的内在组织构造以及外部的工作条件有关。

1. 钢材在单向一次拉伸下的工作性能

钢材的多项性能指标可通过单向一次(也称单调)拉伸试验获得。试验一般都是在标准条件下进行的:试件的尺寸符合国家标准,表面光滑,没有孔洞、刻槽等缺陷;按规定的速度增加荷载,直到试件破坏;环境温度为 20 ℃左右。钢材的单调拉伸应力—应变曲线如图 2-12 所示。由低碳钢的试验曲线看出:在比例极限以前钢材的工作是弹性的;在比例极限以后,进入弹塑性阶段;达到了屈服点后,出现了一段纯塑性变形,也称为塑性平台;此后强度又有所提高,出现所谓强化阶段,直至产生颈缩而破坏。

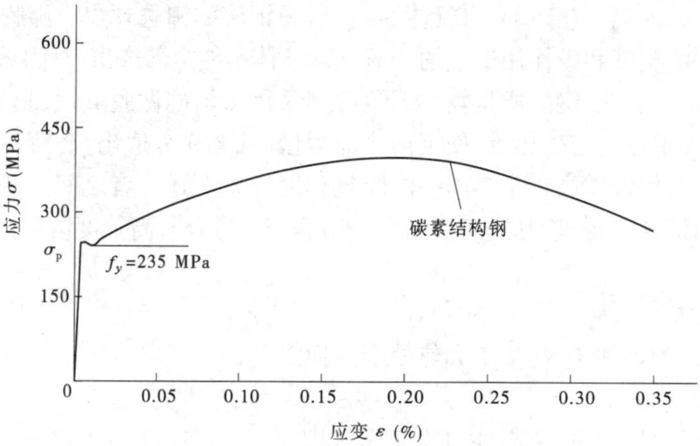

图 2-12 钢材的单调拉伸应力—应变曲线

钢材的一次拉伸应力—应变曲线提供了三个重要的力学性能指标:抗拉强度、伸长率和屈服点。抗拉强度是钢材的一项重要的强度指标,它反映钢材受拉时所能承受的极限应力。伸长率是衡量钢材断裂前所具有的塑性变形能力的指标。屈服点是结构设计中应力允许达到的最大限值,因为构件中的应力达到屈服点后,结构会因过度的塑性变形而不适于继续承载。承重结构的钢材应满足相应国家标准对上述三项力学性能指标的要求。

2. 冷弯性能

钢材的冷弯性能由冷弯试验确定。试验时,根据钢材的牌号和不同的板厚,按国家相关标准规定的弯心直径,在试验机上把试件弯曲 180°,如图 2-13 所示,以试件表面和侧面不出现裂纹和分层为合格。冷弯试验不仅能检验材料承受规定的弯曲变形能力的大小,还能显示其内部的冶金缺陷,因此它是判断钢材塑性变形能力和冶金质量的综合指标。

3. 冲击韧性

由单调拉伸试验获得的塑性没有考虑应力集中和动荷载作用的影响,只能用来比较不同钢材在正常情况下的塑性好坏。冲击韧性也称缺口韧性,是评定带有缺口的钢材在冲击荷载作用下抵抗脆性破坏能力的性能,通常用带 V 形缺口的标准试件做冲击试验,如

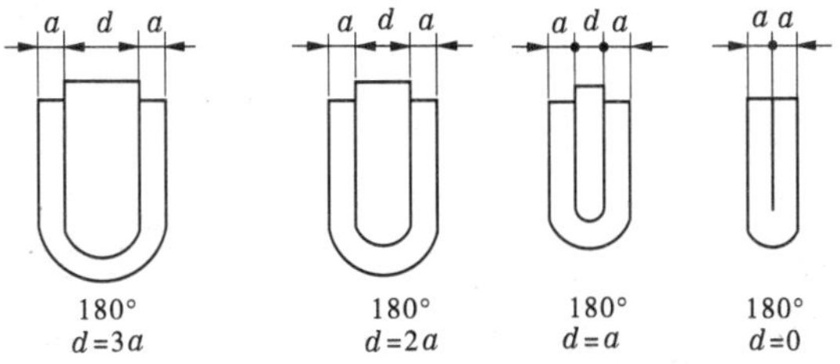

图 2-13　钢材的冷弯试验

图 2-14 所示。以击断试件所消耗的冲击吸收功大小来衡量钢材抵抗在冲击荷载下发生脆性破坏的能力。

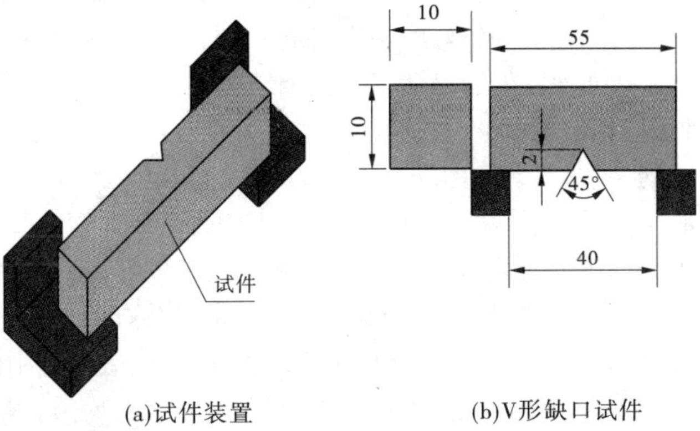

图 2-14　冲击韧性试验　（单位：cm）

试验结果表明，钢材的冲击韧性值随温度降低而降低，但不同牌号和质量等级钢材的降低规律又有很大的不同。

4. 钢材的焊接性能

钢材的焊接性能受碳含量与合金元素含量的影响。当碳含量在 0.12% ~0.20% 范围内时，碳素钢的焊接性能最好；当碳含量超过上述范围时，焊缝发热影响区容易变脆。钢材焊接性能的优劣除与钢材的碳含量有直接关系外，还与母材厚度、焊接方法、焊接工艺参数以及结构形式等条件有关。目前，国内外都采用试验的方法来检验钢材的焊接性能。

（四）建筑用钢的种类

1. 钢材的种类

我国的建筑用钢主要为碳素结构钢和低合金高强度结构钢两种，优质碳素结构钢在冷拔碳素钢丝和连接用紧固件中也有应用。

1）碳素结构钢

按国家标准《碳素结构钢》（GB/T 700—1988）生产的钢材共有 Q195、Q215、Q235、Q255 和 Q275 等五种品牌，板材厚度不大于 16 mm 的相应牌号钢材的屈服点分别为 195 MPa、215 MPa、235 MPa、255 MPa、275 MPa。Q235 钢的强度适中，塑性、韧性均较好。该牌号钢材又根据化学成分和冲击韧性的不同划分为 A、B、C、D 共四个质量等级，除 A 级外，其他三个级别的碳含量均在 0.20% 以下，焊接性能也很好。

碳素结构钢的钢号由代表屈服点的字母 Q、屈服点数值（单位为 MPa）、质量等级符号、脱氧方法符号等四个部分组成。符号“F”代表沸腾钢，“b”代表半镇静钢，符号“Z”和“TZ”分别代表镇静钢和特种镇静钢。在具体标注时“Z”和“TZ”可以省略。如 Q235B 代表屈服点为 235 MPa 的 B 级镇静钢。

2）低合金高强度结构钢

按国家标准《低合金高强度结构钢》（GB/T 1591—1994）生产的钢材共有 Q295、Q345、Q390、Q420 和 Q460 五种牌号。Q 后面的数字，代表该种钢材的屈服点。板材厚度不大于 16 mm 的相应牌号钢材的屈服点分别为 295 MPa、345 MPa、390 MPa、420 MPa 和 460 MPa。这些钢的碳含量均不大于 0.20%，强度的提高主要依靠添加少量的几种合金元素来达到，合金元素总量低于 5%，故称为低合金高强度钢。其中，Q345、Q390 和 Q420 均按化学成分和冲击韧性各划分为 A、B、C、D、E 五个质量等级，字母顺序越靠后代表钢材质量越高。这三种牌号的钢材均有较高的强度和较好的塑性、韧性、焊接性能，常被钢结构规范选为承重结构钢。这三种低合金高强度钢的牌号命名与碳素结构钢类似，只是前者的 A、B 级为镇静钢，C、D、E 级为特种镇静钢。

3）优质碳素结构钢

优质碳素结构钢与碳素结构钢的主要区别在于钢中含杂质元素较少，磷、硫等有害元素的含量均不大于 0.035%，其他缺陷的限制也较严格，具有较好的综合性能。按国家标准《优质碳素结构钢技术条件》（GB/T 699—1999）生产的钢材共有两大类：一类为普通含锰量的钢，另一类为较高含锰量的钢。两类钢号均用两位数字表示，表示钢中的平均碳含量的万分数，前者数字后不加 Mn，后者数字后加 Mn。如 45 钢，表示平均碳含量为 0.45% 的优质碳素钢；45Mn 钢，则表示碳含量与前者相同但锰的含量较高的优质碳素钢。

4）其他建筑用钢

在某些情况下，要采用一些有别于上述牌号的钢材时，其材质应符合国家的相关标准。

2. 钢结构用钢材

钢结构用钢材主要是热轧成型的钢板和型钢等；薄壁轻型钢结构中主要采用薄壁型钢、圆钢和小角钢，如图 2-15 所示。

1）热轧型钢

热轧型钢有工字钢、H 型钢、T 型钢、槽钢、等边角钢、不等边角钢等，如图 2-15 所示。

2）冷弯薄壁型钢

冷弯薄壁型钢通常是用 2 ~ 6 mm 薄钢板冷弯或模压而成的，有角钢、槽钢等开口薄壁型钢及方形、矩形等空心薄壁型钢，见图 2-15（g）。

3）钢板、压型钢板

钢板分厚板（厚度 >4 mm）和薄板（厚度 ≤4 mm）两种。厚板主要用于结构，薄板主要用于屋面板、楼板和墙板等，见图 2-15（h）。

压型钢板是由薄钢板经辊压冷弯而成的波形板，其截面呈梯形、V 形、U 形或类似的波形。在建筑上压型钢板主要用做屋面板、墙板、楼板和装饰板等。

3. 钢材选用原则和建议

钢材的选用既要确保结构物的安全可靠，又要经济合理，必须慎重对待。为了保证承重结构的承载能力，防止在一定条件下出现脆性破坏，应根据结构的重要性、荷载特征（动载或静载）、连接方法（焊接、螺栓连接、铆接）、工作环境（常温或负温）、应力状态（拉、压、剪）

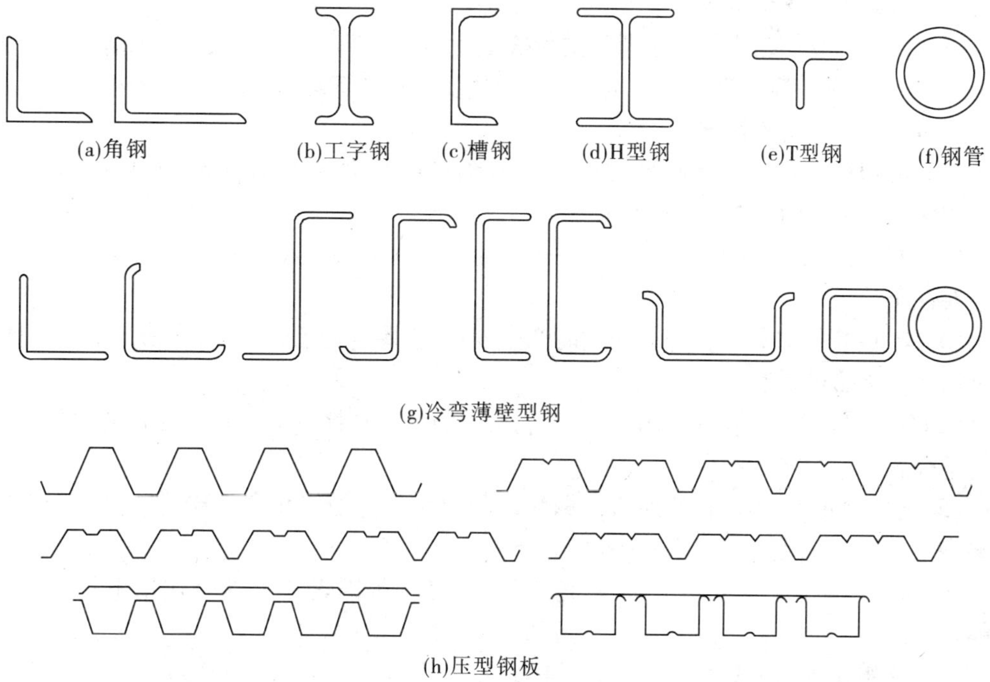

图 2-15　型钢和冷弯薄壁型钢

和钢材厚度等因素综合考虑,选用合适牌号和质量等级的钢材。

一般而言,对于直接承受动力荷载的构件或结构、重要的构件或结构、采用焊接连接的结构以及处于低温下工作的结构,应采用质量较高的钢材。

承重结构采用的钢材应具有抗拉强度、伸长率、屈服点和硫、磷含量的合格保证,对焊接结构尚应具有碳含量的合格保证。重要的承重结构采用的钢材,还应具有冷弯试验的合格保证。在受动荷载作用时,应具有冲击韧性的合格保证。

二、沥青

沥青是一种褐色或黑褐色的有机胶凝材料,在建筑、公路、桥梁等工程中有着广泛的应用,其主要用途是生产防水材料和铺筑沥青路面等。

沥青按产源可分为地沥青(天然地沥青和石油地沥青)和焦油沥青(煤沥青、木沥青和页岩沥青)两大类。工程中常用的沥青材料主要为石油沥青和煤沥青,石油沥青的技术性质优于煤沥青,在工程中应用更为广泛。

1. 石油沥青的基本组成与结构

石油沥青是由石油经蒸馏、吹氧、调和等工艺加工时得到的残留物,是石油中相对分子质量最大、组成及结构最为复杂的混合物。

石油沥青的组分:①油分:起到赋予沥青流动性的作用;②树脂(沥青脂胶):其中绝大部分属于中性树脂;③地沥青质(沥青质):是决定石油沥青温度敏感性、黏性的重要组成部分。

2. 石油沥青的胶体结构

石油沥青的胶体结构是以地沥青质为核心，和油分、树脂共同形成的。胶体结构可分为溶胶型、凝胶型和溶凝胶型三种类型。大部分优质道路沥青均为溶凝胶型结构。

3. 石油沥青的主要性质

(1)防水性：石油沥青是憎水性材料，本身构造致密，所以石油沥青有良好的防水性，被广泛用做建筑工程的防潮、防水材料。

(2)黏滞性：指在外力作用下沥青粒子产生相互位移抵抗变形的能力。它是沥青材料的重要性质。

(3)塑性：指沥青材料在外力作用时产生变形，去除外力后，仍保持变形后形状的性质。它是沥青性质的重要指标。

(4)延性：指当其受到外力作用时，所能承受的最大塑性变形。它是沥青的内聚力大小的衡量标志。

(5)温度敏感性：指沥青的黏滞性和塑性随温度升降而变化的性能。它是沥青性质的重要指标。

(6)大气稳定性：指沥青在热、阳光、氧气和潮湿等因素长期综合作用下抵抗老化的性能。

4. 石油沥青的技术要求

(1)石油沥青的技术标准。在工程建设中常用的石油沥青可分为道路石油沥青、建筑石。

(2)石油沥青的应用。道路石油沥青牌号较多，一般拌制成沥青混凝土、沥青拌和料或沥青砂浆等使用。建筑石油沥青黏性较大，耐热性较好，但塑性较小，主要用于制造油毡、油纸、防水涂料和沥青胶。用于屋面防水工程时，应注意温度敏感性，防止过分软化，产生流淌。普通石油沥青含蜡较多，温度敏感性大，故在工程中不直接单独使用，只能与其他种类的石油沥青掺配使用。

复习思考题

1. 试根据课程中对各种材料的介绍，找到生活中这些材料在哪些场所应用。
2. 水泥、砖、钢材分别有哪些类型？
3. 试述混凝土的材料组成和主要技术要求。
4. 建筑装饰材料有哪些？
5. 根据材料的特点，思考其适用于土木工程中不同场所的原因。
6. 新型的建筑材料有哪些？
7. 什么是胶凝材料？胶凝材料的类型和适用性如何？
8. 水泥的主要技术性能指标有哪些？
9. 叙述水泥的凝结硬化过程。

第三章　土木工程构件及其基本结构

【学习指导】

本章着重介绍了建筑物的基本组成构件及其特点。要求掌握土木工程构件的基本类型和各种结构的特点，能够识读建筑物的组成构件。

第一节　梁、板、柱和墙

每一幢房屋都有它的承重结构体系，若承重结构体系破坏，则房屋就要倒塌。承重结构体系是由若干个结构构件连接而成的，这些结构构件的形式虽然多种多样，但可以从中概括出以下几种典型的基本构件。

一、梁

梁是工程结构中的受弯构件，通常水平放置，但有时也斜向设置以满足使用要求，如楼梯梁。梁的截面高度与跨度之比一般为 1/8 ~ 1/16，高跨比大于 1/4 的梁称为深梁；梁的截面高度通常大于截面的宽度，但因工程需要，梁宽大于梁高时，称为扁梁；梁的高度沿轴线变化时，称为变截面梁。梁承受板传来的压力以及梁的自重，其受荷载作用的方向与梁轴线相垂直，其作用效应主要为受弯和受剪。梁可以现浇，也可以预制。

梁常见的分类有以下几种情况。

（一）按支承情况分类

1. 简支梁

简支梁的两端支承在墙或柱上。简支梁在荷载作用下内力较大，宜用于小跨情况，如单个门窗洞口上的过梁，单根搁置在墙上的大梁通常都作为简支梁计算。简支梁的优点是当两支座有不均匀沉降时，不产生附加应力。简支梁的高度一般为跨度的 1/10 ~ 1/15，宽度为其高度的 1/2 ~ 1/3。

2. 连续梁

连续梁是支承在墙、柱上整体连续的多跨梁，这在楼盖和框架结构中最为常见。连续梁刚度大，而跨中内力比同样跨度的简支梁小，但中间支座处及边跨中部的内力相对较大。为此，常在支座处加大截面，做成加肋的形式；而边跨跨度可稍小一些，或在边跨外加悬挑部分，以减小边跨中部的内力。连续梁当支座有不均匀下沉时将有附加应力。

3. 多跨静定梁

多跨静定梁和简支梁一样，支座有不均匀下沉时不产生附加应力。它是由外伸梁和短梁铰接连接构成的。这种梁连接构造简单，而内力比单跨的简支梁小。木檩条常做成这种梁的形式，以节约木材。

梁通常为直线形，如需要也可做成折线形或曲线形。曲梁的特点是内力除弯矩、剪力外，还有扭矩。梁在墙上的支承长度一般不小于 240 mm，见图 3-1（a）。

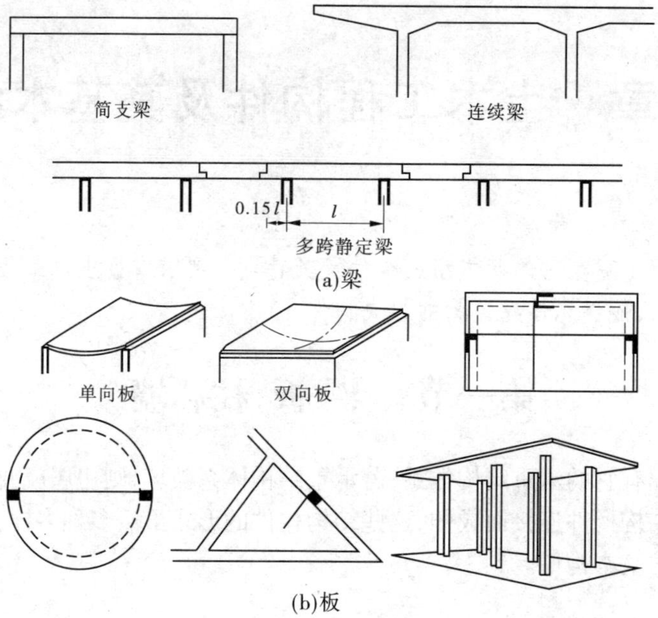

图 3-1　梁、板形式

(二)按截面形式分类

梁的截面形式常为矩形、T 形、⊥形、十字形及花篮形等。矩形梁制作简便;T 形梁可减小梁的宽度,节约混凝土用量;⊥形、十字形及花篮形截面可增加房屋的净空,见图 3-2。

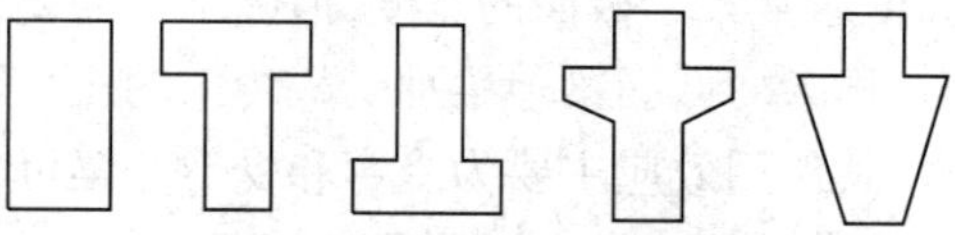

图 3-2　梁的截面形式

(三)按梁所用材料分类

梁按所用材料可分为钢梁、钢筋混凝土梁、预应力混凝土梁、木梁以及钢与混凝土组成的组合梁等。

(四)按梁在结构中的位置分类

梁按其在结构中的位置可分为主梁、次梁、连梁、圈梁、过梁等(见图 3-3)。主梁除承受板直接传来的荷载外,还承受次梁传来的荷载。次梁一般直接承受板传来的荷载,再将板传来的荷载传递给主梁。连梁主要用于连接两榀框架,使其成为一个整体。圈梁一般用于砖混结构,将整个建筑围成一体,增强结构的抗震性能。过梁一般用于门窗洞口的上部,用以承受洞口上部结构的荷载。

二、板

板是指平面尺寸较大而厚度较小的受弯构件,通常水平放置,但有时也斜向放置(如楼梯板)或竖向设置(如墙板),板在建筑工程中一般用于楼板、屋面板、基础板、墙板等。板的长、宽两个方向的尺寸远大于其高度(也称厚度)。板承受施加在楼板的板面上并与板面垂直的重力荷载(含楼板、地面层、顶棚层的恒载和楼面上人群、家具、设备等活载)。板的作用效应主要为受弯,常用材料为钢筋混凝土。

板按施工方法不同分为现浇板和预制板。

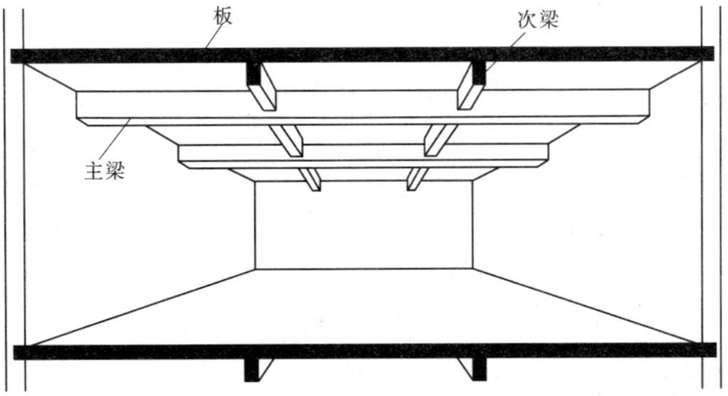

图 3-3　建筑楼盖中的主梁、次梁

(一)现浇板

现浇板具有整体性好、适应性强、防水性好等优点。其缺点是模板耗用量多,施工现场作业量大,施工进度受到限制。现浇板适用于楼面荷载较大、平面形状复杂或布置上有特殊要求的建筑物,防渗、防漏或抗震要求较高的建筑物及高层建筑。

1. 现浇单向板

两对边支承的板为单向板。四边支承的板,当板的长边与短边长度之比大于 2 时,在荷载作用下板短跨方向的弯矩远远大于板长跨方向的弯矩,可以认为板仅在短跨方向有弯矩存在并产生挠度,这种板称为单向板。单向板的经济跨度为 1.7～2.5 m,不宜超过 3 m。为保证板的刚度,当为简支时,板的厚度与跨度的比值应不小于 1/35;当为两端连续时,板的厚度与跨度的比值应不小于 1/40。一般板厚为 80 mm 左右,不宜小于 60 mm。

2. 现浇双向板

在荷载作用下双向弯曲的板称为双向板。当为四边支承时,板的长边与短边之比小于或等于 2,在荷载作用下板长跨和短跨方向的弯矩均较大,均不可忽略,这种板称为双向板。为了保证板的刚度,当为四边简支时,板的厚度与短向跨度的比值应不小于 1/45;当为四边嵌固时,板的厚度与短向跨度的比值不小于 1/50。四边支承的双向板厚度一般为 80～160 mm。除四边支承的双向板外,还有三边支承、圆形周边支承、多点支承等形式。板在墙上的支承长度一般不小于 120 mm。

在工程中,还有三边支承、一边自由的双向板及两相邻边支承、另两相邻边为自由的双向板。所以,广义的双向板是荷载两向分布,受力钢筋两向设置的板,见图 3-1(b)。

(二)预制板

在工程中常采用预制板,以加快施工速度。预制板一般采用当地的通用定型构件,由当地预制构件厂供应。它可以是预应力的,也可以是非预应力的。由于其整体性较差,目前在民用建筑中已较少采用,主要用于工业建筑。

预制板按截面形式不同分为实心板、空心板、槽形板及 T 形板等。

1. 实心板

普通钢筋混凝土实心板一般跨度在 2.4 m 以内。这种板上下表面平整,制作方便,但用料多,自重大,且刚度小,多用做走道板、地沟盖板、楼梯平台板等,见图 3-4(a)。实心板通常在现场就地预制。

2. 空心板

空心板上下平整，当中有圆形、矩形或椭圆形孔，其中圆形孔制作简单，应用最多，见图3-4(c)。这种板构造合理，刚度较大，隔声、隔热效果较好，且自重比实心板轻；缺点是板面不能任意开洞，自重也较槽形板大。所以，空心板一般用做民用建筑中的楼(屋)盖板(目前已较少采用)。非预应力空心板常用跨度为2.4～4.8 m，预应力空心板常用跨度为2.4～7.5 m；民用建筑中的空心板厚度常用120 mm、180 mm两种，在工业建筑中由于其荷载大，厚度有240 mm，宽度常为600～1 200 mm。

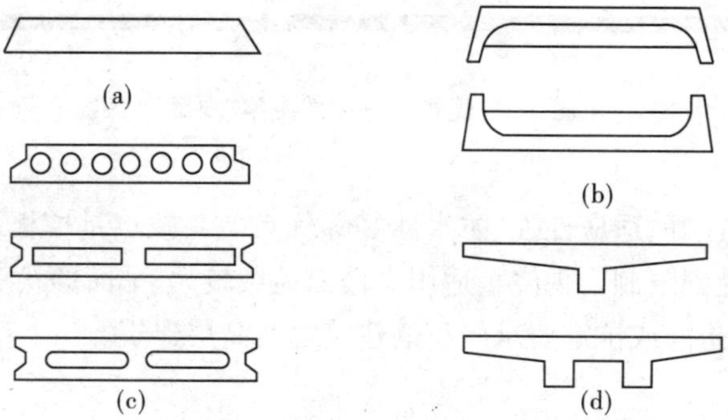

图3-4　预制板的截面形式

3. 槽形板

槽形板相当于小梁和板的组合，见图3-4(b)。槽形板有正槽板和反槽板两种。正槽板受力合理，但顶棚不平整；反槽板顶棚平整，而楼面需填平，可加其他构件做成平面。槽形板较空心板自重轻且便于开洞，但隔声、隔热效果较差。槽形板在工业建筑中采用较多。

4. T形板

T形板是大梁和板合一的构件，有单T板和双T板两种，见图3-4(d)。这类板受力性能良好，布置灵活，能跨越较大的空间，但板间的连接较薄弱。T形板适用于跨度在12 m以内的楼(屋)盖结构，也可用做外墙板。

三、柱

柱是工程结构中主要承受压力的竖向构件，有时也同时承受弯矩。柱按截面形式可分为方柱、圆柱、管柱、矩形柱、工字形柱、H形柱、L形柱、十字形柱、双肢柱、格构柱，按所用材料可分为石柱、砖柱、砌块柱、木柱、钢柱、钢筋混凝土柱、劲性钢筋混凝土柱、钢管混凝土柱和各种组合柱，按柱的破坏特征或长细比可分为短柱、长柱及中长柱，按柱的受力可分为轴心受压柱和偏心受压柱。钢柱常用于大中型工业厂房、大跨度公共建筑、高层房屋、轻型活动房屋、工作平台、栈桥和支架等。钢柱按截面形式可分为实腹柱和格构柱。实腹柱指截面为一个整体，常用截面为工字形截面。格构柱指柱由两肢或多肢组成，各肢间用缀条或缀板连接。

柱的截面尺寸远小于其高度。柱承受梁传来的压力及其自重。荷载作用方向与柱轴线平行，当荷载作用线与柱截面形心线重合时为轴心受压，当偏离截面形心线时为偏心受压(既受压又受弯)。在工业与民用建筑中应用较多的是钢筋混凝土偏心受压构件，如一般框架柱、单层工业厂房排架柱等。

钢筋混凝土柱(见图3-5)是常见的柱,广泛用于各种建筑。钢筋混凝土轴心受压柱一般常采用正方形或矩形截面,当有特殊要求时,也可采用圆形或多边形。偏心受压柱一般采用矩形截面,当采用矩形截面尺寸较大(如截面的长边尺寸大于700 mm)时,为减轻自重、节约混凝土,常采用工字形截面。具有吊车的单层工业厂房中的柱带有牛腿,当厂房的跨度、高度和吊车起重量较大,柱的截面尺寸较大(截面的长边尺寸大于1 300 mm)时,宜采用平腹杆或斜腹杆双肢柱及管柱。柱的形式如图3-6所示。

图3-5　钢筋混凝土柱

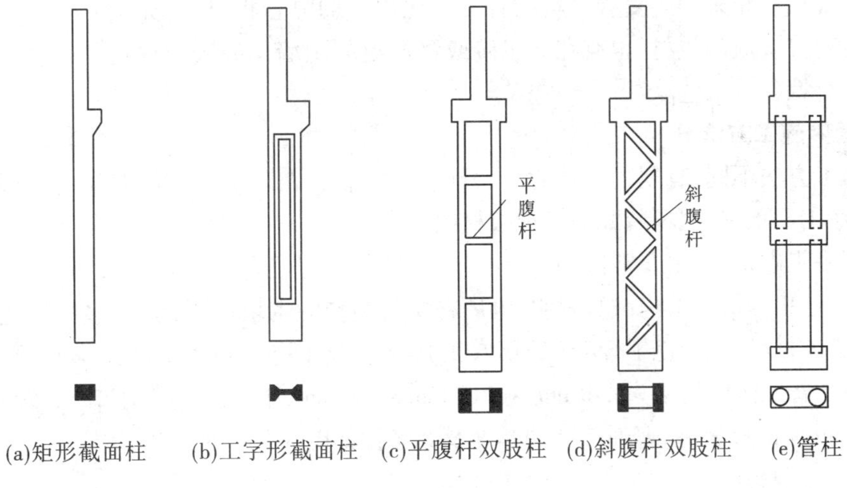

图3-6　柱的形式

四、墙

墙是与柱相似的受压和受剪构件,其竖向尺寸的高度和宽度均较大,而厚度相对较小,采用的材料可以是砌体,也可以是钢筋混凝土。墙是建筑物竖直方向起围护、分隔和承重等作用,并具有保温隔热、隔声及防火等功能的主要构件。

墙体按不同的方法可分成不同的类型。

(一)按墙在建筑物中的位置区分

1. 外墙

外墙是位于建筑物外围的墙。位于房屋两端的外墙称山墙,纵向檐口下的外墙称檐。

2. 内墙

内墙是指位于建筑物内部的墙体。

另外,沿房屋纵向(或者说,位于纵向定位轴线上)的墙,通称纵墙;沿房屋横向(或者说,位于横向定位轴线上)的墙,通称横墙。在一片墙上,窗与窗或门与窗之间的墙称窗间墙,窗洞下边的墙称窗下墙。

(二)按墙在建筑物中的受力状态分

按墙在建筑物中的受力状态可分为承重墙、自承重墙和非承重墙。承重墙是承受屋顶、楼板等上部结构传递下来的荷载及自重的墙体。自承重墙是只承受自重的墙体。非承重墙是不承重的墙体,如幕墙、填充墙等。

(三)按墙在建筑物中的作用分

按墙在建筑物中的作用区分可分为围护墙和内隔墙。围护墙是起遮挡风雨和阻止外界气温及噪声等对室内的影响作用的墙。内隔墙是起分隔室内空间,减少相互干扰作用的墙。在骨架结构建筑中,墙仅起围护和分隔作用,填充在框架内的又称填充墙;预制装配在框架上的称悬挂墙,又称幕墙。

(四)根据墙体用料分

根据墙体用料的不同,有土墙、石墙、砖墙、砌块墙、混凝土墙以及复合材料墙等,其中普通黏土砖墙目前已禁止采用。复合材料墙有工厂化生产的复合板材墙,如由彩色钢板与各种轻质保温材料复合成的板材,也有在黏土砖或钢筋混凝土墙体的表面现场复合轻质保温材料而成的复合墙。

(五)按墙体施工方法分

按墙体施工方法不同,有现场砌筑的砖、石或砌块墙,有在现场浇筑的混凝土或钢筋混凝土墙,也有在工厂预制、现场装配的各种板材墙等。

墙体采用手工砌筑,效率非常低,但仍被广泛采用。改进型的空心熟土砖,其性能有所提高,但普及率还相当低。结构试验表明,电厂粉煤灰制作的砌块(大砖),许多指标优于红砖,将其用做墙体材料,既避免了烧砖(破坏农田),又解决了电厂粉煤灰的污染问题,很有发展前途。由于普通砖的规格为240 mm × 115 mm × 53 mm,用水泥砂浆砌筑时,砖与砖之间应留有10 mm厚的砂浆缝,普通砖墙的厚度及其名称如图3-7所示。

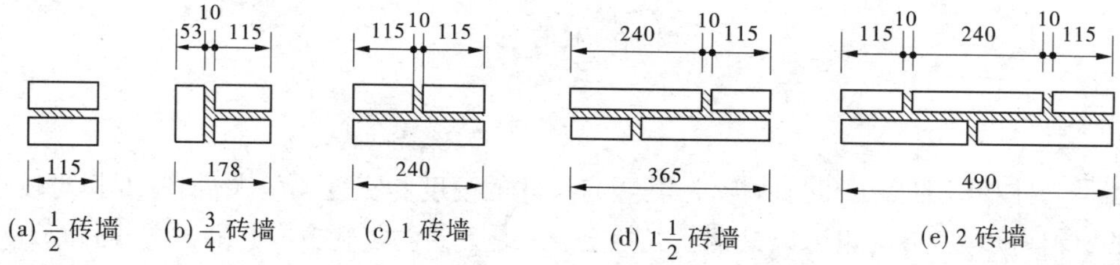

图3-7 普通砖墙的厚度及其名称 (单位:mm)

第二节　拱、桁架和框架

一、拱

拱由曲线形构件(称拱圈)或折线形构件及其支座组成,在荷载作用下,拱的支座要产生水平反力,所以拱主要承受轴向压力。因此,拱的跨度可以很大,但变形却较小。它比同跨度的梁要节约材料。用砖石砌体、钢筋混凝土、木材、金属材料建造的拱结构在房屋结构中有广泛应用。拱结构可以比梁有更大的跨度,目前世界上预应力钢筋混凝土简支梁最大跨度是 76 m,钢筋混凝土拱跨度达 420 m。拱有带拉杆拱和不带拉杆拱之分,按拱的构造可分为三铰拱、无铰拱、两铰拱等,图 3-8 为拱的几种形式。

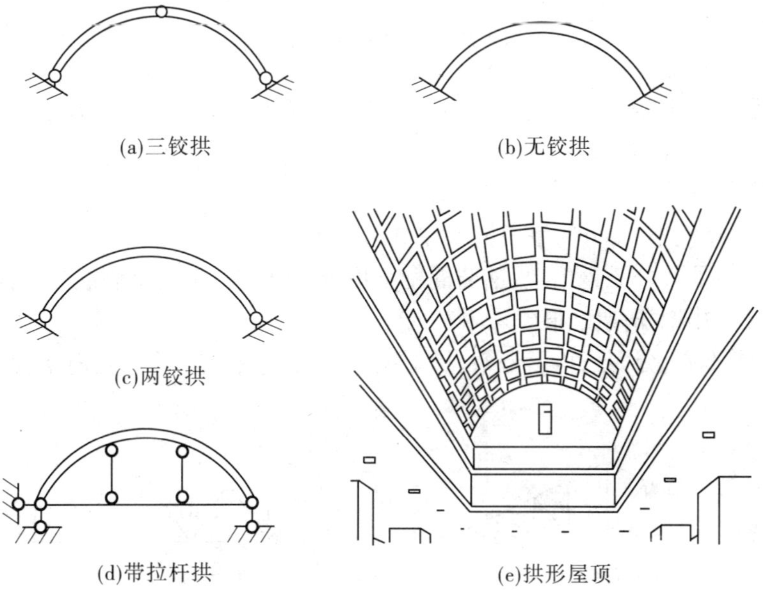

(a)三铰拱　(b)无铰拱　(c)两铰拱　(d)带拉杆拱　(e)拱形屋顶

图 3-8　拱结构的几种形式

(1)无铰拱。拱与基础刚性连接。无铰拱刚度较大,但对地基变形较敏感,适用于地质条件好的地基。

(2)三铰拱。拱与基础铰接,拱顶由铰连接两边的拱构件。三铰拱本身刚度较差,但基础有不均匀下沉时,对结构不产生附加内力,可用于地基条件较差的地方。

(3)两铰拱。两铰拱的特点介于无铰拱和三铰拱之间。

二、桁架

桁架是由若干杆件构成的一种平面或空间的格架式结构或构件,是建筑工程中广泛采用的结构形式之一。如民用房屋和工业厂房的屋架、托架,跨度较大的桥梁,以及起重机塔架和建筑施工用的支架等。图 3-9 为钢屋架和钢筋混凝土屋架图。

桁架有铰接桁架和刚接桁架。房屋建筑中常用铰接桁架,铰接桁架是由许多三角形组

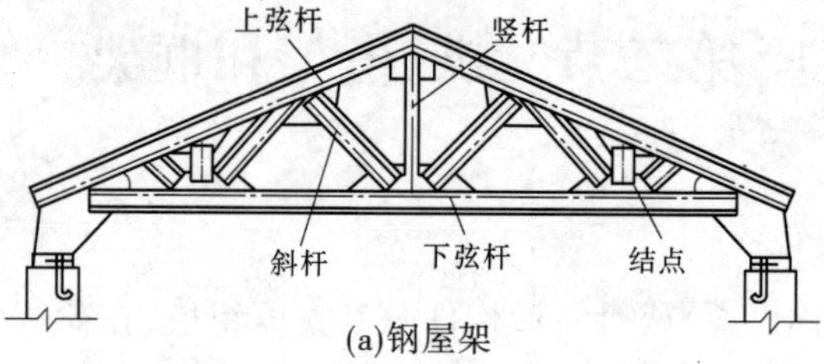

(a)钢屋架

(b)钢筋混凝土屋架

图 3-9　钢和钢筋混凝土屋架

成的杆件体系,它在荷载作用下是稳定的。桁架上、下部杆件分别称上、下弦杆,两弦杆间的杆件则称腹杆(斜杆和竖杆)。

桁架的分类如下:

(1)按受力特性不同,分为平面桁架和空间桁架。

(2)按材料不同,分为钢桁架、钢筋混凝土桁架、木桁架、钢与钢筋混凝土或钢与木的组合桁架(目前在中国木桁架已很少采用)。

(3)按外形不同,分为三角形桁架、梯形桁架、多边形桁架、平行弦桁架及空腹桁架等,如图 3-10 所示。

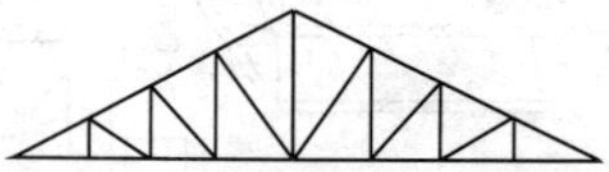

(a)三角形桁架

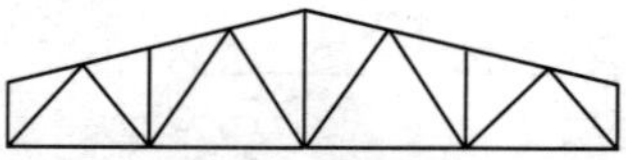

(b)梯形桁架

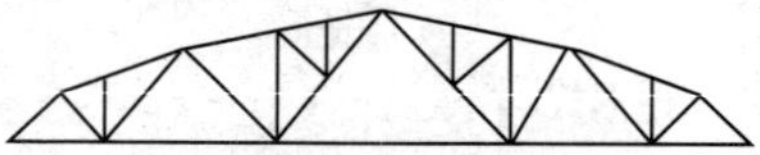

(c)多边形桁架

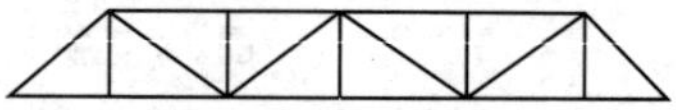

(d)平行弦桁架

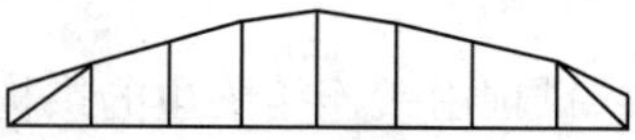

(e)空腹桁架

图 3-10　桁架按外形分类

三、框架

在房屋建筑中,框架是由水平向布置的梁或屋架和竖向布置的柱组成的一种平面或空间、单层或多层的承重结构。框架结点有铰接的和刚接的,前者称为排架,后者则称为刚架。桥梁中也采用刚架结构。

框架结构有单跨、多跨之分，可以是等跨或不等跨、层高相等或层高不相等。框架各杆件轴线和外力作用线同处于一平面内，称为平面框架；若各杆件轴线不在同一平面内，则称为空间框架，空间框架也可由平面框架组成。

(一)排架

在装配式钢筋混凝土单层厂房中，屋面承重结构(梁或屋架)与柱的连接是按铰接考虑的，因为它是通过埋设在梁或屋架底部和柱顶预埋钢板焊接或用螺栓连接的(见图3-11)，在砌体结构单层厂房中，砌体顶也是铰接的(焊板上的锚筋则需锚固在砌体顶部的钢筋混凝土垫板内)。在荷载(屋面荷载或风荷载和吊车荷载等)作用下，梁、柱在结点处不可能共同旋转，即各自的旋转是自由的，因此这种连接的结点只能视为铰接，这种框架即为铰接的框架，一般称之为排架，如图3-12(a)所示。

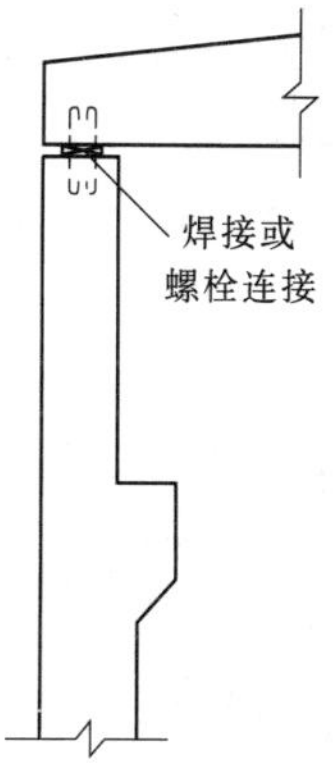

图3-11 装配式钢筋混凝土厂房排架图

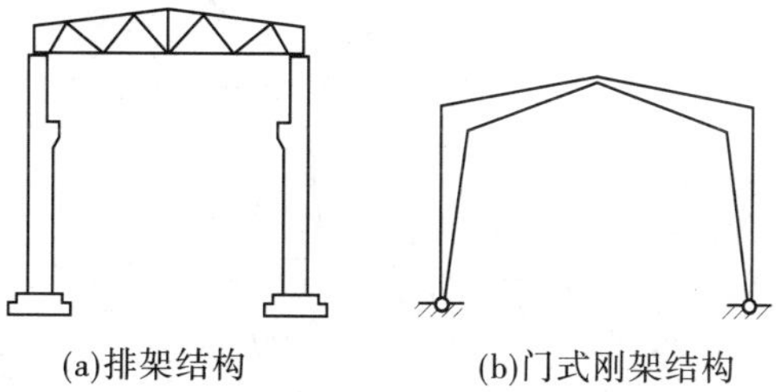

图3-12 排架及门式刚架

(二)刚架

当柱和梁整体连接时形成刚接。在工程上，一般称由等截面或变截面梁柱杆件组成的单层刚接框架为刚架或门式刚架，如图3-12(b)所示。多层刚接框架称为框架，如图3-13所示。

在多层框架中，当柱子连续伸长，而梁系铰接在柱上(如支承在柱边挑出的牛腿上)时，则构成多层铰接框架，如图3-14(a)、(b)所示；有时也可做成铰接和刚接同时采用的组合框架(见图3-14(c))。

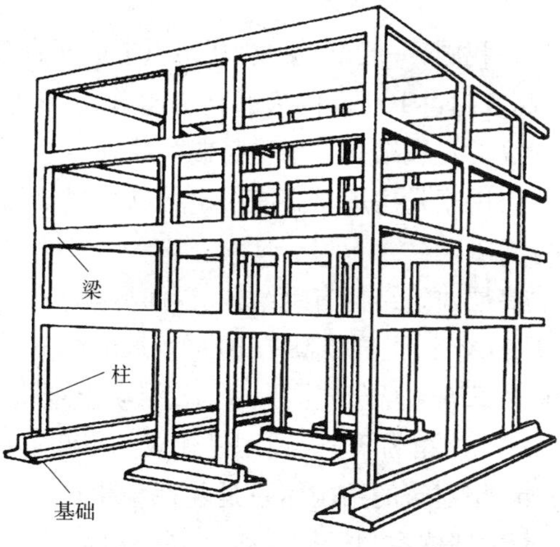

图3-13 框架

在框架结构中，各榀框架受力基本相同时，习惯上也按平面结构考虑。但有一些框架结构的受力明确为三维的，如有三个或更多的支柱不在一个平面内时，以及框架穹顶；又如有一个共用弦杆的桥梁桁架以及只有一个上弦而有两个分开下弦的桁架等，都是空间桁架。图3-15为空间框架穹顶。

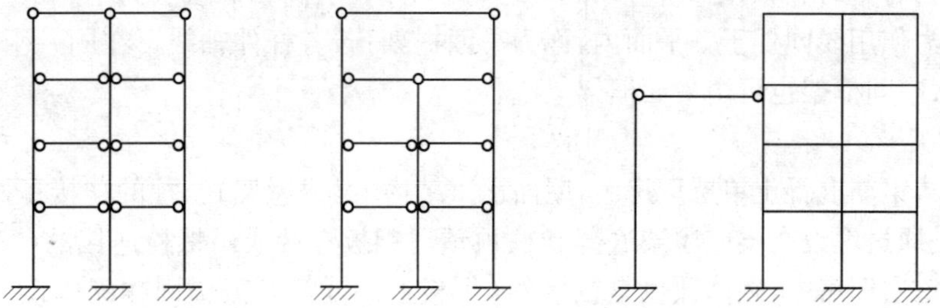

(a) (b) (c)

图 3-14 多层框架

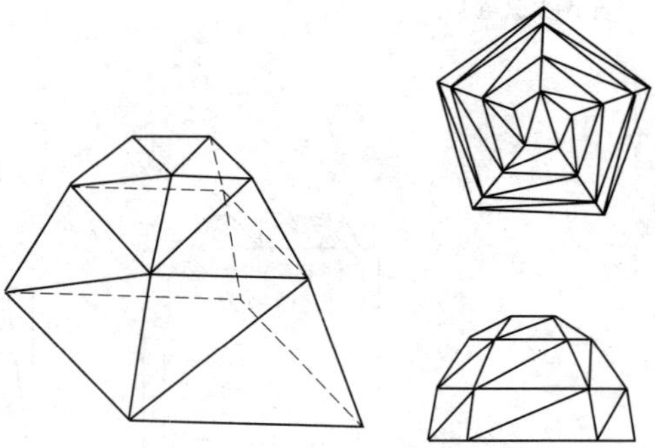

(a) (b)

图 3-15 空间框架穹顶

第三节 高层建筑结构

在我国，一般 10 层及 10 层以上的居住建筑或房屋高度大于 24 m 的公共建筑为高层建筑，高度超过 100 m 的为超高层建筑。

高层建筑结构除承受竖向荷载外，主要承受水平荷载，且水平荷载对结构起控制作用。其核心因素是房屋总高度决定着高层建筑的结构体系、平面与立面布局、强度、刚度与整体性等要求。

高层建筑结构有钢结构、钢筋混凝土结构、钢 - 混凝土混合结构等类型。根据 1990 年 11 月的统计，世界最高的 100 幢建筑中：在地区分布上，76% 集中在美国；在结构类型上，钢结构为 53%，混合结构为 26%，混凝土结构为 19%；在用途上，办公楼为 85%，多功能建筑为 12%，旅馆为 3%。我国已建成的 100 m 以上的超高层建筑以混凝土结构为主。

高层建筑的结构体系是随社会生产的发展和科学技术的进步而不断发展的。框架体系、剪力墙体系和框架 - 剪力墙（支撑）体系这三种结构体系是高层建筑中的传统结构体系，是目前最常用的。此外，还有筒体结构、悬挂结构等。

一、框架结构体系

框架结构体系是由梁、柱构件组成的刚架结构，又称纯框架。其优点是平面布置灵活，能提供较大的室内空间，使用比较方便。其缺点是构件截面尺寸都不能太大，否则影响使用面积，因此框架结构的侧向刚度较小，水平荷载作用下侧移大，抗震性能不强。框架结构主要用于不考虑抗震设防且层数较少的高层建筑。混凝土框架一般不超过20层，钢框架高层建筑可做到25～30层，再高就不经济了。一般，强地震区不宜超过10层。

框架结构有全框架结构、内框架结构及底层框架结构等几种类型。

（一）全框架结构

竖向荷载全部由框架承担，内外墙仅起围护和分隔作用的框架结构称为全框架结构。按梁、柱的连接程度不同，全框架结构可分为现浇整体式框架、装配式框架和装配整体式框架三种类型。

1. 现浇整体式框架

现浇整体式框架的全部承重的梁、板、柱构件在现场浇筑成整体。它的优点是整体性好，抗震性好，平面布置灵活；缺点是现场工程量大，模板用量多，工期较长，受现场工作条件影响大。近年来，随着施工工艺及技术水平的发展和提高，如定型钢模板、商品混凝土、泵送混凝土、早强混凝土等，逐步克服了现浇框架的不足之处。

2. 装配式框架

装配式框架的主要构件（如梁、板、柱等构件）由预制构件厂预制，在现场进行焊接装配。它的优点是模板用量少，工期短，便于机械化施工，改善劳动条件等。其缺点是预埋件多，用钢量大，房屋整体性差且不利抗震，在抗震设防地区不宜采用。

3. 装配整体式框架

装配整体式框架的做法：将预制构件装配好之后，在梁、柱结点及板上浇筑叠合层，在适当的部位配置一些钢筋，使之结合成整体，故兼有现浇整体式框架与装配式框架的一些优点，应用较为广泛。

（二）内框架结构

如图3-16所示，房屋内部由梁、柱组成的框架承重，外部由砖墙承重，楼屋面荷载由框架与砖墙共同承担，这种框架称内框架或半框架，也称多层内框架砖房。这种房屋的整体性和总体刚度都较差，抗震性能较差，内框架部分应对称布置，在抗震设防地区不宜采用。

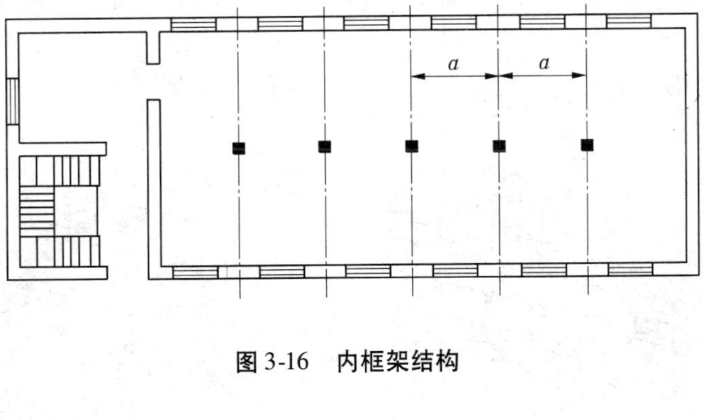

图3-16 内框架结构

（三）底层框架结构

底层框架结构是指底层为框架结构、上部各层为承重砖墙和钢筋混凝土楼板的混合结构房屋。这种结构是底层建筑需要较大平面空间而采用框架结构，上层为节省造价，仍用混合结构。这类房屋下刚上柔，抗震性能差，在抗震设防地区不宜采用。

二、剪力墙结构体系

剪力墙结构体系利用在纵、横方向设置的钢筋混凝土墙体组成抗侧力体系。现浇剪力墙结构整体性好,刚度大,在水平荷载作用下侧移小,一般震害轻,非结构构件损坏轻(见图 3-17(a))。例如,1977 年罗马尼亚地震时,布加勒斯特的几百幢高层剪力墙结构仅有一幢的一个单元倒塌,而高层框架结构却有 32 幢倒塌。因此,在 10 ~ 30 层的住宅、旅馆中广泛采用剪力墙结构。剪力墙结构体系自重较大,基础处理要求较高,不容易布置大房间。当底层要布置门厅、会议室等大面积房间时,可将底部做成框架、上部为剪力墙的结构,这种结构称为框支剪力墙结构,如图 3-17(b)所示。框支剪力墙结构由于刚度沿竖向分布很不均匀,底部水平侧移特别大,会造成严重震害,所以抗震设防地区不允许采用框支剪力墙结构。

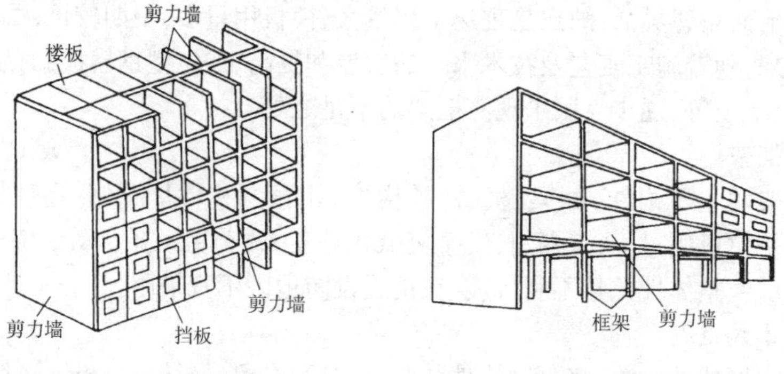

(a)剪力墙结构　　(b)框支剪力墙结构

图 3-17　剪力墙结构体系

三、框架 - 剪力墙结构体系

框架结构侧向刚度差,抵抗水平荷载的能力较低,但具有空间大、平面布置灵活、使用方便等优点,而剪力墙的侧向刚度和承载力均高,但平面布置不灵活。因此,把二者结合起来组成框架 - 剪力墙体系,可以取长补短,既有较大侧向刚度和承载力,又有较大空间,多用于 10 ~ 20 层的办公楼、旅馆、住宅等房屋。其中,剪力墙可以是单片的,也可以布置在设备井道周围做成筒体,因此又可分为框架 - 剪力墙和框架 - 核心筒两种形式,如图 3-18 所示。

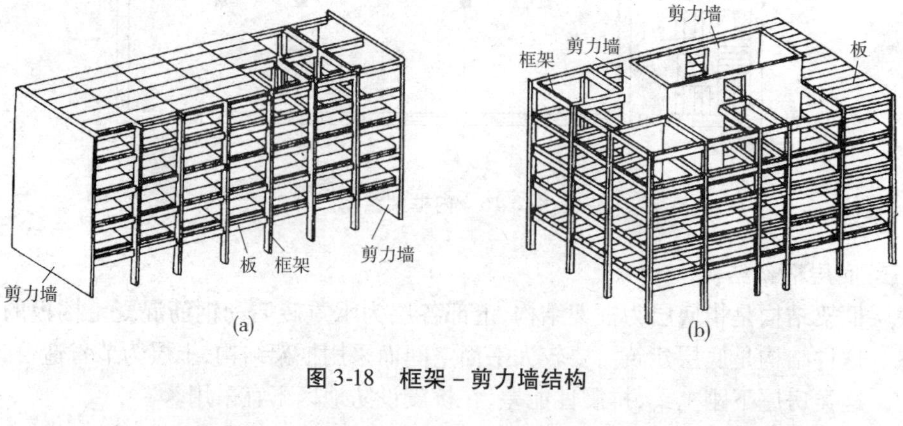

(a)　　(b)

图 3-18　框架 - 剪力墙结构

四、筒体结构体系

随着房屋层数的进一步增加，结构需要具有更大的侧向刚度，以抵抗风荷载和地震的作用，因而出现了筒体结构。

筒体结构的受力，犹如一个固定于基础上的封闭箱形截面悬臂构件，由于材料分布在周边，在整个截面受弯时能最有效地发挥材料的作用，因而具有很好的抗弯和抗扭刚度，适用于 30 层以上的高层建筑。根据筒体的不同组成方式，可分为内筒结构体系、框筒结构体系、筒中筒结构体系和多束筒结构体系，如图 3-19 所示。

(一)内筒结构体系

内筒结构体系是由建筑内部的电梯间或设备管井筒体与外部框架组成的，也可由筒体与桁架组成承重体系，见图 3-19(a)。

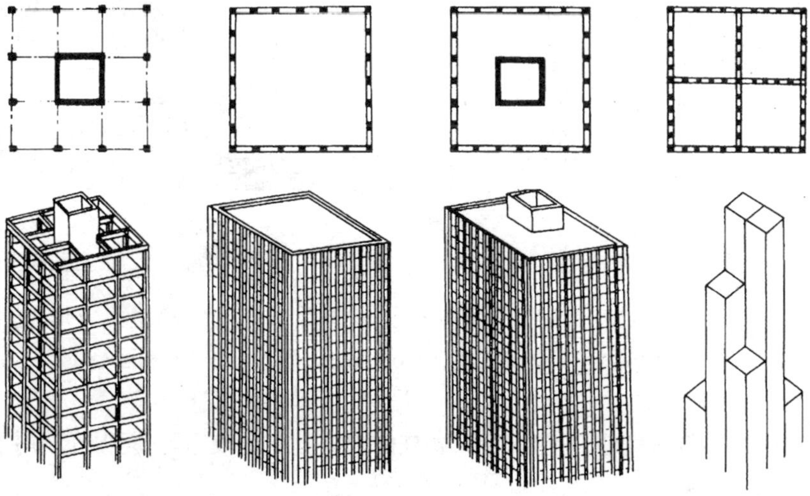

(a)内筒　(b)框筒　(c)筒中筒　(d)多束筒

图 3-19　高层建筑筒式结构

(二)框筒结构体系

框筒结构体系是由建筑四周中距为 1.0～3.0 m(也可扩大到 4.5 m)的立柱和由上、下层窗洞之间的墙体，即横梁组成的多孔筒体，见图 3-19(b)。筒体的孔洞面积一般不大于壁面的 50%。纽约世界贸易中心大厦和芝加哥的印地安纳标准石油大厦都采用了框筒结构。纽约世界贸易中心大厦框筒平面尺寸达 63.5 m×63.5 m，高 415 m，曾是世界上规模最大的钢框筒结构。它的外围柱距 9 层以下为 3 m，9 层以上为 1 m，窗宽为 0.5 m，顶点实测最大位移仅 0.46 m，约为房屋高度的 1/900，足见其刚度之大，见图 3-20。

(三)筒中筒结构体系

筒中筒结构体系由内筒、外筒组成，见图 3-19(c)。内筒可利用电梯间和设备竖井，外筒可为框筒。内外筒体之间由平面内刚度很大的楼盖加劲，使外筒和内筒协同承载，因此它比仅有外筒的框筒体系有更大的侧向刚度和承载力。1990 年建于广州的广东国际大厦有 63 层，高 199 m，是钢筋混凝土筒中筒结构体系，见图 3-21。

(四)多束筒结构体系

多束筒结构体系是由几个筒体组合在一起的结构体系，见图 3-19(d)。美国芝加哥西

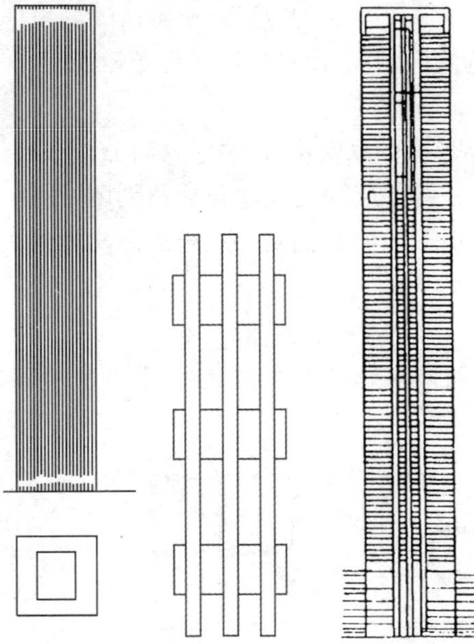

图 3-20　世界贸易中心大厦

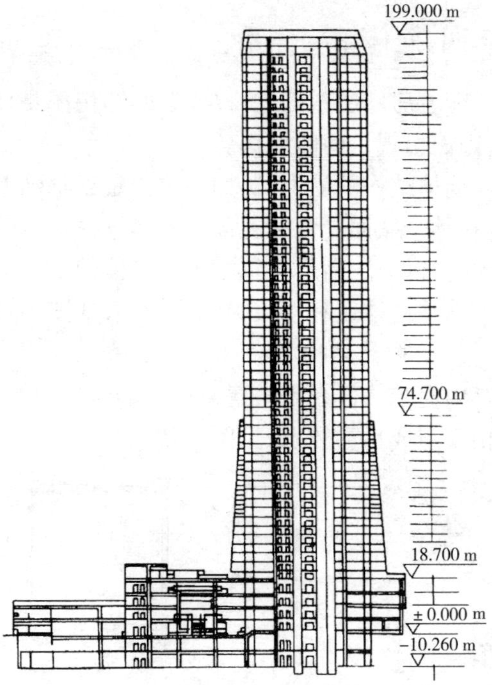

图 3-21　广东国际大厦

尔斯大厦 110 层,高 443 m,加上天线达 500 m,见图 3-22。它的底部是正方形,边长 68.8 m,由 9 个边长为 22.9 m 的方形框筒组成,在 50、66、90 层各改变一次断面,最终只有两个筒井至顶层。

多束筒结构体系具有良好的抗扭性能,各柱的内力分布比较均匀,能很好地用于地震区。

五、巨型桁架结构

巨型桁架是将桁架的斜杆布置在结构周边,以提高结构刚度和整体性。采用此种结构时,周边框架柱的柱距较大,框筒的作用微弱。

1989 年建成的香港中国银行大厦,地面以上 70 层,楼高 315 m,到屋顶天线高 367.4 m。大厦平面为正方形(边长 52 m),沿对角线方向分为 4 个三角形区,向上每隔若干层就切去一个三角形区,44 层以上剩 1/4,为三角形,直至屋顶。它的主体结构为 8 榀巨型桁架,其中 4 榀沿房屋正方形平面的周边布置,另 4 榀沿对角线方向布置。各巨型桁架交点处为由型钢配筋的大型立柱,四角立柱底部最大截面为 4.8 m×4.1 m,直接落地深入基础,向上逐渐减小截面,如图 3-23 所示。

六、巨型框架结构

在框架结构中,每隔若干层设巨型梁,它们与四角的巨型柱组成巨型框架。巨型框架的概念是把框架梁、柱截面大幅度加大,把一幢高层框架结构划分为很少几层,每层的梁、柱都特别大。巨型框架的横梁利用整个楼层高度作为“梁”高,可以是箱形截面或桁架;巨型框架的立柱一般为筒体结构。巨型框架利用了把荷载集中在主要承重结构上的概念, 其他柱

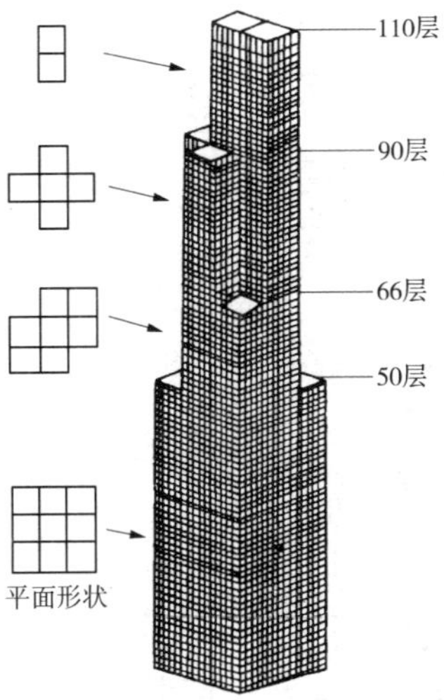

图 3-22　西尔斯大厦

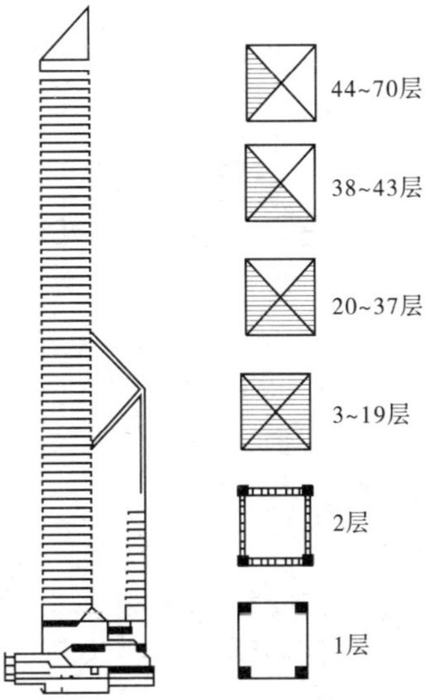

图 3-23　香港中国银行大厦

子不必从上通到地。每个小柱只需承受大横梁之间少数几层荷载，截面可以做得很小。采用巨型框架结构，巨型横梁下的楼层没有中间小柱，可以布置餐厅、会议厅及游泳池等需要大空间的楼层。由于巨型框架的梁、柱断面很大，抗弯刚度和承载力也很大，因此比一般框架的侧向刚度大得多。这些巨型梁、柱的断面尺寸和数量可根据建筑物的高度和刚度需要设置。深圳新华书店大厦(35 层)就采用了巨型框架，平面外形为 28.8 m×28.8 m，中间为 12 m×9.7 m 的钢筋混凝土核心筒，四周采用钢筋混凝土巨型框架体系，如图 3-24 所示。

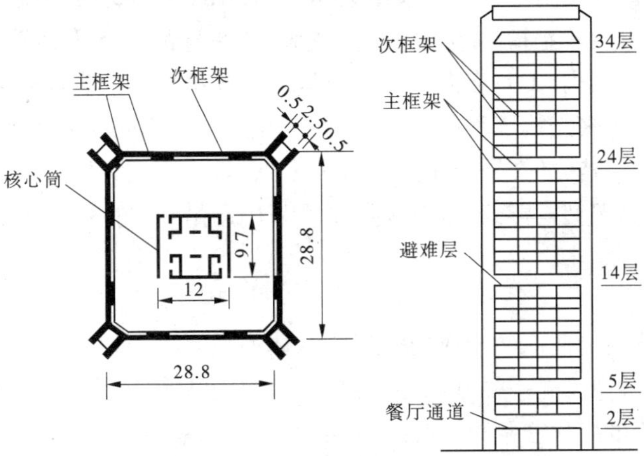

(a)平面　(b)立面

图 3-24　深圳新华书店大厦　(单位:m)

除上述几种结构体系外，在高层建筑中还有一些其他的结构体系。如悬挂结构体系，其将各楼层的重量通过支承这些楼层的悬臂构件(梁或桁架)传到核心筒上，再传至基础，使楼层柱由受压变成受拉。在钢结构高层建筑中采用这种结构形式，如图 3-25 所示。香港汇丰银行大厦采用的就是钢结构的悬挂结构。

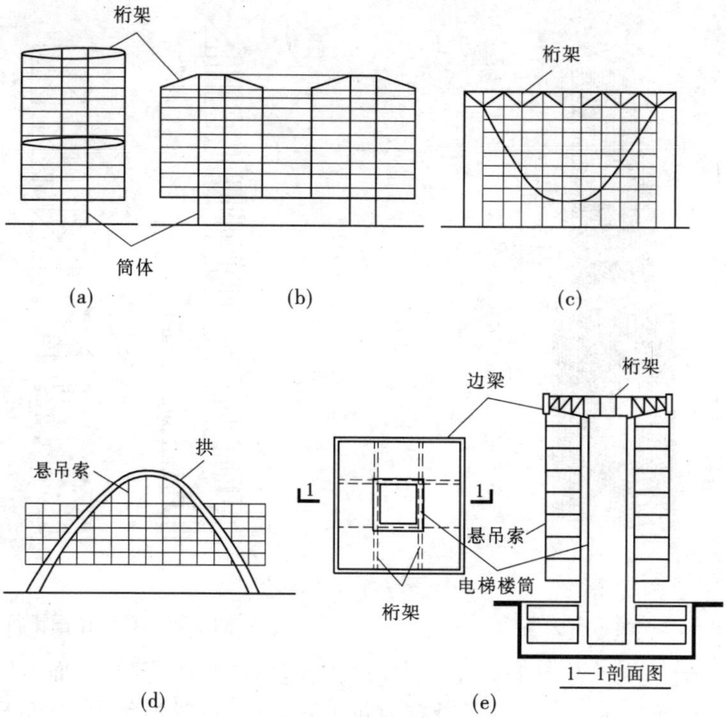

图 3-25　悬挂结构体系

第四节　空间结构体系

空间结构是20世纪初出现的一种新型结构,主要用在大中跨度建筑物的屋盖上。空间结构的基本涵义有两个:一是指结构的跨度比较大;二是指结构受力体系是空间的,或是立体的,既是多向的受力结构,又是多向的传力结构。空间结构目前有薄壳结构、网架结构、悬索结构和模结构。近年来结构工程师与建筑师密切配合,用不同受力体系的结构随意组合,创造了许多组合空间结构,如在平面中央附设以索拱、索桁架或大拱架等形式为主的承重结构,而两边用索网或网架结构形式;也有少量工程采用悬吊或斜拉形式组合的空间结构。

一、薄壳结构

壳体结构是以连续的曲面所形成的空间薄壁体系,由于壳体的厚度与其长、宽、曲率等尺寸相比要小得多,就像贝壳一样,因此通常都称为薄壳结构。薄壳结构的特点是本身的厚度与它覆盖的空间跨度之比非常小,因此薄壳结构具有自重轻且用材经济,能覆盖大体积空间,结构受力均匀,并可提供多种优美活泼的建筑造型等特点,广泛适用于国内外公共建筑中。绝大部分薄壳所采用的材料是钢筋混凝土,常见的结构形式有网壳、折板、筒壳、双曲壳等。

(一)网壳结构

网壳结构是曲面型的网格结构。网壳的种类很多,根据其外形常见的有球面网壳、双曲面网壳、圆柱面网壳、扭曲壳(包括双曲抛物面鞍形网壳、单块扭网壳、四块组合型扭网壳)等四类,如图3-26所示。

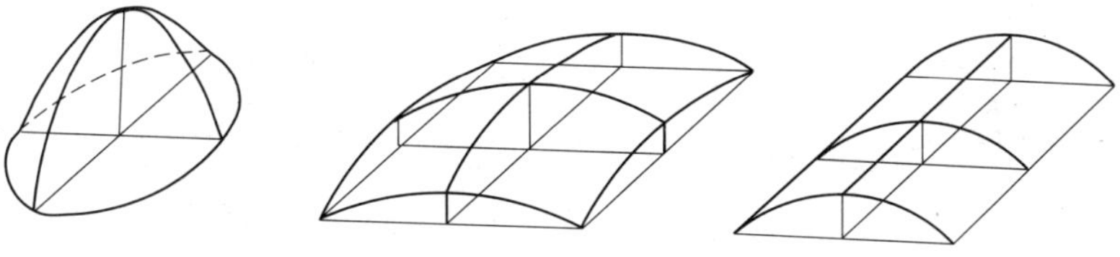

(a)球面网壳　　(b)双曲面网壳　　(c)圆柱面网壳

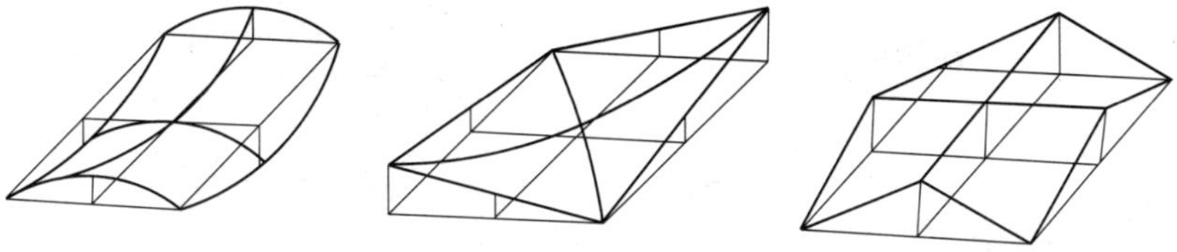

(d)双曲抛物面鞍形网壳　　(e)单块扭网壳　　(f)四块组合型扭网壳

图 3-26　网壳按外形分类

(二)折板结构

折板结构是板、梁合一的空间结构,见图 3-27。装配整体式折板结构目前在我国应用较广泛,其形状主要有三角形和梯形两种。它具有自重轻、受力性能好、节省材料、制作方便、施工速度快等优点,适于在中小型跨度的房屋中使用。

(三)筒壳(圆柱壳)结构

筒壳结构(见图 3-28)比折板结构能跨越较长的横向距离,允许少用竖向支撑,有较大的结构高度。钢筋混凝土筒壳跨度可达 30 m,预应力筒壳跨度可达 61 m。

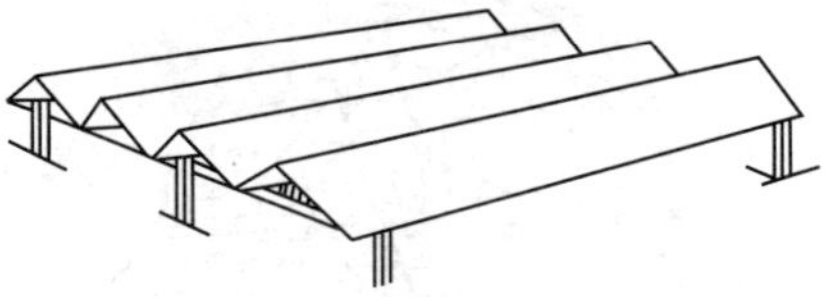

(a)三角形折板

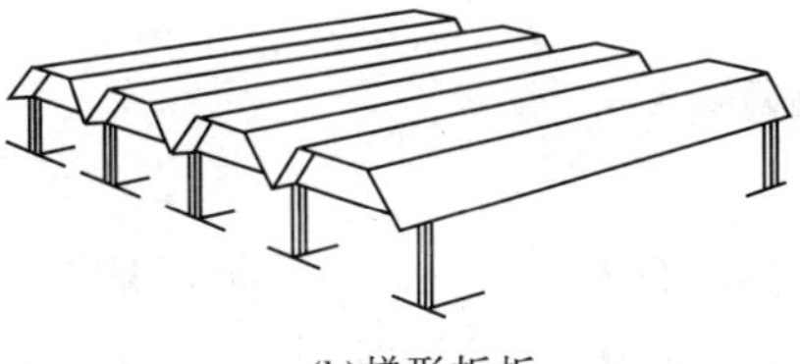

(b)梯形折板

图 3-27　折板结构

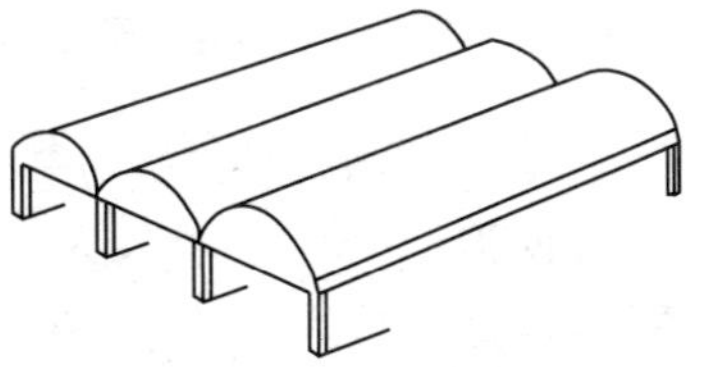

图 3-28　筒壳结构

(四)双曲壳结构

双曲壳结构为有一双向曲率的壳面,见图 3-29。常用的双曲面壳有圆顶、双曲扁壳、双曲抛物面壳等,主要用于体育馆、工业建筑等。

二、网架结构

网架结构是由许多根杆件按照一定规律布置,通过结点连接而形成的网络状杆件结构。它的外形可以是平板形或曲面形。网架结构具有自重轻、用料省、刚度大、抗震性能好等优

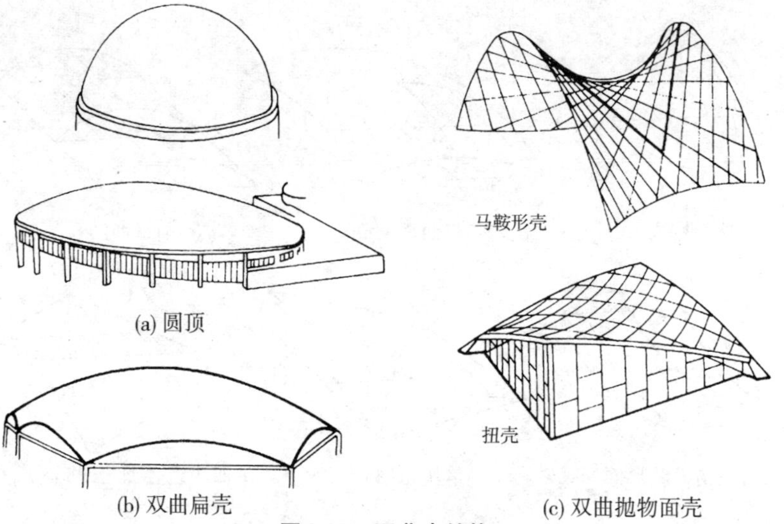

图 3-29　双曲壳结构

点,常用于大跨度屋盖结构。

(一)曲面网架

曲面网架又称壳形网架,其形式与钢筋混凝土薄壳结构一样,把混凝土的实心截面改换成比较轻巧的杆件式结构,即形成曲面网架。曲面网架有单层、双层、单曲、双曲等各种结构形式。双曲面网架有较好的空间刚度,但这类网架制造安装都比较复杂,因此较少采用,见图 3-30。

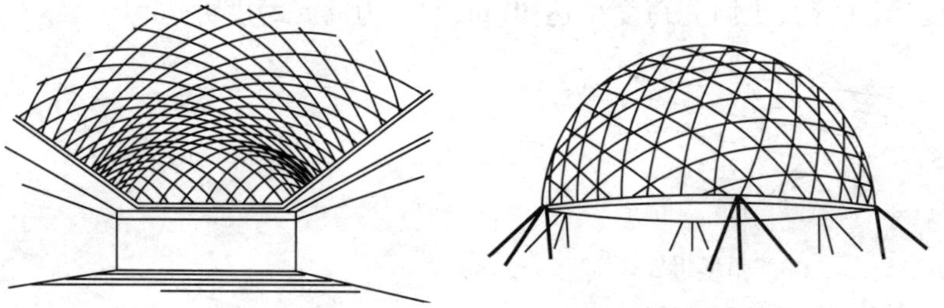
图 3-30　曲面网架结构

(二)平板网架

平板网架(简称网架)外形上为有某一厚度的空间格构体,平面外形一般多呈正方形、长方形或正多边形、圆形等,其顶面和底面一般呈水平状,上、下两网片之间用杆件连接(称为腹杆)。腹杆的排列呈规则的空间体(如锥形体等)。

平板网架的平面布置形式灵活、跨度大、自重轻、空间整体性好,既可用于公共建筑,又可用于工业厂房。近年来,在体育馆、大会堂、剧院、商店、火车站等公共建筑中得到了广泛的应用。

平板网架按网架的组成分为以下两类:

(1)由平面交叉桁架组成的网架。这种网架由若干片平面桁架相互交叉而成,每片桁架的上、下弦及腹杆位于同一垂直平面内,可以两向或三向交叉组成,可以正放或斜放,见图 3-31(a)。

(2)由角锥体组成的网架(空间桁架)。它是由三角锥、四角锥或任意角锥体单元组成的空间网架结构。锥体位置可以正放或斜放,只要把许多锥体单元按一定顺序排列,把上弦及下弦结点相互连接,连接时采用直接连接或加杆连接,便可成为整体,最后即形成网架结构,见图 3-31(b)、(c)。

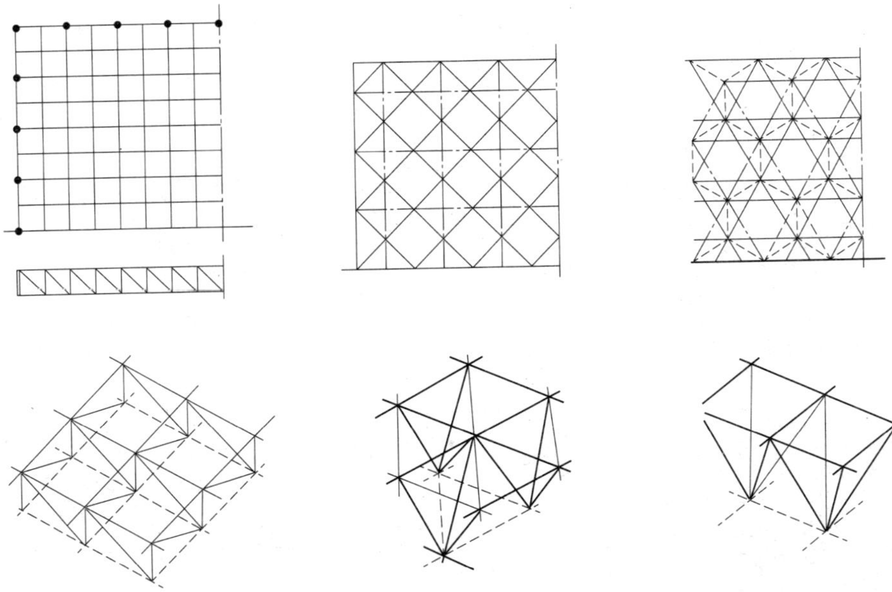

(a)由平面交叉桁架组成的网架　(b)由三角锥组成的网架　(c)由四角锥组成的网架

图 3-31　平板网架

角锥体组成的网架比交叉桁架组成的网架刚度大,受力性能好,并可预先做成标准锥体单元,存放、运输、安装都很方便。

三、悬索结构

悬索结构是以受拉钢索作为主要承重构件的结构体系,这些索按一定规律组成各种不同形式的结构,它是充分发挥高效能钢材的受拉作用的一种大跨度结构。这种结构自重轻,省材料,施工方便,但结构刚度及稳定性较差,必须采取措施以防止结构在风力、地震力及其他动荷载作用下产生很大变形、波动及共振等现象而遭到破坏。悬索结构一般用于 60 m 以上的大跨度建筑。

悬索结构按其曲面形式可分为两类。

(一)单曲面悬索结构

1. 单曲面单层拉索体系

单曲面单层拉索体系由平行的单根拉索构成,其表面呈圆筒形凹面,两端支点可等高或不等高,结构可为单跨或多跨。这种结构的每根索孤立地变形,上面需要加横向的刚性构件,才能协同工作。为此,这种体系一般用钢筋混凝土屋面板,并在上面加临时荷载,使板缝增大后再用水泥砂浆灌缝。这样,钢索将具有预应力,可使屋面构成一个有很大刚性的整体薄壳,见图 3-32(a)。

2. 单曲面双层拉索体系

单曲面双层拉索体系由许多平行的索网组成，每片索网由曲率相反的承重索和稳定索构成，上、下索之间用圆钢或拉索联系，如同屋架的斜腹杆。通过系杆对上、下索施加预应力，可大大提高整个屋盖的刚度，从而可以采用轻屋面，以减轻重量，见图 3-32(b)。

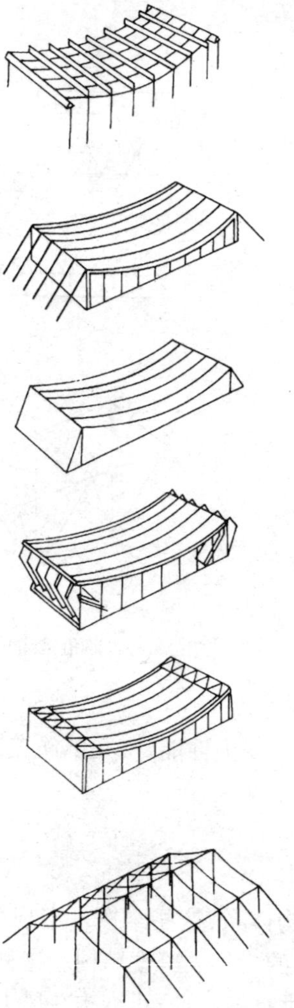

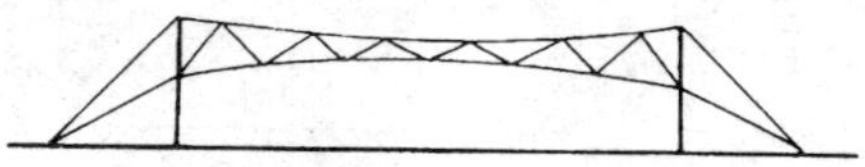

(b) 单曲面双层拉索悬索

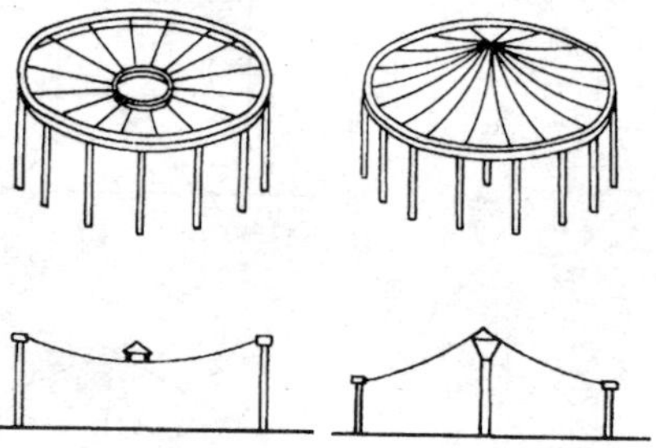

(c) 双曲面单层拉索悬索

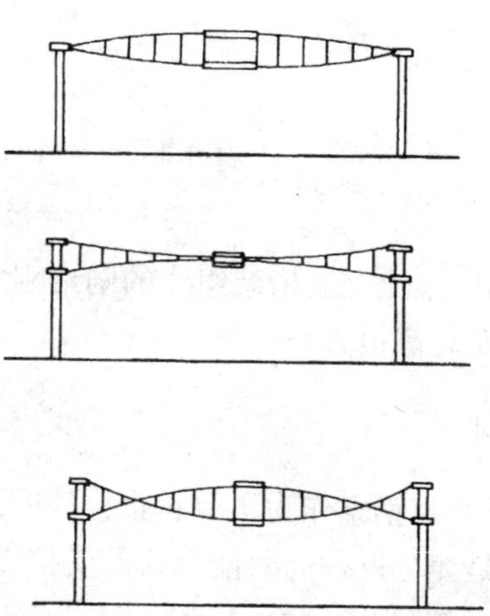

(a) 单曲面单层拉索悬索　　(d) 双曲面双层拉索悬索

图 3-32　悬索结构(一)

(二)双曲面悬索结构

1. 双曲面单层拉索体系

双曲面单层拉索体系适用于圆形建筑平面，拉索按辐射状布置，一端锚固在受压的外环梁上，另一端锚固在中心的受拉环上或立柱上，后者一般称伞形悬索结构。拉索垂度与平行的单层拉索体系相同。为保证结构的刚度，屋面也必须采用钢筋混凝土屋面板，并施加预应力，见图 3-32(c)。

2. 双曲面双层拉索体系

双曲面双层拉索体系由承重索和稳定索构成，也主要适用于圆形建筑平面。拉索按辐射状布置，中心设置受拉环。承重索和稳定索可构成上凸、下凹或半凸半凹的屋面形式。边缘构件为一道或两道受压环梁。双曲面双层拉索体系因为有稳定索,屋面刚度较大,可采用轻屋面,见图 3-32(d)。

3. 鞍形悬索

鞍形悬索是由两组曲率相反、相互交叉的拉索组成的双曲面索网体系。下凹的一组拉索为承重索,上凸的一组拉索为稳定索,它们都受拉。通常对稳定索施加预应力,以增强屋面刚度。

由于鞍形悬索刚度大,可以采用轻屋面,同时由于排水容易处理,形式多样,故应用比较广泛。

悬索结构在工业与民用建筑中不仅适用于大跨度房屋,也可用于小跨度住宅。悬索和其他构件组成混合结构可发挥各自的优点,可以适应各种不同的需要。

鞍形悬索、悬索混合结构见图 3-33。在许多悬索结构中,美国明尼亚波利斯联邦储备银行大厦的结构设计很有特色,如图 3-34 所示。它是一座 11 层大楼,横跨在高速公路上,跨

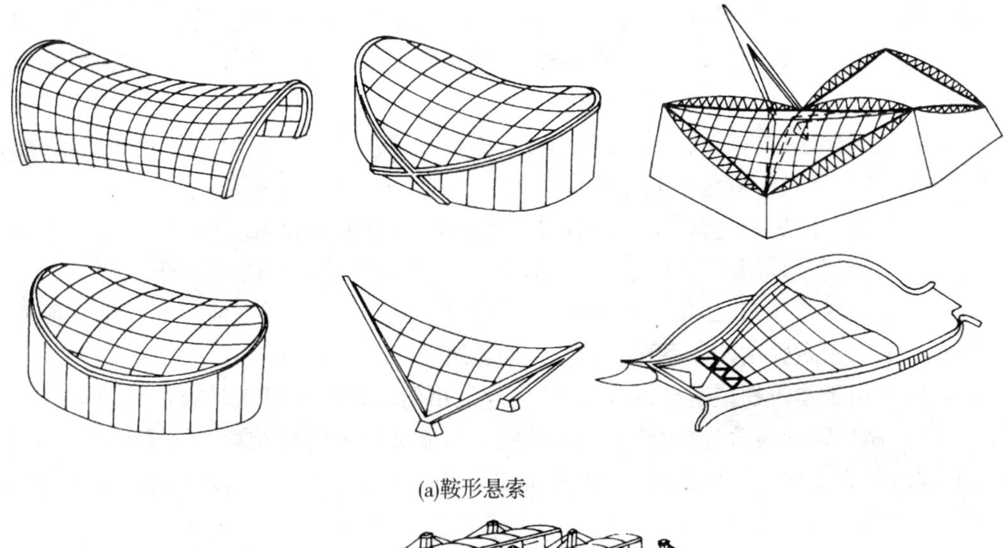

(a)鞍形悬索

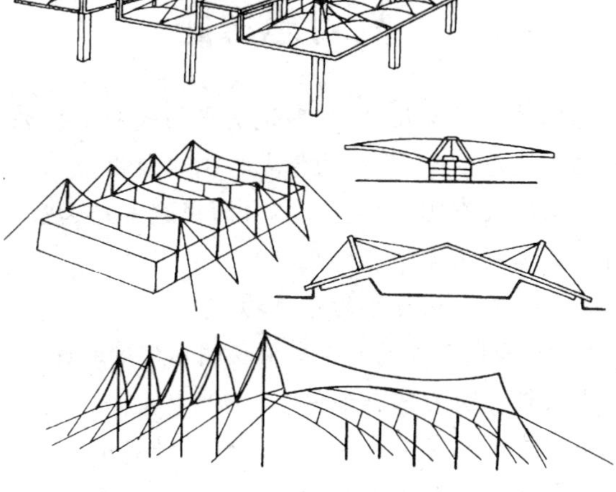

(b)悬索混合结构

图 3-33 悬索结构(二)

度 83.2 m,采用悬索作为主要承重结构,悬索锚固在位于公路两侧的两个立柱(实际为筒体结构)上,立柱承受大楼的全部竖向荷载,柱顶设有大梁,以平衡悬索在柱顶产生的水平力,整个大楼就挂在悬索和顶部大梁上。该设计还预留了将来发展的空间。

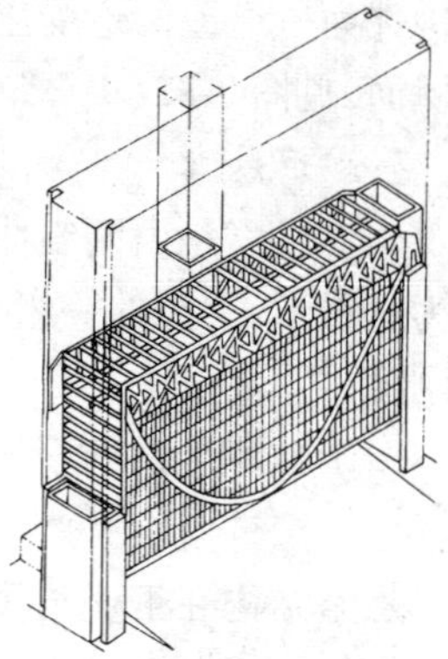
图 3-34　美国明尼亚波利斯联邦储备银行大厦

四、膜结构

膜结构是 20 世纪 70 年代初发展起来的一种新型结构,用一种玻璃纤维作为基本材料,再用聚四氟乙烯(特氟隆)涂料混合在一起而结合为一体的织物材料。它的最后成品为半透明体。这种膜材相似于卷材,同时具有一定的抗拉强度,结构自重很轻,仅为传统大跨度屋盖所耗费材料的 1/20 ~ 1/30。膜结构可以像钢筋混凝土薄壳一样既能承重又能起围护作用。

膜结构一般分为两种形式:一种为空气式支撑,但必须采用封闭式的空间,以维持一定的气压差;另一种是张力骨架或支撑膜结构,骨架一般用受拉钢索预加应力方法,形成拱形结构体系,拱形骨架上面覆盖膜式织物材料。

膜材建筑起源于远古时代游牧民族用兽皮做的帐篷。第二次世界大战后,美苏冷战开始,在北极海峡相峙。为避免钢或钢骨构筑物对雷达波的干扰,美国首次提出使用非金属膜材建造雷达基地用的屋顶建筑,成为现代开发膜材篷顶建筑的起源。1970 年,在日本大阪万国博览会的美国馆采用了气承式空气膜结构,它标志着膜结构时代的开始。

日本东京室内棒球馆、亚特兰大奥运会主馆的屋盖和英国泰晤士河畔的千年穹顶为当代世界瞩目的采用索膜结构体系建成的标志性建筑。

膜材料除用于建筑物屋盖外,也可以替代建筑物的墙体。膜材料具有良好的可塑性与连续性,用它做建筑的覆盖材料,建筑传统的屋顶与墙壁之分的传统概念已不那么重要了。此外,膜建筑具有易建、易搬迁、易更新,且充分利用阳光、空气与自然环境融合等特点,是 21 世纪"绿色建筑体系"的宠儿。

复习思考题

1. 试述建筑物的基本构件有哪几种,分别说明它们的分类情况。
2. 试述土木工程构件的基本类型、结构特点与工程应用。
3. 常见房屋建筑结构的梁有哪些类型? 各自的用途是什么?
4. 多层建筑采用的基本结构类型有哪几种?
5. 试说出你身边三个不同结构类型的建筑物。
6. 你了解的特殊结构建筑物有哪几种? 举例说明你见过的这类建筑物,并说明它的特点。
7. 墙体的类型有哪几种? 受力状态如何?
8. 什么叫板? 板按受力情况与支承条件分为哪几种类型?
9. 拱在工程中的应用如何?
10. 试分别介绍框架结构与各种结构体系的特点及适用情况。
11. 什么叫梁? 主梁与次梁有何区别? 梁按受力情况与支承条件分为哪几种类型?

第四章　地基与基础工程

【学习指导】

本章着重介绍了岩土工程勘察、地基基础及地基处理的基本概念和研究内容。要求掌握岩土工程勘察的基本概念、勘察的等级划分、勘察方法与内容，掌握地基基础的基本概念及各种基础的工程应用特点，了解地基基础类型以及地基处理的基本方法。

第一节　岩土工程勘察

一、概述

（一）岩土工程勘察的相关概念

岩土工程也称为地质技术工程，是欧美国家于20世纪60年代在前人土木工程实践的基础上建立起来的一个新的技术体系，是主要研究岩体和土体工程问题的一门学科。

岩土工程学科是以土力学、岩石力学、工程地质学和基础工程学的理论为基础，由地质、力学、土木工程、材料科学等多学科相结合形成的边缘学科，同时又是一门地质与工程紧密结合的学科。就其学科的内涵和属性来说，属于土木工程的范畴，在土木工程中占有重要的地位。

岩土工程的研究对象包括岩土体的稳定性、地基与基础、地下工程及岩土体的治理、改造和利用等。这些研究通过岩土工程勘察、设计、施工与监测、地质灾害治理及岩土工程监理等方面来实现。这一为工程建设全过程服务的技术体制，在房屋建筑与构筑物、道路桥梁、港口、航运、国防建设、地质工程等方面都占有重要的地位。

岩土体作为一种特殊的工程材料，不同于混凝土、钢材等人工材料。它是自然的产物，随着自然环境的不同，从而表现出不同的工程特性，这就造成了岩土工程的复杂性和多变性，而且土木工程的规模越大，岩土工程问题就越突出、越复杂。在实际工程中，岩土问题、地基问题往往是影响投资和制约工期的主要因素，如果处理不当，就可能会带来灾难性的后果。

随着土木工程规模的不断扩大，岩土工程就有了不同的分支学科，岩土工程勘察就是岩土工程的一项重要的分支学科。岩土工程勘察是根据建设工程的要求，查明、分析、评价建设场地的地质与环境特征和岩土工程条件，编制勘察文件的活动。

任何一项土木工程在建设之初，都要进行建筑场地及环境地质条件的评价。根据建设单位的要求，对建筑场地及环境进行地质调查，为建设工程服务，最终提交岩土工程勘察报告的过程就是岩土工程勘察的主要工作内容。

（二）岩土工程勘察的目的和任务

岩土工程勘察是岩土工程技术体制中的一个首要环节，各项工程建设在设计和施工之前，必须按基本建设程序进行岩土工程勘察。它的基本任务就是按照工程建设所处的不同勘察阶段的要求,正确反映工程地质条件,查明不良地质作用和地质灾害,精心勘察并进行分析,提出资料完整、评价正确的勘察报告,为工程的设计、施工以及岩土体的治理加固与开挖支护和降水等提供工程地质资料和必要的技术参数,同时,对工程存在的有关岩土工程问题作出论证和评价。

所谓工程地质条件,是指与工程建设有关的各种地质条件的综合。工程地质条件的复杂程度直接影响到工程建筑物地基基础方面投资的多少以及未来建筑物的安全运行。所以,任何类型的工程建设在进行勘察时必须首先查明建筑场地的工程地质条件。

岩土工程问题指的是拟建建筑物与岩土体之间存在的影响拟建建筑物安全运行的地质问题。岩土工程问题因建筑物的类型、结构和规模不同以及地质环境不同而异。例如,房屋建筑与构筑物主要的岩土工程问题是地基承载力和沉降问题等。在进行岩土工程勘察时,对存在的岩土工程问题必须给予正确的评价。

不良地质作用是指能够对工程建设可能造成危害的地球内、外动力地质作用;不良地质现象是指由地球内、外动力作用引起的各种地质现象,如岩溶、滑坡、崩塌、泥石流、土洞、河流冲刷以及渗透变形等。不良地质现象不仅影响建筑场地的稳定性,也会对地基基础、边坡工程、地下洞室等具体工程的安全、经济和正常使用产生不利影响。所以,在复杂地质条件进行岩土工程勘察时必须查清它们的规模大小、分布规律、形成机制和形成条件、发展演化规律和特点,预测其对工程建设的影响或危害程度,并提出防治的对策与措施。

二、岩土工程勘察分级

进行任何一项岩土工程勘察工作,首先要进行的是对岩土工程勘察等级进行划分。岩土工程勘察等级划分主要是为了勘察工作的布置及勘察工作量的确定。显然,工程规模较大或较重要、场地地质条件以及岩土体分布和性状较复杂者,所投入的勘察工作量就较大,反之则较小。

按《岩土工程勘察规范》(GB 50021—2001)规定,岩土工程勘察的等级是在工程重要性等级、场地复杂程度等级和地基复杂程度等级等三项分级的基础上综合确定的。

(一)工程重要性等级

工程重要性等级是根据工程的规模和特征,以及由于岩土工程问题造成工程破坏或影响正常使用的后果来划分的,可分为三个工程重要性等级(见表4-1)。

表4-1　工程重要性等级

工程重要性等级	工程的规模和特征	破坏后果
一级	重要工程	很严重
二级	一般工程	严重
三级	次要工程	不严重

(二)场地复杂程度等级

场地复杂程度等级是由建筑抗震稳定性、不良地质现象发育情况、地质环境破坏程度、地形地貌和地下水五个条件衡量的。场地根据其复杂程度,分为三个等级。划分时从一级开始,向二级、三级推定,以最先满足的为准,参见表4-2。

表 4-2　场地复杂程度等级

场地复杂程度等级	一级（复杂场地）	二级（中等复杂场地）	三级（简单场地）
建筑抗震稳定性	危险	不利	有利（或地震设防烈度≤6 度）
不良地质现象发育情况	强烈发育	一般发育	不发育
地质环境破坏程度	已经或可能强烈破坏	已经或可能受到一般破坏	基本未受破坏
地形地貌	复杂	较复杂	简单
地下水	多层水、水文地质条件复杂	基础位于地下水位以下	无影响

（三）地基复杂程度等级

地基复杂程度依据岩土种类及性质、特殊土的影响也划分为三级。划分时从一级开始，向二级、三级推定，以最先满足的为准，参见表 4-3。

表 4-3　地基复杂程度等级

地基复杂程度等级	一级（复杂地基）	二级（中等复杂地基）	三级（简单地基）
岩土种类及性质	岩土种类多，性质变化大	岩土种类较多，性质变化较大	岩土种类单一，性质变化不大
特殊土	有特殊性岩土（5 类）	除一级外的特殊土	无特殊性岩土

（四）岩土工程勘察等级

综合上述三项因素的分级，可按下列条件划分岩土工程勘察等级：

（1）甲级：在工程重要性、场地复杂程度和地基复杂程度等级中，有一项或多项为一级。

（2）乙级：除勘察等级为甲级和丙级外的勘察项目。

（3）丙级：工程重要性、场地复杂程度和地基复杂程度等级均为三级。

三、岩土工程勘察的方法和内容

岩土工程勘察野外工作的方法或技术手段主要有工程地质测绘与调查、岩土工程勘探与取样、原位测试与室内试验和现场检验与监测等。

（一）工程地质测绘与调查

工程地质测绘是岩土工程勘察的基础工作，一般在勘察的初期阶段进行。这一方法的本质是运用地质、工程地质理论，对地面的地质现象进行观察和描述，分析其性质和规律，并藉以推断地下地质情况，为勘探、测试等其他勘察工作提供依据。在地形地貌和地质条件较复杂的场地，必须进行工程地质测绘，但对地形平坦、地质条件简单且较狭小的场地，则可采用调查代替工程地质测绘。工程地质测绘是认识场地工程地质条件最经济、最有效的方法，高质量的测绘工作能相当准确地推断地下地质情况，起到有效地指导其他勘察方法的作用。

（二）岩土工程勘探与取样

岩土工程勘探工作有槽探、钻探、坑探和物探等方法。它是用来调查地下地质情况的，并且可以利用勘探工程取样或进行原位测试和监测。应根据勘察的目的及岩土的特性选用上述勘探方法。物探是一种间接的勘探手段，它的优点是：较之钻探和坑探轻便、经济且迅速，能够及时解决工程地质测绘中难以推断而又亟待了解的地下地质情况，所以常常与测绘工作配合使用。它又可作为钻探和坑探的先行或辅助手段。

(三)原位测试与室内试验

原位测试与室内试验的主要目的是为岩土工程问题分析评价提供所需的技术参数,包括岩土的物性指标、强度参数、固结变形特性参数、渗透性参数和应力及应变时间关系参数等。原位测试一般都借助于勘探工程进行,是详细勘察阶段一种主要的勘察方法。

(四)现场检验与监测

现场检验与监测是构成岩土工程系统的一个重要环节,大量工作在施工和运营期间进行,但是这项工作一般需在后期勘察阶段开始实施,所以又被列为一种勘察方法。它的主要目的在于保证工程质量和安全,提高工程效益。现场检验是指施工阶段对先前岩土工程勘察成果的验证核查以及岩土工程施工监理和质量控制。现场监测则主要包含施工过程和各类荷载对岩土反应性状的监测、施工和运营中的结构物监测和对环境影响的监测等方面。利用现场检验与监测所获取的资料,可以反求出某些工程技术参数,并以此为依据及时修正设计,使之在技术和经济方面优化。此项工作主要是在施工期间进行的,但对有特殊要求的工程以及一些对工程有重要影响的不良地质现象,应在建筑物竣工运营期间继续进行。

随着科学技术的飞速发展,在岩土工程勘察领域中不断引进高新技术。例如,工程地质综合分析、工程地质测绘制图及不良地质现象监测中遥感(RS)、地理信息系统(GIS)和全球卫星定位系统(GPS)即“3S”技术的引进;勘探工作中地质雷达和地球物理层成像技术(CT)的应用等,对岩土工程勘察的发展有着积极的促进作用。

四、岩土工程勘察成果整理

岩土工程勘察报告是岩土工程勘察的最终成果,是土木工程地基基础设计和施工的重要依据。报告是否能正确反映工程地质条件和岩土工程的特点,关系到能否安全可靠、措施得当、经济合理地进行土木工程设计和施工。不同的工程项目、不同的勘察阶段,报告反映的内容和侧重点有所不同,有关规范、规程对报告的编写也有相应的要求。岩土工程勘察的成果包括报告书和各种图表。

(一)岩土工程勘察报告书的内容

(1)场地地形、地貌、地层、地质构造、岩土性质及其均匀性。

(2)各项岩土性质指标,岩土的强度参数、变形参数、地基承载力的建议值。

(3)地下水埋藏情况、类型、水位及其变化。

(4)土和水对建筑材料的腐蚀性。

(5)可能影响工程稳定的不良地质作用的描述和对工程危害程度的评价。

(6)场地稳定性和适宜性的评价,并对岩土利用、整治和改造的方案进行分析论证,提出建议。

(7)对工程施工和使用期间可能发生的岩土工程问题进行预测,提出监控和预防措施的建议。

(二)勘察的各种图表

勘察的各种图表主要有勘探点平面布置图、工程地质柱状图、工程地质剖面图、原位测试成果图表、室内试验成果图表等。

第二节　地基与基础

一、地基土及工程分类

（一）地基土

万丈高楼平地起，任何土木工程都建筑在地壳之上，它们的重量都传给了地球表面的岩土层。为了使所修建的工程能够正常地发挥其作用并达到预期的效益，不对周围的环境造成不良后果，要求土木工程人员必须根据实际需要深入研究地球表面岩土层的各类物理力学性质，并能解决土木工程中出现的工程地质问题。

承担上部各类土木工程荷载的这部分地球表面岩土层就叫地基。将上部结构荷载传递给地基、连接上部结构与地基的下部结构称为基础（见图4-1）。远古先民在史前建筑活动中，就已创造了自己的地基基础工艺。我国西安半坡村新石器时代遗址和殷墟遗址的考古发掘，都发现有土台和基础。著名的隋代石工李春所建的现位于河北省赵县的赵州桥将桥台基础置于密实砂土层上，经考证，1 300 多年来沉降仅几厘米。

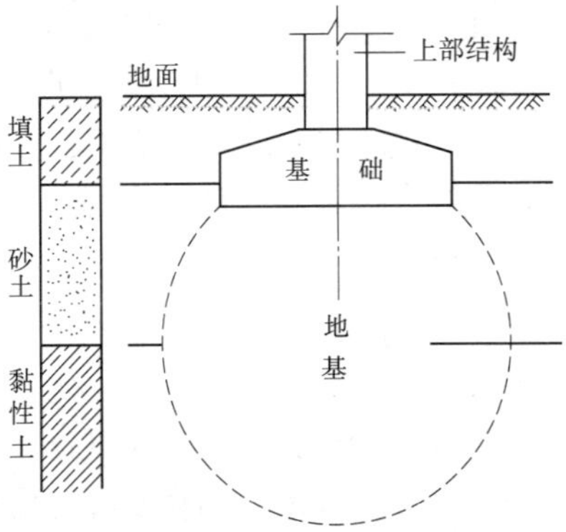

图4-1　地基及基础示意

承担上部各类土木工程的地基可为坚硬岩石和松软土两类，由于松软土属于第四纪松散堆积物，分布于坚硬岩石之上，常成为绝大部分土木工程的地基。

（二）地基土的工程分类

1. *岩石*

岩石指颗粒间牢固联结的整体的或具有节理、裂隙的岩体。依据岩石的地质名称和风化程度，将岩石分为：

（1）坚硬岩、较坚硬岩、较软岩、软岩、极软岩。

（2）未风化岩石、微风化岩石、弱风化岩石、强风化岩石、全风化岩石。

（3）完整岩石、较完整岩石、较破碎岩石、破碎岩石、极破碎岩石等。

2. *土*

土指颗粒间联接很弱或者松散的集合体。根据粒径分为：

（1）碎石土：粒径大于2 mm的颗粒质量超过总质量50%的土。按粗细程度又分为块（漂）石、碎（卵）石、角（圆）砾。

（2）砂土：粒径大于2 mm的颗粒质量不超过总质量的50%，粒径大于0. 075 mm的颗粒质量超过总质量50%的土。按粗细程度又分为砾砂、粗砂、中砂、细砂、粉砂。

（3）粉土：粒径大于0. 075 mm的颗粒质量不超过总质量的50%，且塑性指数等于或小于10的土。其工程性质介于黏性土和无黏性土之间。

（4）黏性土：塑性指数大于10的土。具有明显的黏性、可塑性、压缩性。

（5）人工填土：包括素填土、杂填土、冲填土。其组成成分、工程性质复杂。

(三)土的基本工程特性

1. 岩石

视风化程度的不同,其工程地质性质也不同,一般岩石的承载能力为 200 ~ 4 000 kPa。

2. 碎石土

碎石土颗粒粗大,主要由岩石碎屑组成,呈单粒结构,孔隙大,透水性极强,压缩性很低,内摩擦角大,抗剪强度也大。其承载力为 200 ~ 1 000 kPa,是一般土木工程的良好地基。碎石土在含水时,由于透水性强,开挖基坑过程中往往涌水量很大。作为坝基、渠道帮壁和底板时,也往往产生严重渗漏或潜蚀,常伴随发生帮壁坍塌、边坡失稳等现象。

3. 砂类土

砂粒的矿物成分以石英、长石及云母等原生残余矿物为主。砂类土一般都没有联结,呈单粒结构,透水性强,压缩性低,且压缩过程甚快,内摩擦角较大,承载力较高,地基承载力为 140 ~ 500 kPa。大颗粒砂土是一般建筑物的良好地基,也是良好的混凝土集料,其主要问题是开挖时可能严重涌水。细颗粒砂土的工程地质性质较差,特别是受振动时易产生液化现象,开挖时也极易随同地下水涌入基坑,形成流砂。

4. 黏性土

黏性土黏粒含量较多,含较多亲水性的黏土矿物,具结合水联结和团聚结构,有时有胶结联结,孔隙较细而多。

随着含水率的不同,土表现出固态、塑态、流态等不同稠度状态。随着黏粒含量的增多,黏性土的塑性、收缩性和膨胀性、透水性、压缩性、抗剪性等有明显变化。黏性土具有较高的压缩系数和较低的抗剪强度,会引起地基的过量变形,边坡不稳定。

黏性土是常用的修筑堤坝的土料,一般地基承载力为 60 ~ 300 kPa。

5. 粉土

作为砂土和黏性土的过渡类型,粉土的性质介于两者之间。

二、基础类型

(一)基础分类方法

基础是将上部结构荷载传递给地基并连接上部结构与地基的下部结构。基础的分类有多种:

(1)按形式分:有条形基础、独立基础、筏板基础、桩基础、箱形基础。

(2)按埋置深度分:有浅基础(埋深小于 5 m)和深基础(埋深大于等于 5 m)。

(3)按受力性能分:有刚性基础和柔性基础。

(4)按使用材料的不同分:有砖基础、毛石基础、灰土基础、灰浆碎砖三合土基础、素混凝土基础及钢筋混凝土基础等。

(二)浅基础

通常把位于天然地基上、埋置深度小于 5 m 的一般基础(柱基或墙基)以及埋置深度虽超过 5 m,但小于基础宽度的大尺寸基础(如箱形基础),统称为天然地基上的浅基础。

在桥梁结构中:对于无冲刷河流,埋置深度是指河底或地面至基础底面的距离;对于有冲刷河流是指局部冲刷线至基础底面的距离。

如果地基属于软弱土层(通常指承载力低于 100 kPa 的土层),或者上部有较厚的软弱土层，不适于做天然地基上的浅基础时，也可将浅基础做在人工地基上。

天然地基上的浅基础埋置深度较浅，用料较省，无需复杂的施工设备，在开挖基坑、必要时支护坑壁和排水疏干后对地基不加处理即可修建，工期短、造价低，因而设计时宜优先选用天然地基。当这类基础及上部结构难以适应较差的地基条件时才考虑采用大型或复杂的基础形式，如连续基础、桩基础或人工处理地基。

浅基础按基础刚度分为刚性基础和扩展基础。按构造类型可分为单独基础、条形基础、筏板基础和箱形基础、壳体基础。

1. 刚性基础

刚性基础通常由砖、毛石、素混凝土和灰土等材料做成，是一种无筋扩展基础（见图4-2）。

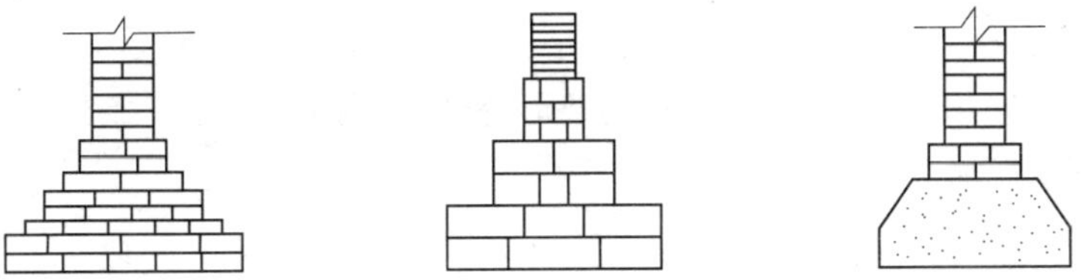

(a)砖基础　(b)砌石基础　(c)素混凝土基础

图4-2　刚性基础

基础埋在土中，经常受潮，容易受侵蚀，而且破坏了也不容易发现和修复，所以必须保证基础的材料有足够的强度和耐久性，因此对基础的材料有一定的要求。

在我国的华北和西北地区，气候比较干燥，广泛采用灰土做基础。灰土一般是用石灰和土按三分石灰和七分黏性土（体积比）配制而成，也称为三七灰土。石灰以块状生石灰为宜，经消化1～2 d后焖成粉末，并滤过5～10 mm筛子。土料宜用粉质黏土，不要太湿或太干。简易的判别方法是拌和后的灰土要“捏紧成团，落地开花”。灰土的强度与夯实的程度关系很大。

由于灰土在水中硬化慢、早期强度低、抗水性差以及早期的抗冻性差，所以灰土作为基础材料，一般适用于地下水位以上。在我国南方则用三合土基础，即在灰土中加入适量的水泥，可使强度和抗水性提高。

在桥梁结构中，刚性基础常用的材料有混凝土、粗石料和片石及砖。砖的特点是可砌成任何形式的砌体，但其抗水腐蚀性（特别是盐碱地区）和抗冻性都比较差，若将基础四周最外层用浸透沥青的砖砌筑，可增加它的抗腐蚀能力。

2. 扩展基础

当刚性基础不能满足力学要求时，可以做成钢筋混凝土基础，称为扩展基础（见图4-3）。

柱下扩展基础和墙下扩展基础一般做成锥形（见图4-4(a)）和台阶形（见图4-4(b)）。对于墙下扩展基础，当地基不均匀时，还要考虑墙体纵向弯曲的影响。在这种情况下，为了增加基础的整体性和加强基础纵向抗弯能力，墙下扩展基础可采用有肋的基础形式（见图4-4(c)）。

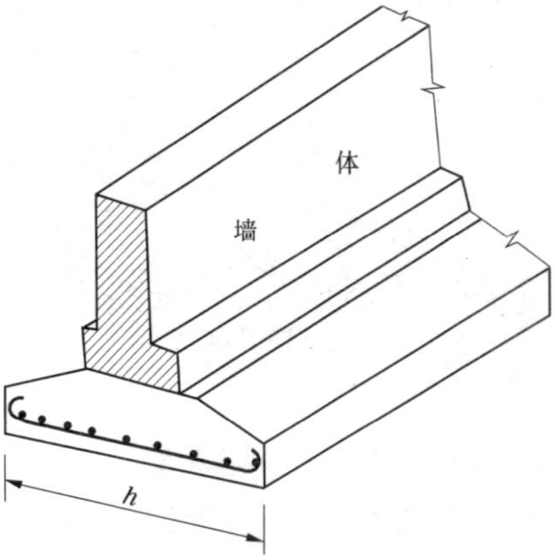

图4-3　墙下钢筋混凝土扩展基础

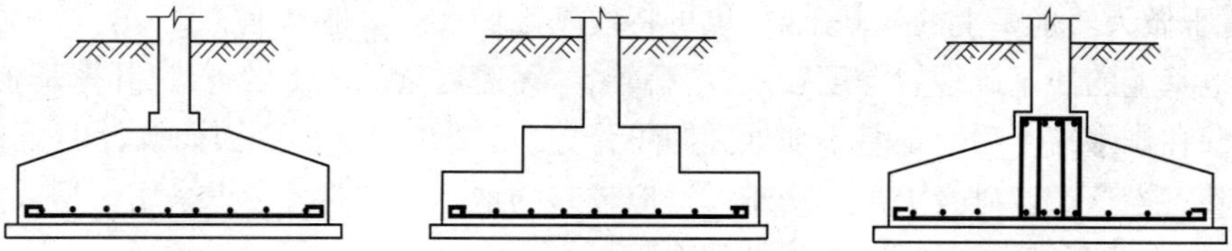

(a)锥形　(b)台阶形　(c)有肋的扩展基础

图 4-4　扩展基础的形式

3. 单独基础

在房屋建筑中,柱的基础一般为单独基础,如图 4-5 所示。这种基础形式常见于装配式单层工业厂房的基础。

4. 条形基础

墙的基础通常连续设置成长条形,称为条形基础,如图 4-6 所示。条形基础在普通的砌体结构中应用相当广泛。

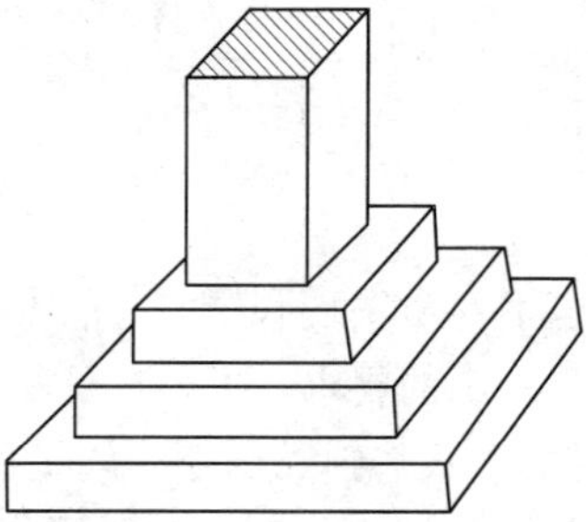

图 4-5　柱下单独基础

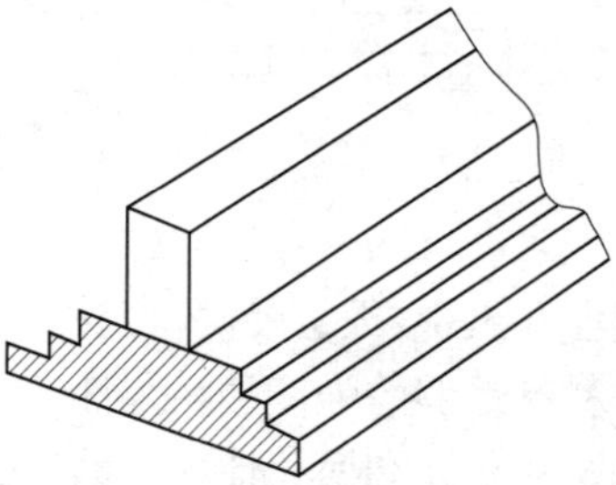

图 4-6　墙下条形基础

5. 筏板基础和箱形基础

当柱子或墙传来的荷载很大,地基土较软弱,用单独基础或条形基础都不能满足地基承载力要求时,往往需要把整个房屋底面(或地下室部分)做成一片连续的钢筋混凝土板作为房屋的基础,这种基础称为筏板基础,如图 4-7 所示。

为了增加基础板的刚度,以减小不均匀沉降,高层建筑往往把地下室的底板、顶板、侧墙及一定数量的内隔墙一起构成一个整体刚度很大的钢筋混凝土箱形结构,称为箱形基础,如图 4-8 所示。

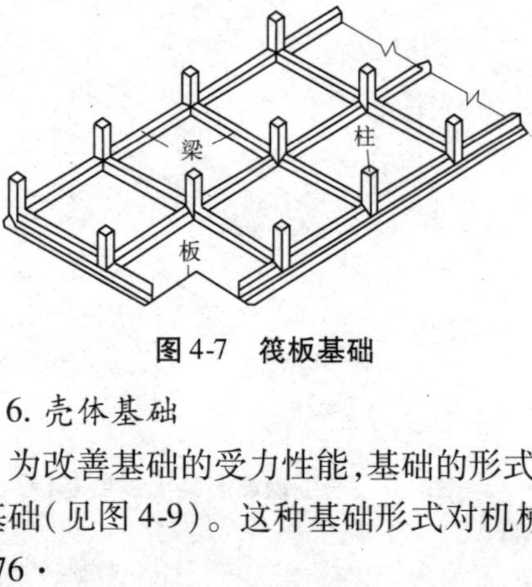

图 4-7　筏板基础

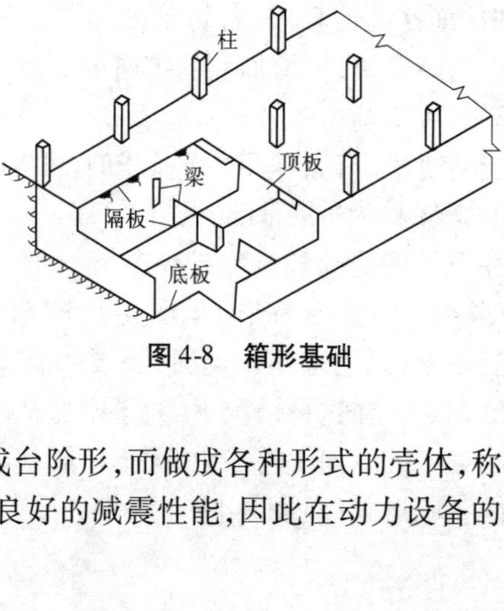

图 4-8　箱形基础

6. 壳体基础

为改善基础的受力性能,基础的形式可不做成台阶形,而做成各种形式的壳体,称做壳体基础(见图 4-9)。这种基础形式对机械设备有良好的减震性能,因此在动力设备的基础中有着光明的发展前景。

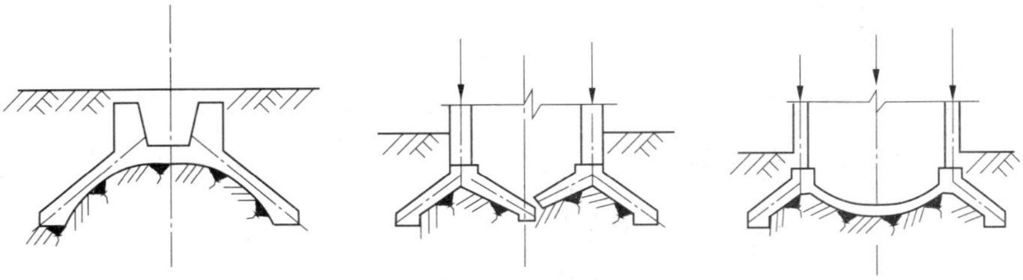

图 4-9　壳体基础

(三)深基础

位于地基深处承载力较高的土层上，埋置深度大于 5 m 或大于基础宽度的基础，称为深基础，如桩基、沉井基础、沉箱基础和其他深基础等，如图 4-10、图 4-11 所示。

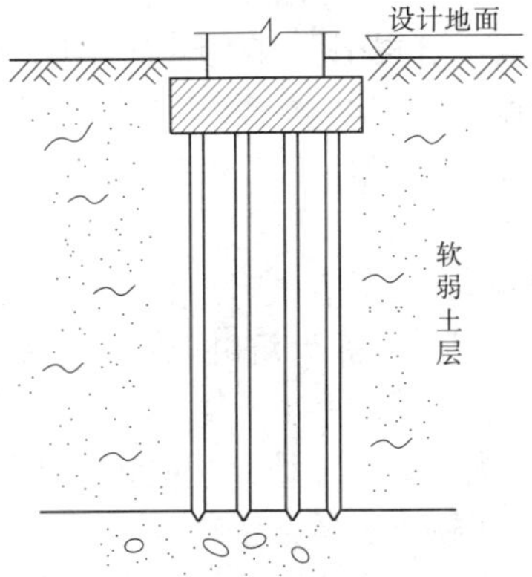

图 4-10　深基础

图 4-11　钢管桩基础

1. 桩基

桩基是一种既古老又常见的基础形式。美国考古学家在 1981 年 1 月对在太平洋东南沿岸智利的蒙特维尔德附近的森林里发现的一间支承于木桩上的木屋，经过放射性碳 60 测定，认为其距今至少已有 12 000 ~ 14 000 年的历史。七八千年前的新石器时代，人们就在湖上和沼泽地里打下木桩，在上面筑平台建所谓“湖上住所”以防止敌人和猛兽侵袭。

桩的作用是将上部结构荷载传递到深部较坚硬、压缩性小的土层或岩层上。由于桩基具有承载力高、稳定性好、沉降及差异变形小、沉降稳定快、抗震能力强，以及能适应各种复杂地质条件等优点而得到广泛使用。桩基除在一般工业与民用建筑中主要用于承受竖向抗压荷载外，还在港口、船坞、桥梁、近海钻采平台、高耸及高层建筑物、支挡结构以及抗震工程中，用于承受侧向风力、波浪力、土压力、地震力等水平荷载及竖向抗拔荷载。

根据桩的抗力性能和工作机理分为竖向抗压桩、竖向抗拔桩、水平受荷桩和复合受荷桩。竖向抗压桩又可根据其荷载传递特征分为摩擦桩、端承摩擦桩、摩擦端承桩及端承桩四类。按桩身材料不同分为木桩、混凝土桩、钢筋混凝土桩、钢桩、其他组合材料桩等。按施工方法可分为预制桩(打入桩和静压桩)、灌注桩两大类。按成桩过程中挤土效应可分为挤土桩、小量挤土桩和非挤土桩。按成桩直径分为大直径桩、中等直径桩和小径桩。

2. 沉井基础

为了满足结构物的要求，适应地基的特点，在土木工程结构的实践中形成了各种类型的深基础，其中沉井基础(见图4-12)，尤其是重型沉井、深水浮运钢筋混凝土沉井和钢沉井，在国内外已有广泛的应用和发展。

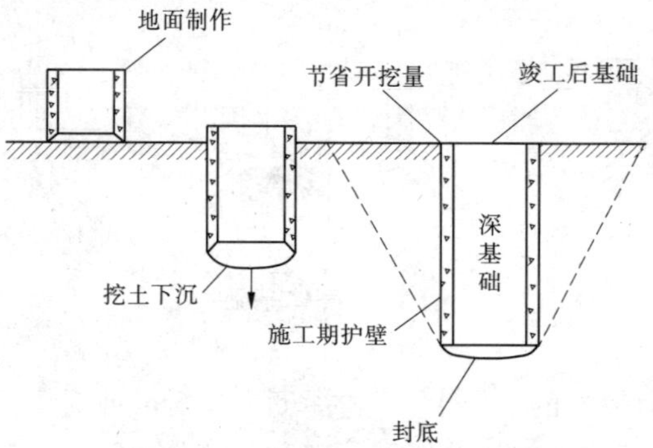

图4-12　沉井基础施工示意图

沉井在施工期间，是一个无底无盖的井状结构物。在施工过程中沉井为围护结构，竣工后沉井本身成为基础的组成部分，即沉井基础。如我国的南京长江大桥、天津永和斜拉桥、美国的Stlouis大桥等均采用了沉井基础。目前，在沉井基础的构造、施工和技术方面我国均已进入世界先进水平，并具有自己独特的特点。

沉井基础的施工：先在地面制作一个"井状"结构物，然后在井孔内挖土，使沉井靠自重作用克服井壁与四周之间的摩阻力而不断下沉直至设计高程，故称为沉井，最后封底，如图4-12所示。

在深基础工程施工中，由于场地条件和技术条件的限制，为了减少放坡大开挖和保证陡坡开挖的边坡稳定性，人们创造了沉井基础。在初期，沉井多用于铁路和桥梁工程基础。以后在水工结构，特别是市政工程中的给水排水泵站中多有应用，而将沉井应用到建筑工程则较晚。

沉井主要可用于以下用途：

(1)江河上的结构物。沉井的井筒不仅可以挡土，也可以挡水，因此适用于江河上的结构物。桥墩和桥台多采用沉井。例如，南京长江大桥的桥墩基础即为筑岛沉井。

(2)重型结构物基础。沉井常用于平面尺寸紧凑的重型结构物，如烟囱、重型设备的基础等。

(3)取水结构物。沉井可作为地下含水层和江河湖海取水的水泵站，如上海宝钢发电厂的水泵房即为大型沉井。

(4)地下工程。地下工程包括地下仓库、地下厂房、地下油库、地下车道和车站以及矿用竖井等，如采用沉井法施工的矿用竖井，深度已超过100 m。

(5)邻近建筑物的深基础。在邻近原有建筑物，新建深基础工程时，采用沉井开挖可防止原有浅基础的滑动。

(6)房屋纠倾工作井。近年来，在房屋纠倾方法中，效果较好的冲土法和掏土法，即在房屋沉降小的一侧做一排用砖砌的小型沉井，工人在井中冲土或掏土。沉井既可作为挡土护壁，又可保护工人的安全。

3. 沉箱基础

沉箱基础又称为气压沉箱基础，它是以气压沉箱来修筑的桥梁墩台或其他构筑物的基础。沉箱形似有顶盖的沉井。在水下修筑大桥时，若用沉井基础施工有困难，则改用气压沉箱施工，并用沉箱做基础。它是一种较好的施工方法和基础形式。它的工作原理是：当沉箱在水下就位后，将压缩空气压入沉箱室内部，排出其中的水，这样施工人员就能在箱内进行挖土施工，并通过升降筒和气闸，把弃土外运，从而使沉箱在自重和顶面压重作用下逐步下沉至设计标高，最后用混凝土填实工作室，即成为沉箱基础，如图 4-13 所示。由于施工过程中通入压缩空气，使其气压保持或接近刃脚处的静水压力，故称为气压沉箱。

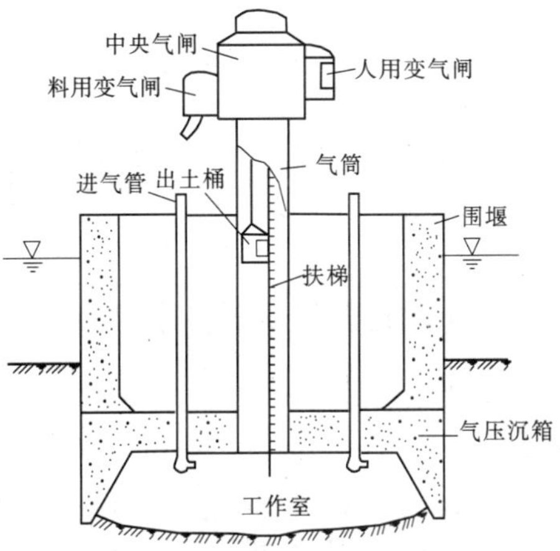

图 4-13　桥的沉箱基础

沉箱和沉井一样，可以就地建造下沉，也可以在岸边建造，然后浮运至桥基位置穿过深水定位。当下沉处是很深的软弱层或者受冲刷的河底时，应采用浮运式。

我国在深水急流中修建了不少桥梁，已积累了丰富的深水基础工程设计和施工技术。如采用大型管柱基础来取代气压沉箱的施工方法，管柱直径从 1.5 m 发展到 5.8 m，水下深度达 64 m。如我国的江阴长江大桥，其支承悬索的北岸锚碇的沉井的平面尺寸达 69 m × 51 m，埋深 58 m，是世界上平面最大的沉井基础。

4. *其他深基础*

深基础还有地下连续墙和墩基础，它们也是土木工程中常用的基础工程形式。

用专门的挖槽机械开挖成狭而深的基槽，在槽内分段浇筑而成的连续封闭的钢筋混凝土墙即为地下连续墙。此墙可作为挡土结构、防渗墙及高层建筑物地下室的外墙。如开挖期作为挡土防渗结构，使用期作为主体承重结构，则可节省大量护壁材料。

地下连续墙的施工，采用分单元槽段施工，即开挖导沟、修筑导墙、采用泥浆护壁、槽内挖土、放钢筋笼、浇筑混凝土后成墙。依次进行下一槽段的施工，待墙身完成后再进行墙内基坑挖土，继续完成基础结构及上部结构的施工，如图 4-14 所示。

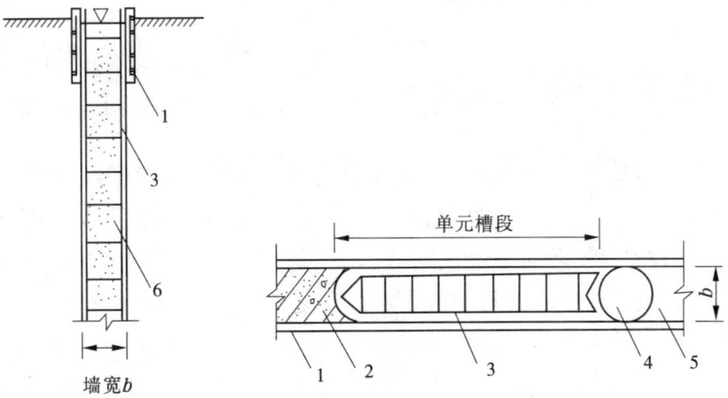

(a)墙身剖面　　(b)墙身平面

1—导墙；2—已完成墙段；3—钢筋笼；4—接头管；5—未开挖墙段；6—护壁泥浆

图 4-14　地下连续墙施工示意

墩基础是在人工或机械成孔的大直径孔中浇筑混凝土(钢筋混凝土)而成的,我国多用人工开挖,亦称大直径人工挖孔桩。

墩身施工程序:在护圈保护下开挖土方,支模板浇筑混凝土护圈,浇筑墩身混凝土。

第三节　地基处理

一、地基处理的对象与目的

地基处理就是为提高地基承载力、改善其变形性质或渗透性质而采取的人工处理地基的方法。

我国幅员辽阔、自然地理环境差异性强、土质各异、地基条件地域性较强。当我们需要在地质条件不好的地方进行工程建筑时,现代土木工程技术的发展使我们能够对天然的软弱地基进行处理。

地基处理的对象是软弱地基和特殊土地基。软弱地基是指主要由淤泥、淤泥质土、冲填土、杂填土或其他高压缩性土层构成的地基。特殊土地基带有地区性的特点,包括软土、湿陷性黄土、膨胀土、红黏土和冻土等地基。

地基处理的主要目的是:提高软弱地基的强度,保证地基的稳定性;降低软弱地基的压缩性,减少基础的沉降;防止地震时地基土的振动液化;消除特殊土的湿陷性、胀缩性和冻胀性。

二、地基处理方法与方案选择

(一)地基处理方法

目前,国内外地基处理方法众多,如:按时间可分为临时处理和永久处理,按处理深度可分为浅层处理和深层处理,按土性对象可分为砂性土处理和黏性土处理,按土的饱和度可分为饱和土处理和非饱和土处理,按作用机理主要有换填法(见图4-15)、预压法、强夯法、振冲法、土或灰土挤密桩法、砂石桩法、深层搅拌法、高压喷射注浆法等。

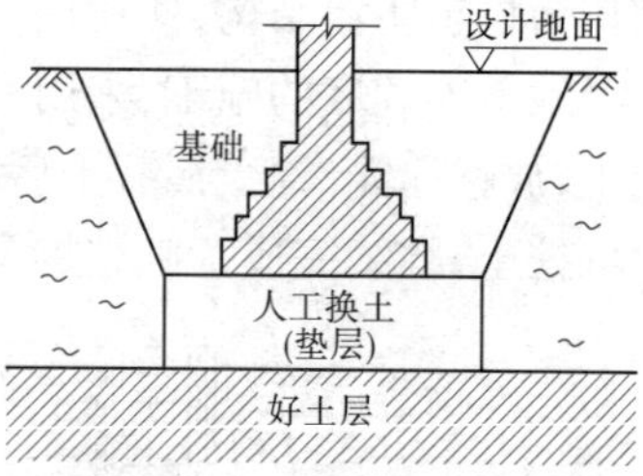

图4-15　地基用换填法处理

(二)地基处理方案选择

地基处理的方法虽然很多,但许多方法还在不断发展和完善中。任何一种地基处理方法都不是万能的,都有它的适用范围和局限性,因而选用某一种地基处理方法时,一定要根据地基土质条件、工程要求、工期、造价、料源、施工机械条件等因素综合分析和对比,从中选择最佳的地基处理方案,也可采用两种或多种地基处理的综合处理方案。

地基处理技术发展十分迅速,老方法得到改进,新方法不断涌现。从如何提高土的抗拉强度这一思路中,发展了土的加筋法;从如何有利于土的排水和排水固结这一基本观点出发,发展了土工合成材料、砂井预压和塑料排水带;从如何进行深层密实处理的方法考虑,采取加大击实功的措施,发展了强夯法和振动水冲法等。

另外,现代工业的发展为地基工程提供了强大的生产手段,如:能制造重达几十吨的强夯起重机械;潜水电机的出现,带来了振动水冲法中振冲器的施工机械;真空泵的问世,才能建立真空预压法；生产了大于200个大气压的压缩空气机，从而产生了高压喷射注浆法。

复习思考题

1. 何谓岩土工程、岩土工程勘察？岩土工程包含哪些工作内容？
2. 岩土工程勘察的目的和任务有哪些？
3. 如何理解工程地质条件、岩土工程问题、不良地质作用等基本概念？
4. 看看身边的建筑、桥梁等，思考其基础的形式。
5. 由课程中的不同基础类型，想象其在土中放置后的具体位置和作用。
6. 地基、基础的作用是什么？
7. 深基础、浅基础的主要区别是什么？
8. 独立基础、条形基础、桩基础的形式有哪些？

第五章　建筑工程

【学习指导】

本章重点介绍了建筑工程的结构组成与体系。要求重点掌握民用建筑与工业建筑的特点,单层厂房的结构构件组成及作用,建筑平面布置的重要性和布置内容,建筑物的基本构成要素。了解建筑工程的发展简况。

第一节　概　述

一、建筑工程及其发展简介

人们通常所说的建筑工程,一般指的是房屋建筑工程。它可以解释为兴建建(构)筑物的规划、勘察、设计、施工及管理的各种活动的总称。另外,建筑指的是各种房屋和构筑物,包括办公楼、住宅、厂房、仓库、电视塔、水池和烟囱等。同时,从某个时期来看,建筑物最能体现当时的先进技术、建筑风格与艺术。

建筑物最初是人类为了蔽风雨和防备野兽侵袭的需要而产生的。距今约1.8万年前的北京周口店龙骨山山顶洞人还是住在天然岩洞里;六七千年前的原始社会居住遗址——西安半坡村遗址,已经有用木骨(架)泥墙构成的居室,在居住建筑的一侧,留有明显的人工壕沟,考古工作者认为这是为防御野兽侵袭而建造的。

随着社会生产力的发展,奴隶制社会取代了原始公有制社会。在这个时期,我国已经出现了城邑、宗庙和宫殿建筑,如河南安阳殷墟中发现的宫室、宗庙等。

统治阶级出现后,为满足他们需要的其他“精神”建筑也应运而生,如建于公元前2723~前2563年的埃及最大的金字塔,就是古埃及第四王朝统治者——法老的陵墓,巨大的方锥体象征法老的权威是不可动摇的。随着佛教的传入,古印度埋藏佛舍利的半圆形土石堆建筑也传了进来,并且和中国的传统重楼建筑相结合,形成了独特的建筑类型——塔,始建于7世纪的西安大雁塔和8世纪的西安小雁塔都是其中的杰作。至于神庙建筑,除埃及、希腊、印度、罗马和中国等文明古国外,很多国家也都先后兴建过。

封建社会的进一步发展和资本主义社会的出现,为建筑提供了更新的技术和更雄厚的物质基础。北京故宫建成于1420年,单紫禁城内宫室就有9 000多间,占地72万 m^2,是世界上规模最大的宫殿组群建筑,它保存了中国传统建筑形式,综合了形体上的壮丽、工程上的完美、布局上的庄严秩序。这一气魄宏大的宫殿建筑,充分体现了我国劳动人民的勤劳和智慧,不愧为世界五大宫殿之冠(其次是始建于16世纪后屡经扩建至18世纪形成的法国凡尔赛宫、英国18世纪建于伦敦的白金汉宫、俄罗斯的莫斯科克里姆林宫和建于1792年的美国华盛顿白宫)。

钢材、水泥、混凝土等材料的应用,使大跨、高层建筑发展迅猛。1975年建成的美国芝加哥水塔广场旅馆大楼,共76层,高262 m,采用钢筋混凝土筒中筒体系,楼板现浇无梁楼盖;1970～1974年建成的芝加哥西尔斯大厦,110层另加3层地下室,高443 m,采用9个框筒组成的钢结构,构成束筒体系,每个筒断面为22.9 m×22.9 m,筒沿高度变化。新中国成立不久,就开始了大规模的经济文化建设工作,许多工厂、学校、住宅以及商厦、旅馆、影剧院、文化宫、医院、办公楼等相继建成,北京的人民大会堂、民族文化宫、工人体育场、北京西客站、中国革命博物馆、鸟巢、水立方等大型公共建筑,更是新中国繁荣昌盛的具体表现。改革开放后我国建设了很多高层建筑,目前我国大陆最高的钢筋混凝土结构高层建筑为上海金茂大厦地上88层,高420.5 m,1998年建成。1996年建成的广州中天广场大厦,为混凝土结构,到铁塔顶总高度近400 m。468 m高的"东方明珠"电视塔,为预应力混凝土结构,于1995年建成。现在我国在高层建筑造型的多样化上,在建筑多功能的使用上,在结构的改革上,在新材料和新技术的采用上,在合理组织施工上以及在抗震分析和计算机程序应用上都达到了国际先进水平。

随着经济发展和国力增强,我国将会建造更多、更高、更新的大型公共建筑和高层建筑。据专家预测,不久的将来,可以用混凝土建造600～900 m超高层建筑,但这只是意味着技术上的可能,对于有无必要性还有待进一步探讨。

二、建筑物构成的基本要素

建筑物构成的基本要素有建筑功能、建筑物质技术条件、建筑形象三个方面。

(一)建筑功能

建筑功能即房屋的功能是为使用者提供生活需求的场所,它体现了建筑物的目的性。例如,建设某厂房是为了提供各种产品的生产场所,兴建办公楼是为了提供工作和公共交流场所,修建住宅是为了提供居住、生活和休息的场所,建造剧院和体育馆是为了满足人们的文化生活需要。因此,满足生产、居住和演出的要求,就分别是工业建筑、住宅建筑和剧院建筑的功能要求。

各类房屋的建筑功能不一定是一成不变的,随着社会生产的发展、经济的繁荣及物质和文化水平的提高,人们对建筑功能的要求也将日益提高。以我国住宅建筑为例,现在的面积指标和生活设施的安排等,其水平就大大高于20世纪末期。所以,建筑功能的完善程度会受到一定历史条件的限制,同时,新型建筑物的不断出现也是一种必然趋势。

(二)建筑物质技术条件

建筑物质技术条件是形成建筑物的根本保证,包括建筑材料、结构与构造、设备、施工技术、管理水平等有关方面的内容。建筑水平的提高,离不开物质技术条件的发展,而它的发展又与社会生产力的水平、科学技术的进步息息相关。如高强度钢材做成的钢结构在大跨结构的厂房中应用比较广泛,高强钢筋混凝土在高层建筑的剪力墙、筒体结构和大型起重设备基础中运用较多,同时,钢筋混凝土的应用有利于推动高层建筑的发展,沉井等施工技术为软土地区建造高层建筑提供了技术保证。因此,随着建筑技术的进步、建筑设备的完善、新型材料的不断出现、新结构体系的产生,为促进高层建筑的广泛发展奠定了物质基础和技术保证。如西方高层建筑的发展是在19世纪中叶以后,当时是因为出现了金属框架结构和蒸汽动力升降机。

(三)建筑形象

建筑形象是建筑群体与单体的体型、立面的处理、内部和外部的空间组合和细部处理的综合反映。建筑形象处理得恰到好处,能给人美的享受,这就是建筑艺术形象的魅力。室内外空间的组合、细部的装饰处理、建筑材料的色彩与质感,若能产生一定的艺术效果,给人以一定的感染力,同时,也能表现建筑物的性格和时代特征。

建筑构成三要素之间是辩证统一的关系,相互制约又相互促进,不能分割。若按主次来分顺序:第一是功能,是起主导作用的因素;第二是物质技术条件,是达到目的的手段,但是技术对功能又有约束和促进的作用;第三是建筑形象,是功能和技术的反映,若能充分发挥设计者的主观作用,在满足功能和技术的条件下,可以将建筑设计得更加美观。

三、建筑的分类

建筑工程是兴建建(构)筑物的规划、勘察、设计、施工及其管理的总称。建筑指各种房屋和构筑物,如厂房、仓库、办公楼、电视塔、水池和烟囱等。

建筑按使用性质分为民用建筑和工业建筑,按结构承重材料分为砖木结构(有木结构和砖石结构)、砌体结构、钢筋混凝土结构、钢结构和钢-钢筋混凝土组合结构等,按建筑物高度与层数分为低层建筑、多层建筑、高层建筑和超高层建筑等。

第二节　建筑工程的平面布置

一个地区或一项工程的总体布置情况是通过总平面布置图(也称总平面定位图)来表示的。平面布置图一般按比例绘制在实测的地形图上。无论是民用建筑的总平面布置图,还是工厂厂区的总平面布置图,其所要表达的内容一般都有:

(1)场地范围内的地形。

(2)新建建筑区域的总体布置(包括工程用地范围,新建建筑与原有建筑等的位置关系,新、改建道路与各种管网的布置情况等)。

(3)建筑物室内、外地坪及道路路面的绝对标高等。

(4)用指北针表示地区的方位及建筑物朝向,用风玫瑰图表示常年风向频率、总图主要技术指标等。

以上内容要按规定的图例来表示。其中,新建建筑与原有建筑等的位置关系采用坐标表示,一般有测量与施工两种坐标系统,分别用“X、Y”和“A、B”表示。风玫瑰图是表示常年风向频率的,它是根据某一地区多年统计的平均各个方向吹风次数的百分均值按一定比例绘制的。根据风玫瑰图可以形象地了解一个地区常年的风向情况,借以选择各类建筑物的最优朝向。

下面简单介绍民用建筑中的住宅区总平面布置和工厂厂区的总平面布置的有关知识。

一、住宅区总平面布置

住宅区总平面布置的目的是为居民合理经济地创造一个满足日常物质和文化生活需要的方便、卫生、安全及优美的居住环境。平面布置主要为居住建筑(住宅楼),其次为日常生活所需的公共建筑、生产性建筑、市政公用设施(如泵房、调压站、锅炉房等)。

住宅区总平面布置的主要内容包括:

(1)选择确定用地位置及红线范围。

(2)确定规模,即人口数量和用地的大小。

(3)拟定居住建筑的类型及层数比例、数量和布置方式等。

(4)拟定其他公共建筑、生产性建筑、公用设施等的规模和数量等。

(5)布置绿化、各种管线及道路等。

(6)进行技术经济指标分析。

住宅区总平面布置的技术经济指标有:建筑面积(m^2)、使用面积(m^2)、总建筑面积(m^2)、住宅建筑面积(m^2)、公共建筑面积(m^2)、建筑密度(%)、住宅建筑毛密度(%)、住宅建筑净密度(%)、容积率、居住户数、平均套建筑面积(m^2)、居住人数、户均人数、人口毛密度(%)、住宅平均层数、绿地率(%)等。

二、工厂厂区总平面布置

工厂厂区总平面布置的目的是综合考虑工厂的生产性质特点、规模及地形地貌与周边环境,满足工厂厂区生产使用功能要求,满足运输和动力供应等要求,合理布置工厂内的建(构)筑物、堆场、交通运输与动力设施、管线和绿化等布置。

工厂厂区总平面布置的主要内容包括:

(1)厂区的功能分区。厂区功能分区就是合理进行区域划分,确定各类建(构)筑物及其他工程设施的平面布置。

功能分区是根据建设项目的性质、使用功能、交通运输联系、防火和卫生要求等,将性质相同或相近,功能相似或有联系的,对环境要求一致的建(构)筑物及设施分成若干组,再结合用地内外的具体条件,组成各区段,并在各区中布置相应的建(构)筑物和设施,尤其对工厂来说,总平面的功能分区布置合理与否将直接影响工厂的生产效率、产品质量和工人身体健康。较典型的厂区一般由行政办公和生活福利区、生产区、动力区、仓库区及构筑物组成。

(2)厂内外运输系统的合理安排,厂内运输方式的选择,人流与货流的合理组织等。

(3)结合地形合理进行厂区竖向布置,确定各生产车间及其他建筑物的室内外标高。

(4)合理布置各种生产、生活所需的管线。

(5)绿化布置。

(6)进行技术经济指标分析。

工厂厂区总平面布置的技术经济指标有:厂区占地面积(hm^2)、单位产量占地面积(hm^2)、建(构)筑物占地面积(m^2)、建筑系数(%)、露天堆场面积(m^2)、堆场系数(%)、道路与广场面积(m^2)、道路及广场系数(%)、铁路(轨距)长度(m)、绿化面积(m^2)和绿化系数(%)等。

第三节　民用建筑的结构组成与体系

一、民用建筑的分类与特点

(一)民用建筑的分类

民用建筑按使用功能分两大类:居住建筑与公共建筑。居住建筑是供人们生活起居用的建筑物,如职工住宅、公寓、单身宿舍等;公共建筑是供人们进行各项社会活动的建筑物,公共建筑类型繁多，如体育馆、剧场、图书馆、展览馆、科学实验楼、医院、银行、商场、写字楼、电视塔、办公楼等。

（二）民用建筑的特点

（1）民用建筑首先应满足建筑功能要求，即建筑的实用性。其实用性具体体现在：住宅供人们生活起居，学校是教学活动的场所，园林建筑供人游览、观赏和休息等。

（2）除满足人们的使用要求外，还要以不同的空间组合、建筑造型和细部处理等构成一定的建筑形象，从而反映出建筑的性质、时代风采、民族风格及地方特色等，给人以精神享受和艺术感染力，满足人们精神方面的要求。

图 5-1 为民用建筑的构造组成。

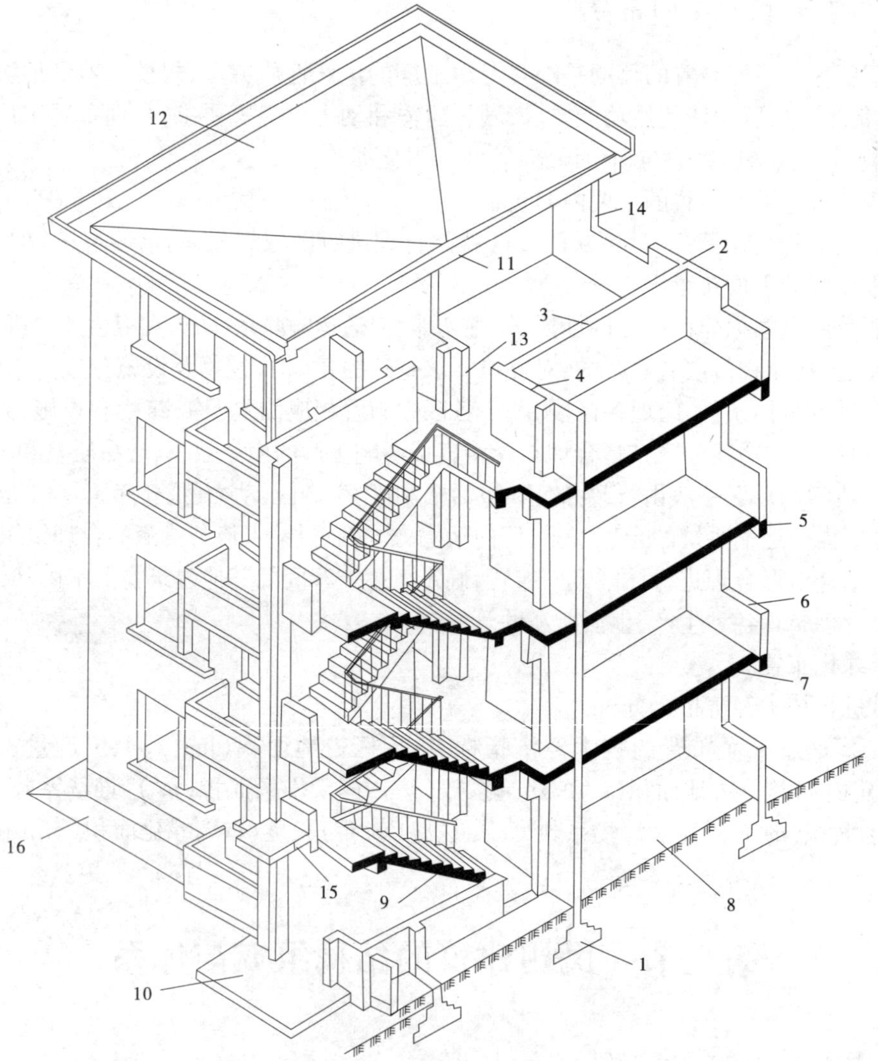

1—基础；2—外墙；3—内横墙；4—内纵墙；5—过梁；6—窗台；7—楼板；8—地面；9—楼梯；10—台阶；11—屋面板；12—屋面；13—门；14—窗；15—雨篷；16—散水

图 5-1　民用建筑的构造组成

图 5-2 为中南建筑设计院设计的广东科学中心大楼,建筑面积 11 万 m^2,总投资 19 亿元。这是一座临水塔型建筑,宛如南国一朵盛开的木棉花,木棉花的 5 个花瓣立面如迎潮而上的一艘科技航母。该建筑以其独特的创意、新颖的造型、灵动的空间组合以及与当地环境高度和谐的亲自然情怀,让人过目不忘。

图 5-2　广东科学中心大楼

图 5-3 是人们熟悉的武汉黄鹤楼,它所体现的则是时代风采和民族风格。

图 5-3　黄鹤楼

图 5-4 为华中师范大学音乐教学楼,该楼为一幢教学及观摩的综合性建筑,设计上力求各部分功能分区明确,空间分隔、联系合理,道路流线畅通,并根据其功能的要求,尽量满足音乐的最佳效果。建筑造型上充分考虑音乐艺术的独特性,注重景观效果。

二、民用建筑的结构组成与体系

民用建筑常用的结构体系有混合结构、钢筋混凝土框架结构与框架－剪力墙结构。混合结构是指采用砖墙、砖柱、钢筋混凝土梁板而建造的房屋。这种结构房屋抗震能力差,且黏土砖消耗农田土资源,故随着砌块等材料的普及,此种混合结构房屋正逐渐被淘汰。钢筋混凝土框架结构与框架－剪力墙结构主要由屋面板、楼面板、梁、柱、墙体、桁架等构件组成,如图 5-5 所示。

图 5-6 为某工程(多层框架房屋)的建筑剖面(是按施工图要求绘制的)。

下面主要介绍民用建筑钢筋混凝土框架结构与框架－剪力墙结构体系的组成。

结构的各种构件按其承重功能分为三大类:围护和分隔用的承重结构,如板、墙;跨越空间的承重结构,如桁架、梁;支承构件,如柱、墙等。

钢筋混凝土结构一般是由梁、板、柱、墙、桁架等基本结构构件组成的。由于它们在房屋结构中所处的位置不同,其功能、受力状态等不同,其形状和截面都不一样。现分别按板、

图 5-4　华中师范大学音乐教学楼

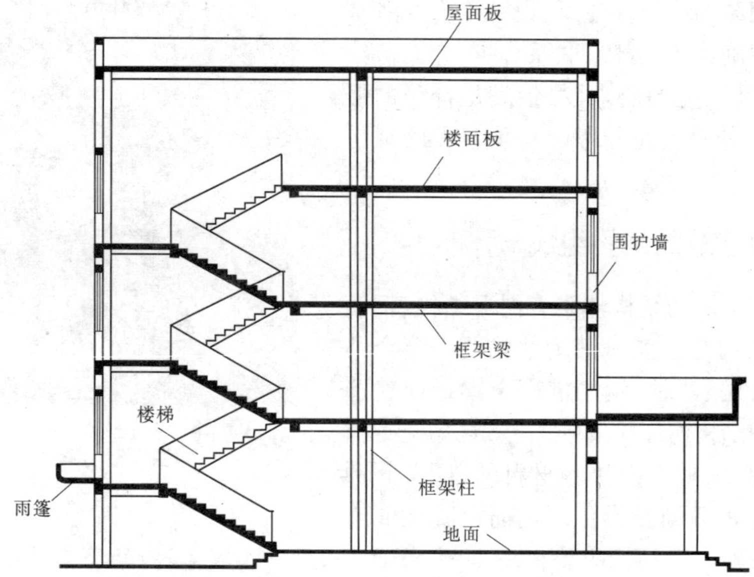

图 5-5　多层框架房屋结构组成示意

梁、柱、墙、桁架分述如下。

(一)板

板是指平面尺寸的长度和宽度相对于其厚度较大的构件。板主要承受垂直荷载,常为水平放置的构件,如楼面板、屋面板、基础板、楼梯板等。

板按平面形式分,有矩形板、圆形板、三角板、异形板等;按施工工艺分,有预制板、现浇

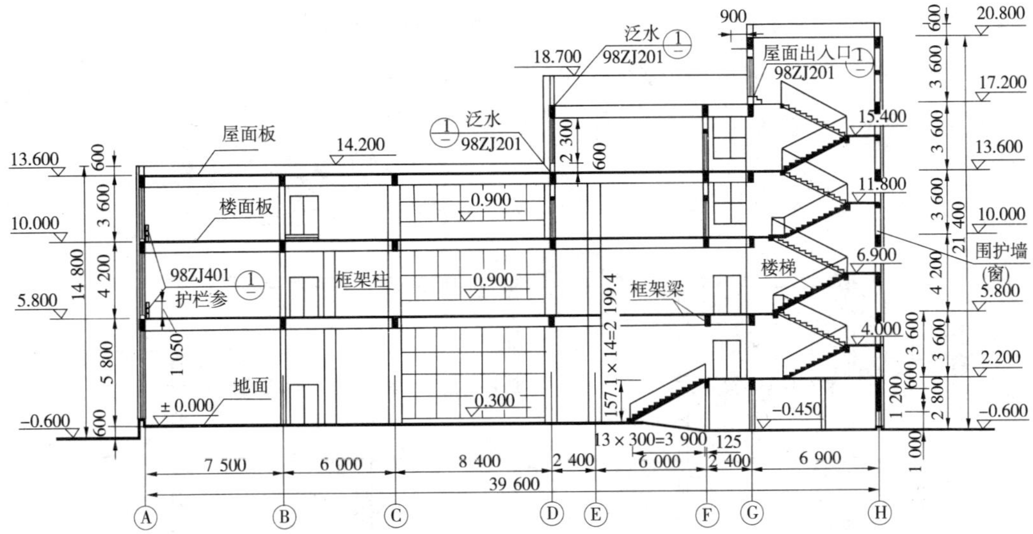

图 5-6　多层框架房屋的建筑剖面

板和叠合板等;按受力情况与支承条件分,有单向板、双向板和悬臂板等。

板在两端支承,即两对边支承的板称为单向板。对于四边支承的板,当长边与短边长度之比小于等于 2 时为双向板;当长边与短边长度之比大于 2,但小于 3 时,宜按双向板考虑;当长边与短边长度之比大于等于 3 时,按短边方向受力的单向板考虑。板在仅有一端支承的情况下受力称为悬臂板。

如图 5-7 所示为某房屋标准层楼面板的局部布置,图中 A 区格的板为竖向放置的预制单向板,B 区格的板为横向放置的预制单向板,C 区格的板为现浇单向板,D 区格的板为现浇双向板。

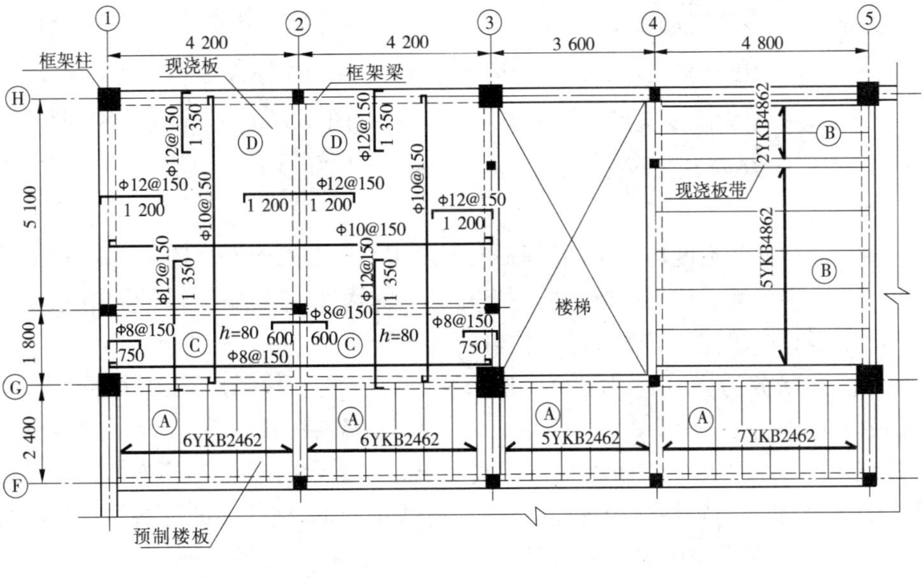

图 5-7　楼面板的局部布置

（二）梁

梁是指横截面的高与宽均较小，而其长度相对较大的构件。梁主要承受垂直于梁轴线的荷载，用做受弯构件，一般水平放置，如楼、屋盖中的主梁与次梁，门窗洞口上的过梁等。如图 5-8 所示为某房屋标准层局部框架主梁与次梁的布置。

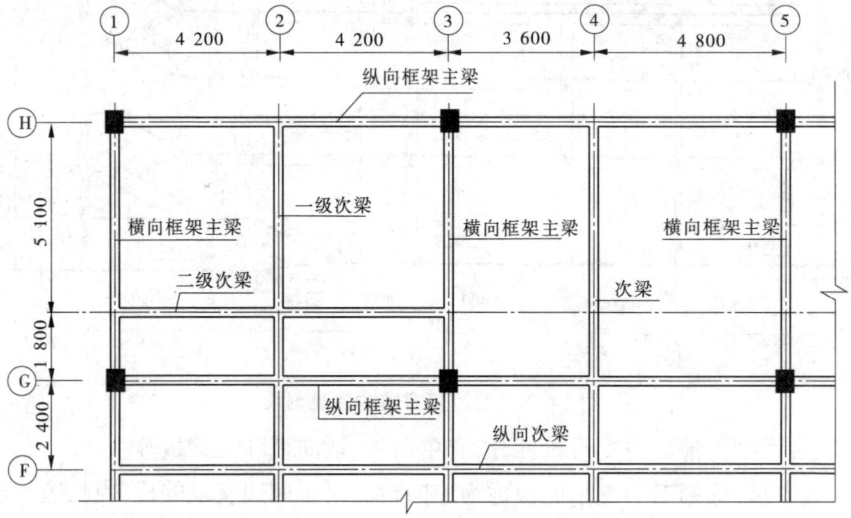

图 5-8　某房屋标准层局部框架主梁与次梁的布置

梁按其截面形式分为矩形梁、T 形梁、倒 T 形梁、L 形梁、十字形梁（花篮梁）、I 字形梁和箱形梁等，按其截面尺寸分为一般梁（梁截面高宽比在正常范围内，一般为 1/8 ~ 1/16）、扁梁（截面宽度较高度大的梁）和深梁（梁截面高度较大，其跨高比大于 4 的梁），按其施工方法分为预制梁、现浇梁和叠合梁等，按其受力情况与其边界条件分为简支梁（梁的支座一端为固定铰支座，另一端为滑动铰支座，见图 5-9（a））、一端固定一端简支梁（梁的支座一端为固定支座，另一端为滑动铰支座，见图 5-9（b））、嵌固梁（两端均为固定端的梁，见图 5-9（c））、悬臂梁（梁一端为固定支座，另一端为自由端，见图 5-9（d））、连续梁（有两个以上支座支承的梁，见图 5-9（e））。

（三）柱

柱是指截面高度与宽度均较小，而其轴向高度相对较大的构件。柱主要承受轴向荷载，同时也可承受水平荷载。柱是房屋结构中极其重要的构件，它的破坏将直接导致整幢房屋的倒塌。柱主要有框架柱、排架柱和屋、楼盖的支柱等。

柱按截面形状分为方形柱、矩形柱、圆形柱、双肢柱、管柱、异形柱（十字形、L 形和 T 形）等，如图 5-10 所示；按其受力情况分为轴心受压柱（荷载的作用点与柱子截面中心重合的柱）和偏心受压柱（荷载的作用点与柱子截面中心不重合的柱）；按其施工方法分为预制柱和现浇柱等；按其受力特性分为短柱（在轴心荷载作用下，柱截面的材料达到极限强度而破坏）和长柱（在轴心荷载作用下柱截面的材料未达到极限强度，柱子在纵向产生屈曲而破坏）。

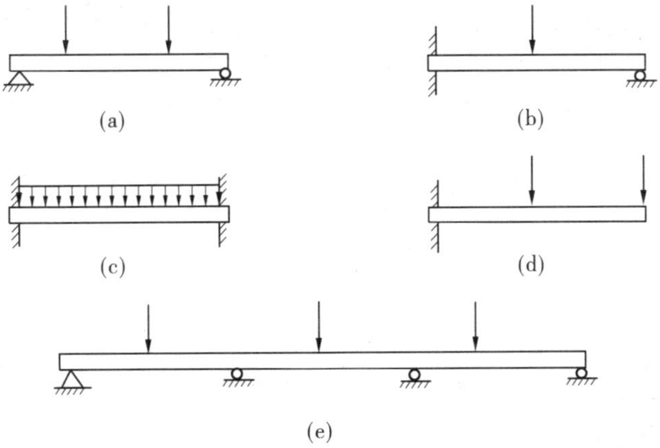

图 5-9　梁按受力情况与边界条件分类

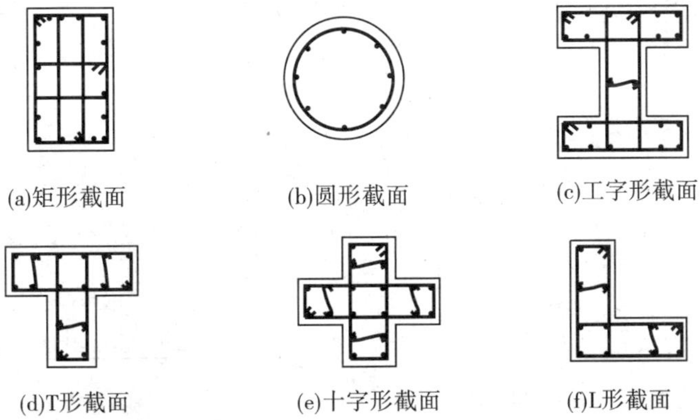

图 5-10　钢筋混凝土柱截面形式

（四）墙

墙是指其竖向尺寸的高与宽均较大，而其厚度相对较小的构件。墙主要承受平行于墙面的荷载。

墙按功能分为承重墙、围护墙和隔断墙等，按所处位置分为横墙、纵墙、山墙、外墙和内墙等，按承重情况分为承重墙、非承重墙和填充墙等，按施工工艺分为预制墙、现浇墙和砌筑墙等，按其他特殊功能分为保温墙、隔热墙、吸声墙和防水墙等。

（五）桁架

桁架是指由上弦、下弦及腹杆组成的平面或空间承重构件。桁架在使用时的基本作用与梁相同，故有时也称为桁架梁，但桁架在荷载作用下，其杆件主要承受轴向压力或拉力，因而它比梁更能充分发挥与利用材料的强度。因桁架制作较梁烦琐，故一般房屋跨度在 18 m 及以上时，用桁架代替梁。桁架一般用在屋面楼盖处，用于屋面时也称为屋架，如图 5-11 所示。桁架按外形分为三角形桁架、梯形桁架、折线形桁架、平行弦桁架等，按构件所用材料分为钢筋混凝土桁架和钢桁架（钢网架）。

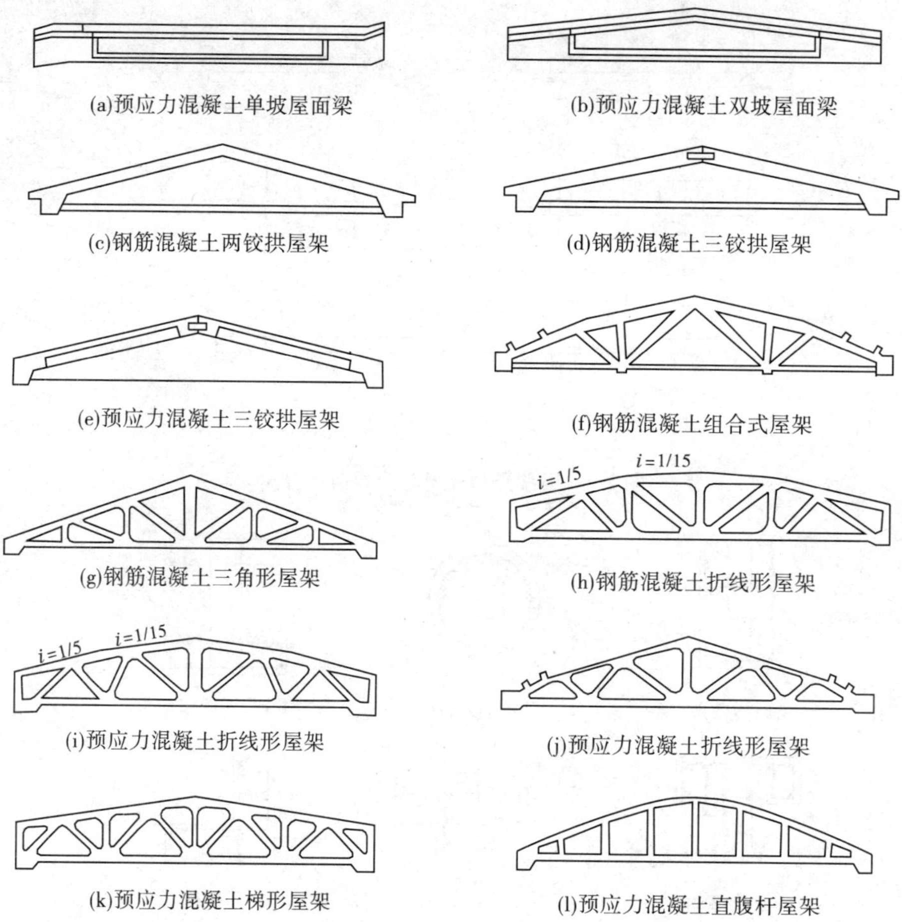

(a)预应力混凝土单坡屋面梁　(b)预应力混凝土双坡屋面梁

(c)钢筋混凝土两铰拱屋架　(d)钢筋混凝土三铰拱屋架

(e)预应力混凝土三铰拱屋架　(f)钢筋混凝土组合式屋架

(g)钢筋混凝土三角形屋架　(h)钢筋混凝土折线形屋架

(i)预应力混凝土折线形屋架　(j)预应力混凝土折线形屋架

(k)预应力混凝土梯形屋架　(l)预应力混凝土直腹杆屋架

图 5-11　各种形式屋架

第四节　工业建筑的结构组成与体系

一、工业建筑的特点与分类

(一)工业建筑的特点

工业建筑是直接为工业生产服务的,其主要特点有:

(1)需满足生产工艺的要求。

(2)厂房内有机械、起重运输设备(吊车)时,要求厂房有较大空间。

(3)厂房结构要能承受较大的静荷载、动荷载。

(4)在生产过程中会产生大量的余热、烟尘及生产噪声等,要求厂房有良好的通风采光条件。

(5)特殊厂房内还要求保持一定的温度、湿度或防爆、防放射线等性能。图 5-12 为某工业厂房厂区布置,图 5-13 为基本厂房车间局部。

图 5-12　某工业厂房厂区布置(工业厂房建筑)

图 5-13　基本厂房车间局部

(二)工业建筑的分类

工业生产种类繁多,如钢铁、机械、电子、化工、纺织和食品等,因而对厂房建筑的要求也不同。

1. 按建筑用途分

厂房按建筑用途分为生产用建筑和生产辅助用建筑。

生产用建筑是指生产工艺过程的主要生产车间,如机械厂房中的机械加工车间、总装配车间等;生产辅助用建筑是用来为主要车间服务的车间,如工具车间、锅炉房、变配电房、仓库及各种栈桥和支架等。

2. 按建筑层数分

厂房按建筑层数分为单层工业厂房、多层工业厂房、单多层混合厂房。单层工业厂房主要用于机械工业和冶金工业,多层工业厂房主要用于食品、电子和精密仪器等工业,单、多层混合厂房主要用于电力工业与化工工业等。

工业建筑中常用的结构体系有排架结构与框架结构。一般单层工业厂房采用排架结构体系,多层工业厂房采用框架结构体系,单多层混合厂房则采用排架和框架组合的混合结构体系，其中多层工业厂房的框架结构体系同民用建筑的框架结构体系，由楼面板、梁、柱等组成。因此，下面仅介绍单层工业厂房排架结构体系的组成。

二、工业建筑的结构组成与体系

单层工业厂房的排架结构是由横向骨架及纵向连系构件组成的。横向骨架由屋架（屋面梁）、柱及基础组成，纵向连系构件有屋面板、吊车梁、连系梁等。

单层工业厂房通常由下列结构构件组成，如图 5-14 及图 5-15 所示。

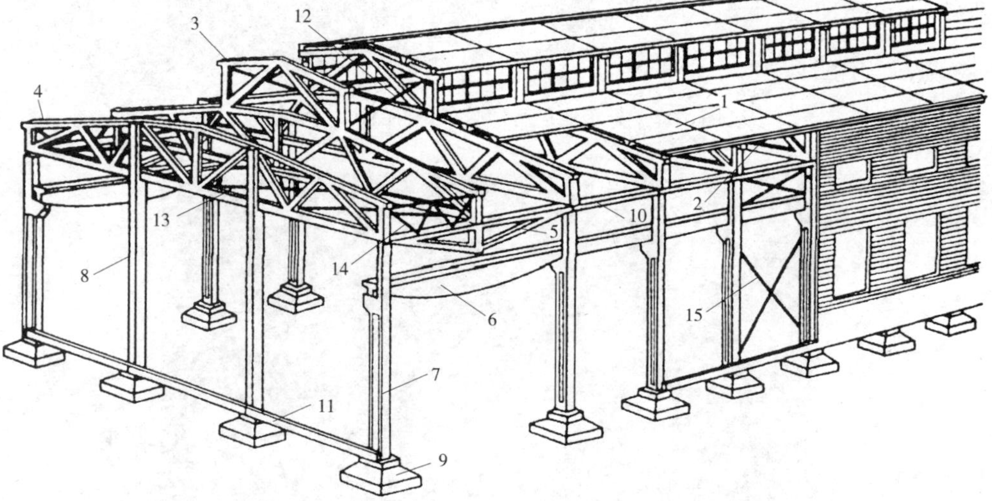

1—屋面板；2—天沟板；3—天窗架；4—屋架；5—托架；6—吊车梁；7—排架柱；8—抗风柱；9—基础；10—连系梁；11—基础梁；12—天窗架垂直支撑；13—屋架下弦横向水平支撑；14—屋架端部垂直支撑；15—柱间支撑

图 5-14　单层钢筋混凝土厂房结构的组成

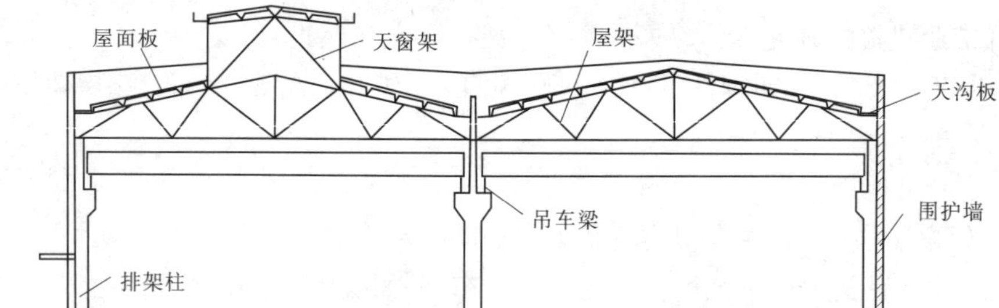

图 5-15　单层钢筋混凝土厂房建筑剖面示意

（一）屋盖

屋盖结构起承重和围护双重作用，包括屋面板、天窗架、屋架和托架等。

（1）屋面板。屋面板（天沟板、檐口板）支承在屋架（屋面梁）或天窗架上，直接承受其上屋面构造层的自重（如保温层、防水层等）和屋面活荷载（如屋面积灰荷载、雪荷载或施工检修荷载等)，并将上述荷载传至屋架。

(2)天窗架。天窗架支承在屋架上，承受天窗部分屋面荷载及天窗等构件的自重，并将荷载传至屋架。

(3)屋架。屋架(或屋面梁)通常支承在柱上，也可支承在托架上，承受屋盖结构的全部荷载，并将荷载传至柱子或托架。

(4)托架。当柱子间距比屋架间距大时，用托架来支承屋架，并将其上的荷载传给柱子。

(二)吊车梁

吊车梁是支承厂房吊车的纵向承重构件，支承在柱子牛腿上，承受吊车荷载(包括吊车起吊重物、吊车运行时的竖向轮压以及吊车制动时所产生的纵向和横向水平荷载)，并将上述荷载传给柱子。

(三)柱子

柱子承受由屋架(托架)、吊车梁、外墙、柱间支撑等传来的荷载，并将它们传给基础。

(四)基础

基础承受柱子和基础梁传来的荷载，并将荷载传至地基中。

(五)支撑系统

支撑系统包括屋盖支撑和柱间支撑等，其主要作用是加强厂房结构的空间刚度和稳定性，同时传递风荷载、吊车纵向水平荷载以及纵向地震作用等。

(六)墙体围护结构

墙体围护结构一般包括墙(纵墙和山墙)以及支承墙体的构件，如抗风柱、基础梁、墙梁等。

复习思考题

1. 什么叫建筑工程？建筑是怎样进行分类的？
2. 建筑物的基本构成要素有哪些？
3. 为什么要进行总平面布置？总平面布置包括哪些主要内容？
4. 民用建筑有哪些特点？试简述民用建筑的结构组成与体系。
5. 什么是柱？什么是长柱？什么是短柱？
6. 工业建筑有哪些特点？它是怎样分类的？
7. 单层工业厂房通常由哪些结构构件组成？它们各起什么作用？

第六章　交通工程

【学习指导】

本章主要介绍了道路、铁路、隧道、桥梁及水上通航过坝建筑物等交通工程的基本知识。要求学生重点掌握各类交通工程的基本概念、常见形式、等级划分、技术标准及主要结构的构造组成与工作特点等,了解路基稳定的含义及影响因素等。

交通运输是国民经济的动脉,是国家经济发展的基础产业之一,随着交通运输的发展和人民生活水平的提高,其在联系工业与农业、城市与乡村、生产与消费等各个领域起着十分重要的作用。

现代交通运输由铁路、公路、水运、航空及管道运输五种运输方式组成。这些运输方式在技术经济上各有特点,它们根据运输的需要合理分工、相互衔接、互为补充,形成完整的国家综合运输体系。铁路运输对于中、远程的大宗货物及人流运输具有运输量大、成本低的特点;公路运输机动灵活,集散货物比较迅速,但运输量不大,成本相对较高;水运在通航地区具有运量大、运价低廉的特点;航空运输具有速达作用,但成本高,能耗大;管道运输则多用于运输液体和气态或散装物品。

无论是公路还是铁路,当遇到高山阻碍时多以隧道方式穿越,当遇有深谷河流时多以桥梁方式跨过。本章以道路、铁路、隧道、桥梁及水上通航过坝建筑物等主要交通工程为主要介绍对象,对其他类交通工程的内容,或因不被普及应用,或因结构特点雷同,或因专业知识量不多而不再于本书讲解。

第一节　道路工程

道路是供各种车辆和行人通行的工程设施。

我国道路建设有悠久的历史,早在2000年前,就有了可以行驶牛车和马车的道路。到了清代,全国已形成了层次分明、功能比较完善的“官马大路”、“大路”、“小路”等,其分别为京城到各省城和省城到重要城市及重要城市到一般市镇的三级道路系统,其中“官马大道”就达2 000余km。

新中国成立以后,为了恢复和发展国民经济、改善人民生活、巩固国防、促进民族团结,国家对公路建设作出了很大的努力,取得了显著成就。但与世界上发达国家相比,仍存在着较大的差距,公路网标准低、数量少、布局不尽合理,是目前存在的突出问题。

加快公路网新线建设,对原有公路进行技术改造,逐步提高技术标准和通行能力,是我国当前公路建设的主要任务。

一、道路的特点、分类与技术标准

(一)道路的特点

长期以来,汽车运输业的迅速发展是和道路及其运输所具有的特点分不开的。与其他

交通运输方式相比,道路运输具有以下特点:

(1)机动灵活性高,能迅速集中和分散货物。在规定的时间和地点可做到直达运输而不需要中转,节约时间和费用,减少货损,经济效益高。

(2)适应性强,服务面广。适用于小批量运输和大宗运输,可以深入到城市、乡村及工矿企业,可独立实现“门到门”的直达运输。

(3)建设投资相对较省,见效快,经济效益和社会效益显著。

(4)由于公路运输服务人员多,单位运量小,故汽车运输费用比铁路和水运高。

(二)道路的分类

道路按其使用特点分为公路、城市道路、专用道路等。

1. 公路

公路是指连接城市与乡村的、主要供汽车行驶的、具备一定技术条件和设施的道路。按其重要程度和使用性质可划分为国家干线公路(简称国道)、省级干线公路(简称省道)、县级公路(简称县道)和乡级公路(简称乡道)。

国道是在国家干线网中,具有全国性的政治、经济和国防意义,并经确定为国家级干线的公路。

省道是在省公路网中,具有全省性的政治、经济和国防意义,并经确定为省级干线的公路。

县道是具有全县性的政治、经济意义,并经确定为县级的公路。

乡道是指修建在乡村、农场,主要供行人及各种农业运输工具通行的道路。

2. 城市道路

城市道路是指在城市范围内,供车辆及行人通行的,具备一定技术条件和设施的道路。城市道路是城市组织生产、安排生活、搞活经济、物质流通所必需的交通设施。

3. 专用道路

专用道路是指由工矿、农林等部门投资修建,主要供该部门使用的道路。

1)厂矿道路

厂矿道路是指主要为工厂、矿山运输车辆通行的道路,通常分为厂内道路、厂外道路和露天矿山道路。厂外道路为厂矿企业与国家公路、城市道路、车站、港口相衔接的道路或是连接厂矿企业分散的车间及居住区之间的道路。

2)林区道路

林区道路是指修建在林区的主要供各种林业运输工具通行的道路。由于林区地形及运输木材的特征,林区道路的技术要求应按专门制定的林区道路工程技术标准执行。

(三)公路与城市道路的分级

公路是为汽车运输或其他交通服务的工程结构物。交通部 1997 年颁布的中华人民共和国行业标准《公路工程技术标准》(JTJ 001—97)(以下简称《标准》),根据公路的使用任务、功能和适应的交通量分为五个等级:高速公路、一级公路、二级公路、三级公路和四级公路。

(1)高速公路:为专供汽车分向、分车道行驶,并全部控制出入的干线公路。它具有四个或四个以上车道,设有中央分隔带,全部立体交叉,并具有完善的交通安全设施、管理设施与服务设施。

(2)一级公路：是供汽车分向、分车道行驶的公路，其设施与高速公路基本相同，只是部分控制出入。一般应设置分隔带，当受到特殊条件限制时，必须设置分隔设施。

(3)二级公路：为连接中等以上城市的干线公路，或者是通往大工矿区、港口的公路。

(4)三级公路：一般为沟通县、城镇之间的集散公路。

(5)四级公路：一般为沟通乡、村等地的地方公路。

以上五个等级的公路构成了我国的公路网。其中，高速公路、一级公路为公路网骨干线，二级公路、三级公路为公路网内基本线，四级公路为公路网的支线。

城市道路分为快速路、主干路、次干路、支路。

二、道路的组成

道路工程是一种线形构造物，它包括线形组成和结构组成两大部分。其基本组成包括路基、路面、桥梁、涵洞、排水系统、隧道、防护工程、特殊结构物及路线沿线设施。高等级公路还设有较完善的公路安全设施、管理服务设施、通信系统、监控系统、收费系统、供电照明系统、环境绿化工程等。

(一)路基

路基是道路行车部分的基础，是由土、石按照一定尺寸和结构要求所构成的带状土工结构物。路基必须稳定坚实。

(二)路面

路面是设于路基顶部的行车道部分，是用各种材料分层铺筑的结构物，以供车辆在其上以一定速度，安全、舒适地行驶。路面应当坚固，并应有足够的强度、平整度和粗糙度。

(三)桥涵

道路在跨越河流、沟谷和其他障碍物时所使用的结构物叫桥涵。桥涵是道路的横向排水系统之一。

(四)排水系统

为确保路基稳定，免受自然水的浸蚀，道路还应修建排水设施。这一排水系统按其排水方向的不同可分为纵向排水系统和横向排水系统，按其排水位置的不同可分为地面排水和地下排水两部分。地面排水是排除危害路基的雨水、积水及外来水等地面水的设施；地下排水主要用于降低地下水位及排除地下水，常见的有盲沟等。

(五)隧道

隧道是为了道路从地层内部或水下通过而修筑的建筑物，由洞身和洞门两部分组成。其作用是避免翻山越岭，缩短里程，保证道路行车的平顺性。

(六)防护工程

陡峻的山坡或沿河一侧的路基边坡受水流冲刷，会威胁路段的稳定，为保证路基的稳定，加固路基边坡所修建的人工构造物称为防护工程。

(七)特殊结构物

除上述常见的构造物外，为了保证道路连续，路基稳定，确保路基安全，还在山区地形、地质条件特别复杂路段修建一些特殊结构物，如悬出路台、半山桥、防石廊等。

(八)沿线设施

沿线设施是道路沿线交通安全、管理、服务以及环保设施的总称，主要有：

(1)交通安全设施。包括跨线桥、地下横道、色灯信号、护栏、防护网、反光标志、照明设施等。

(2)交通管理设施。包括道路标志、路面标志、立面标志、紧急电话、道路情报板、道路监视设施、交通控制设施、交通监视设施以及安全岛、交通岛、中心岛等。

(3)防护设施。包括抗滑坡构造物、防雪走廊、防砂棚、挑坝等。

(4)停车设施。指在道路沿线及起终点设置的停车场、汽车停靠站、回车道等设施。

(5)路用房屋及其他沿线设施。包括养护房屋、营运房屋、收费所、加油站、休息站等设施。

(6)绿化设施。包括道路分隔带、路旁、立交枢纽、休息设施、人行道等处的绿化,以及道路防护林带和集中的绿化区等。

三、道路线形

道路线形是指道路中心线的空间线形。为了研究方便和直观,对该空间线形进行三视图投影。路线在水平面上的投影称做路线的平面,沿中线竖直剖切并展开构成纵断面线形,中线上任一点的法向切面构成横断面线形。道路线形的设计实际上是确定平面、纵断面及横断面线形的尺寸和形状,也就是通常所指的平面设计、纵断面设计和横断面设计。三者之间既相互联系又相互制约,因此在路线设计时,必须综合考虑。

(一)道路的平面

1. 平面线形的类型

道路的平面线形由于受社会经济、自然地理和技术条件等因素的制约,道路从起点到终点在平面上不可能是一条直线,而是由许多直线段和曲线段组合而成的。对于平面线形而言,一般可分解为直线、圆曲线及缓和曲线。

1)直线

直线是两点间距离最短的线形,在一般情况下,它测设、施工简单,视线良好,运行距离短,从而降低了汽车的运营成本,在公路设计中被广泛运用。但由于直线线形的灵活性差,受地形、环境等条件限制大,并且直线线形很容易导致驾驶员的思想麻痹,经常性超车,从而易发生交通事故。所以,在设计中不能片面强调直线线形,而且直线的长度不宜过长。

2)圆曲线

各级公路和城市道路不论转角大小均应设置平面线形,而圆曲线是平面线形中的主要组成部分。圆曲线由于具有地形适应性强、可循性好、线形美观和易于测设等优点,使用十分普遍。

圆曲线半径越大,横向力就越小,汽车就越稳定。所以,从汽车行驶稳定性出发,圆曲线半径越大越好。但有时因受地形、地质、地物等因素的限制,圆曲线半径不可能设置得很大,往往会采用小半径的圆曲线,这时,如果半径选用的值小,又会使汽车行驶不安全,甚至翻车。所以,必须综合考虑汽车行驶安全、迅速、舒适和经济,并兼顾美观,使确定的最小半径能满足某种程度的行车要求。

3)缓和曲线(回旋线)

缓和曲线是设置在直线与圆曲线之间或大圆曲线与小圆曲线之间的过渡线形,是道路平面线形要素之一。它的主要特征是曲率均匀变化。缓和曲线的作用是:①便于驾驶员操纵方向盘;②满足乘客乘车的舒适与稳定,减小离心力变化;③满足超高、加宽缓和段的过渡,利于平稳行车;④与圆曲线配合得当,增加线形美观。

2. 路线平面线形的组合

(1)基本型:直线—回旋线—圆曲线—回旋线—直线的顺序组合,如图 6-1 所示。

(2)S 型:两个反向圆曲线用回旋线连接的组合,如图 6-2 所示。

(3)卵型:用一个回旋线连接两个同向圆曲线的组合,如图 6-3 所示。

(4)凸型:在两个同向回旋线间不插入圆曲线而径相衔接的组合,如图 6-4 所示。

(5)复合型:两个以上同向回旋线间在曲率相等处相互连接的形式,如图 6-5 所示。

(6)C 型:同向圆曲线的两回旋线在曲率为零处径相衔接的形式,如图 6-6 所示。

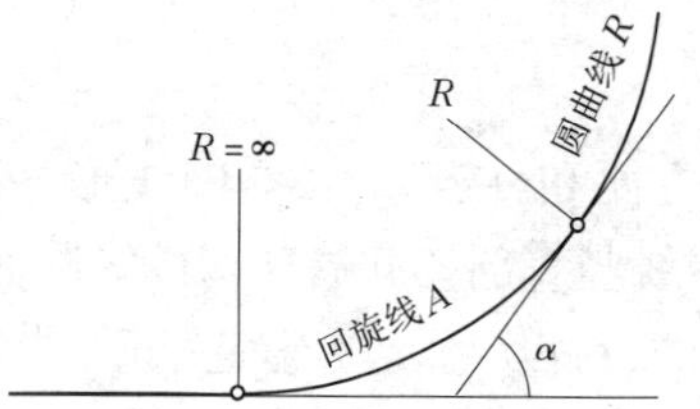

图 6-1　基本型路线

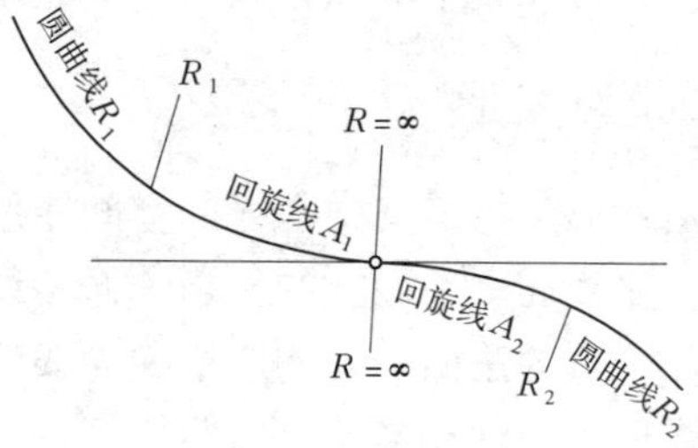

图 6-2　S 型路线

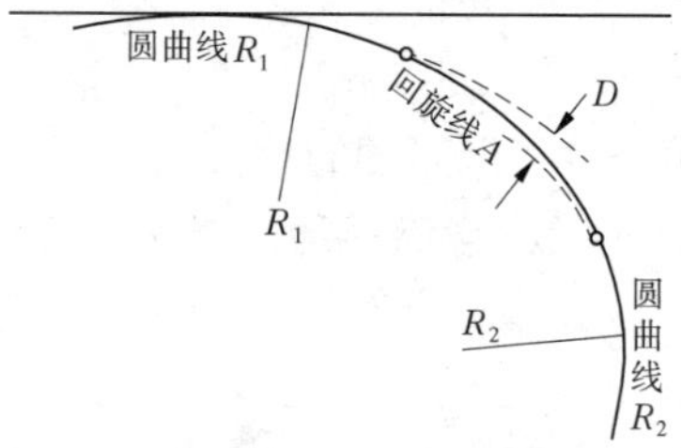

图 6-3　卵型路线

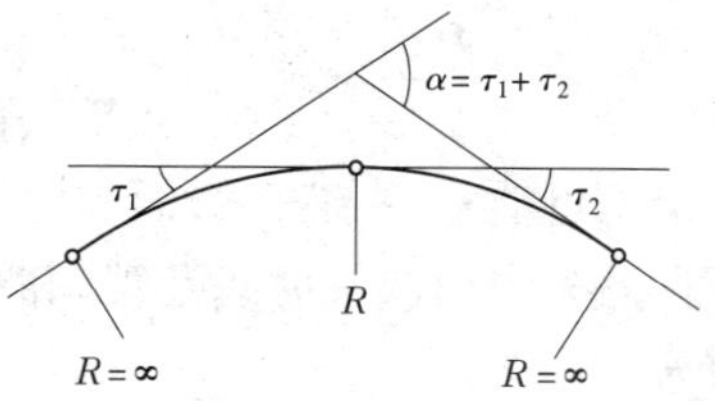

图 6-4　凸型路线

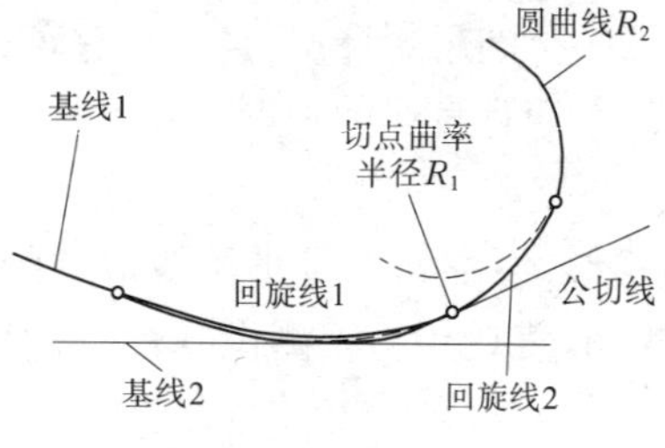

图 6-5　复合型路线

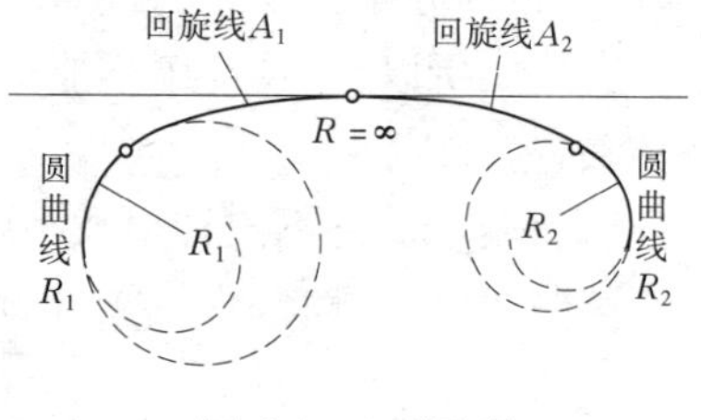

图 6-6　C 型路线

3. 公路加宽

1)规定及要求

汽车在弯道上行驶时,各车轮的行驶轨迹是不同的,其中,前轴外轮的行驶轨迹半径最大,后轴内轮的行驶轨迹半径最小。驾驶员在圆曲线部分操纵汽车使前轮轮轴中心沿着车道中线行进,后轮轮轴中心就会向内侧偏移,后轴内轮常超出车道内侧边缘,平曲线半径愈小,或汽车轴距愈长,后轮的偏移值愈大。由此可知,在弯道上行驶的汽车所占的路面宽度要比在直线上所占的值大些,才能满足安全行驶的要求。这种为满足车轮行驶轨迹需要而增大的路面宽度，称为路面加宽值。

圆曲线上路面加宽值的大小分多种情况，在《公路工程技术标准》(JTGB 01—2003)中都有相应规定。

2)加宽过渡方式

从平面线形看，在圆曲线部分进行加宽会使路基、路面宽度产生突变，影响路容的美观，而且这部分加宽也不能很好地发挥作用。为此，需在直线和圆曲线间设置一段加宽的过渡段，此过渡段称为加宽缓和段。不设回旋线或超高缓和段时，加宽缓和段长度应按渐变率为1∶15且长度不小于10 m的要求设置。加宽值大时，缓和段可略长些，并应取5 m的整数倍。

(二)道路纵断面

通过道路中线的竖向剖面称为路线纵断面。由于受地形、地物、地质、水文等自然因素的影响以及满足经济性的要求，道路路线在纵断面上不可能从起点到终点是一条水平线，而是一条有起伏的空间线。纵断面设计的主要任务就是根据汽车的动力性能、公路等级和性质、当地的自然地理条件以及工程经济等，来研究这条空间线形的纵坡大小及其长度。它是道路设计的重要内容之一，而且将直接影响到行车的安全和速度、工程造价、运营费用及乘客的舒适程度。

1. 纵断面线形

道路纵断面线形常采用直线和竖曲线。直线和竖曲线是纵断面线形的基本要求。直线又叫直坡段，竖曲线又分为凸形和凹形两种，如图6-7所示。竖曲线常采用圆曲线。纵断面上两相邻纵坡线的交点为变坡点。为保证行车安全、舒适及视距的需要，在变坡点处应设置竖曲线，其作用是缓和因纵向变坡而使车辆产生的冲击力，确保纵向行车视距，有利于路面排水，改善行车视线诱导和舒适感。

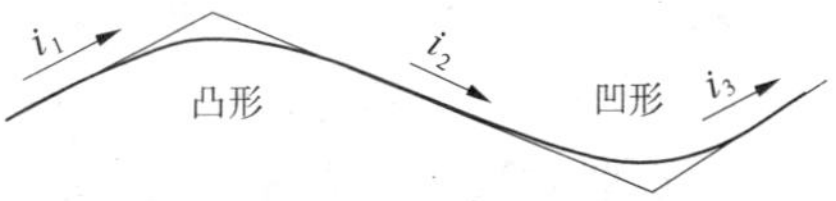

图6-7　公路纵断面线形

竖曲线技术指标有竖曲线半径和竖曲线长度。凸形竖曲线的最小长度和半径按停车视距、行程时间和减少径向离心力要求进行计算，凹形竖曲线的最小长度和半径按停车视距确定。

2. 路线纵坡

路线纵断面上同一坡段两端点间的高差与其水平距离的比值叫路线纵坡，通常用i表示。纵坡的大小影响路线的长短、使用质量的好坏、行车安全以及运输成本和工程的经济性，通常分为上坡和下坡。过陡和过长的纵坡对汽车爬坡和行驶速度不利，影响行车安全。

路线纵坡的主要技术指标有最大纵坡和最小纵坡、最大坡长和最小坡长、合成坡度及平均纵坡等。

1)最大纵坡

最大纵坡是公路纵断面设计的重要控制指标，特别是在山岭区，纵坡的大小直接影响路线的长短、行车安全、使用质量、运输成本和工程造价。在进行纵坡设计时，应全面分析研究，以确定经济、合理的纵坡值。

最大纵坡的确定主要是根据汽车的动力特性、公路等级、自然因素，并要保证行车安全。当路线纵坡较大时，汽车采用低挡爬坡，加速了零件的磨损，而且会使发动机过热，造成水箱开锅;在下坡时,制动次数较多,会因制动器过热失效而造成事故。

在各级公路中,公路等级越高,最大纵坡值越小,否则,将大大降低车速和增大危险程度。《公路工程技术标准》(JTGB 01—2003)规定,各级公路的最大纵坡不应大于表6-1中的值。

表6-1　各级公路最大纵坡

公路等级	高速公路				一级公路		二级公路		三级公路		四级公路	
计算行车速度(km/h)	120	100	80	60	100	60	80	40	60	30	40	20
最大纵坡(%)	3	4	5	5	4	6	5	7	6	8	6	9

高速公路受地形条件或其他特殊情况限制时,经技术经济论证,其最大纵坡可增加1%。

最大纵坡只是在线形受地形限制严重的路段才准使用,在一般情况下,应尽量采用小的纵坡,以利将来提高公路等级。

2)最小纵坡

对最大纵坡加以限制,并不是说纵坡越小越好。为了保证长路堑地段、设置边沟的低填方地段以及其他横向排水不畅地段的排水,防止积水渗入路基而影响其稳定性,应采用不小于0.3%的纵坡,当必须设计平坡或小于0.3%的纵坡时,其边沟应做纵向排水设计,但干旱少雨地区不受此限制。

3)最大坡长

进行纵断面设计时,两变坡点间的水平距离称为坡长。坡长对车辆的运行质量和行车安全有很大影响,尤其是在纵坡大于5%的坡段太长时,汽车长时间采用低挡爬坡或频繁制动下坡,都会对汽车造成过大损伤和安全隐患。

坡长限制是根据汽车动力性能来决定的。长距离的陡坡对汽车行驶不利,因连续上坡会使发动机过热影响机械效率,从而使行驶条件恶化,而下坡则因刹车频繁而危及行车安全,因此纵坡越陡,坡长越长,对行车的影响越大。《公路工程技术标准》(JTGB 01—2003)对各级公路不同陡坡的最大坡长加以限制见表6-2。

表6-2　各级公路不同陡坡的最大坡长限制　(单位:m)

纵坡坡度(%)	下列设计速度(km/h)下的最大坡长						
	120	100	80	60	40	30	20
3	900	1 000	1 100	1 200			
4	700	800	900	1 000	1 100	1 100	1 200
5		600	700	800	900	900	1 000
6			500	600	700	700	800
7					500	500	600
8					300	300	400
9						200	300
10							200

4)最小坡长

最小坡长限制主要是从汽车行驶平顺性的要求考虑。如果坡长过短,使变坡点增多,汽车行驶在连续起伏地段产生增重与减重的频繁变化,导致感觉不舒适,车速越高感觉越突出,而且路容美观、相邻两竖曲线的设置和纵断面的视距等也要求坡长不能太短。为使纵断面线形不至于因起伏频繁而呈锯齿形的状况,并便于平面线形的合理布设,应对纵坡的最小长度作出限制。最小坡长通常以设计速度行驶 9 ~ 15 s 的行程作为规定值。《公路工程技术标准》(JTGB 01—2003)规定,各级公路最小坡长如表 6-3 所示。

表 6-3　公路最小坡长

设计速度(km/h)	120	100	80	60	40	30	20
最小坡长(m)	300	250	200	150	120	100	60

5)合成坡度

公路在平曲线地段若纵向有纵坡并横向有超高,则最大坡度既不在纵坡方向上,也不在横坡方向上,而是在纵坡和横坡的合成方向上,这时的最大坡度称之为合成坡度,又叫流水线坡度。

汽车在有合成坡度的地段行驶,若合成坡度过大,当车速过慢或汽车停在弯道上时,汽车可能沿合成坡度的方向产生侧滑;同时,若遇急弯陡坡,汽车可能沿合成坡度方向冲出弯道之外而造成事故。此外,当合成坡度较大时,还会造成汽车倾斜、货物偏重,致使汽车倾倒。

因此,我国《公路工程技术标准》(JTGB 01—2003)规定了各级公路的最大容许合成坡度(见表 6-4)。

表 6-4　公路最大合成坡度

公路等级	高速公路			一级公路			二级公路		三级公路		四级公路
设计速度(km/h)	120	100	80	100	80	60	80	60	40	30	20
合成坡度值(%)	10.0	10.0	10.5	10.0	10.0	10.5	9.0	10.0	9.5	10.0	10.0

最大合成坡度是控制极限值,一般情况应留有一定的余地。

在纵断面设计拉坡时,纵坡的确定必须考虑满足合成坡度的要求。

当陡坡与小半径平曲线相重叠时,在条件许可的情况下,以采用较小的合成坡度为宜,特别是在下述情况时合成坡度必须小于 8%:

(1)冬季路面有积雪、结冰地区;

(2)自然横坡较陡峻的傍山路段;

(3)非汽车交通量比率高的路段。

各级公路的最小合成坡度不宜小于 0.5%。在超高过渡的变化处,合成坡度不应设计成 0。当合成坡度小于 0.5% 时,应采取综合排水措施,以保证路面排水畅通。

6)平均纵坡

平均纵坡是指某一路段的起终点高差与水平距离之比(以%计),它是衡量路线线形设计质量的重要指标之一。

平均纵坡与坡道长度有关，还与相对高差有关。《公路工程技术标准》（JTGB 01—2003）规定二、三、四级公路越岭路线连续上坡（或下坡）路段，相对高差为 200 m。相对高差为 500 m 时，平均纵坡不应大于 5.5%；相对高差大于 500 m 时，平均纵坡不应大于 5%。任意连续 3 km 路段的平均纵坡不宜大于 5.5%。

（三）道路横断面

公路中线的法线方向剖面称为公路横断面，简称横断面，它是由横断面设计线与横断面地面线所围成的图形。

1. 道路建筑限界

道路建筑限界又称净空，是为保证道路上各种车辆、人群的正常通行与安全，在一定的高度和宽度范围不允许有任何障碍物侵入的空间界限。在作道路的横断面设计时，决不允许桥台和桥墩以及照明、护栏、信号灯、道路标志牌、电杆等设施侵入建筑限界以内。

道路建筑限界由净高和净宽两部分组成。

2. 横断面的几个重要概念

1）行车道

行车道是供各类车辆行驶的部分。为保证汽车快速、安全行驶，行车道应具备一定的宽度和强度。行车道宽度是由车道数和每条车道宽度所决定的，它必须能满足对向车辆错车、超车或并列行驶所必需的余宽。

一条公路设置的车道数目是根据设计交通量及车道的通行能力经计算确定的，设计交通量越大，则车道数也越多。每一条行车道的宽度与设计车型的横向尺寸、汽车行驶速度、交通量大小、交通组成等因素有关。设计车辆规定的最大宽度为 2.5 m，是个定值。计算行车速度大于 100 km/h 时，车道宽度应为 3.75 m；计算行车速度小于 100 km/h 时，车道宽度应为 3.5 m。

2）路肩

路肩是路面结构层的横向支撑，有保护车道边缘不致遭受侧向破坏、供临时停放车辆以及行人通行的作用。同时，它作为侧向余宽的一个组成部分，同驾驶员的视觉、心理作用有着密切的关系。

路肩宽度根据公路等级、车辆和行人交通密度而定。如计算行车速度为 120 km/h 的四车道高速公路，路肩宽宜采用 3.5 m 的硬路肩，高速公路和一级公路应在路肩宽度内设右侧路缘带，其宽度一般为 0.5 m。

3）中间带

中间带由两条左侧路缘带及中央分隔带组成。中间带的主要作用是：分隔往返行驶的车流，防止对开各车辆碰撞，减少事故；诱导驾驶员视线，提供行车所需侧宽，增加行车安全和舒适感，保证车速，提高通行能力；防止车辆随意转弯；减轻夜间行车时对向车灯眩光；为设置路上设施、标志等提供场所。

3. 道路横断面的组成与形式

1）道路横断面的组成

道路的横断面由横断面设计线和地面线所构成。路基横断面组成包括行车道、路肩、边坡、边沟、截水沟、护坡道、中间带以及专门设计的取土坑、弃土堆、植树带和其他特殊设施等。

高速公路与一级公路的横断面组成如图 6-8 所示。

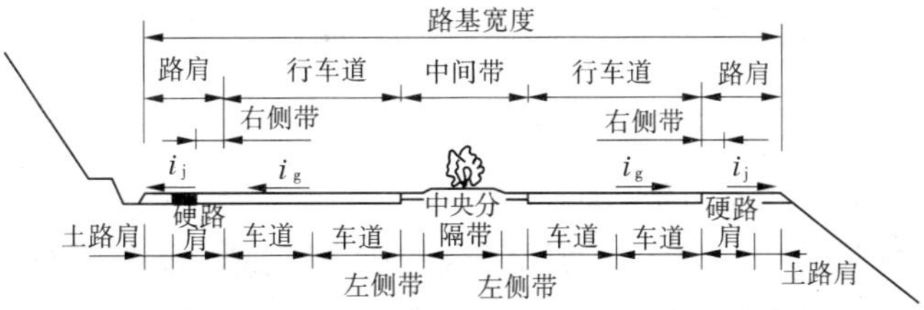

图 6-8　高速公路与一级公路的横断面组成

汽车专用二级公路与一般公路的横断面如图 6-9 所示。

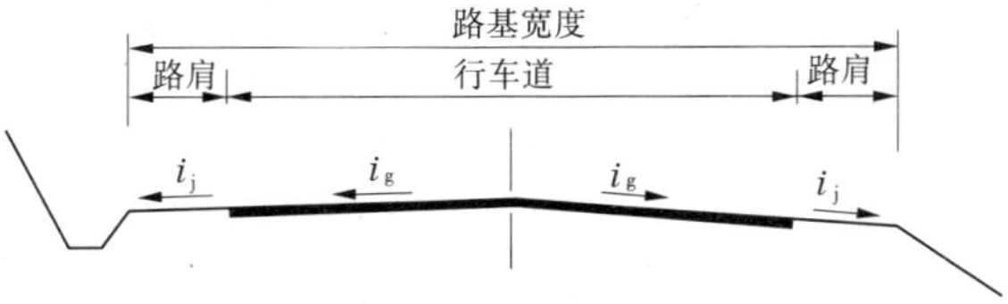

图 6-9　汽车专用二级公路与一般公路横断面

2）城市道路横断面组成

城市道路横断面由机动车车行道、非机动车车行道、人行道、路缘带、分隔带、绿化带和设施带等组成，如图 6-10 所示。

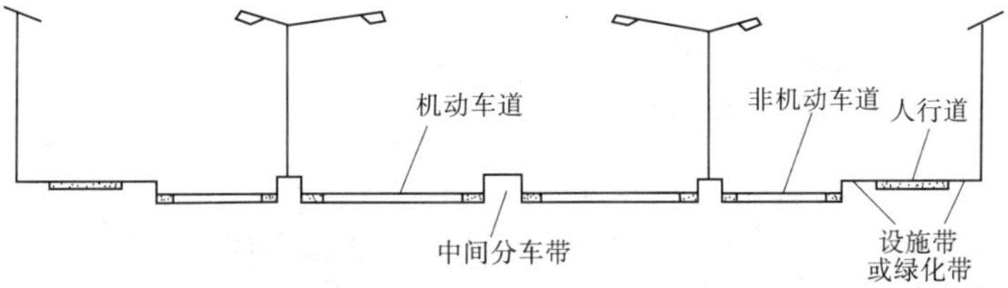

图 6-10　城市道路横断面

4. 公路超高

当圆曲线半径较小时，为了使汽车能安全、稳定、舒适地通过圆曲线，应将圆曲线部分的路面做成向内侧倾斜的单向横坡，称之为超高横坡度。其目的是使汽车在圆曲线部分行驶时能获得一个指向圆曲线内侧的横向分力，用以克服离心力，减小横向力。由于从圆曲线起点至圆曲线终点的半径是不变的，所以在一定的车速时，其离心力也是不变的，故超高横坡从圆曲线起点至圆曲线终点也是一个不变的定值。

超高横坡度按公路等级、计算行车速度、圆曲线半径、路面类型、自然条件和车辆组成等情况确定。考虑到在圆曲线上行驶的车辆可能以低速行驶，甚至完全停止在圆曲线上，如果这时超高横坡度太大，汽车就有向内侧滑移的可能，特别是在冬季结冰的公路上这种可能性更大，所以圆曲线上超高值不能太大。各级公路圆曲线部分最大超高横坡规定如表 6-5 所示。

表 6-5　各级公路圆曲线部分最大超高横坡度

公路等级	高速公路	一级公路	二级公路	三级公路	四级公路
一般地区（%）	10		8		
积雪冰冻地区（%）	6				

四、路基工程

路基是路面的基础，路面靠路基来支承。路面是用硬质材料铺筑于路基顶面的层状结构，没有稳固的路基就没有稳固的路面。

路基是按照路线位置和一定技术要求修筑的作为路面基础的带状构造物。为了保证路基的稳定，必须修建适宜的排水系统，用以排除地面水和地下水（如边沟、截水沟、排水沟等排水设施）。在修建山区公路时，还常须修筑各种防护工程和特殊构筑物，如在山坡较陡时，为了保证路基的稳定和节省土方量，往往需修筑挡土墙（见图 6-11）、石砌边坡和护脚（见图 6-12）；为了保护岩石路堑边坡避免自然因素侵蚀，可砌筑护面墙（见图 6-13）。

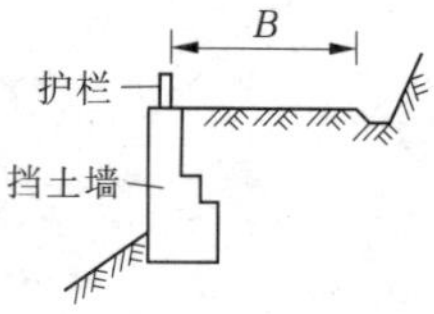

图 6-11　挡土墙型路基

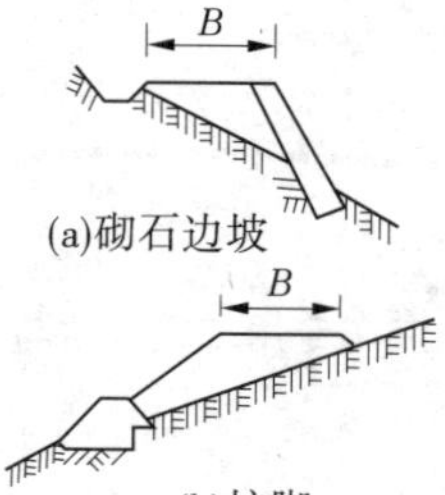

(b)护脚

图 6-12　石砌边坡和护脚型路基

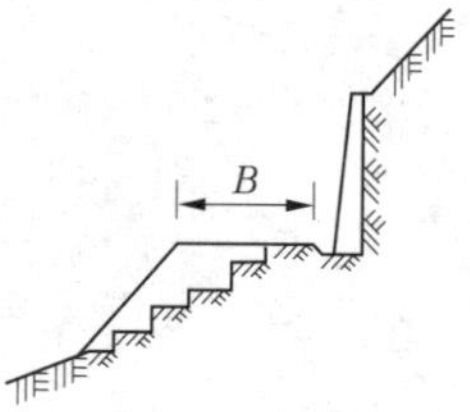

图 6-13　护面墙型路基

（一）路基工程的特点

在公路建设中，路基的修筑大多是由土石填筑或挖掘而成的，要耗费大量的劳力和机械台班，投资也相当大。一般路基工程的投资占全部投资的 25% ~45%，个别可达 65%。路基工程占地多，直接影响到农业生产和农田建设。路基施工改变了沿线原有地面的自然状态，挖填和弃土影响到当地生态平衡、水土保持和农田建设。山区土石方相对集中或条件比较复杂的路段，路基施工对施工工期的影响比较大，甚至会成为影响公路建设期限的关键。因此，路基工程具有工艺较简单、工程数量大、耗费劳力多、占用投资大、涉及面广的特点。

（二）路基横断面的基本类型

路基横断面可归纳为四种类型：路堤、路堑、半填半挖路基和不填不挖路基。

1. 路堤

路堤是指高于原地面的填方路基，如图 6-14 所示为常见的路堤形式。

2. 路堑

路堑是指低于原地面的挖方路基，如图 6-15 所示为常见的路堑形式。

3. 半填半挖路基

在一个横断面内，部分为路堤、部分为路堑的路基，就是半填半挖路基，如图 6-16 所示。

4. 不填不挖路基

原地面与路基标高相同则构成不填不挖路基的横断面形式，如图 6-17 所示。这种形式的路基，虽然节省土石方，但对排水非常不利，易发生水淹、雪埋等病害，常用于干旱的平原区和丘陵区以及山岭区的山脊线。

五、路面工程

路面是用各种材料铺筑在路基上供车辆行驶的层状构造物。未铺筑路面的路基虽然也

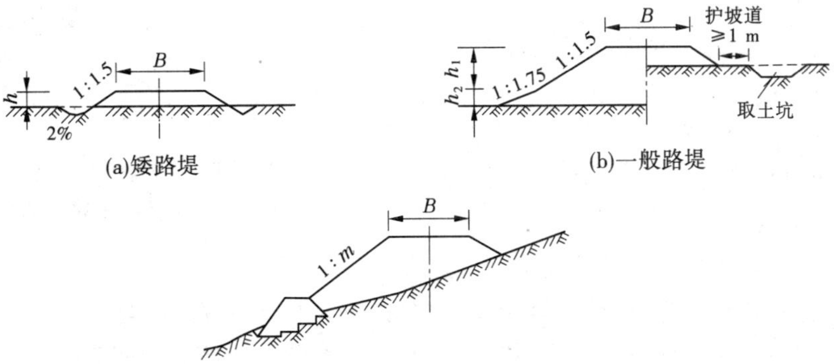

(a)矮路堤　　(b)一般路堤

(c)护脚路堤

图 6-14　路堤形式

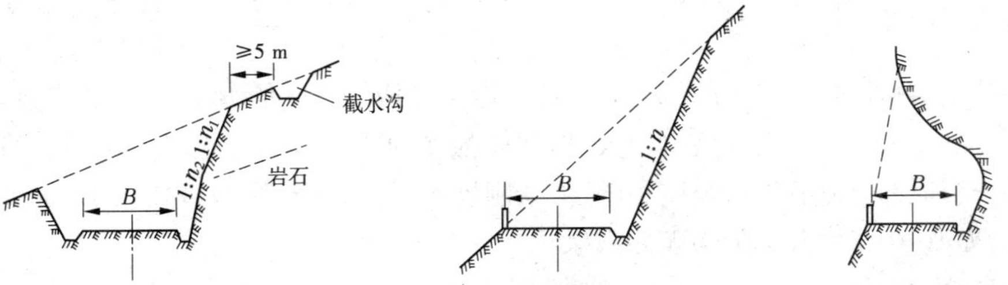

(a)全挖路堑　　(b)台口式路堑　　(c)半山洞路堑

图 6-15　路堑形式

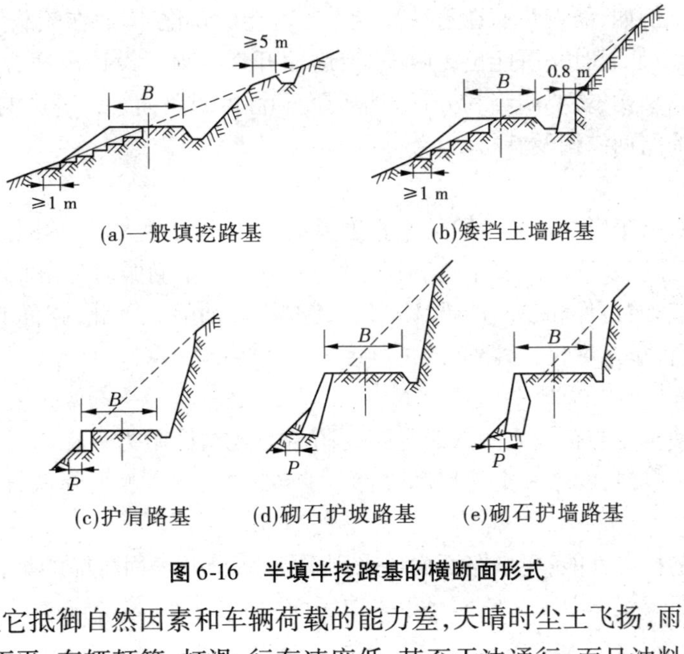

(a)一般填挖路基　　(b)矮挡土墙路基

(c)护肩路基　　(d)砌石护坡路基　　(e)砌石护墙路基

图 6-16　半填半挖路基的横断面形式

能行驶车辆，但它抵御自然因素和车辆荷载的能力差，天晴时尘土飞扬，雨天泥泞，行车时会使其表面崎岖不平、车辆颠簸、打滑，行车速度低，甚至无法通行，而且油料和机件耗损严重。铺筑路面后，改善了道路条件，就能使车辆全天候通行，而且汽车能以一定的速度、安全、舒适而经济地在道路上行驶。

(一)对路面的要求

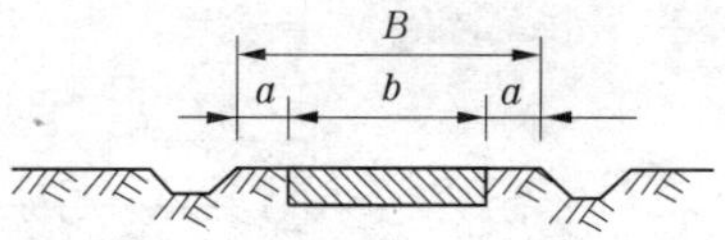

B—路基宽度;b—路面宽度;a—路肩宽度

图 6-17　不填不挖路基的横断面形式

现代化的汽车运输要求路面能满足行车的使用要求,提高行车速度,增强安全性和舒适性,降低运输费用和延长路面使用年限。路面应具有的性能为强度和刚度、稳定性、表面平整度、表面抗滑性及耐久性等。

1. 强度和刚度

汽车在路面上行驶时,车辆通过车轮把垂直力和水平力传给路面。此外,路面还受到车辆的震动力和冲击力作用,在汽车身后还有真空吸力的作用。在上述外力的综合作用下,路面结构内就产生不同的压应力、拉应力和剪应力,如果路面结构整体或某一组成部分的强度不足,不能抵抗这些应力的作用,路面就会出现断裂、沉陷(伴随两侧隆起)、碎裂、波浪和磨损等破坏现象,从而影响正常行车。因此,要求路面结构及其各组成部分必须具备足够的强度,以抵抗行车作用下所产生的各种应力,避免路面破坏。

刚度就是指路面抵抗变形的能力。强度和刚度是两个不同的力学特性,二者既有联系,又有不同,强度大的路面,其刚度也较大,但同样强度的路面其刚度也可能不同。路面结构整体或某一组成部分有时虽然强度足够,但其刚度不足时,在行车荷载作用下,也会使路面产生变形,如波浪、车辙及沉陷等破坏现象。

2. 稳定性

路面不仅承受行车荷载作用,路面结构坦露在大气之中,还经常受到水分和温度的影响,有的路面材料又较敏感,其性能也随着发生不同的变化,路面的强度和刚度就不稳定,路况也就时好时坏。例如,沥青路面在夏季高温季节可能会软化,因而在轮载作用下会出现车辙和推积,而在冬季低温时又可能出现收缩、变脆而开裂。为了设计出适合当地气候条件、稳定性良好的路面结构,就要调查和分析当地温度和湿度对路面结构的影响,在此基础上选择有足够稳定性的路面结构及其材料。

3. 表面平整度

路面平整度对行车影响很大。路面平整度差时行车阻力增大,行车因振动作用而使车辆颠簸,影响行车速度及行车的安全性和舒适性。同时,因车辆振动对路面施加冲击力而使路面加快破坏,汽车的机件和轮胎的损坏也快,还要增加油耗。因此,路面要求具有一定的平整度,高级路面行车速度快,对路面的平整度要求就更高一些。

4. 表面抗滑性

光滑的路面使车轮与路面之间缺乏足够的附着力或摩擦阻力。在雨天高速行车、转弯和紧急制动时容易打滑,爬坡和突然启动时容易空转,致使行车速度降低,也容易发生交通事故。

要保证路面的抗滑性能,要求路面面层采用坚硬、耐磨及表面粗糙的集料和具有良好黏结力的沥青来修筑。水泥混凝土路面可以采取表面刷毛或拉槽等措施。

5. 耐久性

如果路面的耐久性不足,就会缩短路面使用时间,增加养护工作量和费用,而且会干扰正常的交通运输。为了保证和尽可能延长路面的使用年限,应尽量采用有足够疲劳强度、抗老化和抗变形累积能力的路面结构和路面材料。

(二)路面结构及其层次的划分

1. 典型路面结构

典型路面结构如图 6-18 所示,其中左半侧为沥青路面,右半侧为水泥混凝土路面。

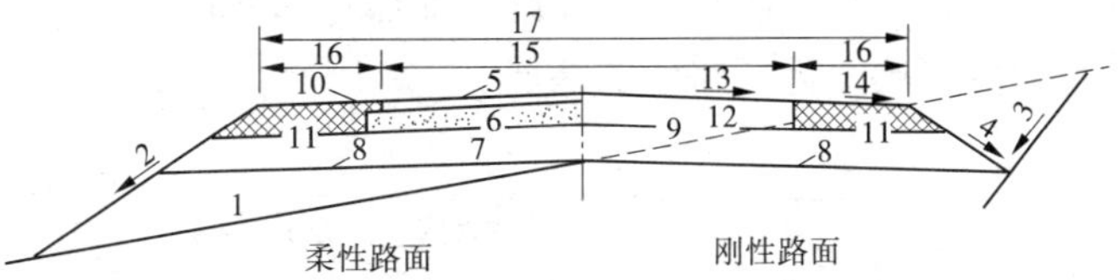

1—原地面;2—填方边坡;3—挖方边坡;4—边沟边坡;5—面层;6—基层;7—垫层;8—路基;9—路面结构;10—路肩面层;11—路肩基层;12—路面板;13—路面横坡;14—路肩横坡;15—路面宽;16—路肩宽;17—路基宽

图 6-18　路面横断面典型结构

2. 路面层次结构

行车荷载和自然因素对路面的影响是随深度而逐渐减弱的,故对路面材料的强度、刚度和稳定性等要求也可随深度而逐渐降低。所以,通常路面结构根据使用要求、受力状况,可在土基上采用不同规格和要求的材料分成多层来铺筑,这样不仅可以发挥这种路面材料的功能,还能节约工程造价。路面结构层一般分为面屋、基层和垫层,见图 6-19。

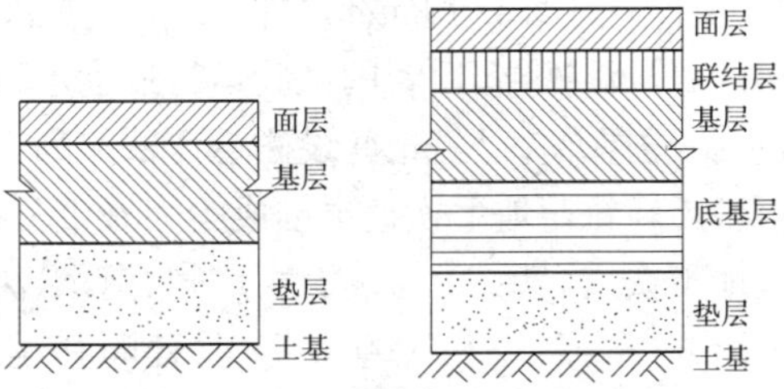

(a)低、中级路面　(b)高级路面

图 6-19　路面结构层

1)面层

面层是路面结构层最上面的一个层次,直接承受车辆荷载及自然因素的影响,并将荷载传递到基层。因此,它要求有比基层更好的强度和刚度,能安全地把荷载传递到下部。另外,它还要求表面平整、有良好的抗滑性能,使车辆能顺利地通过。面层必须能抵抗车轮的磨耗,对气候作用有充分抵抗的能力,稳定性好,不透水。

面层的材料主要有水泥混凝土、沥青混凝土、沥青碎(砾)石混合料、碎(砾)石掺土或不掺土混合料和块石等。

面层有时可分两层或三层修筑,如沥青混凝土可作为高等级道路的路面面层上层,沥青碎石作为面层下层。

2)基层

基层是面层以下的结构层,主要承受由面层传递的车辆荷载垂直力,并将其分布到土基或垫层上。因此,基层应有足够的强度和刚度,并具有良好的扩散应力的性能。基层应有足够的水稳定性,以防湿软变形过大而影响路面结构的强度。

基层的材料主要有各种结合料(如石灰、水泥或沥青等)稳定土或碎(砾)石、工业废渣组成的混合料、贫水泥混凝土、各种碎(砾)石混合料或天然砂砾及片石、块石或圆石等。

3)垫层

为了隔水、排水、防冻或改善基层和土基的工作条件,可以在基层与土基之间修筑垫层。在地下水位较高的路基上、可能发生冻胀翻浆的路基上以及土质不良的路基上或冻深较大的路基上都应设置垫层。

垫层材料不要求强度高，但要求水稳定性或隔热性能好。常用的垫层材料有砂砾、炉渣或片(圆)石组成的透水性垫层，石灰土或炉渣石灰土等组成的稳定性垫层。

应该指出，实际路面结构层次不一定如上述那样完备，有时一个层次可起两个层次的作用。如碎石路面铺在土基上，则这层碎石路面既是面层也是基层；旧的碎石路面上铺沥青路面，则原来的碎石路面由面层变为新路面的基层。

第二节　铁路工程

铁路的发展历史已有近200年，在以马车作为代步和载货工具的年代，常因雨天地面泥泞，车轮陷入泥沟中而使行驶非常困难。后来，人们想到了在地面铺上木板，再后来就是在木板上铺上铁板，这就是铁轨的开始。第一条完全用于客货运输而且有特定时间行驶列车的铁路，是1830年通车的英国利物浦与曼彻斯特之间的铁路，这条铁路全长为56.3 km。此后，铁路主要是依靠牵引力的发展而发展的。牵引机车从最初的蒸汽机车发展为内燃机车到电力机车，铁路的运行速度也愈来愈快。20世纪60年代开始出现了高速铁路，速度从120 km/h提高到450 km/h左右，以后又打破传统的轮轨相互接触的黏着铁路，出现了轮轨分离的磁悬浮铁路，后者的试验运行速度已达到500 km/h以上。一些发达国家和发展中国家包括我国在内，已经把建设磁悬浮铁路列入计划。

城市轻轨与地下铁道也已成为大城市公共交通的重要手段之一。自北京出现了我国第一条地下铁道以后，上海、天津、广州、南京、沈阳已将发展地铁作为解决城市公共交通的重要措施之一。上海于2000年12月还顺利建成了我国第一条轻轨铁路——明珠线，它将我国的城市交通发展推向一个新的阶段。

铁路运输的最大优点是运输能力大、安全可靠、速度较快、成本较低、对环境的污染较小，基本不受气象及气候的影响，能源消耗远低于航空和公路运输，是现代化运输体系中的主干力量。

一、铁路等级及主要技术标准

(一)铁路等级划分的目的及意义

由于中国地域辽阔、地形复杂，人口、资源分布和工农业生产布局不平衡，各地区间经济、文化发展水平差异甚大，因此所行经不同地区的设计线的经济、文化和国防意义及其在运输系统中的地位和作用不同，运量也各异。划分铁路等级的目的在于体现国家对各级铁路的运营质量和运行安全等的不同要求，有区别地规划不同铁路的运输能力，经济合理地制定相应的技术标准和设备类型，使国家资金得到合理的利用。

铁路等级是区分铁路在国家铁路网中的作用、意义和远期客货运量大小的标志，是确定铁路技术标准和设备类型的依据。

(二)铁路等级划分

中国《铁路线路设计规范》(GB 50090—2006)规定：新建和改建铁路(或其区段)的等级，应根据其在铁路网中的作用、性质和远期客货运量确定。

(1)Ⅰ级铁路：铁路网中起骨干作用的铁路，远期年客货运量大于或等于20 Mt者。

(2)Ⅱ级铁路：铁路网中起骨干作用的铁路，远期年客货运量小于20 Mt者，或铁路网中起联络、辅助作用的铁路,远期年客货运量大于或等于 10 Mt 者。

(3)Ⅲ级铁路:为某一区域服务,具有地区运输性质的铁路,远期年客货运量小于 10 Mt 者。

铁路等级的确定对铁路工程投资、输送能力、经济效益有直接影响。若等级定高了,造成建筑物标准过高,则能力过剩,投资过早,积压资金;若等级定低了,则满足不了运量增长的要求,造成过早改建,故设计线的铁路等级应慎重确定。铁路的等级可以全线一致,也可以按区段确定。当线路较长,行经地区的自然、经济条件及运量差别很大时,也可按区段确定等级,但应避免同一条线上等级过多或同一等级的区段长度过短,使线路技术标准频繁变更。

(三)主要技术标准

根据我国目前铁路技术水平并考虑近期(铁路竣工正式交付运营后 5 年)发展,规范规定各级铁路行车最高速度为:Ⅰ级铁路 120 km/h,Ⅱ级铁路 100 km/h,Ⅲ级铁路 80 km/h。如果行车速度高于 120 km/h,则应在计划任务书中明确规定,作为特殊设计,其技术标准应另行拟定。

新线铁路的正线数目,一般按单线设计,如需要修建双线或预留双线位置者,应在计划任务书中提出要求。改建铁路或增设第二线时,一般采用新建铁路标准。

二、线路平面

所谓线路又称线路中心线,是用一条线来表示铁路中心线的空间位置,这条线是以通过路肩的水平面 AB 和通过轨道中心(在曲线上则为距外轨内侧半个标准轨距)的铅垂面 CD 的交线来表示的(见图 6-20)。

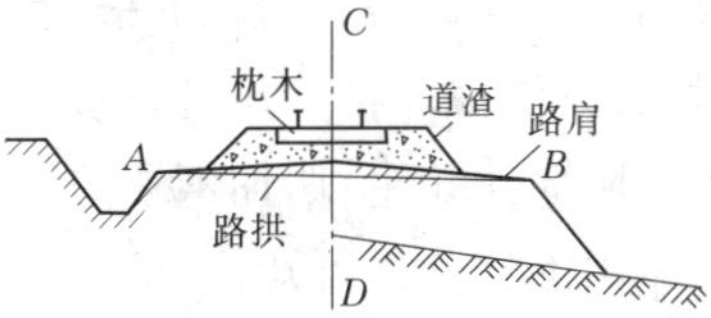

图 6-20 路基横断面

线路中心线在水平面上的投影称做线路平面。线路平面画在平面图上,就表示铁路的平面位置和线路的走向。线路的平面形状是由圆曲线、缓和曲线段、直线段组成的。

(一)圆曲线

圆曲线的基本部分(要素)由曲线半径 R、转角 α、曲线长度 L、切线长度 T 以及外矢矩 E 所组成。知道了半径和转角,就可以从曲线表中查得其余各要素。可见,线路平面设计中的圆曲线问题,实质上就是确定曲线转角和半径的大小。

1. 曲线转角

曲线转角的大小是由相邻直线的位置所决定的。转角大小反映线路弯曲的程度,它对工程和运营方面的影响很大。在困难地形条件下,为了减少工程量,往往需要采用较大的转角,这样就使线路曲折延长,行车也不平顺。因此,线路平面的确定既要适应地形条件设置转角,又要力争尽量减少转角度数。

2. 曲线半径

曲线半径的大小对工程和运营两方面的影响极大,它是平面设计中的关键问题。从工程方面看,采用小半径曲线,一般总可使线路更好地适应地形的曲折变化,特别是在地形复杂地区,可以大大地减少土石方和桥隧工程,从而可缩短工期,使铁路提前交付使用,早日发挥效益,并可节省工程投资。从运营方面看,曲线半径采用的太小,将产生许多不良后果。

1)限制行车速度

对于同样的行驶车速,曲线半径越小,转弯时的离心力越大。因此,为了保证行车的安全和平稳以及旅客的舒适要求，列车在转弯处的速度限制是有明确规定的。

2）降低轮轨间的黏着系数

机车通过小半径曲线（$R \leqslant 400$ m）时，由于内外轮行程相差多，轮轨间滑动更严重，因此引起轮轨间黏着系数降低。机车的黏着力（机车动轮在轨道上无滑动，依靠摩擦力所能实现的最大牵引力）等于机车的黏着重量与黏着系数的乘积。黏着系数降低，黏着牵引力将减小，如果这种曲线又位于线路的最大坡度上，为保证列车在此上坡道能以不低于计算速度等速运行，则必须用减缓坡度的办法来弥补因黏着系数降低而造成牵引力减小的损失。

3）延长线路

由图6-21可见，当转角大小不变时，小半径线路方案的长度为*ABCD*，而大半径线路为弧线*AD*。显然，小半径线路要比大半径线路要长，从而使工程建造费和运营费都要增加。

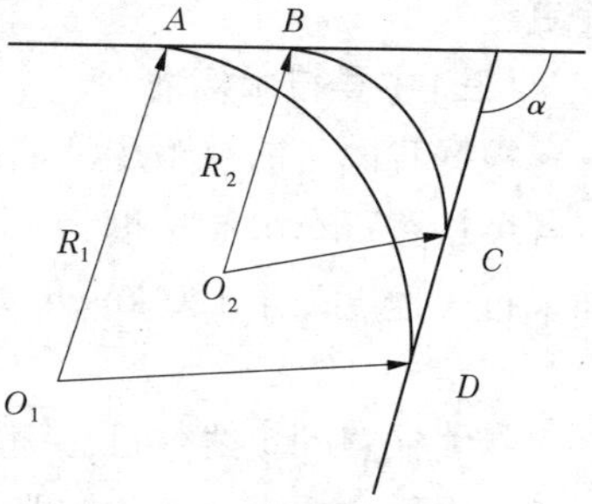

图6-21　不同半径圆曲线

4）增加轨道设备和维修费

对于半径为600 m以下的曲线地段，为了防止因离心力的增大而使轨距扩大，改变平面位置，对此段的轨道需要增设加强设备和轨枕的根数，因此增加了设备费用。同时，日常维修养护工作量和费用也有增加，尤其是小半径曲线上钢轨磨损很严重，使钢轨使用年限大大缩短，增加钢轨需用量。

由上述分析可知，小半径曲线不利因素多，但有时由于一些客观因素（如地形、地质）的限制，不得不采取小半径方案，当然大半径方案也有其不利的一面，如曲度很小，曲线很长，较难保证曲线的正常形状，往往容易形成折线，反而增加养护困难。因此，最大半径以4 000 m为限。

根据《铁路线路设计规范》（GB 50090—2006）规定，曲线半径应在下列数值中选用：4 000 m、3 000 m、2 500 m、2 000 m、1 800 m、1 500 m、1 200 m、1 000 m、800 m、700 m、600 m、550 m、500 m、450 m、400 m和350 m。设计时，可根据具体条件，由大到小合理选用。同时，又规定各级铁路的最小半径不得小于最小曲线半径表中的数值（参见表6-6）。在个别情况下，如有充分根据，并经铁道部批准允许采用更小的半径，但Ⅰ、Ⅱ级铁路不得小于300 m，Ⅲ级铁路不得小于250 m。

表6-6　最小曲线半径

铁路等级	最小曲线半径（m）	
	一般地段	困难地段
Ⅰ、Ⅱ	800	400
Ⅲ	600	350

（二）缓和曲线

为了保证行车的平稳与安全，线路平面上在直线段与圆曲线段之间，必须设置一定长度的缓和曲线，除非曲线半径很大（$R = 4\ 000$ m），曲率非常小，很接近于直线，此时缓和曲线才可以省去。

1. 缓和曲线的主要作用

(1)将线路的直线末端的无限大的半径逐渐变化到圆曲线上应有的半径。

(2)线路外轨的高程从直线末端开始,随缓和曲线长度的增长而逐渐升高,以达到圆曲线应有的超高值。

(3)当曲线半径较小时,圆曲线的轨距应较标准轨距宽,其加宽数值也在缓和曲线段完成。

2. 缓和曲线的长度

缓和曲线长度的确定原则是列车外轮升高速度(列车由直线经缓和曲线进入圆曲线时,外侧车轮因有外轨超高而不断升高的竖向速度)不致使旅客感到不适。在一定的超高值时,缓和曲线越长,外轮升高的速度越小,就越能保证旅客感觉不到剧烈的冲击。

三、线路纵断面

线路中心线展直后在铅垂面上的投影称为线路纵断面。线路纵断面设计主要是根据地形的起伏及地质、水文地质和其他情况,设计出合理的坡度、坡段长度以及相邻坡度段的连接。

(一)线路的最大坡度

铁道的坡度不能是无限制地增大,其所限制的最大坡度值,即所谓最大坡度。最大坡度有限制坡度、加力牵引坡度及动能坡度等。

1. 限制坡度

限制坡度是指单机牵引情况下的最大坡度。限制坡度是铁路的主要技术标准之一,它对线路的工程指标和运营指标有重大影响。线路设计采用的限制坡度越大:在工程方面,线路越短,相应的桥隧工程和路基工程量越小,工程投资将越低,工期可提前;在运营方面,则因牵引荷载减少,铁路运输能力降低,运输成本增加。此外,过大的限制坡度,对保证行车安全和提高行驶速度都有一定的影响。因此,线路的限制坡度应根据铁路的等级、地形条件、经济和技术水平,考虑未来的发展以及相邻线路的限制坡度,拟订各种不同限制坡度方案,经过全面比选,在初步设计阶段确定。

我国《铁路工程技术规范》规定各级铁路的限制坡度,一般不超过下列数值:Ⅰ级铁路一般地段6‰,困难地段12‰;Ⅱ级铁路一般地段12‰;Ⅲ级铁路一般地段15‰。

限制坡度也不宜选的过小,通常认为是4‰左右。采用更小的限制坡度一般已没有必要,这不但会大大增加工程量和投资,而牵引重量也不能有很大提高,因为这时的牵引重量已受到起动附加阻力的限制。

一般情况下,由于线路两个方向货运量不会有过大的差别,所以两个方向选用相同的限制坡度。但是,也有某些线路,两个方向货运量显著不平衡,而且根据远期计划,预计这种情况不会有重大的改变,而在轻车方向地形又显著陡峻时,为节省工程量,可以在轻车方向采用比重车方向较陡的限制坡度。许多通向矿山的铁路也往往如此。

2. 加力牵引坡度

用两台或两台以上机车牵引时,其所能通过的最大坡度称为加力牵引坡度。采用加力牵引坡度的主要优点是:在地形困难的越岭或地面自然纵坡特别陡峻的地段,可以缩短线路长度,节省工程投资,缩短工期。但也存在着使机车数增加,需要设置补机折返点、运输费增加的缺点。因此,规范规定在越岭地段或采用平缓坡度将引起巨大工程的地段,经过比选,可采用加力牵引。

《铁路线路设计规范》(GB 50090—2006)规定,在各级铁路一般加力牵引坡度不超过20‰。若必须超过此数值,应提出充分根据,并经铁道部批准。但内燃机牵引的铁路上最大坡度不得超过25‰,电力机牵引的铁路上最大坡度不得超过30‰。

3. 动能坡度

所谓动能坡度,是当列车在减轻荷载的条件下,借助列车事先积累的动能和机车的牵引力联合作用,以不低于机车的计算速度所能闯过的大于限制坡度的坡度。

列车在闯坡前要确保有加速条件能达到一定的初速度,若受气候变化或列车运行特殊原因等的影响,达不到规定的初速度,势必造成在动能坡段上减速乃至停车,所以新建铁路不宜采用。只有在旧线改建时,减缓原有坡度可能会引起过大工程量增加,同时,该路段又具有备用动能的条件时,经铁道部批准,才可局部采用。

(二)坡段长度及连接

1. 坡段长度

相邻两坡段的交点称为变坡点。两相邻变坡点间的距离称为坡段长度。坡段越短,则线路纵断面越能适应地形起伏变化,并可减少桥隧和路基的工程量,但此时位于一个列车下面的变坡点也越多。由于坡度的变化,当列车经过变坡点时,在车钩上产生的附加应力会影响行车的安全与平顺,变坡点越多,这种情况也越严重。因此,一般情况下,坡段长度不宜小于远期货物列车长度之半,即列车下面的变坡点不超过两个。坡段长度在某些特殊情况下可缩短为200 m。设计时,坡段长度一般取50 m的整倍数。

2. 坡度代数差

变坡点两边坡度的变化,常用相邻坡度的代数差表示,即 $\Delta i = i_2 - i_1$(见图6-22)。若前一坡度为下坡 $i_1 = -4‰$,后一坡度为上坡 $i_2 = +4‰$,则坡度代数差 $\Delta i = 8‰$。附加应力的大小往往随两相邻坡度的代数差值的增大而增加。若附加应力过大,加之司机操纵不良,就可能造成断钩事故。《铁路线路设计规范》(GB 50090—2006)中规定:相邻坡段的坡度代数差应尽量小些,最大不得超过重车方向的限制坡度值。

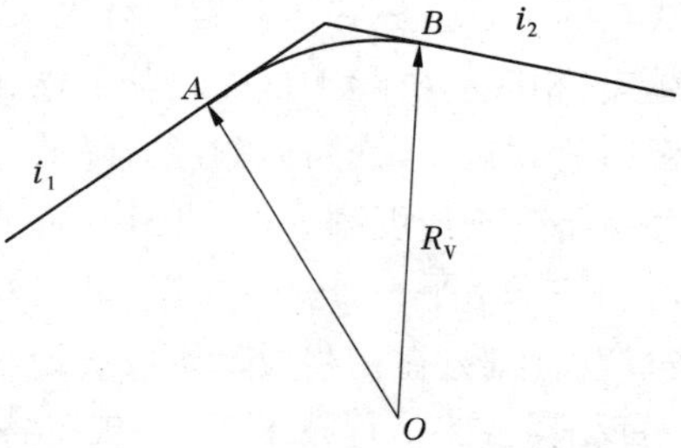

图6-22　坡段竖曲线连接

3. 相邻坡度段的连接

为了便于列车平顺地由一个坡段过渡到另一个坡段,相邻坡段之间要设置竖曲线,一般为一定半径的圆曲线型竖曲线,如图6-22中所示的 *AB* 弧段。

竖曲线半径 R_V 在《铁路线路设计规范》(GB 50090—2006)的规定为:Ⅰ级及Ⅱ级线上为10 000 m,Ⅲ级线上为5 000 m。

四、铁路路基

铁路路基是承受并传递轨道重力及列车动态作用的结构,是轨道的基础,是保证列车运行的重要建筑物。路基是一种土石结构,处于各种地形地貌、地质、水文和气候环境中,有时还遭受各种灾害,如洪水、泥石流、崩塌、地震等破坏。路基设计一般需要考虑横断面和路基稳定性。

1. 横断面

横断面是指与线路中心线垂直的路基断面,其形式有路堤、路堑、半填半挖路基、不填不挖路基(如图 6-14 ~ 图 6-16 所示与公路相同)等。路基由路基体和附属设施两部分组成。路基面、路肩和路基边坡构成路基体。路基附属设施是为了保证路肩的强度和稳定所设置的排水设施、防护设施与加固设施等,排水设施有排水沟等,防护设施如种草种树等,加固设施有挡土墙、扶壁支挡结构等。

2. 路基稳定性

路基稳定性是指路基抵抗由列车动态作用及各种自然力影响所出现的道渣陷槽、翻浆冒泥和路基剪切滑动与挤起等的能力。影响路基稳定性的因素有:路基的平面位置和形状,轨道类型及其上的动态作用,路基体所处的工作地质条件,自然力作用等。路基稳定性验算是铁路工程设计中非常重要的内容。

五、其他类型铁路简介

(一) 高速铁路

高速铁路是于 20 世纪 60 年代首先在一些发达国家逐步发展起来的。1964 年 10 月 1 日,世界上第一条高速铁路——日本的东海道新干线正式投入运营,速度达到 210 km/h,从东京到大阪运行时间为 3 小时 10 分钟。英国铁路公司于 1977 年投入使用的高速列车速度高达 200 km/h,它用两台 1 654 kW 的柴油机做动力,运行于伦敦、布里斯托尔和南威尔士之间。法国于 1981 年建成了它的第一条高速铁路(TGV),列车速度达 270 km/h。后来又建成 TGV 大西洋线,速度达 300 km/h,1990 年 5 月 13 日试验的最高速度已达到 515.3 km/h,使用运营速度达到 400 km/h,使得法国成为在技术和经济指标上均超过日本而居世界领先地位。由于 TGV 列车可以延伸到原有铁路线上运行,因此 TGV 的总通车里程超过 2 500 km,承担法国铁路旅客运输量的 50%。

我国自 20 世纪 90 年代开始在常规铁路路基上进行了列车提速试验,并先在华东地区及京沪铁路上实施,列车速度达到 150 ~ 160 km/h。之后,全国范围内的火车提速又进行了多次。2007 年 4 月 18 日,中国铁路正式实施第 6 次大面积提速,这次大面积提速调图所取得的成果是全方位的。本次提速,实现了我国铁路既有线路时速 200 km 及以上提速资源零的突破,线路延展里程一次达到 6 003 km,其中时速 250 km 的线路延展里程达 846 km。经过这次提速调图,我国时速 120 km 及以上线路总延展里程从原来的 1.6 万 km 增加到 2.2 万 km,提速资源大幅拓展,覆盖全国大部分省(市、自治区),标志着我国铁路快速客运网建设取得了重大的进展。客货运输能力大幅提升,能有效缓解铁路运输的紧张状况,为经济社会快速发展提供更加有力的运力支持。

1. 铁路按速度的分挡

(1) 常速:100 ~ 120 km/h。

(2) 中速:120 ~ 160 km/h。

(3) 准高速:160 ~ 200 km/h。

(4) 高速:200 ~ 400 km/h。

(5) 特高速:400 km/h 以上。

2. 高速铁路的建设模式

(1)日本新干线模式:全部修建新线,旅客列车专用。

(2)英国 APT 模式:不修建新线,不大量改造旧线,主要采用由摆式车体组成的动车组、旅客列车及货物列车混用。

(3)法国 TGV 模式:部分修建新线,部分旧线改造,旅客列车专用。

3. 高速铁路建设中的几个问题

高速铁路的实现为城市之间的快速交通往来和旅客出行提供了极大方便,同时也对铁路选线与设计等提出了更高要求,高速铁路的建设必须重视及解决以下问题:

(1)合理的铁路曲线。铁路曲线是决定行车速度的关键之一,合理的铁路曲线能保证列车按规定的最高车速安全、平稳和不间断地运行。随着列车运行速度的提高,铁路路基建设标准也必将提高,在现有铁路上提速,首先遇到的限制即是曲线限速问题。我国速度为 160 km/h 的铁路曲线半径一般为 2 000 m,法国速度达到 300 km/h 的铁路曲线半径为 4 000 m。

(2)轨道的平顺性问题。这是解决列车提速至关重要的问题。轨道的不平是导致车辆振动而产生轮轨附加动力的根源,因此高速铁路必须严格地控制轨道的平顺度。目前,高速铁路的轨道已实现了长轨铺设,大大减少了列车在行驶中由于轨道接口引起的冲击和振动,提高了列车行驶的平顺性和舒适性。

(3)列车的牵引动力问题。这是实现高速行车的重要关键技术问题。它涉及许多新技术,如:新型动力装置与传动装置;牵引动力的配置已不能局限于传统机车的牵引方式,而要采用分散且又相对集中的动车组方式;新的列车制动技术;高速电力牵引时的受电技术;适应高速行车要求的车体及行走部分的结构和减少空气阻力的新外形设计等。这些均是发展高速牵引动力必须解决的具体技术问题。

(4)铁路信号与控制系统的自动化与现代化问题。这是高速列车安全、高密度运行的基本保证。它是集微机控制与数据传输于一体的综合控制与管理系统,也是铁路适应高速运行、控制与管理而采用的最新综合性高技术,一般统称为先进列车控制系统。如列车自动防护系统、卫星定位系统、车载智能控制系统、列车调度决策支持系统、列车微机自动监测与诊断系统等。

(二)地下铁道与城市轻轨

世界上第一条载客的地下铁道是 1863 年的伦敦地铁。当时的地铁还是蒸汽机车,通道为明挖后覆盖的浅埋式。第一条使用电动机车且真正深入地下的铁路直到 1890 年才建成,这种新型、清洁的电动机车改进了以往蒸汽机车的很多缺点,使地铁的应用迎来了黄金时代。目前,伦敦的地铁线路长度已达 380 km,全市已形成了一个四通八达的地铁网,每天载客量 160 余万人次。现在,地铁已被全世界各国许多大中型城市广泛应用,我国继北京、上海、天津、广州、南京等城市之后,深圳、杭州、沈阳等城市也开始修建地铁。

发达国家的地铁设施非常完善,如法国的巴黎,其地铁在城市地下纵横交错,行驶里程高达几百千米,遍布城市各个角落的地下车站,给居民带来了非常便利的公共交通服务。莫斯科的地铁以车站富丽堂皇而闻名于世,20 世纪 90 年代,地铁长度已达 212.5 km,设有 132 个车站,拥有 8 条辐射线和多条环形线,平面形状宛如蜘蛛网一般。美国波士顿地铁于 20 世纪 90 年代率先采用了交流电驱动的电机和不锈钢制作的车厢。纽约的地铁是世界上最繁忙的,每天行驶的班次多达 9 000 多次,运输量更是惊人。

城市轻轨是城市客运有轨交通系统的又一种形式。与原有电车交通系统不同,它一般有较大比例的专用道,大多采用浅埋隧道或高架桥的方式,车辆和通信信号设备也是专门化的,克服了有轨电车运行速度慢、正点率低和噪声大的缺点。与公共汽车相比,它具有速度快、效率高、节省能源和无空气污染等优点。自 20 世纪 70 年代以来,世界上出现了建设轻轨铁路的高潮。目前,在世界范围内已有 200 多个城市建有这种交通系统。

上海已建成我国第一条城市轻轨系统,即明珠线。一期工程长 24.975 km,自上海市西南角的徐汇区开始,贯穿长宁区、普陀区、闸北区、虹口区,直到东北角的宝山区,沿线共 19 座车站,全线无缝线路,除与上海火车站连接的轻轨车站外,其余全部采用高架桥结构形式。

城市轻轨和地下铁道一般具有如下特点:

(1)线路多经过居民区,对噪声和振动的控制较严,除对车辆结构采取减震措施及修筑声障屏外,对轨道结构也要求采取相应的措施。

(2)行车密度大,运营时间长,留给轨道的作业时间短,因而须采用高质量的轨道部件,一般用混凝土道床等维修量小的轨道结构。

(3)一般采用直流电机牵引,以轨道作为供电回路。为了减少泄漏电流而产生的电解腐蚀,要求钢轨与基础间有较高的绝缘性能。

(4)曲线段所占比例大,曲线半径比常规铁路小得多,一般为 100 m 左右,因此要解决好曲线轨道的构造问题。

(三)磁悬浮铁路

磁悬浮列车是利用电磁系统产生的吸引力和排斥力将车辆托起,使整个列车悬浮在铁路上,它利用电磁力进行导向,并利用直流电机将电能直接转换成推进力。与传统铁路相比,磁悬浮铁路由于消除了轮轨之间的接触与摩擦,故使列车速度快速而平稳,行驶速度可达 500 km/h 以上。

磁悬浮列车无机械振动和噪声,无废气和污染,有利于环境保护,能充分利用能源,从而获得高的运输效率。另外,由于没有钢轨、车轮和接触导线等摩擦部件,可节省大量的维修工作和维修费用。

对于磁悬浮列车的研究,德国和日本起步最早。德国从 1968 年开始研究,于 1983 年在曼姆斯兰德建设了一条长 32 km 的试验线,并已完成了载人试验,行驶速度达到 412 km/h。目前,磁悬浮铁路已经逐步从探索的基础研究阶段进入到实用性开发研究阶段。

我国上海已建成磁悬浮列车专线,该条专线于 2001 年 3 月 1 日在浦东挖下第一铲,2002 年 12 月 31 日全线试运行,2003 年 1 月 4 日正式开始商业运营。它西起上海地铁 2 号线的龙阳路站,东至上海浦东国际机场,专线全长 29.863 km,是中德两国合作开发的世界第一条磁悬浮商运线。

第三节　桥梁工程

交通的进步和发展,除道路与铁路的建设外,桥梁的建设也是必不可少的。桥梁工程是土木工程中属于结构工程的分支学科,它与房屋建筑工程一样,也是用砖、石、木、混凝土、钢筋混凝土和各种金属材料建造的结构工程。

桥梁既是一种功能性的建筑物,又是一座立体的造型工艺工程,也是具有时代特征的景观工程。道路、铁路、桥梁建设的突飞猛进，对创造良好的投资环境、促进地域性的腾飞起到关键的作用。

一、桥梁的分类

（一）按受力体系分类

桥梁按受力体系分为梁式桥、拱式桥、刚架桥、斜拉桥和吊桥五种基本体系，以及由这几种基本体系组合成的组合体系。

（二）按桥梁全长和跨径不同分类

（1）特大桥：多孔桥全长大于500 m，单孔桥全长大于100 m。

（2）大桥：多孔桥全长大于100 m小于500 m，单孔桥全长大于40 m小于100 m。

（3）中桥：多孔桥全长大于30 m小于100 m，单孔桥全长大于20 m小于40 m。

（4）小桥：多孔桥全长大于8 m小于30 m，单孔桥全长大于5 m小于20 m。

（三）按用途分类

桥梁按用途可分为公路桥、铁路桥、公路铁路两用桥、机耕桥、运水桥（渡槽）、行人桥及其他专用桥等。

（四）按桥面布置位置分类

桥面布置在主要承重结构之上的桥梁称为上承式桥，桥面布置在主要承重结构之下的桥梁称为下承式桥，桥面布置在桥跨结构高度之间的桥梁称为中承式桥，见图6-23。

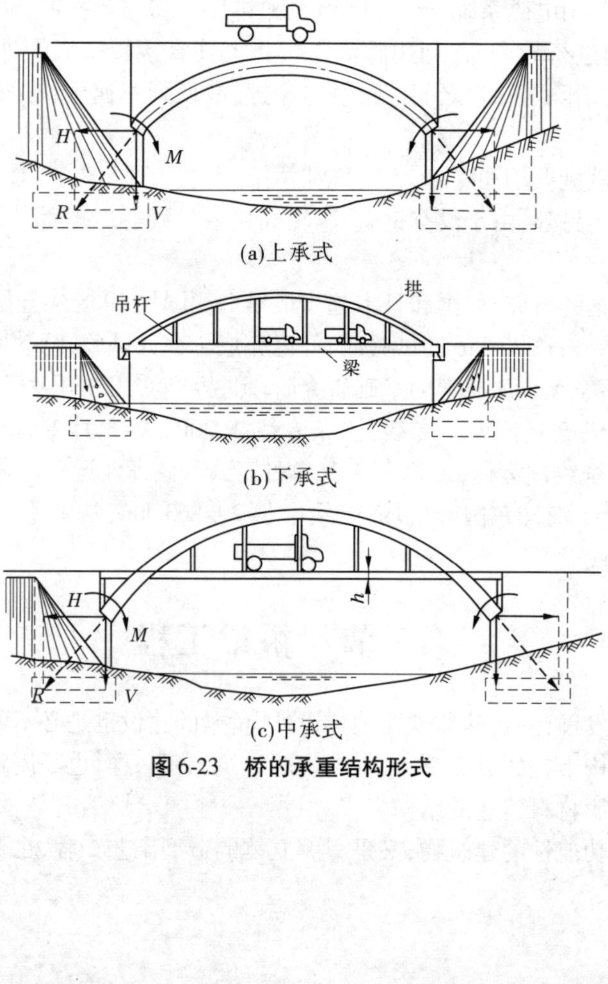

图6-23　桥的承重结构形式

(五) 按所用材料分类

桥梁按上部结构所用材料分为圬工桥(包括砖、石、混凝土)、设有少量钢筋的少筋混凝土桥、钢筋混凝土桥和钢桥。

(六) 按跨越障碍的性质分类

桥梁按跨越障碍的性质可分为跨河桥、跨线桥(立交桥)、高架桥和栈桥。

高架桥一般指跨越深沟峡谷以代替高路堤的桥梁,而栈桥是为使车道升高至周围地面以上并使其下面的空间可以通行车辆或作其他用途而修建的桥梁。

二、桥梁的组成

桥梁一般由桥跨结构、支承结构(桥墩、桥台)及基础三部分组成。通常人们还习惯称桥跨结构为桥梁的上部结构,称桥墩或桥台为桥梁的下部结构。

(一) 桥面构造

1. 桥面的组成

桥面是直接承受各种荷载的部分,它主要包括行车道板、行车道铺装、人行道铺装、防水层、人行道、栏杆、变形缝、排水设施等,如图 6-24 所示。

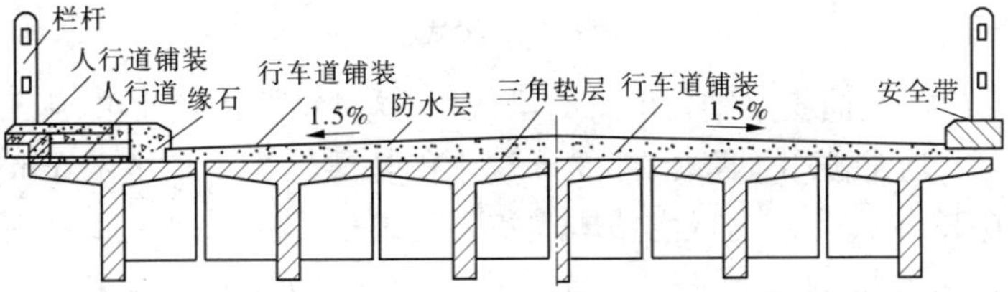

图 6-24　桥面构造简图

2. 桥面铺装层

桥面铺装层是指铺设在行车道板上的面层,其主要作用在于防止车辆轮胎或履带对行车道板的直接磨损,同时对车辆作用的集中荷载还有扩散效果。桥面铺装层的铺筑材料一般为混凝土、沥青混凝土和碎石等。铺装层的厚度:对于混凝土、沥青混凝土常为 5 ~ 8 cm,碎石层为 15 ~ 20 cm。桥面铺装层与所连道路路面应尽量一致,以便于管理养护和车辆行驶。

3. 桥面排水

为了快速排除桥面雨水,桥面应设置 1.5% ~ 3.0% 的横坡,并在行车道两侧适宜的长度内设置直径为 10 ~ 15 cm 的排水管。排水管一般为钢筋混凝土管或铸铁管。当桥长小于 50 m,桥面纵坡大于 2% 时,可不设排水管,但在桥头引道两侧应设置引水槽。

4. 人行道或安全带

人行道的设置根据需要而定,人行道宽一般为 0.75 m 或 1.0 m,为便于排水,人行道也设置向行车道倾斜 1% 的横坡。人行道的外侧必须设置栏杆,栏杆高 0.8 ~ 1.2 m,栏杆柱间距 1.5 ~ 2.5 m,柱的截面尺寸为 0.15 m × 0.15 m。

不设人行道时,桥面两侧应设安全带,安全带一般宽 0.25 m、高 0.2 ~ 0.25 m。

5. 伸缩缝或变形缝

为降低温度变化、混凝土收缩、地基不均匀沉降等因素的影响,桥面应设置伸缩缝或变形缝，缝距一般不超过 20 ~ 30 m。为保证车辆平稳行驶，并防止雨水和泥土的渗入，缝内必须填塞具有弹性、不透水的橡皮或沥青胶泥等塑性材料。

(二)桥跨结构形式

1. 梁式桥

梁式桥是一种在竖向荷载作用下无水平反力的结构(见图 6-25)。由于桥上的恒载和活载的作用方向与支承结构的轴线接近垂直，其受力特点就像是一个梁，所以与同样跨径的其他结构体系比较，桥的梁上将产生最大弯矩，通常需要用抗弯能力强的材料(如钢或钢筋混凝土)来建造。

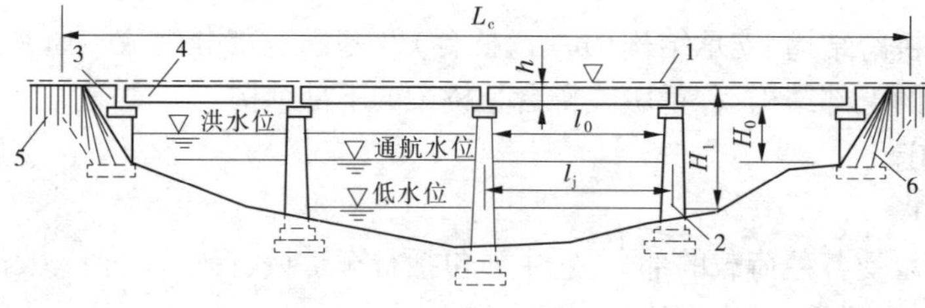

1—桥面；2—桥墩；3—桥台；4—主梁；5—路堤；6—锥形护坡

图 6-25　梁式桥

目前，应用最广的是简支梁结构形式的梁式桥，这种结构形式简单，施工方便，对地基承载力的要求也不高，通常被用于跨径在 25 m 以下的桥梁。当跨径小于 6 m 时，通常采用简支式板桥，见图 6-26(a)、(b)，为现浇整体式和装配式；当跨径在 6 ~ 12 m 时，可采用空心板桥，见图 6-26(c)；当桥的长度较大，且跨径在 8 m 以上时，可采用预制 T 形梁，见图 6-26(d)；当跨径在 20 m 左右时，可采用工字形梁，见图 6-26(e)。当跨度大于 25 m 且小于 50 m 时，一般采用预应力混凝土简支梁式桥的形式。

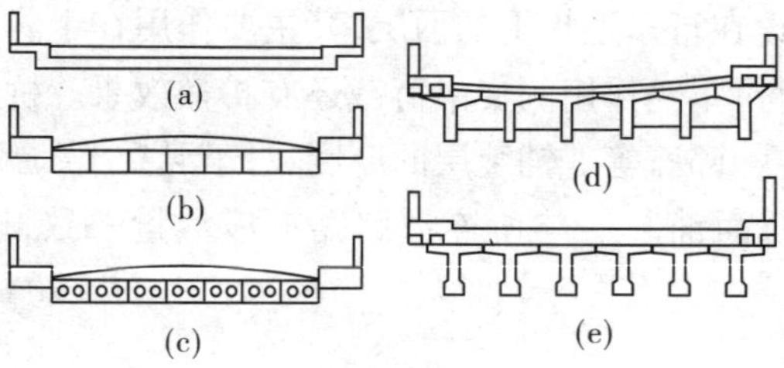

图 6-26　简支梁桥上部结构

2. 拱式桥

拱式桥与梁式桥相比，主要特点在于其上部荷载由拱来承担，拱圈的受力以压力为主。因此，拱式桥选材范围较大，可利用抗压能力较大的圬工材料建造，以节约钢筋和水泥，降低工程造价。

拱的跨越能力大，外形也较美观，因此一般修建拱桥是经济合理的。但是由于在桥墩或桥台外承受很大的水平推力，所以对桥的下部结构和基础的要求比较高。另外，拱桥的施工比梁式桥要困难些。

3. 刚架桥

刚架桥(见图 6-27)的主要承重结构是梁或板和立柱或竖墙构筑成整体的刚架结构，且梁与柱的连接处具有很大的刚性。因此,在竖向荷载作用下,梁主要承受弯矩,而柱脚处也有水平反力,其受力状态介于梁式桥和拱式桥之间。

对于同样的跨径,在相同的外力作用下,刚架桥的跨中弯矩比一般梁式桥要小。根据这一特点,刚架桥跨中的构件高度就可以做得较小。在城市中,当遇到线路立体交叉或需要跨越通航江河时,采用这种桥型能尽量降低线路标高以改善桥的纵坡,当桥面标高已确定时,它能增加桥下净空。对于刚架桥,通常采用预应力混凝土结构。

4. 吊桥

吊桥也称为悬索桥(见图6-28),采用悬挂在两边塔柱上的吊索作为主要承重结构。在竖向荷载作用下,通过吊杆的荷载传递使吊索缆绳承受很大的拉力,因此通常需要在两岸桥台的后方修筑非常巨大的锚碇结构。悬索桥也是具有水平反力的结构。在现代悬索桥结构中,广泛采用高强度钢缆绳,以发挥其优异的抗拉性能。

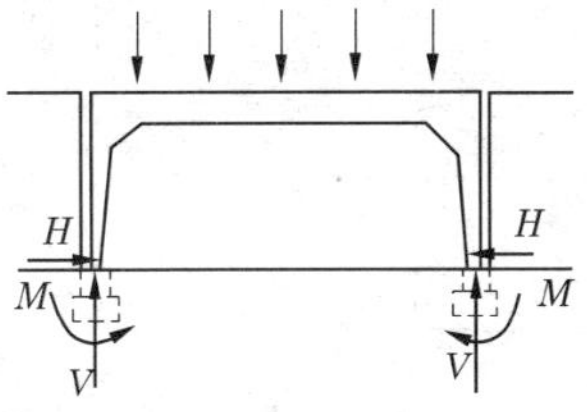

图6-27　钢架桥简图

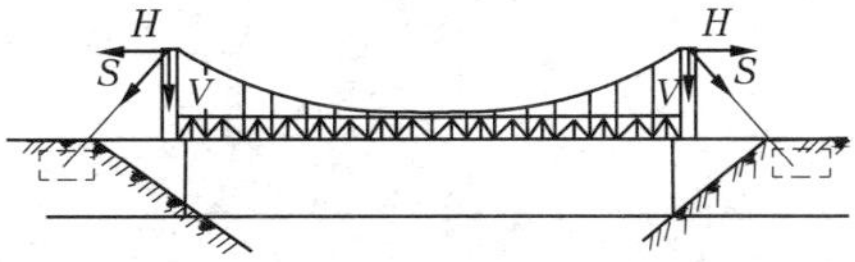

图6-28　吊桥简图

当前,大跨度公路悬索桥的主梁常采用钢制扁箱梁结构形式,也有的是顶层行驶汽车、下层铺设铁路的公路铁路两用桥。然而,相对于其他桥梁形式,悬索桥自重轻,结构刚度差,在车辆动荷载和风荷载作用下,易发生较大的变形和振动。悬索桥的历史是其克服变形和振动的历史,也就是提高悬索桥刚度的历史。

5. 斜拉桥

斜拉桥由斜拉索、塔柱和主梁所组成,是一种高次超静定的组合结构体系(见图6-29)。系在塔柱上的张紧的拉索将主梁吊住,使主梁就像跨度显著缩小的多跨弹性支承连续梁一样工作。这样,拉索既可以充分利用高强度钢材的抗拉性能,又可以显著减小主梁的截面面积,使得结构自重大大减轻,从而能建造大跨度的桥梁。斜拉桥的主梁和塔柱可以采用钢筋混凝土或型钢来建造,在我国,主要采用钢筋混凝土结构。为了减小梁的截面与自重,常用预应力混凝土代替普通钢筋混凝土,这就是预应力混凝土斜拉桥。

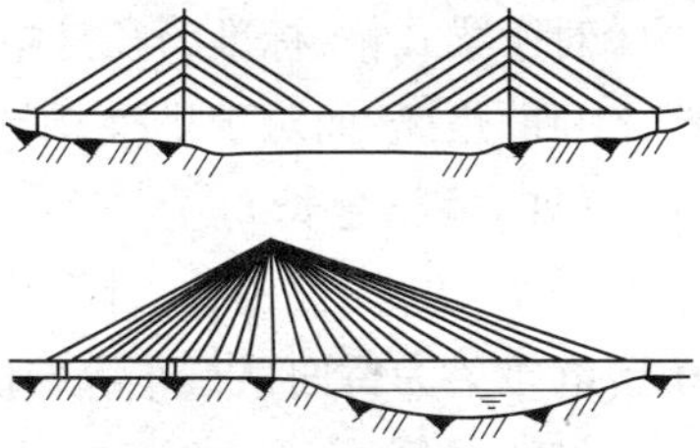

图6-29　斜拉桥形式

斜拉桥根据跨度大小的要求以及经济上的考虑,可以建成塔式、双塔式或多塔式等不同类型。通常,对称断面及桥下净空要求较大时,多采用双塔式斜拉桥。

斜拉桥是半个多世纪以来最富有想象力、构思内涵丰富,而又引人注目的桥型,它具有广泛的适应性。一般情况下,对于跨度为200~700 m的桥梁,斜拉桥在技术上和经济上都具有相当优越的竞争力。

需要注意的是,斜拉桥的斜索是桥的生命线,至今国内外已发生过几起通车仅几年就因斜索腐蚀严重而导致全部换索的失败工程实例。因此,如何保护斜索以确保其使用寿命,仍是当今斜拉桥工程建设中必须引起足够重视的问题。

6. 组合体系桥

除以上几种桥的基本形式外，在工程实践中，还采用几种桥型的组合结构，如梁和拱的组合体系（见图 6-23(b)、(c)）、斜拉索与悬索的组合体系等。所有这些组成，目的在于充分利用各种形式桥的受力特点，发挥其优势，建造出符合要求、外观美丽的桥梁来。

三、桥梁的几个重要参数

（一）净跨径 l_0

对于梁式桥，设计洪水位线上相邻两桥墩或桥台间的净距称为净跨径（见图 6-25）。各孔净跨径的总和（$\sum l_0$）称为桥梁的总跨径，它反映桥梁过水的能力。对于拱桥，净跨径是指每孔两拱脚截面最低点之间的水平距离（见图 6-30）。

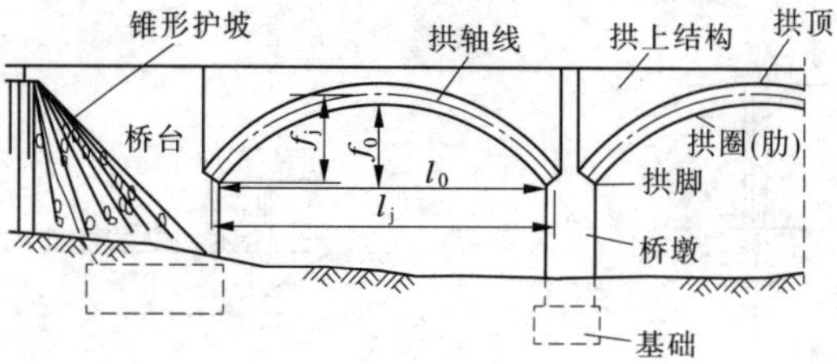

图 6 30　拱桥构造

（二）计算跨径 l_j

梁式桥计算跨径是指相邻两个支座中心的间距（见图 6-25）。拱桥计算跨径为相邻两个拱脚截面形心之间的水平距离，也就是拱轴线两端点之间的水平距离（见图 6-30）。

（三）标准跨径 L_b

对于梁式桥，标准跨径是指相邻两桥墩中心线之间的间距，或桥墩中心线至桥台台背前缘之间的距离；而对于拱桥，则是指净跨径。

（四）桥梁全长 L_c

桥梁全长简称桥长，对于有桥台的桥梁为两岸桥台侧墙或八字墙墙尾间的距离；对于无桥台的桥梁为桥面系行车道长度（见图 6-25）。

（五）桥梁高度 H_1

桥梁高度是指桥面与低水位之间的距离，或指桥面与桥下线路路面之间的距离。

（六）桥下净空高度 H_0

桥下净空高度对于不通航河流是指设计洪水位至上部结构最下缘的距离，对于通航河流则是通航水位至上部结构最下缘的距离。对于跨越公路或铁路的立交桥，桥下净空高度即为上部结构的下缘至桥下路面（或轨顶面）间的高度。

（七）桥梁建筑高度 h

桥梁建筑高度是指桥面与桥跨结构最下缘之间的距离。

（八）净矢高 f_0

拱桥的拱顶截面下缘至相邻两拱脚截面下缘最低点的连线间的垂直距离称为净矢高（见图 6-30）。

(九)计算矢高f_j

从拱顶截面形心至相邻两拱脚截面形心的连线间的垂直距离称为计算矢高(见图6-30)。

(十)矢跨比(f_j/l_j)

矢跨比是指拱桥中拱圈的计算矢高f_j与计算跨径l_j之比,也称拱矢度。

四、桥梁的支承结构

桥梁的支承结构主要由桥墩、桥台组成。它的作用是承受上部结构传来的荷载,并通过基础再将荷载及本身自重传递到地基上。桥墩是指多跨桥梁的中间支承结构,它除承受上部结构的荷重外,还要承受流水压力、水面以上的风力以及可能出现的冰荷载和船只、排筏或漂浮物的撞击力。桥台除支承上部结构物的荷载外,还是衔接两岸路堤的构筑物,既要能挡土护岸,又要能承受台背填土及填土上车辆荷载所产生的附加侧压力。

桥梁的支承结构的形式大体上可分为重力式及轻型式。具体桥梁建设时采用什么类型的支承结构,应依据地质、地形及水文条件,墩高、桥跨结构要求及荷载性质和大小,通航和水面浮物以及施工条件等因素综合考虑。但是,在同一座桥梁内,应尽量减少支承结构的类型。

(一)桥墩的类型

1. 重力式桥墩

如图6-31(a)所示,这类墩台的主要特点是靠自身重量来平衡外力而保持其稳定。因此,墩台比较厚重,可以不用钢筋,而用天然石材或片石混凝土砌筑。重力式桥墩适用于地基良好的大中型桥梁,或流冰、漂浮物较多的河流中。其缺点是圬工体积较大,因而其自重和阻水面积也较大。

1)实体式桥墩

实体式桥墩的整个支承结构是实体的,一般适用于荷载较大的大中型桥梁,或流冰、漂浮物较多的江河之中。此类桥墩的最大缺点是圬工体积大、自重大、材料用量多及阻水面积大。有时为了减轻墩身重量,将墩顶部做成悬臂式的。

2)空心式桥墩

空心式桥墩的外形轮廓与实体式墩相同,不同之处在于其内部是空心的,它克服了实体式桥墩在许多情况下材料强度得不到充分发挥的缺点。将混凝土或钢筋混凝土桥墩做成空心薄壁结构等形式,可以节省圬工材料,还可减轻重量。其缺点是抗击漂浮物撞击的能力差。

2. 轻型桥墩

轻型桥墩的墩台型式很多,而且都有各自的特点和使用条件。一般来说,这类支承结构的刚度小,受力后允许在一定的范围内发生弹性变形,所用材料大都以钢筋混凝土和少量配筋的混凝土为主。

1)桩式桥墩

如图6-31(f)所示,由于大孔径钻孔灌注桩基础的广泛使用,桩式桥墩在桥梁工程中得到普遍采用。这种结构是将桩基一直向上延伸到桥跨结构下面,桩顶浇筑墩帽,桩作为墩身的一部分,桩和墩帽均由钢筋混凝土制成。这种结构一般用于桥跨不大于30 m,墩身不高于 10 m 的情况。

2）柱式桥墩

如图 6-31（f）、（g）、（h）所示，所谓柱式桥墩就是在基础桩顶上修筑承台，在承台上修筑立柱做墩身的支承形式。柱式桥墩可以是单柱，也可以是双柱或多柱式，视结构需要而定。

3）X 形、Y 形或 V 形桥墩

如图 6-31（c）、（d）、（e）所示，这种桥墩将支承结构的轻巧合理和艺术造型上的美观统一起来，是国内外流行采用的一种形式。它适用于大跨径的桥梁，可节约材料，整体工程造价较低。

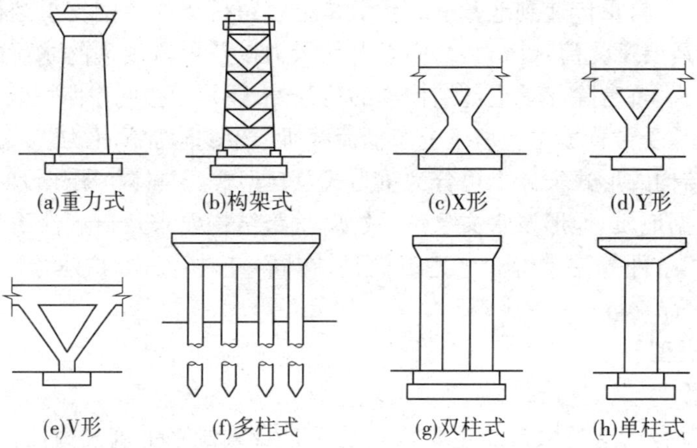

图 6-31　桥墩示例

（二）桥台的类型

桥台是桥头两端的支承结构物。其组成有台帽、台身和基础三部分。它既要承受支座传递来的竖向力和水平力，还要挡土护岸，承受台后填土及填土上荷载产生的侧向土压力。因此，桥台必须有足够的强度，并能避免在荷载作用下发生过大的水平位移、转动和沉降，这在超静定结构桥梁中尤为重要。当前，我国公路桥梁的桥台有实体式、轻型式和埋置式桥台等。

1. 实体式桥台

梁式桥和拱桥上常用的实体式桥台为 U 形桥台，它由支承桥跨结构的台身与两侧挡土的翼墙在平面上构成 U 字形而得名，如图 6-32 所示。U 形桥台的优点是构造简单，可用混凝土或片、块石砌筑，适用于填土高度在 8 ~ 10 m 以下或跨度稍大的桥梁；其缺点是桥台体积和自重较大，增加了对地基的要求，桥台的两侧墙之间填土容易积水，结冰后冻胀，易使侧墙产生裂缝。所以，宜用透水性较好的砂性土夯填，要求做好台后排水设施。

2. 轻型桥台

轻型桥台为直立的薄壁墙，桥台顶部与上部结构锚固，下部设置钢筋混凝土支撑梁，使上部结构、桥台和支撑梁共同组成四铰刚构系统（见图 6-33），并借助两端台后的动坡土压力来保持稳定。轻型桥台体积轻巧、自重较小，它借助结构整体刚度和材料强度承受外力，从而节省材料，也降低了对地基强度的要求，扩大了应用范围。这种桥台适用于 13 m 以下的小跨径桥梁，桥跨结构一般不超过 3 孔，总桥长不宜超过 20 m。常用的翼墙有八字式和一字式两种，若地形许可也可把翼墙做成耳墙。

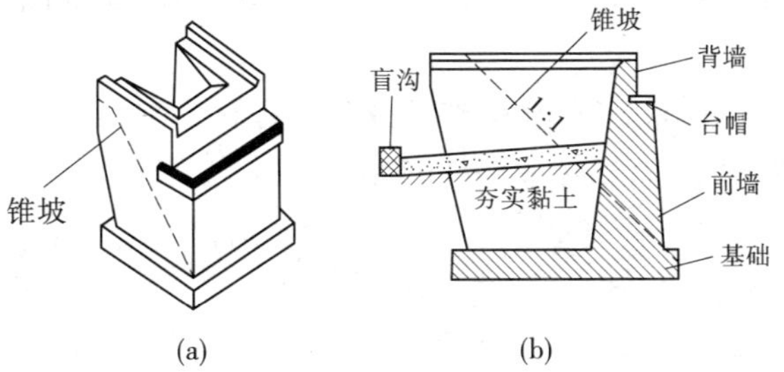

图 6-32　U 形桥台

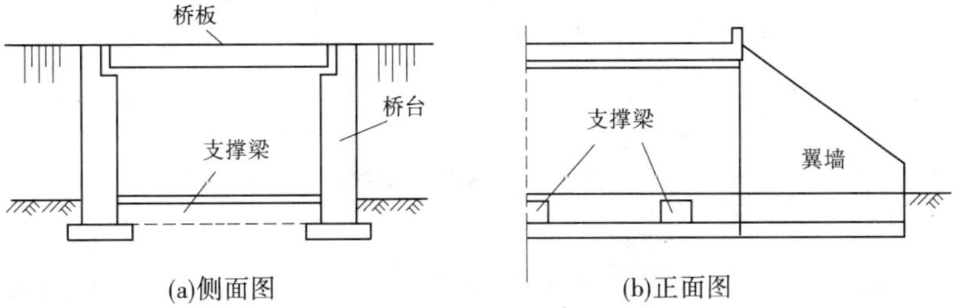

图 6-33　梁桥薄壁轻型桥台

3. 埋置式桥台

埋置式桥台是将台身大部分埋入锥形护坡中,只露出台帽在外,以安置支座及上部结构,这样,桥台体积可以大为减少,如图 6-34 所示。埋置式桥台不需侧墙,仅附有短小的钢筋混凝土耳墙,耳墙与路堤衔接,伸入路堤的长度一般不小于 50 cm。由于台前锥坡用做永久性表面防护设施,其伸入到桥孔中,压缩了河道,因此有时需增加桥长,而且还存在被洪水冲毁而使台身裸露的可能,故一般用于桥头为浅滩、护坡受冲刷较小的场合。

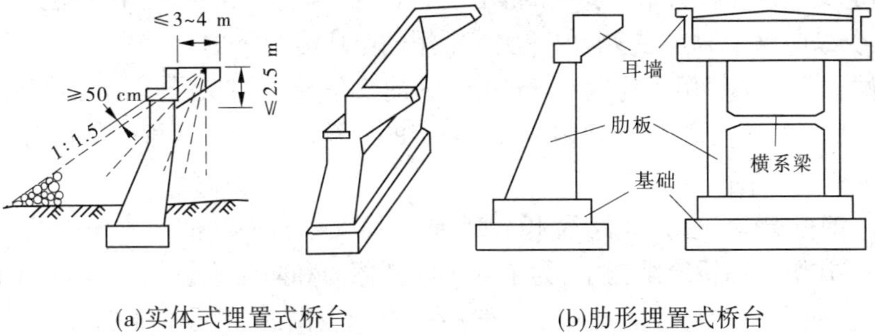

图 6-34　埋置式桥台

常见的埋置式桥台有以下四种形式。

1)实体式埋置式桥台

实体式埋置式桥台的工作原理是靠台身后倾,使重心落在基底截面的形心之后,以平衡台后填土压力(见图 6-34(a))。这种桥台的优点是结构稳定性好,可以用于高达 10 m 和 10 m 以上的高桥台。

2)肋形埋置式桥台

肋形埋置式桥台的台身为后倾式的肋板再加之以横梁联成整体的结构型式,如图 6-34(b)

所示。这种型式可节省圬工材料，一般适用于台高在10 m及10 m以上的情况。

3）钻孔桩柱式埋置式桥台

如图6-35（a）所示，钻孔桩柱式埋置式桥台对于各种土质地基都适宜。根据桥的宽度和地基承载能力可以采用双柱、三柱或多柱的形式（见图6-31（f）、（g）、（h））。

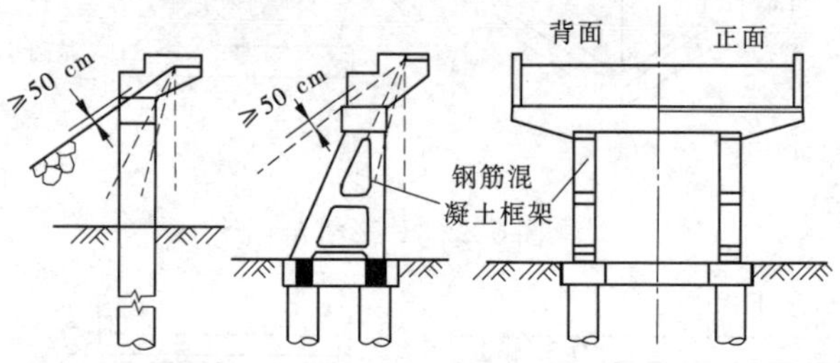

(a)钻孔桩柱式　(b)框架式

图6-35　埋置式桥台

4）框架式埋置式桥台

框架式埋置式桥台比肋形埋置式桥台挖空率高，更节省圬工材料用量，如图6-35（b）所示。由于这种桥台结构本身存在着斜杆，能够产生水平分力以平衡土压力，加之基础较宽，所以稳定性好，可用于填土高度在5 m以上的桥台。其不足之处是必须用双排桩基，钢筋水泥用量均比桩柱式桥台要多。

（三）桥的支座

梁式桥的支座是将上部结构的各种荷载传递到墩台上的重要部件。支座的设置要求是能适应活载、温度变化、混凝土收缩与徐变等因素引起的位移。

简支梁桥的支座形式，通常是每跨的一端设固定支座，另一端设活动支座。多跨简支梁桥一般把固定支座设在桥台上，每一个桥墩上布置一个活动支座和一个固定支座，以使各墩台能均匀承受纵向水平力。在实际工程中，常用的支座有以下两种：

（1）垫层支座。一般用于跨径小于10 m的简支梁桥。垫层是用油毛毡或水泥砂浆做成的，其厚度要求在压实后不小于10 mm。固定的一端加设套在铁管中的锚钉，锚钉埋在墩帽内，如图6-36（a）所示。

（2）平面钢板支座。多用于跨径12～15 m的简支梁桥中。活动支座由两块钢板做成，钢板分别固定在墩台和桥跨结构中，为了减小其摩擦力和防止生锈，要求两块钢板接触面应平整光滑，并涂石墨润滑剂。固定支座一般用一块钢板做成，其顶面和底面各应焊接锚钉，以固定梁的位置，如图6-36（b）所示。

五、桥梁基础

桥梁的基础承担着桥墩、桥跨结构的全部重量以及桥上的可变荷载作用。桥梁基础往往修建于江河的流水之中，遭受水流的冲刷。所以，桥梁基础一般比房屋基础的规模更大，需要考虑的问题更多，施工条件也更困难。

桥梁基础的类型有刚性扩大基础、桩基础和沉井基础等。在特殊情况下，也用气压沉箱基础。

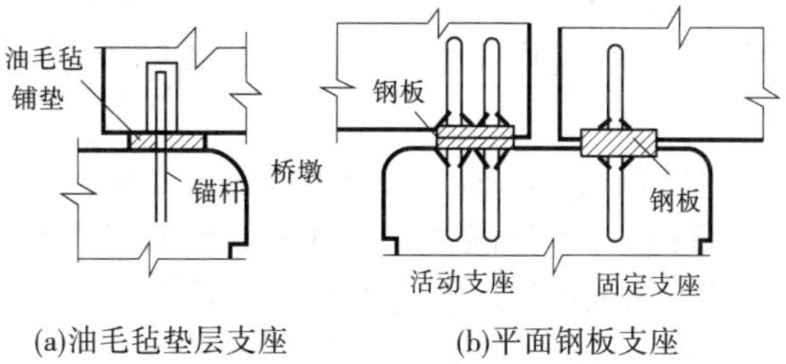

图 6-36　支座的形式

(一)刚性扩大基础

刚性扩大基础是桥梁实体式墩台浅基础的基本形式。它的主要特点是基础外伸长度与基础高度的比值必须限制在材料刚性角的正切值范围内。若满足此条件,则认为基础的刚性很大,基础材料只承受压力,不会发生弯曲和剪切破坏,刚性扩大基础即由此得名。此种基础施工简单,可就地取材,稳定性好,也能承受较大的荷载,如图 6-37 所示。

(二)桩基础

桥梁的桩基础是桥梁基础中常用的形式。当地基上面土层较软且较厚时,如果仍采用刚性扩大基础,地基的强度和稳定性往往不能满足要求,这时采用桩基础是比较好的方案。水流稍深的江河道上的桥梁也多采用桩基础。

桩基础由若干根桩与承台两部分组成。每根桩的全部或部分沉入地基中,桩在平面排列上可成为一排或几排,所有桩的顶部由承台联成一个整体,在承台上再修筑墩台,如图 6-38所示。

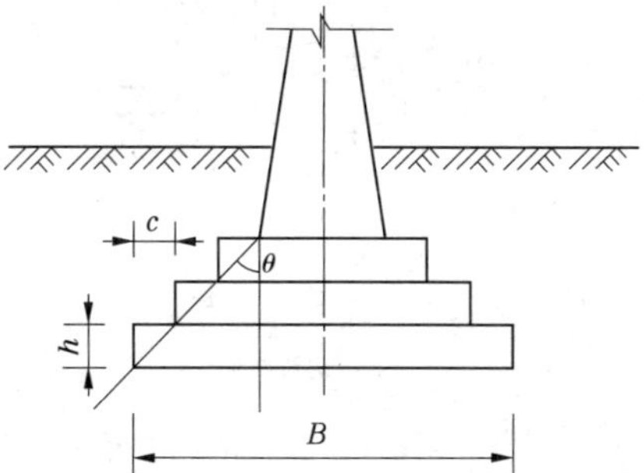

图 6-37　刚性扩大基础

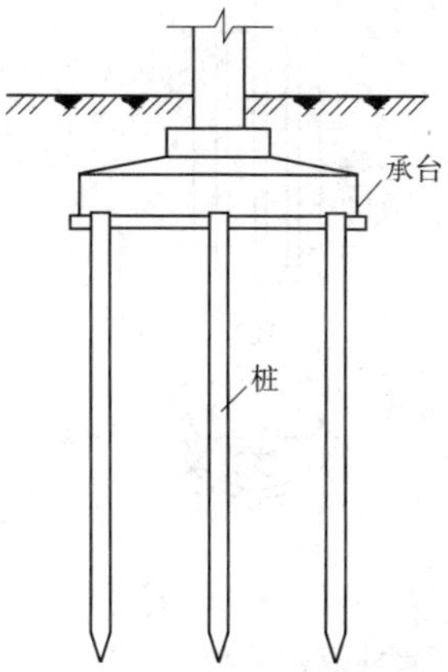

图 6-38　桩基础

桩基础的作用是将墩台传来的外力由其经过上部软土层和桩体传到较深的地层中去。承台将外力传递给各桩起到使各桩共同工作的作用。桩所承受的荷载由桩身与周围土之间的摩擦力来支承的桩称为摩擦桩,桩所承受的荷载由桩底的硬土层或岩层的抵抗来支承的桩称为端承桩。桩基础一般具有承载力高、稳定性好、沉降小及沉降均匀等特点。在深水河道中,桩基础具有减少水下工程、简化施工工艺、加快施工进度等优点。

钢筋混凝土桩还可以按施工方法分为以下几种类型:

(1)钻孔灌注桩。钻孔灌注桩的直径一般为 0.8 ~ 1.0 m。桩身混凝土强度等级不低于

C15,水下部分不低于 C20。桩内的钢筋笼的主筋直径不小于 14 mm,其数量不少于 8 根。即使按照内力计算不需要配筋时,也应在桩顶 3 ~ 5 m 内设置构造钢筋。这种桩从承载性状上分析多为摩擦桩。

(2)打入桩。打入桩是将预制好的钢筋混凝土桩通过打桩机打入地基内。预制桩一般为边长 30 ~ 40 cm 的方形断面桩,桩身混凝土强度等级不低于 C25。桩内纵向钢筋要求通长布置,且要加密桩两端的箍筋或螺旋筋的间距。从承载性状上分析,有的属摩擦桩,有的属端承桩。这种桩适用于各种土层条件,且不受地下水位的影响,桩可以标准化生产。

(3)管柱基础。管柱基础是大型桥梁深水基础的有效形式,特别是水下岩面不平、无覆盖或覆盖层较厚的地域(见图 6-39),管柱基础是一群下端插入基岩的巨型管柱,管柱的直径一般为 1 m 以上,每节长 6 ~ 10 m,法兰连接。施工时用大型振动沉锤沿导向结构振动下沉到基岩,然后在管柱内钻岩成孔,下钢筋笼,灌注混凝土后将管柱与岩层牢固连接。在多数情况下,还在承台下加做管柱间的封底水下混凝土以形成一个整体。我国南京长江大桥就采用此类桩基础。

(三)沉井基础

沉井是一种四周有壁、下部无底(沉井阶段)、上部无盖、侧壁下端部有刃脚的筒形结构物,通常用钢筋混凝土制成。它通过从井孔内挖土,借助自身重量克服井壁摩擦力下沉至设计标高,再用混凝土封底并填塞井孔,便可成为桥梁墩台的整体式深基础(见图 6-40)。

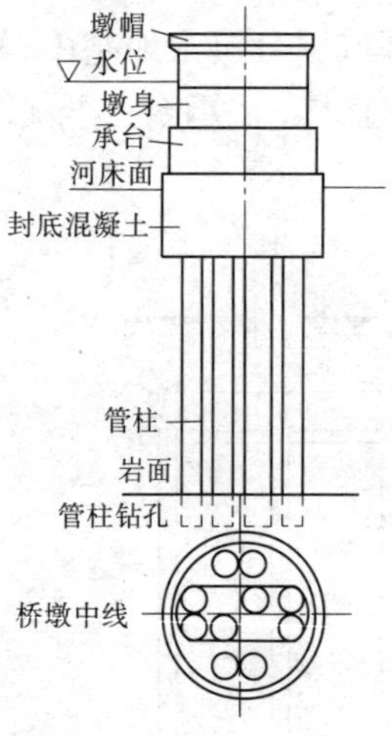

图 6-39　锚固于基岩上的管柱基础桥墩

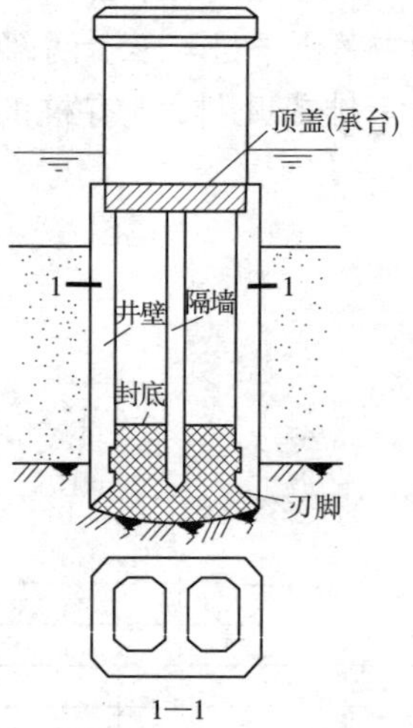

图 6-40　桥的沉井基础

沉井基础的特点是埋深大,整体性强,稳定性好,能承受较大的竖向作用和水平作用,沉井井壁既是基础的一部分,又是施工时的挡土和挡水结构,施工工艺也不复杂。因此,这种结构形式在桥梁基础中得到广泛应用。

(四)沉箱基础

沉箱形似有顶盖的沉井。在水下修筑大桥时,若用沉井基础施工有困难,则改用气压沉箱施工,并用沉箱做基础。沉箱基础是一种较好的施工方法和基础形式。它的工作原理是:当沉箱在水下就位后,将压缩空气压入沉箱室内部,排除沉箱内的水,这样施工人员就能在箱内进行挖土施工,并通过升降筒和气闸运出挖土,从而使沉箱在自重和顶面压重作用下逐步下沉至设计标高,最后用混凝土填实工作室,即成为沉箱基础(见图6-41)。由于沉箱在施工过程中都通入压缩空气,使其气压保持或接近刃脚处的静水压力,故称为气压沉箱。

沉箱和沉井一样,可以就地下沉,也可以在岸边建造,然后浮运至桥基位置穿过深水定位。当下沉处是很深的软弱层或者受冲刷的河底时,应采用浮运式。

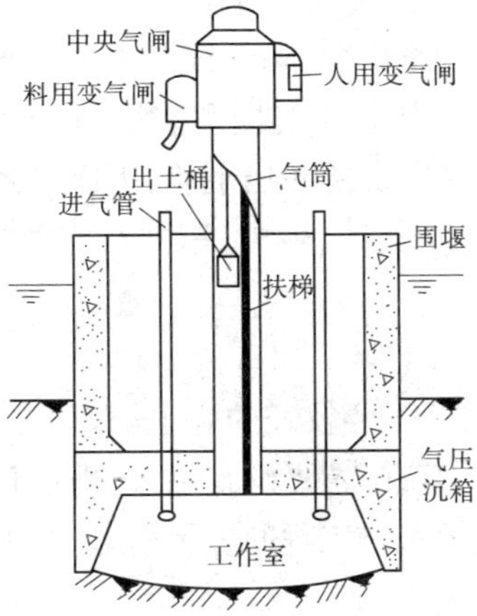

图6-41　桥的沉箱基础

第四节　交通隧道

交通隧道是修筑于地面下的通道或空间,一般可分为两大类:一类是修建在岩层中的,称为岩石隧道;另一类是修建在土层中的,称为软土隧道。修建在山体中的又称为山岭隧道,修建在水底的又称为水底隧道,修建在城市用于城市立交的又称为城市道路隧道。

隧道在山岭地区可以用于克服地形或高程障碍,改善线形,提高车速,缩短里程,减少对植被的破坏,保护生态环境,还可用于克服落石、塌方、雪崩、雪堆等危害。在城市可减少用地,构成立体交叉,解决交叉口的拥挤阻塞,疏导交通等。

隧道是地下工程,其构造由主体构造物和附属构造物两大类组成。主体构造物是为了保持岩体的稳定和行车安全而修建的人工永久建筑物,通常指洞身衬砌和洞门构造物;附属构造物是主体构造物以外的其他建筑物,是为了运营管理、维修养护、给水排水、通风、照明、通信、安全等而修建的构造物,其主要作用是确保行车安全舒适。

当前隧道的概念除指应用于铁路、公路交通及水利工程的水工隧洞外,还指用于上下水道、输电线路等大型管路的通道。另外,还将此概念扩大到地下空间的利用方面,包括诸如地下发电变电站、地下停车场、大型地下车站、地下街道等适用隧道工程技术的建筑物。

隧道技术与地质学和水文学、岩土学和土力学、应用力学和材料力学等有关学科有着密切的联系。它同时涉及测量、施工机械、爆破、照明、通风、通信等方面,并由于对金属、水泥、混凝土、灌浆化学制品等材料的有效利用,而使其与许多领域有着广泛的联系。

本节隧道的讲解主要侧重于交通运输工程的相关内容,水工隧洞方面知识留待水利工程章节中讲解。

一、交通隧道的特点

我国地域辽阔，山脉纵横，对于交通建设来说，隧道常是线路穿山越岭、克服高程障碍的一种重要手段。例如，成昆铁路全长 1 125 km，其中隧道总长就达 352 km，占全线总长的 31.3%。在山岭地区采用隧道通过，其具有以下优点：

(1)可大大减少展线、缩短线路长度，降低线路的最大坡度和减少曲线数目。这些都有利于维持线路规定的标准，可以节省行车时间和费用，并大大提高运输能力。

(2)可以减少深挖路堑，避免高架桥和挡土墙，因而可减少繁重的养护工作和费用。

(3)减少线路受自然因素，如风、沙、雨雪、塌方及冻害等影响，延长线路使用寿命，减少阻碍行车的事故。

但是，采用隧道通过也存在以下一些缺点：

(1)隧道工程艰巨，施工困难，需要较长的施工期限，常成为控制全线通车的关键工程。

(2)隧道在修建过程中及通车后，需要设有通风、排水和照明设备。

(3)地质情况的好坏常严重地影响工程的进展速度，因此隧道的施工方法必须因地制宜。

二、隧道的平面、纵断面及横断面

(一)隧道平面

从运营和施工条件来说，隧道平面最好是直线，因为曲线隧道有以下缺点：

(1)为保证交通安全通畅，曲线处的隧道净空需要加宽，因此增加了开挖和衬砌的工程量。

(2)因曲线处隧道断面与直线处断面不同，因此使坑道支撑和衬砌拱架不能标准化，增加了施工难度。

(3)增加了测量难度，使隧道测量精度下降。

(4)弯曲的隧道会使天然及人工通风的效率降低，增加了隧道的养护难度。

(5)曲线隧道内车辆空气阻力比较大，因而降低了隧道允许坡度数值。

所以，一般用来穿越山体的隧道常为直线。当隧道必须设为曲线时，应尽量采用大半径曲线，以减弱曲线的不利影响，曲线半径一般不小于 600 m。

(二)隧道纵断面

隧道纵断面形状可设置为单向坡或人字坡两种(见图 6-42)，无论是单向坡或人字坡，都可能是由多种坡度的坡段组成的。

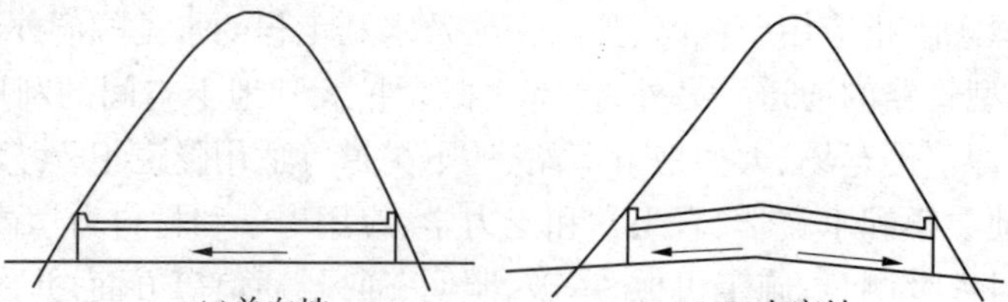

(a)单向坡　　(b)人字坡

图 6-42　隧道纵断面形状示意图

单向坡隧道的优点是两端洞口间高程差很大，由此产生的热位差增强了隧道施工时及运营时的自然通风能力。其缺点主要是从洞口向下开挖时，地下水都积集在开挖面处，施工时即使有足够的排水设备,也会使施工进度受到影响,同时向洞外出渣运输是上坡方向,也需要较大的运输能力。

人字坡隧道施工排水条件要好些,因其两端向洞口方向均为下坡,但人字坡中间高两端低,自然通风较差。其适用条件是:地下水量特大,或受地形控制两端洞口高差很小的情况。

为了便于内部排水,完全位于平道上的隧道是不允许的,洞内坡度一般不宜小于 3‰,在特殊情况下也不应小于 2‰。严寒地区地下水发达的隧道,为了防止水沟冻害,应适当加大纵坡。

(三)隧道横断面

隧道横断面应满足隧道建筑限界的要求。所谓限界,就是交通建筑物及设备不得侵入的轮廓尺寸线,也就是隧道衬砌及通信、信号、照明等洞内设备不得侵入的轮廓尺寸线。

铁路隧道建筑限界主要是根据铁路建筑接近限界制定的。根据规定:对于新建和改建的内燃机牵引的单线和双线隧道采用"隧限 -1 甲"及"隧限 -1 乙"断面,对于新建和改建的电气牵引的单线和双线隧道,采用"隧限 -2 甲"及"隧限 -2 乙"断面(见图 6-43)。图 6-43 中虚线所示为铁路建筑接近限界,是一个和线路中心线垂直的横断面。它的制定应考虑到机车车辆限界、车辆装载货物的限界以及在运行中的振动偏移。在制定铁路建筑接近限界的同时,还应考虑超限货物的运输要求,并对超限货物的尺寸加以限制。

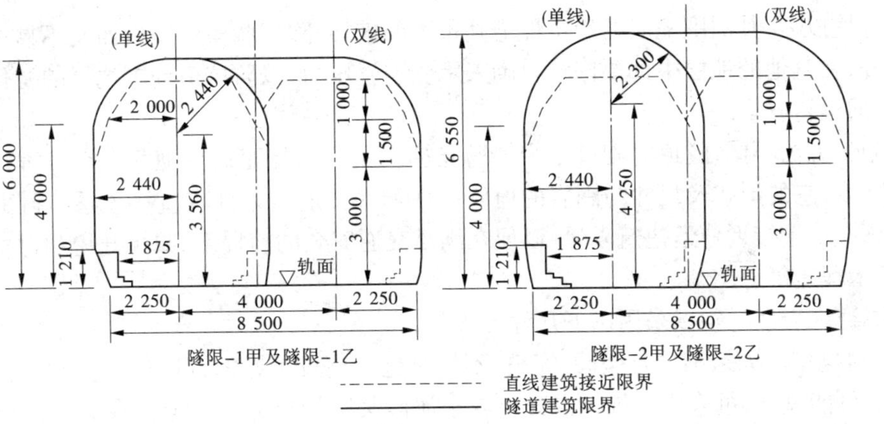

图 6-43 直线隧道限界图 (单位:mm)

为了便于行车,确保列车运行的安全,隧道建筑限界的轮廓要比铁路建筑接近限界大些,其中应保持一定净空。净空的大小应考虑洞内设备的安装、车辆运行中横向震动与摇摆、线路中线测量的误差、轨距的误差以及衬砌厚度的误差和衬砌变形等因素。

由于铁路建筑接近限界是位于直线地段的接近限界,如果隧道位于曲线上,其建筑限界应比直线地段宽,即所谓限界加宽。

当隧道位于缓和曲线上时,由于直线段不需要加宽,曲线段需要加宽,所以缓和曲线段加宽值在理论上应随半径变化而变化,这会给施工带来不便。为了便于施工,又不致使机车车辆侵入隧道建筑限界,通常规定将缓和曲线段分两段进行加宽:从圆曲线到缓和曲线中点向直线方向延长 13 m 的范围内按圆曲线计算的加宽值加宽衬砌断面,其余部分采用缓和曲线的加宽值(圆曲线加宽值之半),并向直线方向延长 22 m 加宽衬砌断面。对于无缓和曲线的曲线隧道，在直线超高地段内，全部采用圆曲线的加宽值衬砌断面，并向直线段延长 22 m，如图 6-44 所示。

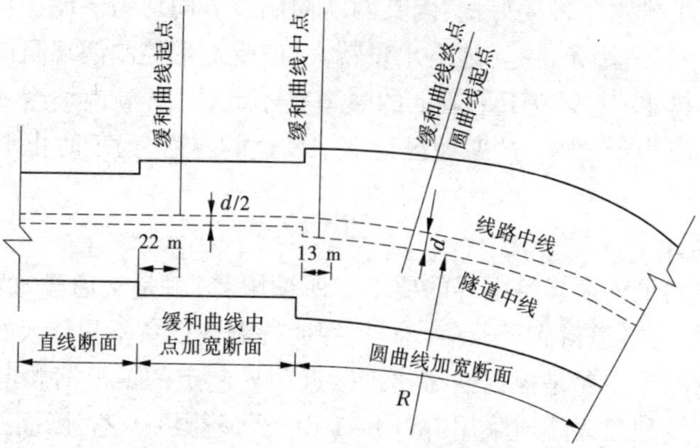

图 6-44　隧道直线和曲线断面衔接

三、隧道建筑物

隧道建筑物有隧道衬砌、洞门、洞内大小避险洞等。

（一）隧道衬砌

坑道开挖以后，其周围地层的稳定性遭到很大的破坏，除那些整体坚硬而又不易风化的稳定岩层外，在其他的地层中都要修筑衬砌来承受围岩压力，以防坑道周围地层的变化和风化，保证交通运行安全。

按照施工方法不同，隧道衬砌可分为现场浇筑式和预制装配式衬砌两大类。衬砌必须有足够的强度，它的形式及尺寸与围岩的地质条件和水文地质条件有直接关系。衬砌断面内表面轮廓应尽量接近隧道建筑限界，以便在满足交通安全的前提下，减少开挖和衬砌的工程量，降低工程造价。

交通隧道内表面衬砌多采用以下几种形式：

（1）不衬砌型。如果围岩是坚硬、完整、不易风化且比较干燥的，可以不进行衬砌；如果岩石开挖后可能风化，可采用喷细粒混凝土或水泥砂浆防护层方式。但需在洞口处修筑一段不短于 6 m 的衬砌来承受可能有的围岩压力。

（2）半衬砌型。如图 6-45（a）所示，半衬砌型适用于整体性强、岩石坚硬、拱顶可能发生岩石脱落的隧道，边墙可不进行衬砌，或进行简单的喷混凝土衬砌。

（3）圆拱直墙式衬砌。如图 6-45（b）所示，圆拱直墙式衬砌适用于隧道竖向山岩压力较大，侧向山岩压力较小的情况。

（4）曲墙式衬砌。如图 6-45（c）所示，曲墙式衬砌适用于竖向和侧向岩石（或土层）压力均较大的隧道。当衬砌没有沉陷和底鼓现象时，亦可不设仰拱，衬砌内轮廓由五心圆弧曲线组成。

（二）洞门

洞门是隧道两端与路堑相连接的建筑物，它的作用主要是支挡山体、稳定仰坡和边坡，并将由坡面流下的地表水排离隧道，防止洞口塌方，保证洞内施工安全和隧道正常使用。

根据不同的地形地质情况，结合考虑洞门结构稳定条件和经济效果，通常采用以下两种

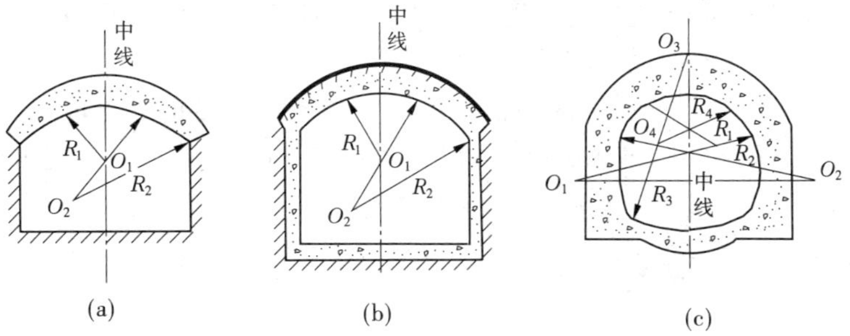

图 6-45　隧道衬砌形式

洞门形式：

（1）正洞门。当地形等高线与线路中线基本正交、横坡较平缓、路堑断面接近对称时，多采用正洞门。而正洞门又分为端墙式（见图 6-46）和翼墙式（见图 6-47）两种。端墙式洞门用于仰坡比较稳定，不会发生很大水平地层压力的情况，其洞门由正面挡土墙、洞顶排水系统及衬砌的连接部分组成；翼墙式洞门则用于仰坡不稳定而产生很大水平地层压力的情况。翼墙的作用除保证洞门处坡体的稳定外，还可减少路堑的挖方量。

（2）斜洞门。当线路与地形等高线斜交时，如果仍采用正洞门，可能出现低山一侧洞门上部露空，而高山一侧因自然坡面陡造成开挖高度较大的情况。为了避免这种情况出现，可将洞门近于平行等高线方向布置（见图 6-48）。由于斜洞门与线路中线斜交，因而洞口环节的衬砌跨度加大，受力复杂，为了简化设计起见，这类洞门只用于稳定岩层、山体压力较小的地段，并要求洞门端墙与线路交角不宜小于 45°。

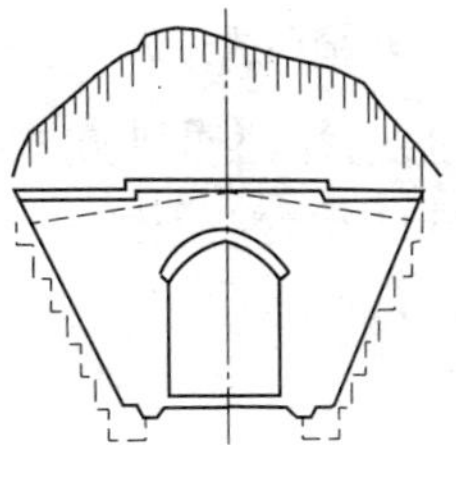

图 6-46　端墙式正洞门

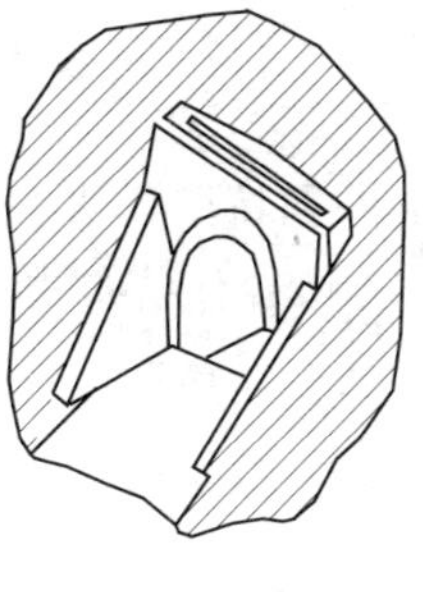

图 6-47　翼墙式正洞门

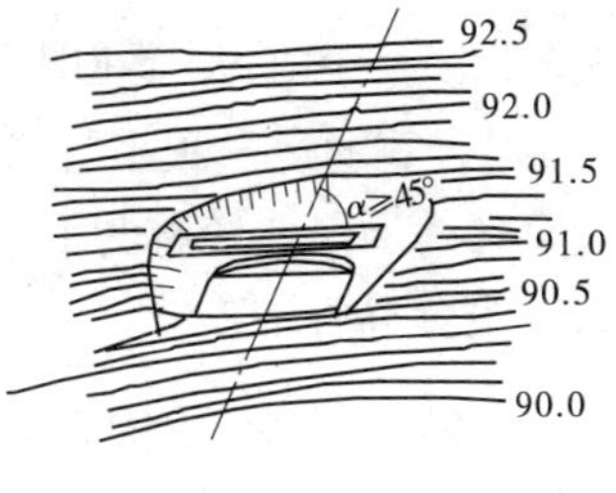

图 6-48　斜洞门

四、公路隧道的通风

汽车排出的废气含有多种有害物质，其中的一氧化碳浓度很大时，人体会产生中毒症状、危及生命，同时，烟雾会恶化视野，降低车辆安全行驶的视距，因此必须用通风的方法从洞外引进新鲜空气并排除洞内有害气体。

（一）自然通风

这种通风方式不设置专门的通风设备，是利用存在于洞口间的自然压力差或汽车行驶时活塞作用产生的交通风力以达到通风目的。

（二）机械通风

（1）射流式纵向通风。射流式纵向通风是将射流式风机设置于车道的顶部，吸入隧道内的部分空气,并以 30 m/s 左右的速度喷射吹出,用机械风产生的压力加速空气流通,如图 6-49所示。射流式纵向通风比较经济,设备费用少,但噪声较大。

(2)竖井式纵向通风。机械通风所需要的动力与隧道长度的立方成正比,因此在长隧道中,常常设置竖井进行分段通风,如图 6-50 所示。竖井用于排气,可以充分利用不同高程的气压差,效果良好。

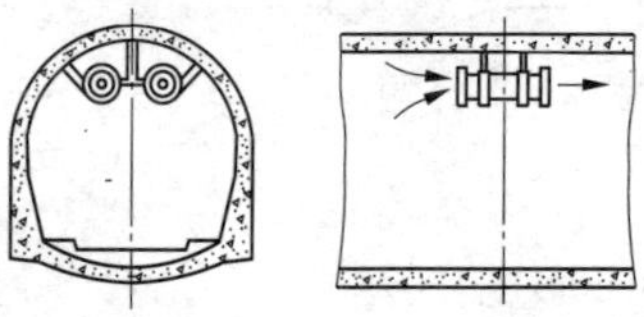

图 6-49　射流式纵向通风

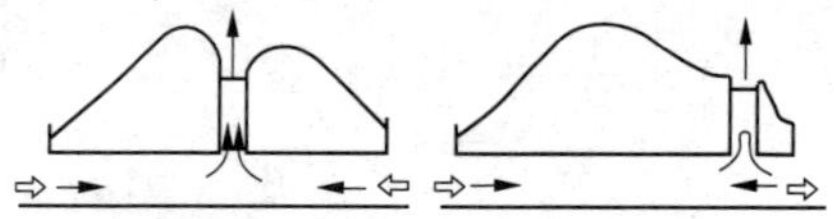

图 6-50　竖井式纵向通风

(3)横向式通风。如图 6-51 所示,该通风方式有利于防止火灾蔓延和处理烟雾,但需设置送风道和排风道,增加了建设费用和运营费用。

(4)半横向式通风。如图 6-52 所示,新鲜空气经送风道直接吹向汽车的排气孔高度附近,直接稀释汽车尾气,污染空气经过隧道两端洞门排出洞外。因半横向式通风仅设置送风道,所以较为经济。

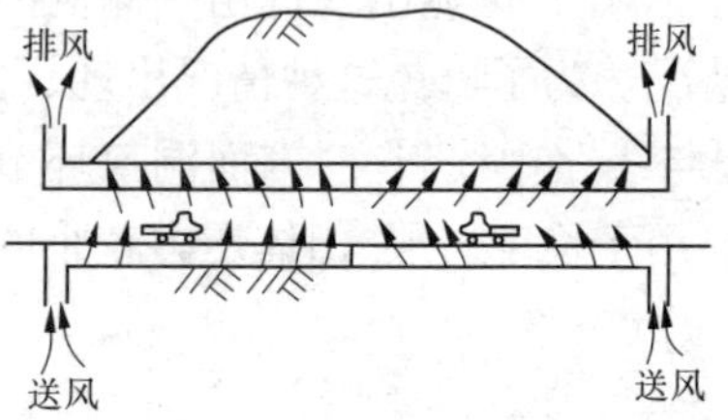

图 6-51　横向式通风

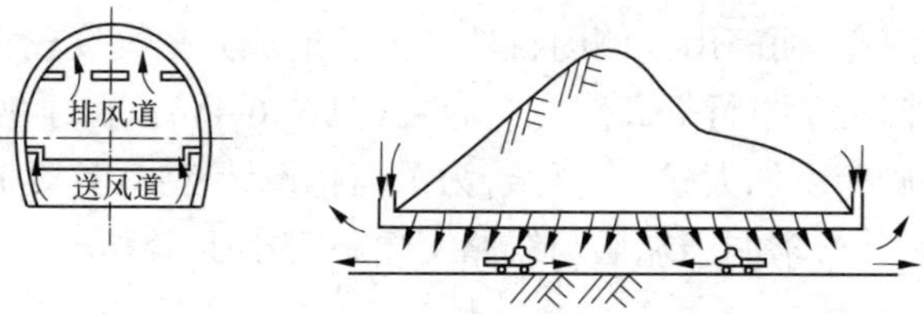

图 6-52　半横向式通风

(5)混合式通风。根据隧道的具体条件和特殊需要,由竖井与上述各种通风方式组合成为最合理的通风系统称为混合式通风。例如,有纵向式和半横向式的组合,或横向式与半横向式的组合等各种方式。

五、地铁隧道的结构形式

地铁隧道是地下工程的一种综合体,其组成包括区间隧道、地铁车站和区间设备段等设施。区间隧道是连接相邻车站之间的建筑物,它在地铁线路的长度与工程量方面均占有较大比重。区间隧道衬砌结构内应具有足够空间,以满足车辆通行和铺设轨道、供电线路、通信和信号、电缆和消防、排水及照明等装置的要求。

(一)浅埋区间隧道

浅埋区间隧道多采用明挖法施工,常用钢筋混凝土矩形框架结构,如图 6-53 所示。

(二)深埋区间隧道

深埋区间隧道多采用暗挖法施工,一般要求永久性支护结构之上覆盖层厚度不小于隧道直径。从技术和经济观点分析,暗挖法施工时,建造两个单线隧道比建造将双线放在一个大断面隧道里的做法合理,因为单线隧道断面利用率高,更便于施工。

(三)站台形式

站台是地铁车站的最主要部分,是分散上下车人流、供乘客出入的场地。世界各地车站

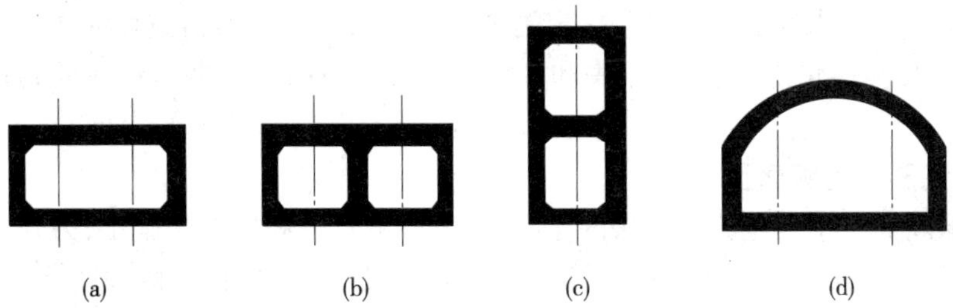

图 6-53　浅埋区间隧道结构形式

站台断面形式各异,但站台形式按其与正线之间的位置关系可分为岛式站台(见图 6-54)、侧式站台(见图 6-55)和岛侧混合式站台。

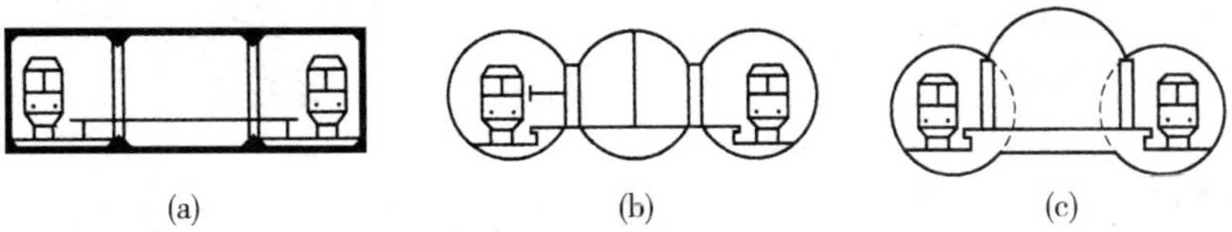

图 6-54　岛式站台剖面图

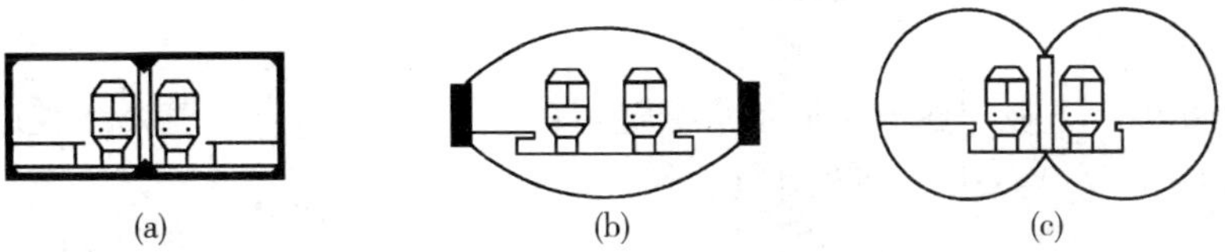

图 6-55　侧式站台剖面图

六、水底隧道

水底隧道与桥梁工程相比,具有隐蔽性好、可保证平时与战时的畅通、抗自然灾害能力强且对水面航行无任何妨碍的优点,但其造价较高。水底隧道可以作为铁路、公路、地铁、航运及行人隧道。

目前,世界上最长水底隧道为日本青函海底铁路隧道,海底长度 37.9 km,它穿越津轻海峡,将日本的本州和北海道连接起来,全长 53.85 km,采用矿山法施工技术。

(一)水底隧道的埋置深度

水底隧道埋置深度的大小关系到隧道长短、工程造价和工期的确定,尤其重要的是覆盖层厚度关系到水下施工的安全问题。一般水底隧道的埋置深度需要考虑以下几个主要因素:

(1)地质与水文地质。隧道穿越河床的地质特征、河床的冲刷和疏浚状况。

(2)施工方法。不同的隧道施工方法,对其顶部的覆盖厚度有不同的要求,如沉管法施工,只要满足船舶的抛锚要求即可。

(3)抗浮稳定的要求。埋在流砂、淤泥中的隧道,受到地下水的浮力作用。此浮力应由隧道自重和隧道上部覆盖土体的重量加以平衡。计算时,该平衡力应是浮力的 1.10 ~ 1.15 倍,检验抗浮稳定时,为偏于安全,不计摩擦力的作用。

(4)防护要求。水底隧道应具备一定的抵御常规武器和核武器破坏的能力。以在常规武器攻击非直接命中情况下,减少损失和在核武器攻击下防止早期核辐射的要求来确定覆盖层的厚度。

(二)水底隧道的断面型式

(1)圆形断面。主要是施工方法的原因,如采用沉管法和盾构法施工,另外的原因就是圆形内衬承受外力状态好。如图6-56所示为上海延安东路越江隧道断面图。

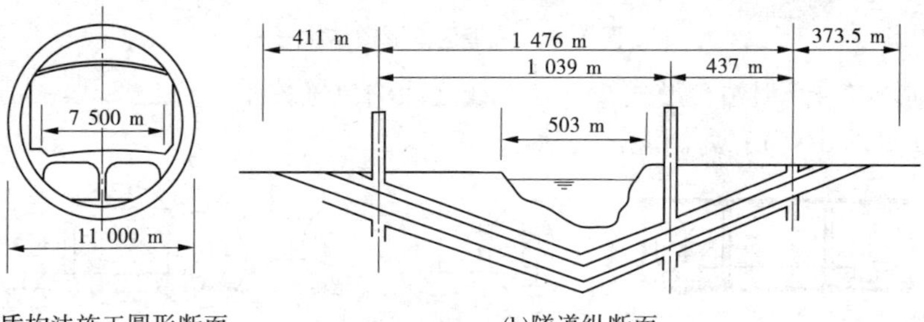

图6-56　上海延安东路越江隧道

(2)拱形断面。一般采用矿山法施工时选用。该断面型式的受力状态和断面利用率均较好。

(3)矩形断面。圣彼得堡卡诺尼尔水下隧道(见图6-57)为双车道公路隧道,具有旁侧的人行道1和通风道2,采用沉管法施工。

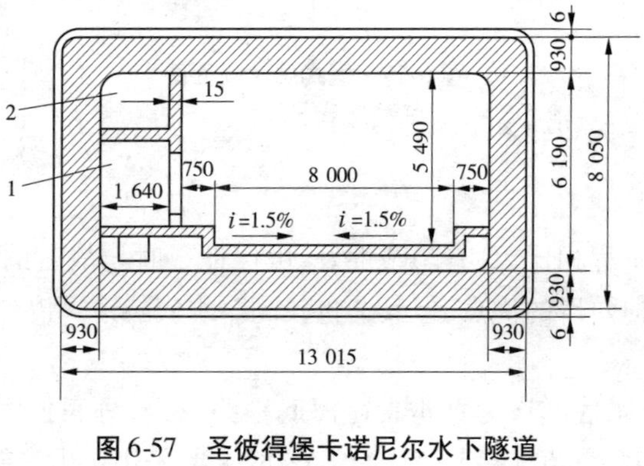

图6-57　圣彼得堡卡诺尼尔水下隧道

(三)隧道防水

水底隧道的主要部分处于河、海床下的岩土层中,常年承受着来自地下水产生的较大水压力。因此,水底隧道的防水问题显得尤其重要。一般情况下采取的防水措施有:

(1)防水混凝土。选取抗渗等级高的混凝土或抗渗能力强的特种混凝土作为隧道的衬砌。

(2)壁后回填灌浆。壁后回填灌浆是对隧道衬砌与围岩之间的空隙进行充填灌浆,以使衬砌与围岩紧密结合,减少围岩变形,使衬砌均匀受压,提高衬砌的防水能力。

(3)围岩固结灌浆。通过灌浆可以使隧道周围有节理或裂隙的岩石被胶黏材料充填及固结而变得完整和坚硬,形成一定厚度的止水带,进而消除和减少水压力对衬砌的作用。

(4)双层衬砌。因其强度高及防水、排水性能强而体现出较大的优势,当然,结构复杂、施工难度较高也是不可回避的事实。

第五节　通航工程

河道上修建闸、坝以后，拦断了河流并形成了较大的上、下游水位差，阻碍了船只的通行。因此，为了通航的需要，应修建专门的过坝建筑物，它包括船闸和升船机，其中船闸应用最广。在水利工程中，它是一类专门的水工建筑物，即专门为通航所用。当然，它也可归属于水运工程中的一种特殊建筑物。限于篇幅，本节只讲述通航工程中的船闸与升船机，对于其他类通航建筑物将不再介绍。

一、船闸

船闸是指通过闸室的水位上升或下降，分别与上游或下游水位齐平，从而使船舶克服航道上的集中水位落差，从上游（下游）水面驶向下游（上游）水面的专门建筑物。船闸利用水力使船只过坝，通航能力较大，应用较为广泛。

（一）船闸的工作原理

当船只从下游驶向上游时，其过闸程序如图 6-58 所示。①关闭上下游闸门及上游输水阀门；②开启下游输水阀门，将闸室内的水位泄放到与下游水位齐平；③开启下游闸门，船只从下游引航道驶入闸室内；④关闭下游闸门及下游输水闸门；⑤打开上游输水阀门向闸室充水，直到闸室内水位与上游水位相齐平；⑥最后将上游闸门打开，船只驶出闸室，进入上游引航道。

船只从上游驶向下游时，其过闸程序与此相反。

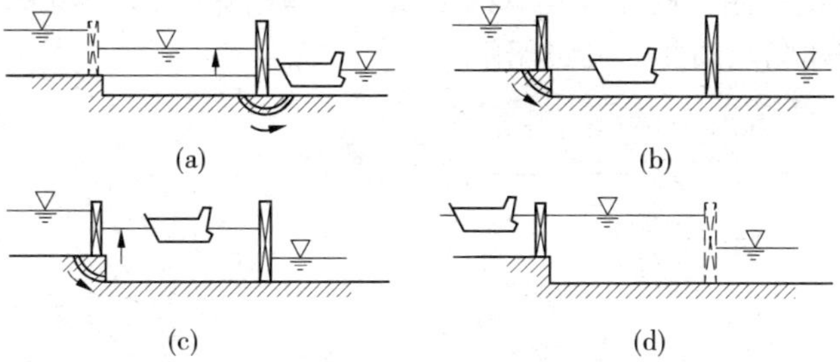

图 6-58　船闸工作原理示意

（二）船闸的组成及作用

船闸主要由闸室、上下游闸首、上下游引航道组成，如图 6-59 所示。

（1）闸室。闸室是指由上下游闸首和两侧边墙所围成的空间，通过船闸的船舶可在此暂时停泊。闸室一般由闸底板及闸墙构成，并由闸首内的闸门与上下游引航道隔开。闸底板及闸墙的建筑材料可以采用浆砌石、混凝土或钢筋混凝土。

当船闸充水或放水时，闸室水位就自动升降，船舶在闸室中随闸室水位而升降，由于水位升降较快，要求在闸室中的船舶能稳定和安全地停泊，两侧闸墙上还设有系船柱和系船环等辅助设备。

（2）上下游闸首。位于闸室的两端，是将闸室与上下游引航道隔开的挡水建筑物，一般由侧墙和底板组成。闸首内设有工作闸门（人字形闸门）、检修闸门、输水系统（输水廊道和

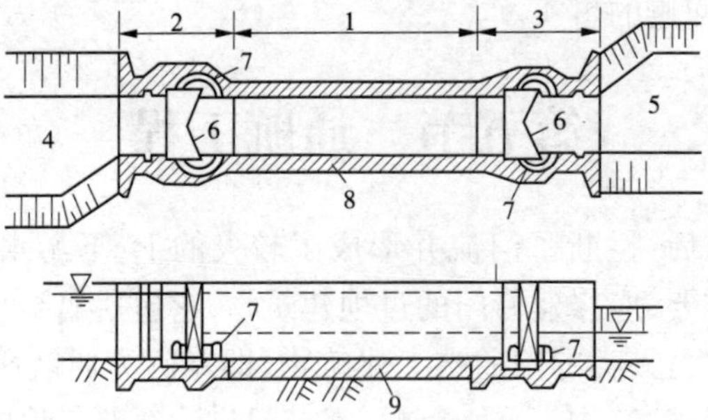

1—闸室;2—上闸首;3—下闸首;4—上游引航道;5—下游引航道;
6—闸门;7—输水短廊道;8—闸室侧墙;9—闸室底板

图6-59　船闸组成示意

输水阀门等)、阀门及启闭机械等设备。输水设备由阀门控制,向闸室灌水或由闸室向外泄水。

(3)上下游引航道。引导船只安全过闸的一段航道,与上游闸首连接的叫上游引航道,与下游闸首连接的叫下游引航道。

引航道内一般设有导航和靠船建筑物,导航建筑物与闸首相连,作用是引导船只顺利地进出闸室;靠船建筑物与导航建筑物相连接,布置在船只过闸方向的一岸,其作用是供等待过闸船只停靠使用。

(三)船闸的类型

1. 按船闸的闸室级数分类

(1)单级船闸:沿船闸的纵向只设有一级闸室的船闸,如图6-59所示。

(2)多级船闸:沿船闸纵向连续建有两级以上闸室的船闸,如图6-60所示。我国著名的三峡水利枢纽上修建的船闸即为五级船闸。

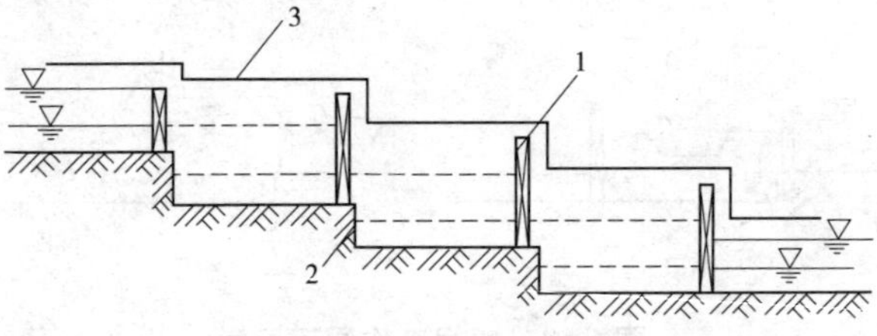

1—闸门;2—闸室底板;3—闸墙顶

图6-60　多级船闸示意

2. 按船闸的线路分类

(1)单线船闸:在一个枢纽内,只建有一条通航线路的船闸。一般情况下,大多采用这种形式。

(2)多线船闸:在一个枢纽内建有两条或两条以上通航线路的船闸。如图6-61所示为长江葛洲坝水利枢纽所采用的三线船闸布置形式。

船闸线数的确定主要取决于货运量与船闸的通过能力。当通过枢纽的货运量巨大,采用单线船闸不能满足通过能力要求,或船闸所处河段的航道对国民经济具有特殊重要意义,不允许因船闸检修而停航时才修建多线船闸。

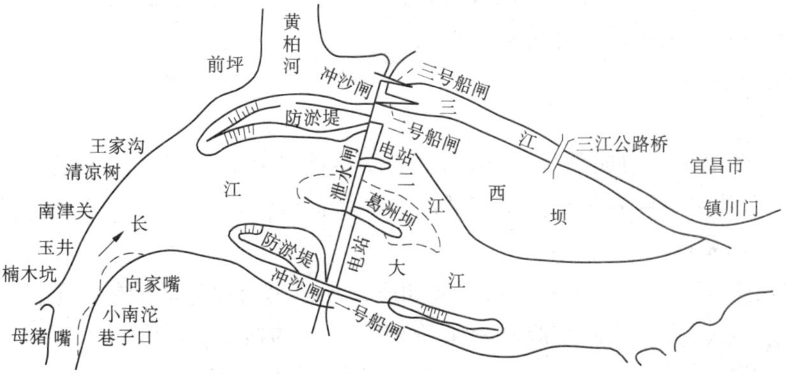

图 6-61　葛洲坝水利枢纽三线船闸布置形式

在双线船闸中，可将两个船闸的闸室并列，而在两个闸室之间采用一个公共的隔墙，如图 6-62 所示。这时可利用隔墙设置输水廊道，使两个闸室相互连通，一个闸室的泄水可以部分地用于另一个闸室的充水。因此，可以减少工程量和船闸用水量。

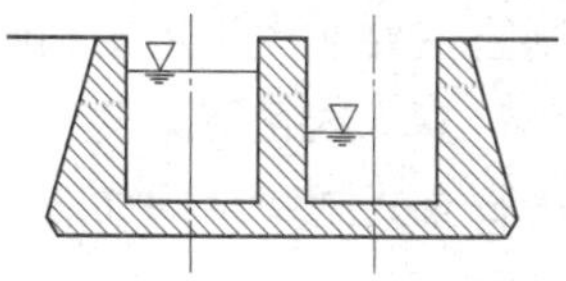

图 6-62　并列互通的双线船闸

(四)船闸的引航道

引航道的作用是：保证船舶安全、平顺地进出船闸，供等待过闸船舶安全停泊，使进出闸船舶能交错避让。在通航过程中，引航道应有足够的水深和一定的平面形状与尺寸。

引航道的平面形状与尺寸主要取决于船舶过闸繁忙程度、船队进出船闸的行驶方式以及靠船和导航建筑物的形式与位置等。引航道平面形状与布置是否合理，直接影响船舶进出闸的时间，从而影响船闸的通过能力。

单线船闸引航道的平面形状可分为对称式和非对称式两类，如图 6-63 所示。

1. 对称式引航道

对称式引航道的轴线与闸室轴线相重合，如图 6-63(a)所示。当双向过闸时，为了使进出闸船舶相交错避让，船舶进出闸都必须曲线行驶。因此，对称式引航道进出闸速度较慢，过闸时间较长，对提高船闸通过能力不利。

2. 非对称式引航道

非对称式引航道的轴线与闸室轴线不相重合，其布置方式通常有两种：

(1)如图 6-63(b)所示非对称式引航道，引航道向不同的岸侧扩宽，双向过闸时船舶沿直线进闸，曲线出闸。因为船舶从较宽的引航道驶入较窄的闸室时，驾驶较困难，让船舶直线进闸就能提高船舶进闸速度，从而提高船闸的通过能力。这种形式的引航道适用于岸上牵引过闸及有强大制动设备的船闸，否则，为防止船舶碰撞闸门，必须限制船舶进闸速度。

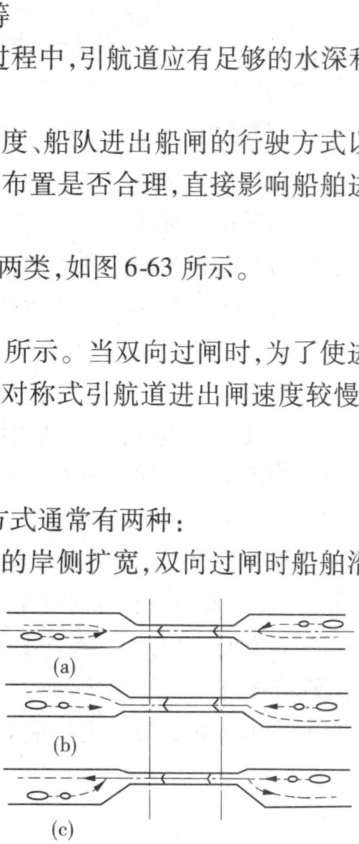

图 6-63　引航道平面形状

(2)如图 6-63(c)所示非对称式引航道，引航道向同一岸侧扩宽，主要货流方向的船舶进出闸都走直线，而次要货流方向的船舶进出闸可走曲线。这种形式的引航道适用于岸上牵引过闸,货流方向有很大差别,以及有大量木排过闸的情况,对于受地形或枢纽布置限制的情况,也可采用这种布置形式。

(五)船闸的结构

1. 闸室结构

闸室是船闸的重要组成部分,它由两侧的闸室墙和闸底组成。闸室的结构形式与各地的自然、经济和技术条件有关。按闸室的断面形状,可将闸室分为斜坡式和直立式两大类。

1)斜坡式闸室结构

斜坡式闸室结构是将河流的天然岸坡和底部加以砌石保护而成的。为防止浅水时船只搁浅在两岸边坡上,在两侧岸坡脚处一般都建有垂直的栈桥,如图6-64所示。斜坡式闸室结构简单,施工容易,造价较低。但是,灌水体积大,灌水时间长,过闸耗水量大,由于闸室内水位经常变化,两侧岸坡在动水压力作用下容易坍塌,故需修筑坚固的护坡工程。这种形式的闸室主要适用于水头和闸室平面尺寸较小,河流水量较为充沛的小型船闸。

2)直立式闸室结构

直立式闸室结构如图6-65所示。一般适用于大中型船闸中,根据地基的性质,这种结构又分为非岩基上的闸室和岩基上的闸室结构两大类。

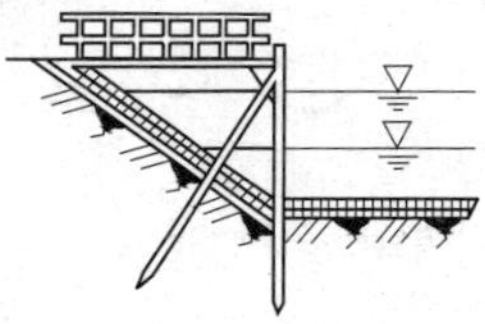

图6-64 斜坡式闸室结构示意

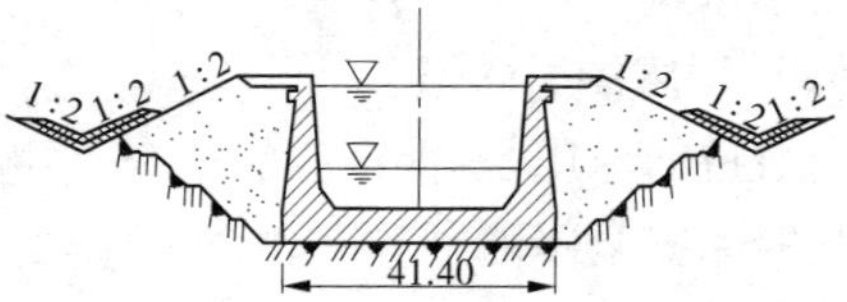

图6-65 直立式闸室结构示意 (单位:m)

2. 闸首结构

和闸室结构形式一样,闸首结构形式主要取决于地基条件。对于非岩石地基,一般采用两侧边墩与底板为一体的整体式结构,以使闸首有足够的刚度,从而保证闸门的正常工作,同时也满足闸首整体稳定及地基承载力要求。非岩石地基上的闸首边墩,常用重力式及空箱式。对于岩石地基,一般可采用重力式结构。

3. 导航及靠船建筑物结构

导航及靠船建筑物,其结构形式与地基土壤性质、水位变幅及地形条件有关。常用的形式可分为固定式与浮式两种。

1)固定式

这种建筑物的形式多采用重力式或墩式。重力式结构一般用于地基不能打桩或水深不大等情况,多采用砌石或混凝土建造,如图6-66所示。这种结构可以就地取材、节省材料、施工管理方便,但对地基条件要求较高。

在我国许多大中型船闸中,常将靠船建筑物做成一个单独的墩台,即所谓靠船墩,如图6-67所示。靠船墩与实体重力式靠船建筑物相比,其工程量较少,投资较省,因此应用较为广泛。

2)浮式

这种导航及靠船建筑物主要用于水深及水位变幅均较大的情况,如船闸的上游引航道内。一般可以做成钢筋混凝土、钢丝网水泥或金属的浮码头形式,将它们限制在专设的墩柱之间漂浮,并将其所受的荷重传给墩柱。

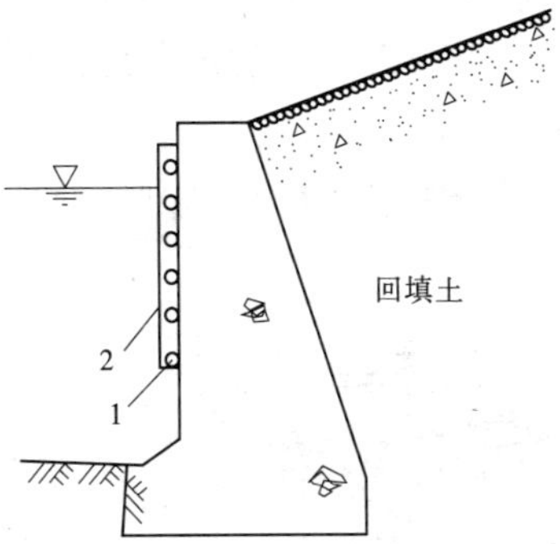

1—水平护木;2—垂直护木

图 6-66　重力式导航及靠船建筑物

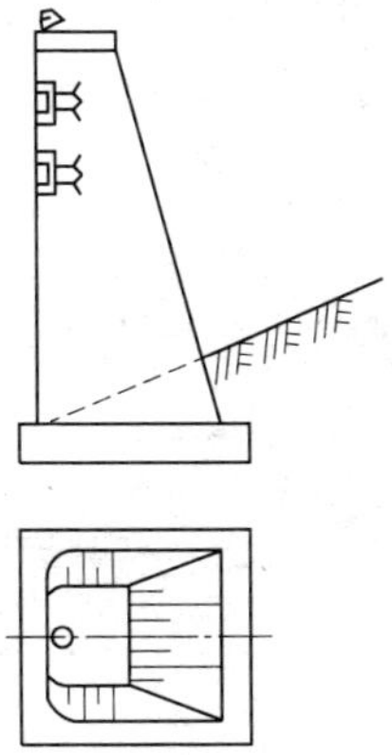

图 6-67　墩式靠船墩示意

4. 输水系统的形式

船闸的输水系统是供闸室灌水和泄水的一种专门设备,其主要作用是调节闸室水位,使其分别与相应的上、下游水位齐平,协助船舶克服集中水位落差,以递送船舶从一个水面驶向另一个水面。

船闸输水系统的形式较多,概括起来可归纳为两大类,即集中输水系统和分散输水系统。

(1)集中输水系统:也称头部输水系统,是将输水系统的设备集中布置在闸首范围内,灌水时,水经上闸首由闸室的上游端集中流入闸室;泄水时,水从闸室的下游端经下闸首泄入引航道。

(2)分散输水系统:也称长廊道输水系统,是将输水系统的设备分散布置在闸首及闸室内,通过纵向输水廊道上的出水孔灌泄水。

二、升船机

(一)升船机的组成及作用

升船机一般由承船厢、垂直支架或斜坡道、闸首、机械传动机构、事故装置、电气控制系统等几部分组成。

(1)承船厢:用于装载船舶,其上、下游端部均设有厢门,以使船舶进出承船厢体。

(2)垂直支架或斜坡道:垂直支架一般用于垂直升船机的支承,并起导向作用,而斜坡道则用于斜面升船机的运行轨道。

(3)闸首:用于衔接承船厢与上、下游引航道,闸首内一般设有工作闸门和拉紧(将承船厢与闸首锁紧)、密封等装置。

(4)机械传动机构:用于驱动承船厢升降和启闭承船厢的厢门。

(5)事故装置:当发生事故时,用于制动并固定承船厢。

(6)电气控制系统:主要是用于操纵升船机的运行。

(二)升船机的工作原理

当船舶由大坝的下游驶向上游时,船舶通过升船机的主要工作程序为:①先将承船厢停靠在厢内水位同下游水位齐平的位置上;②操纵承船厢与闸首之间的拉紧、密封装置,并充灌缝隙水;③打开下闸首的工作闸门和承船厢的下游厢门,并使船舶驶入承船厢内;④关闭下闸首的工作闸门和承船厢的上游厢门;⑤将缝隙水泄除,松开拉紧和密封装置,提升承船厢使厢内水位相齐平;⑥开启上闸首的工作闸门和承船厢的上游厢门,船舶即可由厢体驶入上游。

当船舶由大坝上游向下游驶入时,按上述程序进行反向操纵,如图 6-68 所示。

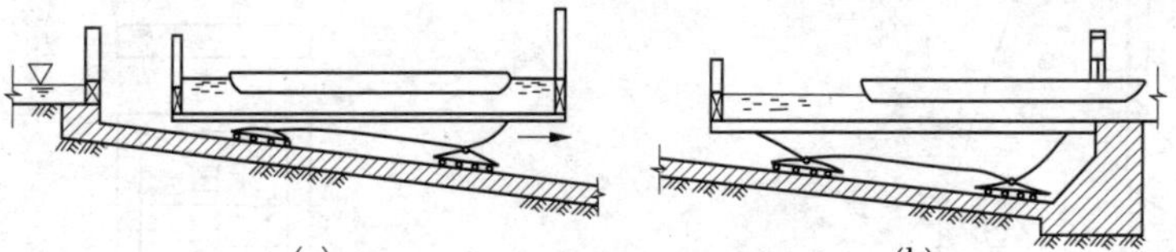

图 6-68　斜面升船机示意图

(三)升船机的类型

按照承船厢的工作条件,可将升船机分为干式和湿式两类。干式也称干运,是指将船舶置于无水的承船厢内的承台上运送;湿式又称湿运,是指船只浮于有水的承船厢内运送。由于干运时船舶易于碰损,故目前已较为少用。

按承船厢的运行线路,一般将升船机分为垂直升船机和斜面升船机两大类。垂直升船机是利用水力或机械力沿铅直方向升降,使船只过坝;而斜面升船机,船只过坝时的升降方向(运行线路)则是沿斜面进行的。下面仅对这两类升船机的特点予以简介。

1. 垂直升船机

垂直升船机按其升降设备特点,可以分为提升式、平衡重式和浮筒式等类型。

1)提升式垂直升船机

提升式垂直升船机类似于桥式升降机,船只驶进船厢后,由起重机进行提升,经过平移,然后下降过坝。提升式升船机的主要特点是动力较大,一般只用于提升中小船只。如我国丹江口水利枢纽中就应用了这种垂直升船机,如图 6-69 所示,其最大提升高度为 83.5 m,最大提升力为 4 500 kN,提升速度为 11.2 m/min,承船厢可湿运 150 t 级驳船或干运 300 t 级驳船。

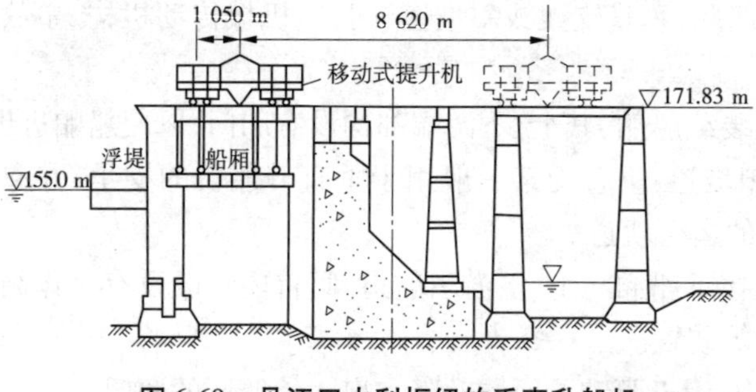

图 6-69　丹江口水利枢纽的垂直升船机

2)平衡重式垂直升船机

平衡重式垂直升船机是利用平衡重来平衡承船厢的重量,如图 6-70 所示。提升动力仅用来克服不平衡重及运动系统的阻力和惯性力,运动原理与电梯相似。其主要优点是:可节省动力，过坝历时短，通航能力大，耗费电量小，运行安全可靠，进出口条件较好。但是，这种形式的升船机工程技术较复杂，耗用钢材也较多。

3）浮筒式垂直升船机

浮筒式垂直升船机的特点是将金属浮筒浸在充满水的竖井中，如图 6-71 所示，利用浮筒的浮力来平衡船厢的总重量，提升动力仅用来克服运动系统的阻力和惯性力。这种升船机的支承平衡系统简单，工作可靠。但是，因受到浮筒所需竖井深度的限制，其提升高度不宜太大，并且一部分设备长期处于竖井的水下，检修较为困难。

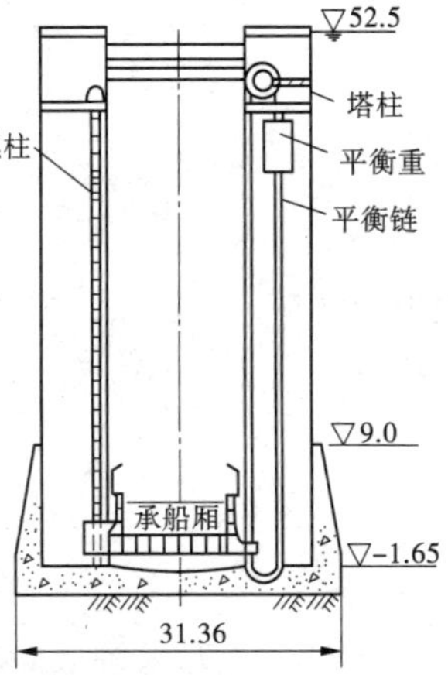

图 6-70　平衡重式垂直升船机　（单位：m）

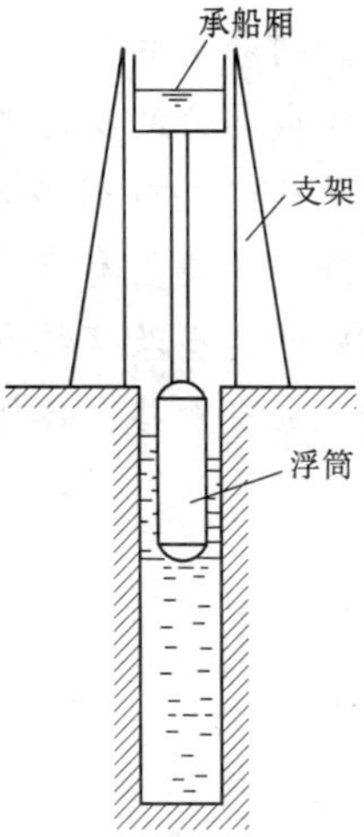

图 6-71　浮筒式垂直升船机

2. 斜面升船机

斜面升船机是在斜坡上铺设升降轨道，将船舶置于特制的承船车中干运或在承船中湿运过坝，如图 6-68 所示。这种升船机按照运行方式不同，可分为牵引式、自行式（或称自爬式）；按照运送方向与船只行驶方向的关系，又可分为纵向行驶和横向行驶两种。其中，牵引式纵向行驶的升船机应用最为广泛。

斜面升船机一般由承船厢、斜坡轨道和卷扬设备等部分组成。为了减小牵引动力，斜面升船机多设置平衡重块。在我国丹江口水利枢纽中，由于落差大，若采用单一的垂直升船机、斜面升船机或船闸方案，工程量都较大，同时考虑到近期货运量较小，经过比较，选用了垂直升船机与斜面升船机相结合的方式，船厢干湿两用，曾经干运过 300 t 的驳船和湿运过 150 t 的驳船。

复习思考题

1. 何为道路？道路与公路的关系是什么？
2. 道路的构造或组成有哪些？
3. 道路的平面线形有哪几种类型？
4. 道路纵坡控制有哪几个重要参数？
5. 什么是道路的建筑限界？

6. 路基的横断面有哪几种类型？
7. 路面应满足哪些要求？路面的结构形式是怎样的？
8. 铁路等级是如何划分的？主要技术指标是什么？
9. 铁路平面曲线有哪些？各有什么规定？
10. 铁路的限制坡度设定的大与小会有哪些影响？
11. 隧道纵断面形状常见的有哪两种？各自的特点是什么？
12. 隧道衬砌的作用是什么？类型有哪几种？
13. 隧道通风的方式有哪几种？
14. 桥梁是如何分类的？
15. 桥面各组成部分的功能是什么？
16. 桥跨的结构形式有哪些类型？
17. 桥墩及桥台的类型有哪些？
18. 桥梁基础的类型及其特点有哪些？
19. 船闸的组成有哪些？各组成部分的功能及构造是什么？

第七章　水利工程

【学习指导】

本章着重介绍了各类水工建筑物的含义、组成、作用与特点。要求掌握各类水工建筑物的基本形式及其结构特点，了解水利枢纽的组成和建筑物等级划分，了解各种输水建筑物和挡、泄水建筑物的选址及对地基的要求等，了解河道整治和治河建筑物的有关知识，了解拱坝的主要特性参数。

第一节　概　述

一、水资源及其开发利用

水是人类生存和社会发展不可缺少的宝贵资源。地球上水资源总量的90%以上为海洋水，其余为内陆水。内陆水中河流及其径流对人类和人类活动起着特别重要的作用。据统计，全球年径流总量为47×10^4亿m^3，人均占有值为9 000 m^3，我国多年平均年径流总量为$2.711\ 5\times10^4$亿m^3，居世界第六位。全国河流的水能理论蕴藏量总计出力为6.76亿kW，居世界第一位，其中便于开发的为3.78亿kW，年发电量可达1.9×10^4亿kW·h。

由于我国人口众多，人均水资源占有量仅相当于世界人均占有水量的1/4，由此看出，我国是一个贫水的国家。

我国幅员辽阔，水资源在地区上和时间上的分布很不均匀。枯水季节或枯水年雨量小，往往不能满足用水要求，而丰水季节或丰水年雨量又很大，可能泛滥成灾。在地域上总体分布是南方水多，北方水少。

为了控制和利用天然水资源，达到兴利除害的目的，就必须采取各种措施，包括工程措施和非工程措施。其中所采取的工程措施即通常所称的水利工程，按其目的和作用来分有以下几项：

(1)河道整治与防洪工程。通过整治建筑物和其他措施，防止河道冲蚀、改道和淤积，使河流能满足防洪、航运、工农业用水等方面的要求。

(2)农田灌溉与排水工程。通过建闸修渠，形成良好的灌排系统，使农田旱可灌、涝可排，实现农田水利化。

(3)水力发电工程。利用河流及潮汐的能量发电。

(4)城镇供水与排水工程。居民区和工矿企业的给水和废污水的排除。

(5)航运与港口工程。利用河道、湖泊和海洋行船和漂木。

水利工程具有以下特点：

(1)水工建筑物受水的影响，工作条件复杂。

(2)施工难度大。

(3)各地的水文、气象、地形、地质等自然条件各有差异，水文、气象状况存在或然性，因此大型水利工程的设计总是各有特点，难以统一。

(4)大型水利工程投资大、工期长，对社会、经济和环境有很大影响，可以产生显著的经济效益，但若处理不当，造成失误或失事，又会造成巨大损害。

二、水库及其特征参数

水库是一种蓄水工程，是在河流或谷地的适当地点修建拦河坝截断河流以形成一定的蓄水容积。水库形成后，在汛期可以拦蓄洪水，削减洪峰，减除下游洪水灾害。水库中的蓄水可以用来满足灌溉、发电、航运、城市供水和养鱼的需要。因此，修建水库是解决来水和用水在时间上的矛盾，并能综合利用水资源的有效措施。

(一)水库的组成

水库通常包括以下三种建筑物：

(1)挡水建筑物。一般为拦河坝，用以拦截河水、壅高水位、形成水库，是组成水库的最基本的建筑物。

(2)泄水建筑物。用以宣泄水库中的多余水量，以保证大坝安全。其形式有溢洪道、泄洪隧洞等。

(3)取水和输水建筑物。用以从水库中取水并将水输送到用水地点。一般为深式取水口和输水隧洞、渠道、管道等。

(二)水库形成后对周围环境的影响

水库改变了河道的径流，水库下游河道的流量产生了变化。在枯水期，如果电站和灌溉用水，则下游流量增加，对航运、河道水质改善、维持生态平衡等方面均有利。若不放水，将使河道干涸，两岸地下水位降低，生态平衡受到影响。另外，下泄的水流易冲刷河床，将影响下游桥梁、护岸等工程的安全。

水库形成后，使库区内造成淹没，村镇、居民、工厂及交通等设施需要迁移重建；水库水位的变化可能引起岸坡大范围滑坡，影响拦河大坝的安全；在地震多发区，有可能诱发地震；水库水质、水温的变化会使库区附近的生态平衡发生变化。

另外，一些水库上游河道的入库处，容易发生淤积，使河水下泄不畅，水库上游河道容易发生泛滥。

因此，在进行水利规划和水库设计时，应认真研究和解决这些问题，充分利用有利条件，避免或减轻不利影响。

(三)水库的特征水位及库容

反映水库工作状况的水位称为特征水位，这些水位决定着水工建筑物的尺寸，如坝高、溢洪道宽度等。特征水位相应的库容称为特征库容(见图7-1)。为了保证水库正常运行，在设计水库库容时，必须根据河流的水文情况(即来水量)和国民经济各需水部门之间的平衡关系，确定出各种特征水位及库容。

1. 死水位和死库容

在正常运行情况下，允许水库消落的最低水位称为死水位，该水位以下的库容为死库容。死库容的蓄水量一般情况下是不动用的。

2. 正常蓄水位和兴利库容

在正常运行情况下，为满足设计的兴利要求，水库在供水期开始时应蓄到的水位称为正

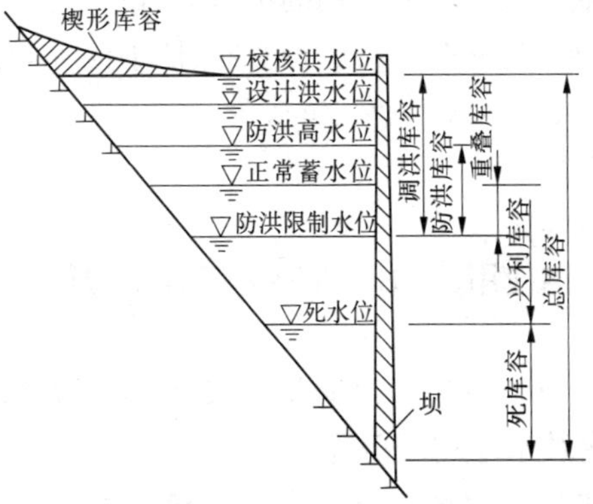

图 7-1　水库特征水位及库容示意

常蓄水位。正常蓄水位与死水位之间的库容称为兴利库容。若水库采用自由式溢洪的无闸门溢洪道,溢洪道的堰顶高程就是正常蓄水位。若水库溢洪道上装有闸门,水库的正常蓄水位一般就是闸门关闭时的门顶理论高程,当然,在确定实际的门顶高程时还要考虑波浪高度及安全加高。

3. 设计洪水位和拦洪库容

当遇到大坝设计洪水时,水库经调洪后在坝前达到的最高水位,称为设计洪水位。一般情况下,设计洪水位与正常蓄水位之间的库容称为拦洪库容。

4. 校核洪水位和调洪库容

当遇到大坝校核洪水时,水库经调洪后在坝前达到的最高水位,称为校核洪水位。一般情况下,校核洪水位与正常蓄水位之间的库容称为调洪库容。

校核洪水位以下的库容称为总库容,死水位至校核洪水位之间的库容,称为有效库容。

在设计洪水位或校核洪水位以上,考虑风浪高和相应的安全超高,即可确定大坝的坝顶高程,作为大坝设计的依据。

三、水工建筑物与水利枢纽

(一)水工建筑物及其分类

在水利工程中所修建的建筑物称为水利工程建筑物,简称水工建筑物。

1. 按照建筑物的用途分类

1)一般水工建筑物

(1)挡水建筑物:用以拦截河水,壅高水位或形成水库,如各种闸、坝和堤防等。

(2)泄水建筑物:用以从水库或渠道中泄出多余水量,以保证工程安全,如各种溢洪道、泄洪隧洞和泄水闸等。

(3)输水建筑物:从水源向用水地点输送水流的建筑物,如输水隧洞、渠道、管道等。

(4)取水建筑物:是输水建筑物的首部,如各种进水闸、取水口等。

(5)河道整治建筑物:为改善河道水流状态,防止水流对河床产生破坏作用所修建的建筑物,如护岸工程、导流堤、丁坝、顺坝等。

2)专门水工建筑物

(1)水力发电建筑物:如水电站厂房、压力前池、调压井等。

(2)水运建筑物:如船闸、升船机、过木道等。

(3)农田水利建筑物:如专为农田灌溉用的沉沙池、量水设备、渠系及渠系建筑物等。

(4)给水、排水建筑物:如专门的进水闸、抽水站、滤水池等。

(5)渔业建筑物:如鱼道、升鱼机、鱼闸、鱼池等。

2.按照建筑物使用时间分类

1)永久性建筑物

这种建筑物在运用期长期使用,根据其在整体工程中的重要性又分为主要建筑物和次要建筑物。

(1)主要建筑物:指该建筑物在失事以后将造成下游灾害或严重影响工程效益,如闸、坝、泄水建筑物、输水建筑物及水电站厂房等。

(2)次要建筑物:指失事后不致造成下游灾害和对工程效益影响不大且易于修复的建筑物,如挡土墙、导流墙、工作桥及护岸等。

2)临时建筑物

这种建筑物仅在工程施工期间使用,如围堰、导流建筑物等。

(二)水利枢纽

水利工程往往是由几种不同类型的水工建筑物集合在一起,构成一个完整的综合体,用来控制和支配水流,这些建筑物的综合体称为水利枢纽。图 7-2 为当今世界最大的水利枢纽——三峡水利枢纽布置示意图。

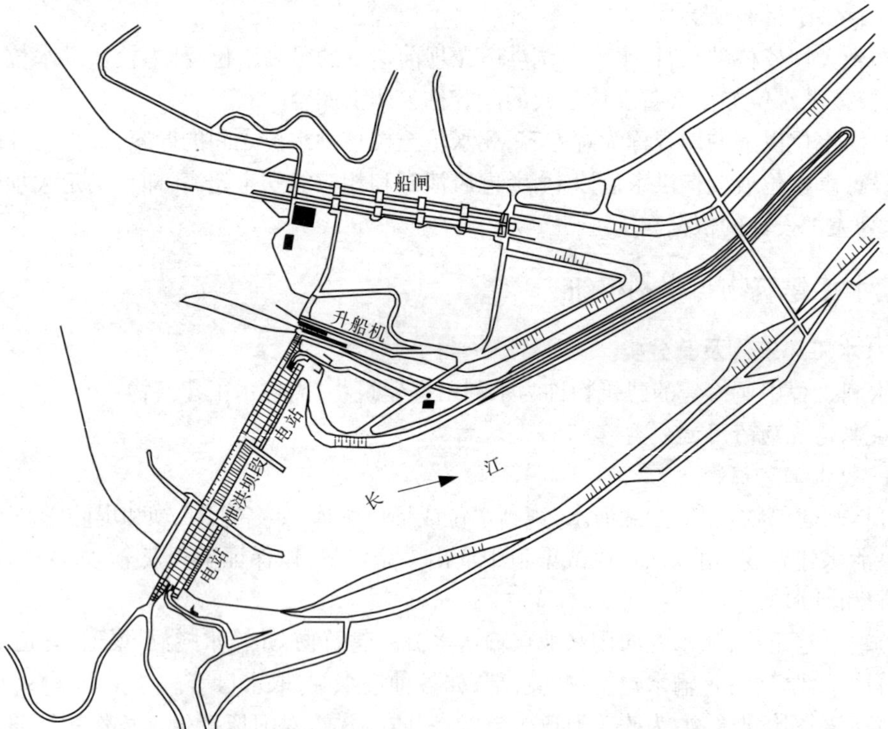

图 7-2　三峡水利枢纽布置示意图

三峡水利枢纽的主要建筑物由大坝、水电站和通航建筑物三大部分组成。其大坝为重力坝,最大坝高 181 m。水电站采用坝后式,分设左(14 台发电机组)、右(16 台发电机组)

两组厂房。通航建筑物包括船闸和升船机，船闸为双线五级连续梯级船闸，升船机为单线一级垂直提升式。

水利枢纽一般具有多种作用，发挥多种效益，但有主次之分。根据枢纽的主要作用不同，水利枢纽分为水力发电枢纽、水运枢纽、引水枢纽、蓄水枢纽等。

（三）水利枢纽的分等和水工建筑物的分级

为了将工程安全和工程造价合理地统一起来，首先应对水利枢纽按规模、效益及其在国民经济中的重要性进行分等，然后再将枢纽中的不同建筑物按其作用和重要性进行分级。分等和分级的目的在于对不同级别的建筑物提出不同的要求，级别高的，对抗御洪水能力、强度和稳定性的安全系数等要求高；级别低的，则可适当降低要求。这种做法是体现经济政策和技术标准统一的一个重要方面。

按照《水利水电工程等级划分及洪水标准》（SL 252—2000），共分为五等，见表 7-1。

表 7-1　水利水电工程分等指标

工程等别	工程规模	分等指标						
		水库总库容（亿 m^3）	防洪		治涝	灌溉	供水	发电
			保护城镇及企业的重要性	保护农田面积（万亩）	治涝面积（万亩）	灌溉面积（万亩）	供水对象的重要性	装机容量（万 kW）
Ⅰ	大(1)型	≥10	特别重要	≥500	≥200	≥150～50	特别重要	≥120
Ⅱ	大(2)型	1.0～10	重要	100～500	60～200	5～50	重要	30～120
Ⅲ	中型	0.1～1.0	中等	30～100	15～60	0.5～5	中等	5～30
Ⅳ	小(1)型	0.01～0.1	一般	5～30	3～15	<0.5	一般	1～5
Ⅴ	小(2)型	0.001～0.01		<5	<3			<1

注：1 亩 = 1/15 hm^2。

枢纽中的水工建筑物，根据其所属等级及其在工程中的作用和重要性分为五级，如表 7-2所示为永久性水工建筑物级别划分指标。

表 7-2　永久性水工建筑物级别划分指标

工程等别	主要建筑物	次要建筑物
Ⅰ	1	3
Ⅱ	2	3
Ⅲ	3	4
Ⅳ	4	5
Ⅴ	5	5

确定枢纽的等别及建筑物级别的主要依据是表 7-1 和表 7-2，但在某些情况下，经过论证，还可适当提高或降低相应标准。

第二节　挡水及泄水建筑物

本节所介绍的挡水建筑物有混凝土重力坝、土石坝、拱坝，泄水建筑物有水闸、河岸式溢洪道等。

一、混凝土重力坝

重力坝是一种依靠自重维持稳定的坝体，一般用混凝土或浆砌石筑成。由于混凝土可以有较高的强度和较小的透水性，因此混凝土重力坝在水利工程建设中占有较大的比重。

混凝土重力坝的坝轴线一般为直线，垂直坝轴线方向设有伸缩缝将坝体分为若干个独立的坝段，以免因温度变化和地基的不均匀沉陷引起坝体裂缝，缝内设有防止漏水的止水设备(见图7-3)。坝的横剖面基本上呈三角形，并有铅直或接近铅直的上游坝面。混凝土重力坝结构简单、施工方便，抵抗超标准洪水、冻害或战争等意外事故的能力较强。世界上最高的混凝土重力坝是瑞士1962年建成的大狄克逊坝，坝高248 m。

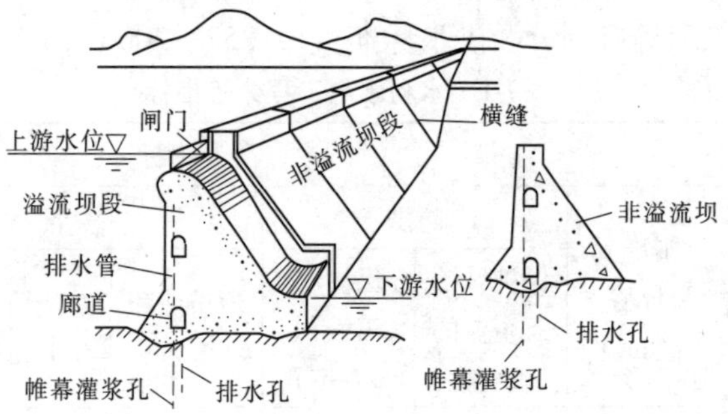

图7-3 混凝土重力坝示意图

(一)混凝土重力坝的特点

混凝土重力坝的工作原理是主要依靠自身重量维持坝体稳定和满足强度要求，因此坝的断面较大，与其他坝形比较，有以下主要特点：

(1)结构简单，体积大，安全可靠，有利于机械化施工。由于断面尺寸大，材料强度高，耐久性能好，抵抗洪水漫顶、渗漏、地震及战争破坏能力比较强，安全性较高，因此重力坝的失事率是较低的。

(2)泄洪和施工导流比较容易解决。混凝土重力坝的断面大，所用材料的抗冲能力强，适于在坝顶溢流和在坝身设置泄水孔。在施工期间可以利用坝体导流。一般不需要在坝体以外另设溢洪道、泄洪隧洞或导流隧洞等工程。在意外情况下，即使从非溢流坝顶溢过少量洪水，一般也不会导致坝的失事，而不像土石坝那样一旦洪水漫顶很快就会溃坝成灾，这是重力坝的一个最大优点。在坝址河谷狭窄而洪水泄量大的情况下，重力坝可较好地适应这种自然条件。

(3)对地形、地质条件的适应性较好。地形条件对重力坝影响不大，几乎任何形状的河谷断面均可建造重力坝。因为重力坝在沿坝轴线方向被横缝分割成若干独立的坝段，能较好地适应岩石物理情况的变化，一般强度的岩基均可满足要求。重力坝的这一特点，是高坝选型中的一个优越条件。

(4)材料强度一般不能充分发挥。重力坝的断面是根据抗滑稳定和无拉应力条件确定的，坝体内的压应力通常不大。对于中低重力坝，即使低强度等级混凝土，其材料强度也未能充分利用，这是重力坝的一个主要缺点。

(5)水泥用量多，需要温控散热措施。由于混凝土重力坝的体积大、水泥用量多、水化热大、散热条件差，一般均需温控散热措施。许多工程因温度控制不当而出现裂缝，有的甚至形成危害性裂缝。为避免裂缝影响坝的耐久性、抗渗性、内应力和外观,应采用适当的施工方法。选用低热微膨胀水泥,减少水泥用量等措施,使温度变化和温差造成的混凝土裂缝减轻到允许的程度是非常重要的。近年来出现的碾压混凝土重力坝,可减少水泥用量,降低水化热温度,简化温控措施。

(二)混凝土重力坝的类型

(1)按坝的高度可分为高坝、中坝、低坝三类。坝高大于 70 m 的为高坝,坝高为 30 ~ 70 m 的为中坝,坝高小于 30 m 的为低坝。坝高是指坝基最低点至坝顶路面的高度。

(2)按泄水条件可分为溢流坝和非溢流坝。坝体内设有泄水底孔的坝段和溢流坝段可统称为泄水坝。非溢流坝段也叫挡水坝段。

(3)按坝的结构形式可分为实体重力坝(见图 7-4(a))、宽缝重力坝(见图 7-4(b))、空腹重力坝(见图 7-4(c))和宽缝填渣重力坝等。

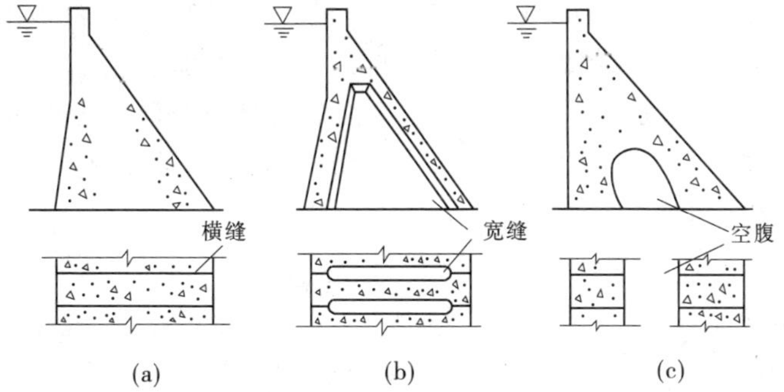

图 7-4　重力坝的结构形式

(三)非溢流重力坝剖面

重力坝剖面设计的任务是在满足强度和稳定的条件下,求得一个施工简单、运用方便、体积最小的剖面。由于重力坝所承受的主要荷载是呈三角形分布的静水压力,为满足稳定和强度要求,坝的基本剖面应该是一个三角形。通过计算,满足强度条件和稳定条件的基本剖面是上游面近于铅直的三角形。在满足施工、运用和管理要求的前提下,坝顶应有一定的高程和宽度,将基本剖面修改为如图 7-5 所示的几种常用剖面。

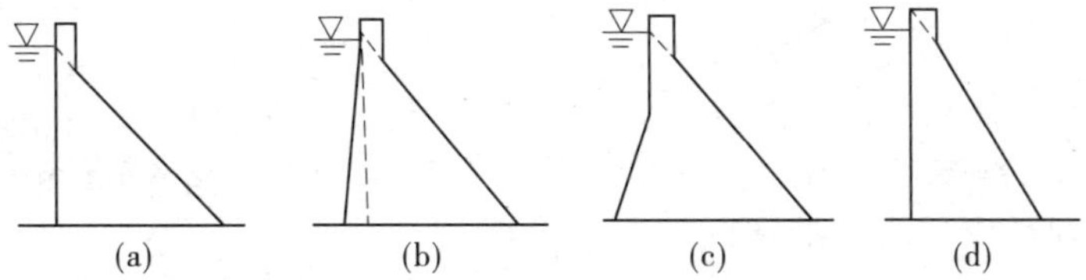

图 7-5　挡水坝段剖面的常用形式

一般情况下,上游坝坡系数 $n = 0 \sim 0.3$,下游坝坡系数 $m = 0.6 \sim 0.85$,坝体底宽 $T = (0.7 \sim 0.9)H$,H 为坝高。

(四)溢流重力坝

溢流重力坝既能挡水,又能通过坝顶泄水,其剖面形状不仅要满足稳定和强度要求,还要满足泄水要求。溢流重力坝基本剖面的确定原则与非溢流重力坝相同,但实用剖面是以泄水安全为设计条件,即溢流坝应具有足够的泄水能力,泄水时水流顺畅,坝面无空蚀破坏现象。

1. 溢流重力坝的布置

溢流坝通常布置在河床较低处,使下泄水流平顺地流入下游河道。溢流坝应布置在坚固岩基上,以抵抗下泄水流的冲刷。为使下泄水流不妨碍水电站和通航建筑物等的工作,一般设有横墙与电站尾水渠隔开。溢流坝两侧用边墙与非溢流坝分开,以免水流横溢。

为简化工程、便于管理,中小型水库的溢流坝顶常不设闸门,蓄水只能到溢流坝顶。大型水库需有较大库容时,则在溢流坝顶设置闸门,溢流坝顶低于正常蓄水位,如图 7-6 所示。设置闸门时,须将溢流坝用闸墩分成若干孔,由闸墩支撑闸门,在闸墩上设工作桥以装置和操纵启闭机。

2. 溢流重力坝剖面

溢流坝的剖面由四部分组成,即上游直线段、堰顶曲线段、下游直线段、下游反弧段,如图 7-7 所示。一般溢流坝的上游面做成直线形,有的也做成折线形,具体由重力坝的强度和稳定条件确定。溢流坝面的顶部做成曲线形,曲线的形状对泄水能力、水流条件和坝面是否遭受空蚀破坏有很大影响,是设计溢流重力坝剖面的关键。堰顶曲线段的下游为一直线段,其坡度大小由重力坝的基本剖面确定。溢流坝面的最下游端做成圆弧形,称为反弧段,其作用是使水流平顺地泄入下游,减小动水压力。

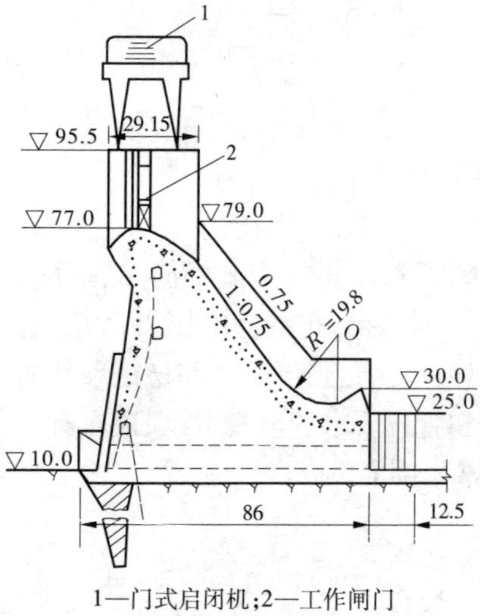

1—门式启闭机;2—工作闸门

图 7-6　溢流坝段剖面图（单位:m）

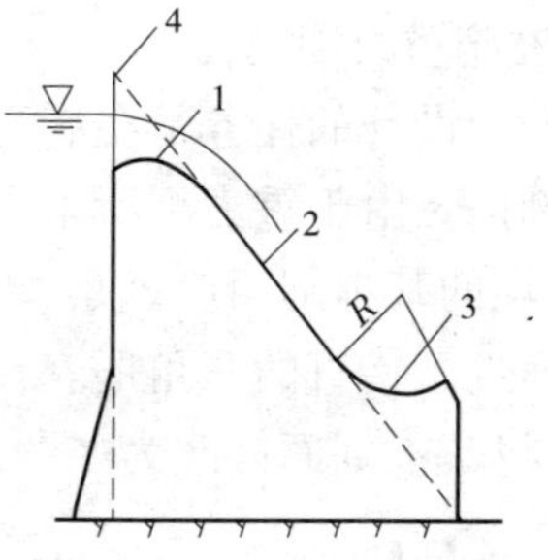

1—堰顶曲线段;2—直线段;
3—下游反弧段;4—基本剖面线

图 7-7　溢流曲面组成

3. 溢流重力坝的下游消能措施

经过溢流坝下泄的水流,具有很大的动能,若不采取有效的措施进行消能,必将冲刷下游河床,破坏坝址下游地基,威胁建筑物的安全或其他建筑物的正常运行。因此,必须采取妥善的消能防冲措施,以确保大坝安全运行。

混凝土溢流坝下游的消能方式以挑流式消能最为常见。挑流消能是利用挑流鼻坎将下泄的高速水流挑射到空中,然后自由跌落到距下游坝脚较远的位置与下游水流相衔接的消能方式,图 7-6 所示即为挑流消能方式。水流能量通过水舌在空中与空气摩擦、掺气、扩散及落入下游尾水中淹没、紊动、扩散等方式消耗。挑流消能具有结构简单、工程造价低、检修及施工方便等优点,但会造成下游冲刷较严重、雾化及尾水波动较大等。挑流消能适用于坚硬岩基上的中高坝。

(五)重力坝的泄水孔

1. 泄水孔的用途

重力坝的泄水孔一般位于深水之下,故又称深孔或底孔。泄水孔的用途是多方面的,如:配合溢流坝泄放洪水;预泄库水以利调洪;放空水库进行大坝检修或满足人防的要求;排泄泥沙以延长水库寿命和保证其他建筑物正常运行;向下游放水,供发电、灌溉、航运、城市供水之用;施工导流等。为了简化布置、方便施工,在不影响正常运行的条件下,尽量考虑一孔多用,如灌溉、发电相结合,放空、排沙相结合,放空、导流相结合等。

2. 泄水孔的类型

按孔内水流状态分为有压泄水孔和无压泄水孔两种类型。发电孔为有压孔,其他类型的泄水孔或放水孔可以是有压或无压的。有压泄水孔的工作闸门一般都设在出口,孔内始终保持满水有压状态(见图 7-8)。为改善受力状况和防渗,常用钢板衬砌孔壁。

无压泄水孔的工作闸门和检修闸门都设在进口,工作闸门后的孔口断面顶部抬高,使水流不能接触泄水孔顶部,形成无压明流(见图 7-9)。除工作闸门前一段压力短管外,其他部分均为无压状态。

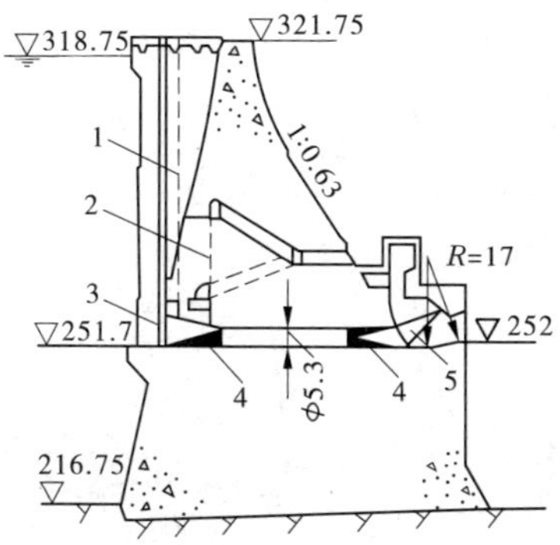

1—通气孔;2—排水管;3—检修门槽;
4—渐变段;5—工作闸门

图 7-8　有压泄水底孔　(单位:m)

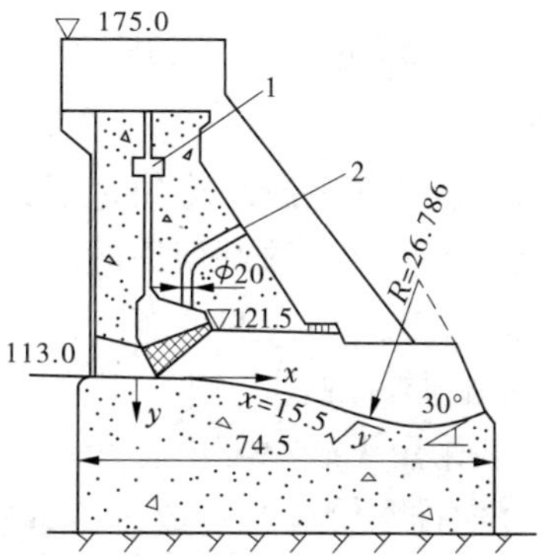

1—工作闸门启闭机室;2—通气孔

图 7-9　无压泄水底孔　(单位:m)

(六)重力坝的构造

1. 重力坝的分缝

为了防止坝体因温度变形和地基不均匀沉陷而产生裂缝,并适应混凝土的浇筑能力和散热要求,在坝体内需要进行分缝。

在岩石地基混凝土重力坝上设置的缝可分为横缝、纵缝和水平施工缝三种。

1)横缝

横缝垂直于坝轴线布置,沿坝体的整个高度将坝体分成若干独立的坝段(见图 7-10),以减少坝的纵向约束,控制裂缝的发生。横缝对坝体的安全运行并无影响,故一般是永久性的,又称为永久缝。横缝的间距由地形、地质条件、坝的高度和施工条件确定。混凝土重力坝横缝间距一般为 15 ~ 20 m,间距过大仍会产生裂缝,过小又无必要。缝宽一般为 1 ~ 2 cm。为了防止漏水,永久缝内须设止水设备并充填有伸缩性的沥青麻刀以保证缝的宽度。

2）纵缝

纵缝是为适应混凝土的浇筑能力和施工期的混凝土散热要求而设置的临时缝（见图 7-10）。纵缝在水库蓄水前，混凝土充分冷却后进行灌浆，使坝成为整体。纵缝间距一般为15 ~ 30 m。中小型坝浇筑面积不大，可以不设纵缝。

3）水平施工缝

混凝土是自下而上分层浇筑的，在上下层浇筑块之间形成水平施工缝（见图 7-11）。水平层的厚度与施工能力、气候条件等因素有关，应用最多的薄层浇筑法，层厚为1.5 ~ 3.0 m。

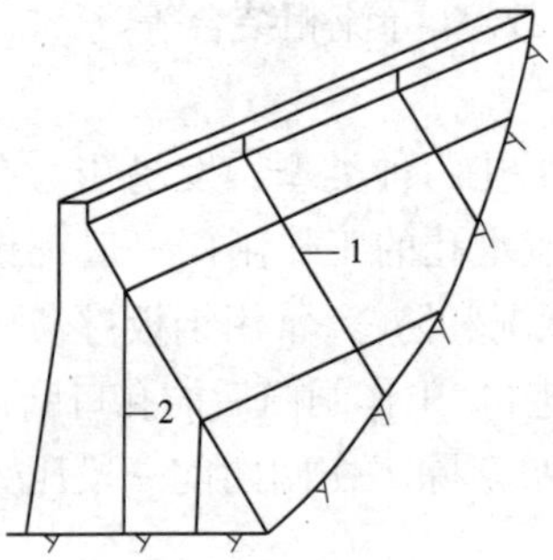

1—横缝；2—纵缝

图 7-10　重力坝的横缝及纵缝

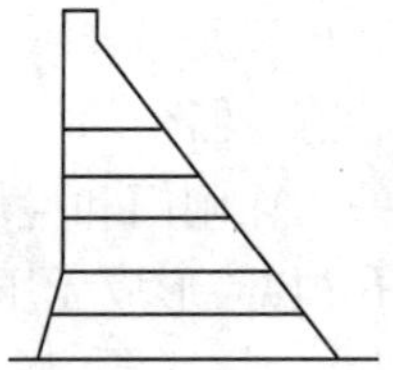

图 7-11　重力坝的水平施工缝

2. 坝体排水

坝体排水一般是在上游防渗层之后，沿坝轴线方向布置一排竖向排水管。透过坝面的渗水，大部分通过排水管汇集于设在廊道内的排水沟（管），再经横向排水沟（管）排出坝外（见图 7-12）。

排水管一般采用无砂混凝土管埋在坝内，管径为 15 ~25 cm。竖向排水管应布置成垂直或接近垂直方向，不宜有弯头。排水管施工时，必须防止被混凝土和杂物等堵塞。

3. 廊道

为了进行帷幕灌浆、排泄渗漏积水、安装观测仪器、检查维修坝体等，应在坝内设置各种廊道（见图 7-12）。廊道内必须有良好的排水条件，以及适宜的通风和足够的照明设备。

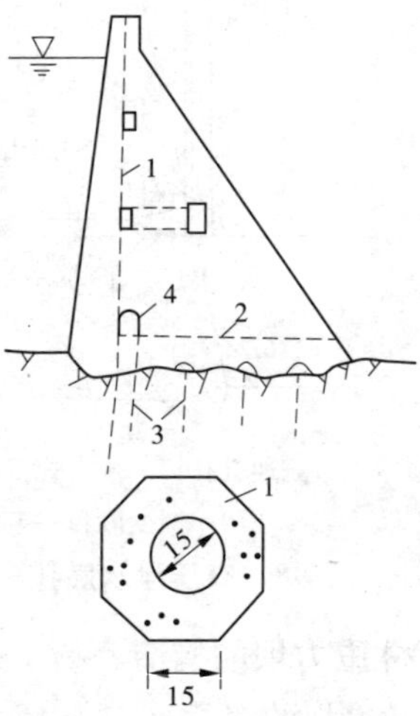

1—坝体排水管；2—横向排水管；
3—坝基排水孔；4—纵向廊道

图 7-12　重力坝的排水管及廊道　（单位：cm）

沿坝底布置的灌浆廊道为基础灌浆排水廊道，距坝基岩石不得小于 4 ~5 m，上游侧距上游坝面不得小于作用水头的 0.05 ~0.1，其断面尺寸应能满足安置和操作钻机的要求，一般宽为 1.5 ~3.0 m，高为 3.0 ~4.0 m。其断面形状一般采用上圆下方的标准廊道断面。

为了检查排水设置的廊道，一般沿坝高每隔 15 ~30 m 设置一层。纵向廊道的上游侧距上游坝面的距离，不应小于坝面作用水头的 0.07 ~0.1，且不得小于 3.0 m。各层廊道在两岸均应有进出口，并应设门。若廊道较长，沿廊道应每隔 200 ~300 m 用竖井连通各层廊道。大型工程的高坝应设置 1 ~2 座电梯连通各层廊道。检查排水廊道的断面形状，一般也多采用上圆下方的标准廊道。廊道的最小宽度为 1.2 m,最小高度为 2.2 m。

二、土石坝

土石坝是利用坝址附近的土石料填筑压实而成的挡水建筑物,又称当地材料坝。土石坝具有对地基的适应性强、可就地取材、机械化程度高等特点,在国内外得到广泛应用。

(一)土石坝的特点和类型

1. 土石坝的特点

土石坝是一种散粒体结构,具有与其他坝型不同的特点。

土石坝在实践中之所以被广泛采用并得到不断发展,与其自身的优越性是密不可分的。与混凝土坝相比,它的优点主要体现在以下几方面:

(1)筑坝材料来源直接、方便,能就地取材,材料运输成本低,还能节省大量的钢材、水泥和木材等建筑材料。

(2)土石坝适应变形的能力较强,对地基的要求低,几乎在任何地基上都可以修建。

(3)构造简单,施工技术容易掌握,便于组织机械化施工。

(4)运用管理方便,工作可靠,寿命长,维修加固和扩建均较容易。

同其他的坝型一样,土石坝自身也有以下不足的方面:

(1)土石坝的抗冲能力低,不允许水流漫顶,因此应具有超泄能力强的溢洪道。

(2)土石坝挡水后,在坝体内形成由上游到下游的渗流,不仅使水库损失水量,还容易引起渗透变形,所以土石坝必须采取防渗措施。

(3)施工导流不如混凝土坝方便,因而相应地增加了工程造价。

(4)坝体填筑工程量大,且土料填筑质量受气候条件的影响较大。

土石坝体积较大,一般不会产生整体滑动。失稳的形式是坝坡滑动或连同部分地基一起滑动。其剖面应是梯形,要有足够的坡度,以保持稳定。

土石料存在较大的孔隙,在自重及水压力作用下,会有较大的沉陷,使坝的高度不足和导致土石坝裂缝,在施工时应严格控制碾压标准并按坝高的 1% ~2% 预留沉陷量。

2. 土石坝的类型

1)按坝高分

土石坝按坝高分为高坝、中坝、低坝。坝高在 70 m 以上的为高坝,坝高为 30 ~ 70 m 的为中坝,坝高低于 30 m 的为低坝。

2)按施工方法分

土石坝按施工方法可分为碾压式土石坝、水力冲填坝、水中填土筑坝和定向爆破筑坝,应用最多的是碾压式土石坝。根据坝体横断面的防渗材料及其结构,碾压式土石坝分为以下三类:

(1)均质坝。坝体的绝大部分基本上是由均一的土料筑成的,坝体的整个断面用以防渗并保持稳定,如图 7-13(a)所示。

(2)分区坝。坝体由土质防渗体和若干透水性不同的土石料分区筑成。其中,土质防渗体设在坝体中央或稍向上游的称为心墙坝(见图 7-13(b)、(e))或斜心墙坝(见图 7-13(g)),坝体上游面或接近上游面有薄土质防渗体的称为斜墙坝(见图 7-13(c)、(d)、(f))。此外,还有其他形式的分区坝。

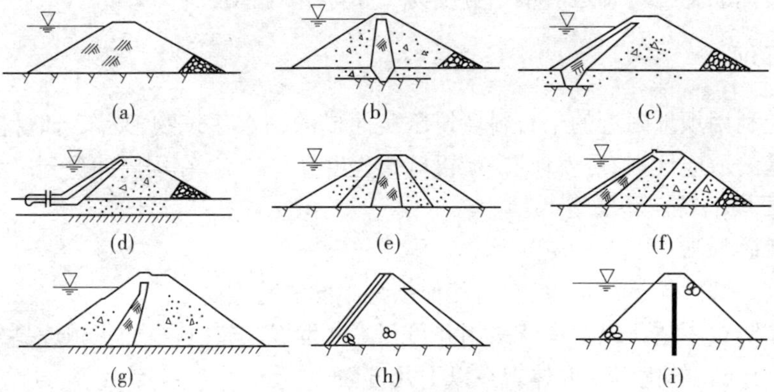

图 7-13　碾压式土石坝类型

(3)人工材料防渗面板坝和心墙坝。坝体的防渗体由沥青混凝土、钢筋混凝土或其他人工材料制成,其余部分用土石料筑成。其中,防渗体在上游面的称防渗面板坝(见图 7-13(h)),防渗体在坝体中央的称心墙坝(见图 7-13(i)),沥青混凝土防渗体也可做成斜心墙坝。

(二)土石坝的剖面尺寸

土石坝的剖面尺寸是指坝坡大小、坝顶宽度和坝顶高程。

1. 坝坡大小

土石坝的坝坡与坝型、坝高、坝基地质条件、坝的施工条件及坝体的运用条件等因素有关。坝体较低时,上下游坝坡一般做成直线形,坝体较高时采用折线形,一般每隔 10 ~ 20 m 变一个坡度,上部坡度较陡,下部坡度较缓,相邻坡率差值为 0.25 或 0.5。在上下游变坡点处,设一条宽为 1.5 ~ 2.0 m 的平台,叫做马道,其作用是:截取雨水,防止坝坡冲刷;便于对坝坡进行检修、观测;增加坝坡稳定性和便于施工交通。

初步拟订坝坡时,可参考表 7-3 中的经验数值,然后通过有关计算确定。

表 7-3　土坝经验坝坡

坝高(m)	上游坝坡	下游坝坡
<10	1∶2.00 ~ 1∶2.50	1∶1.50 ~ 1∶2.00
10 ~ 20	1∶2.25 ~ 1∶2.75	1∶2.00 ~ 1∶2.50
20 ~ 30	1∶2.50 ~ 1∶3.00	1∶2.25 ~ 1∶2.75
>30	1∶3.00 ~ 1∶3.50	1∶2.50 ~ 1∶3.00

2. 坝顶宽度

土石坝的坝顶宽度主要根据交通、防汛抢险、坝高、施工等因素确定。重要工程需要考虑战备的要求。坝顶设置公路或铁路时,应按有关交通要求确定。一般坝顶最小宽度不得小于 5 m。当坝高超过 50 m 时,坝顶最小宽度可取坝高的 1/10;当坝高超过 100 m 时,坝顶最小宽度一般为 10 m 左右。

3. 坝顶高程

因为土石坝为挡水建筑物,因此坝顶高程应在水库的静水位以上,并必须有足够的超高。按土石坝设计规范规定,超高 Δh 由下式确定

$$\Delta h = R + e + A \tag{7-1}$$

式中 R——波浪在坝坡上的爬高，m，具体计算可参考《土石坝设计规范》(SDJ 218—84)；

e——风壅水面高度，即风壅水面超出原库水位的高度，m，具体计算可参考《土石坝设计规范》(SDJ 218—84)；

A——安全加高，m，可根据坝的等级和运用条件按表 7-4 确定。

表 7-4　土石坝坝顶安全加高 A 值　　（单位：m）

运用情况		坝的级别			
		1	2	3	4、5
设计情况		1.50	1.00	0.70	0.50
校核	山区、丘陵区	0.70	0.50	0.40	0.50
	平原、滨海区	1.00	0.70	0.50	0.30

（三）土石坝的构造

1. 坝顶构造

坝顶一般都做护面。护面的材料可采用单层砌石、碎石、沥青碎石等，Ⅳ级以下的坝体也可采用草皮护面。坝顶上游边缘应设坚固不透水的防浪墙或其他安全挡护设备，下游侧宜设缘石。

为了排除雨水，坝顶应做成向一侧或两侧倾斜的横向坡度，坡度值为 1% ~3%。有防浪墙的坝顶，宜采用单向的向下游倾斜的横坡，在坝顶的下游侧设纵向排水沟，将汇集的雨水经坝面排水沟排至下游。

防浪墙可用混凝土或浆砌石修筑。墙的基础应牢固地埋入坝内，土石坝有防渗体时，防浪墙墙基要与防渗体可靠地连接起来，以防高水位时漏水。防浪墙的高度一般为 1.20 m 左右（见图 7-14）。坝面布置与坝顶结构应力求经济、实用、美观。

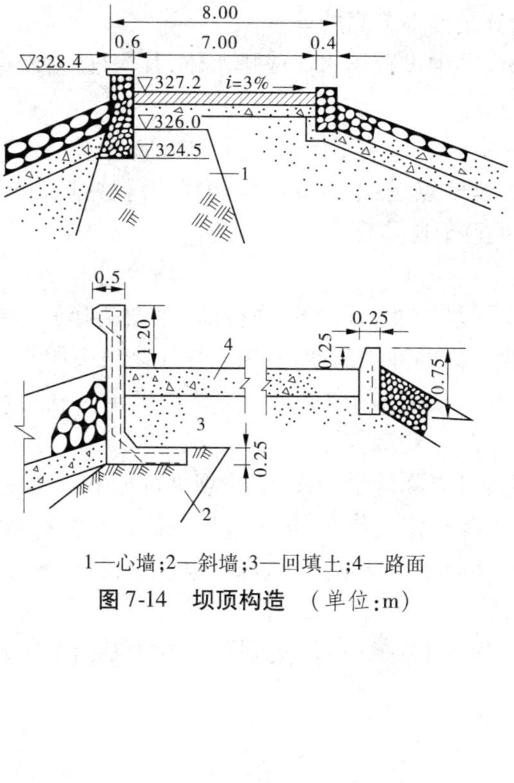

1—心墙；2—斜墙；3—回填土；4—路面

图 7-14　坝顶构造　（单位：m）

2. 防渗体

为了防渗,土石坝必须设有防渗体(均质坝不需专门的防渗设备)。土石坝的防渗体按材料分有塑性材料防渗体与人工材料防渗体。

塑性材料防渗体以黏土心墙坝居多。黏土心墙位于坝体中央或稍偏上游。心墙顶部在设计洪水位上的超高不小于0.3~0.6 m,且不低于校核洪水位。心墙顶部厚度按构造和施工要求不小于2.0 m。心墙为梯形断面,边坡常为1:0.15~1:0.3。心墙底部厚度根据允许渗透坡降计算,具体数值与土壤性质有关,且不小于3.0 m。

为了防冻抗裂,心墙顶部应设置砂土保护层,层厚应大于冰冻深度,且不得小于1.0 m。

人工材料的防渗体常见的是沥青混凝土心墙、钢筋混凝土心墙、钢筋混凝土面板。沥青混凝土心墙厚度可以较薄,常取0.4~1.25 m,对于中低坝,其底部厚度可采用坝高的1/60~1/40,顶部可以减小,但不得小于0.3 m。钢筋混凝土心墙常与黏土心墙结合使用,钢筋混凝土面板常用于堆石坝中。

3. 坝体排水设备

土石坝虽有防渗设备,但仍有一定水量渗入坝内。设置坝体排水设备可以将渗入坝内的水有计划地排出坝外,以降低浸润线及孔隙水压力,增加坝坡稳定性和保护坝坡土,防止渗透变形和冻胀破坏。

排水设备应具有充分的排水能力,不致被泥沙堵塞,确保在任何情况下都能自由地排出全部渗水,在排水设备与坝体和土基接合处,都应设置反滤层,以保证坝体和地基土不产生渗透变形,并应便于观测和检修。常用的坝体排水有以下几种形式。

1)贴坡排水

贴坡排水是在下游坝坡底部用块石、卵石、砂料等分层筑成的排水设备,如图7-15所示。当坝体为黏性土时,排水设备的总厚度应大于当地冰冻厚度,以保证渗透水流不遭冻结。其顶部高程应超过浸润线逸出点1.5~2.0 m,并要求坝体浸润线在该地区冻结深度以下。当下游有水时,还应满足波浪爬高的要求。

在贴坡排水层基础处,必须设置排水沟或排水体,其深度应使水面结冰后,沟(体)的下部仍有足够的排水断面。

这种排水的优点是:用料较少,便于检修,能够防止渗流逸出处的渗透变形,并可以保护下游坝坡不受尾水冲刷。其缺点是:不能降低浸润线。这种排水设备适用于浸润线较低的坝型和下游无水的中小型土石坝。

2)堆石棱体排水

堆石棱体排水是在下游坝脚处用块石堆成棱体(见图7-16),顶部高程应保证使浸润线距下游坝面的距离大于该地区的冻结深度,其顶高程应高出下游水位0.5~1.0 m。棱体排水的顶宽一般为1.0~2.0 m。棱体的内坡由施工条件确定,一般为1:1.1~1:1.5;外坡一般为1:1.5~1:2.0。

棱体排水体的优点是:可以降低浸润线,防止坝坡冻胀和渗透变形,保护下游坡脚不受尾水淘刷,且有支承坝体增加稳定的作用,排水效果较好,因此应用较多。但其造价较高,与坝体的施工干扰较大。这种排水设备适用于较高的坝或石料较多的地区。

3)褥垫式排水

褥垫式排水是伸入坝体内部的一种平铺式排水,在坝基面上平铺一层厚0.4~0.5 m块

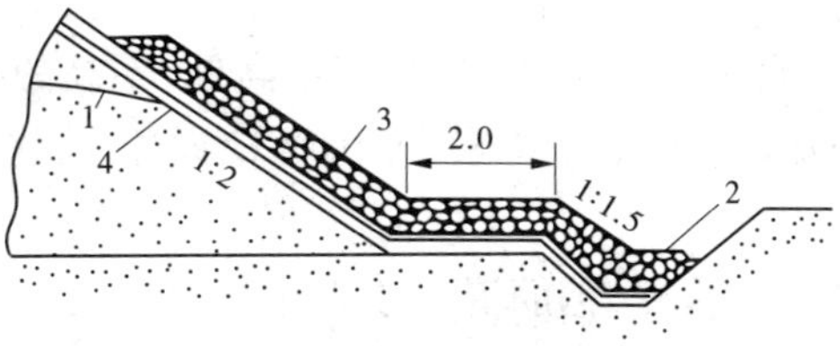

1—浸润线;2—排水沟;3—排水体;4—反滤层

图 7-15　贴坡排水

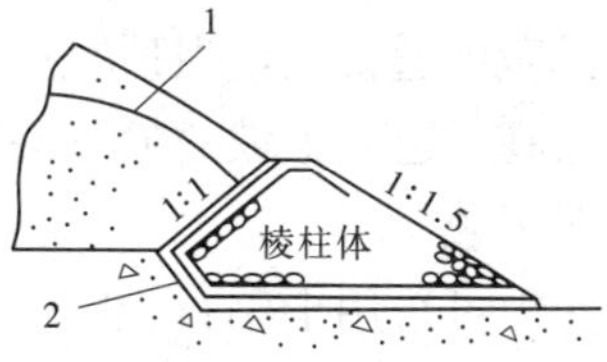

1—浸润线;2—反滤层

图 7-16　堆石棱体排水

石,并用反滤层包裹,其构造如图 7-17 所示。

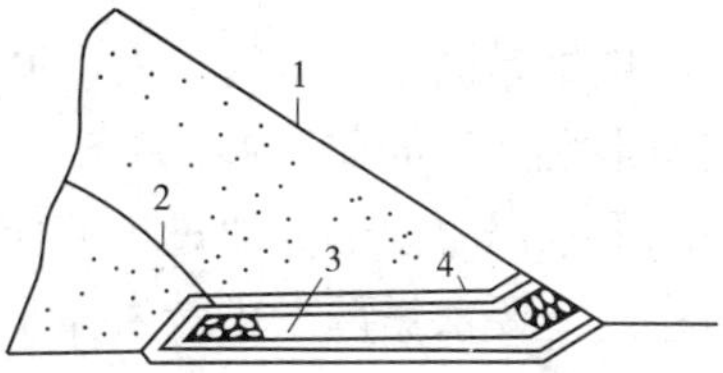

1—坝坡;2—浸润线;3—排水体;4—反滤层

图 7-17　褥垫式排水的构造

其优点是降低浸润线的效果显著,但当坝基产生不均匀沉陷时,排水层易断裂,且检修困难,对坝体的施工干扰较大。褥垫式排水常适用于下游无水且对浸润线要求较高的坝段。

4)综合式排水

为发挥各种排水形式的优点,实际工程中常根据具体情况采用几种排水形式组合在一起的综合式排水。例如,若下游高水位持续时间不长,为节省石料可考虑在下游正常高水位以上采用贴坡排水,以下采用棱体排水,还可以采用褥垫与棱体排水组合,贴坡、棱体与褥垫排水组合等综合式排水体(见图 7-18)。

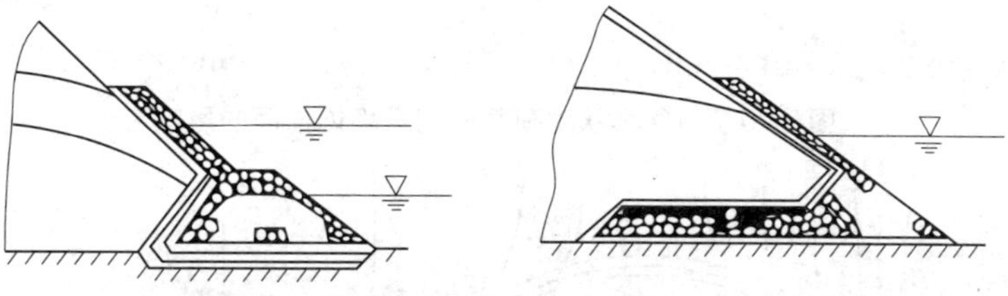

图 7-18　综合式排水体

4. 土石坝的护坡

土石坝设置护坡的目的是防止波浪淘刷,避免雨冲、风扬、冻胀、干裂以及动植物的破坏。除由堆石、卵石、碎石筑成的下游坝坡外,均应设置护坡。

1)上游护坡

上游护坡的形式有抛石、干砌石、浆砌石、混凝土、钢筋混凝土、沥青混凝土或水泥土等。采用最多的是干砌石护坡,如图 7-19 所示。干砌石下面要设碎石或砾石垫层,以防波浪淘

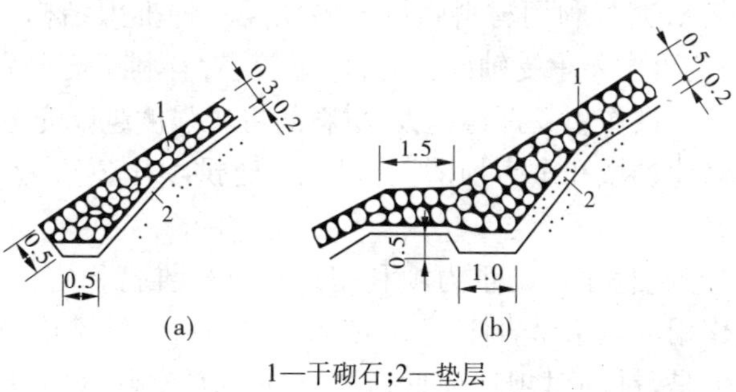

1—干砌石;2—垫层

图 7-19　干砌石护坡　(单位:m)

刷坝坡。

护坡的范围通常上至坝顶，下至最低库水位以下 1.0 ~ 1.5 倍浪高处，不高的坝常护至坝底。护坡在马道及护坡的最下端应适当加厚，嵌入坝体或坝基内，以增加护坡的稳定性。

2) 下游护坡

下游护坡可采用干砌石、堆石、卵石、碎石、草皮、钢筋混凝土框格填石或土工合成材料等形式。护坡范围从坝顶到排水棱体，无排水棱体时应护至坡脚。

三、拱坝

拱坝是固结于基岩上的空间壳体结构，在平面上呈凸向上游的拱形，其立剖面呈竖直的或向上游凸出的曲线形（见图 7-20、图 7-21）。坝体结构既有拱作用又有梁作用，其所承受的水平水压力大部分通过拱的作用传给两岸岩体，小部分通过梁的作用传至坝底基岩，坝体的稳定主要依靠两岸拱端岩体来支承，并不是靠坝体自重来维持，是一种经济性和安全性均较优越的坝型。

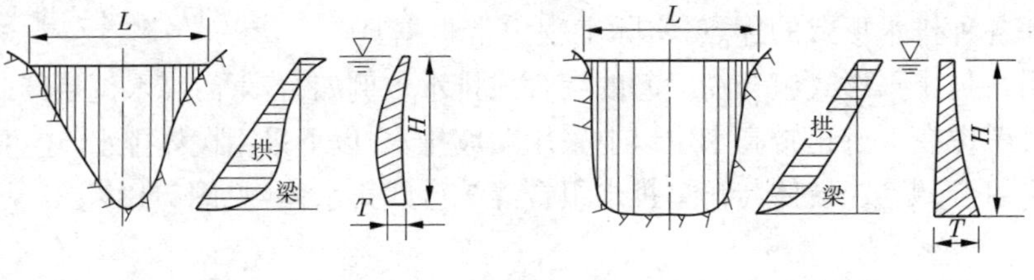

图 7-20　河谷形状对荷载分配及坝体剖面的影响

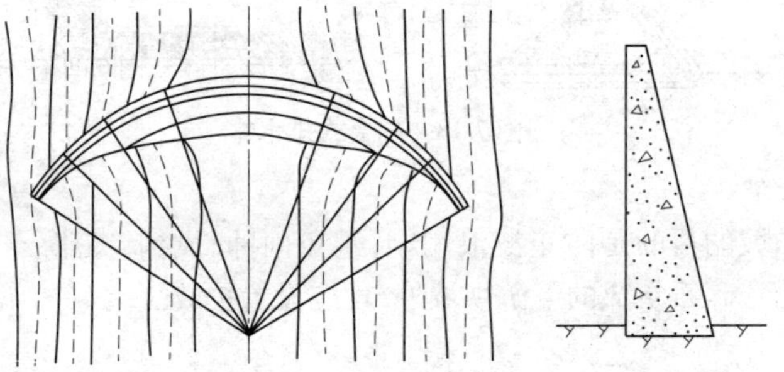

图 7-21　定圆心、等半径拱坝

（一）拱坝的特点

（1）利用拱结构特点，充分利用材料强度。拱坝是一种推力结构，在外荷载作用下，只要设计得当，拱圈截面上可主要承受轴向压力，弯矩较小，有利于充分发挥混凝土或浆砌石材料抗压强度高的特点。拱作用发挥得越大，材料的抗压强度越能充分利用，坝体的厚度可设计得越薄。对适宜修建拱坝和重力坝的同一坝址，建拱坝比建重力坝工程量节省 1/3 ~ 2/3。

（2）利用两岸岩体维持稳定。与重力坝利用自身重量维持稳定的特点不同，拱坝将外荷载的大部分通过拱作用传至两岸岩体，主要依靠两岸坝肩岩体维持稳定，坝体自重对拱坝的稳定性影响不大。但是，拱坝对坝址地形地质条件要求较高，对地基处理的要求也较为严格。

(3)超载能力强,安全度高。拱坝通常属周边嵌固的高次超静定结构,当外荷载增大或某一部位因拉应力过大而发生局部开裂时,坝体拱和梁的作用将会自行调整,使坝体应力重新分配,不致使坝整体丧失承载能力。结构模型试验成果表明,拱坝的超载能力可以达到设计荷载的5~11倍。

(4)抗震性能好。由于拱坝是整体性空间壳体结构,厚度薄,弹性较好,因而其抗震能力较强。

(5)坝身泄流布置复杂。拱坝坝体单薄,坝身开孔或坝顶溢流会削弱水平拱和顶拱作用,并使孔口应力复杂化;坝身下泄水流的向心集中易造成河床及岸坡冲刷。但随着修建拱坝技术水平的不断提高,通过合理的设计,坝身不仅能安全泄流,而且能开设大孔口泄洪。

(二)拱坝的地形和地质条件

1.地形条件

由于拱坝的结构特点,拱坝的地形条件往往是决定坝体结构形式、工程布置和经济性的主要因素。所谓地形条件,是针对开挖后的基岩面而言的,常用坝顶高程处的河谷宽度和坝高之比(称为宽高比 L/H)及河谷断面形状两个指标表示。

河谷的宽高比值越小,说明河谷越窄深,拱坝水平拱圈跨度相对较短,悬臂梁高度相对较大,即拱的刚度大,拱作用容易发挥,可将荷载大部分通过拱作用传给两岸,坝体可设计得薄些。反之,宽高比值越大,河谷越宽浅,拱作用越不易发挥,荷载大部分通过梁的作用传给地基,坝断面相对较厚。根据经验:当 $L/H<1.5$ 时,可修建薄拱坝;当 $L/H=1.5\sim3.0$ 时,可修建一般拱坝;当 $L/H=3.0\sim4.5$ 时,可修建重力拱坝;当 $L/H>4.5$ 时,一般认为拱的作用已经很小,不宜修建拱坝。

河谷的断面形状是影响拱坝体型及其经济性的重要因素。不同河谷即使具有同一宽高比,断面形状也可能相差很大。如图7-20所示为宽高比相同而河谷形状不同的两种情况(V形和U形),在水压荷载作用下拱梁间的荷载分配以及对拱坝体型的影响。对于两岸对称的V形河谷,靠近底部静水压强虽大,但拱跨较短,所以底拱厚度仍可较薄;对于U形河谷,由于拱圈跨度自上而下几乎不变,为抵挡随深度而增加的水压力,需增加坝体厚度,故坝体需做得厚些。

2.地质条件

地质条件的好坏直接影响拱坝的安全,这是因为拱坝是高次超静定整体结构,地基的过大变形对坝体应力有显著影响,甚至会引起坝体破坏。因此,拱坝对地质条件的要求比其他混凝土坝更严格。较理想的地质条件是岩石均匀单一,有足够的强度,透水性小,耐久性好,两岸拱座基岩坚固完整,边坡稳定,无大的断裂构造和软弱夹层,能承受由拱端传来的巨大推力而不致产生过大的变形。

在实际工程中,理想的地质条件是少见的,天然坝址或多或少会存在某些地质缺陷。因此,建坝前需探明地基地质情况,采取相应有效的工程措施进行严格处理。随着拱坝技术水平的提高和基础处理方法的改进,目前,国内外已有不少拱坝成功地修建在坝基岩石强度较低或断层、夹层较多或风化破碎带较深的不理想坝址上。如我国青海省的龙羊峡重力拱坝,坝址区的岩体经多次构造运动,节理裂隙极为发育,坝区被较大断层或软弱带所切割,经过认真严格的基础处理,工程运行良好。

(三)拱坝的类型

1. 按厚高比(T/H)分类

拱坝最大坝高处的坝底厚度 T 与坝高 H 之比,称为拱坝的厚高比。

(1)薄拱坝:$T/H<0.2$。

(2)中厚拱坝:$T/H=0.2\sim0.35$。

(3)厚拱坝(重力拱坝):$T/H>0.35$。

2. 按其坝体型态的特征分类

1)定圆心等半径拱坝

定圆心等半径拱坝是圆心的平面位置和外半径都不变,这种拱坝的上游面是垂直的圆弧面,下游面为一倾斜的圆弧面,从坝顶向下拱厚逐渐增加,拱的内弧半径随之相应减小。这种拱坝设计和施工均相对比较简单,但坝体工程量较大,适用于 U 形河谷,如图 7-21 所示。

2)等中心角变半径拱坝

在 V 形河谷,若用等半径布置拱坝,则坝下部拱圈的中心角偏小,对拱坝应力不利,改进的办法是将其改为等中心角变半径布置,即自上而下保持圆弧的中心角基本不变,而半径则相应逐渐减小,如图 7-22 所示。这种体型的拱坝应力情况较好,也较为经济,但两岸坝段剖面有倒悬,在施工和库空运行条件下会产生拉应力。

3)变圆心变半径双曲拱坝

这是一种圆心平面位置、半径和中心角均随高程而变的坝体类型,如图 7-23 所示。这种体型同时具有水平向和垂直向双向曲率,梁的作用减弱,而整个坝体保持有足够的刚度。各高程拱圈的参数可根据需要进行调整,以尽量改善应力状态和节省坝体的工程量。所以,尽管在设计和施工方面比较复杂,这种体型还是被广泛采用。

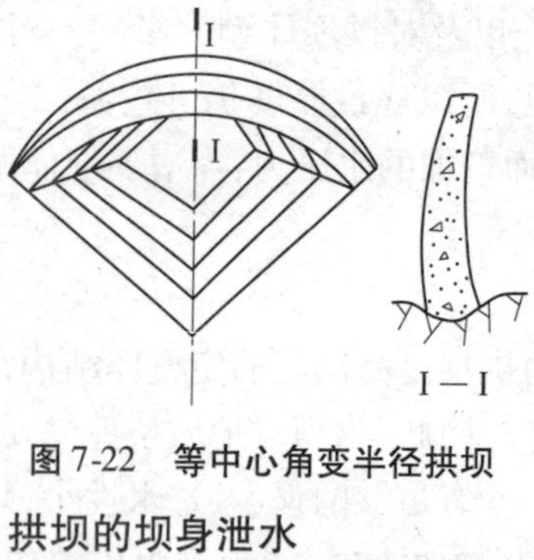

图 7-22　等中心角变半径拱坝

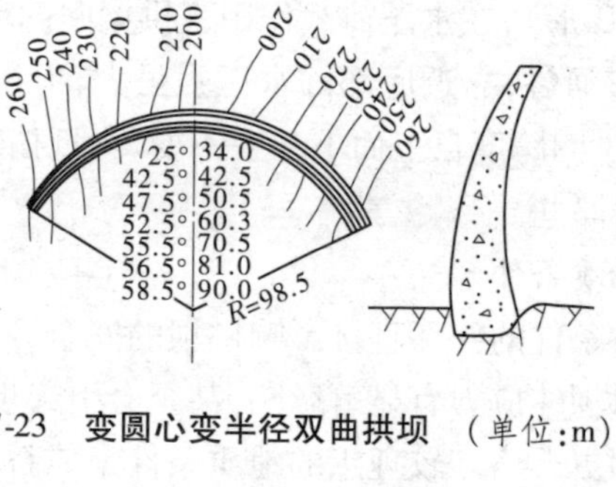

图 7-23　变圆心变半径双曲拱坝　(单位:m)

(四)拱坝的坝身泄水

拱坝不仅是挡水建筑物,同时也可根据实际情况及需要设置有泄水形式。拱坝的坝身泄水按其设置的位置不同可分为坝顶自由跌流式、坝顶鼻坎挑流式、坝面泄流、滑雪道式和坝身孔口泄流等形式。

1. 坝顶自由跌流式

水流经过坝顶自由跌入河床,其溢流坝顶通常采用非真空的标准堰型,如图 7-24 所示。这种溢流形式具有结构简单和施工方便的优点,但水舌落水点距坝脚较近,冲刷坑的位置靠近坝基,冲刷严重时会威胁大坝安全。这种泄水形式适用于下游河床基岩良好,下游坝坡较陡或向下游倒悬的双曲拱坝。对于高拱坝的坝顶跌流,为了防止发生严重的冲刷,常需采用消能防冲设施，如采用跌流消力池，或在下游设二道坝抬高水位形成水垫消能。

2. 坝顶鼻坎挑流式

为了加大下泄水流的挑距，常在溢流堰顶曲线末端设置挑流鼻坎。挑流鼻坎多采用连续式结构，如图7-25所示，挑坎末端与堰顶之间的高差一般不大于6～8 m，大致为堰顶设计水头的1.5倍，反弧半径与堰顶设计水头相近。

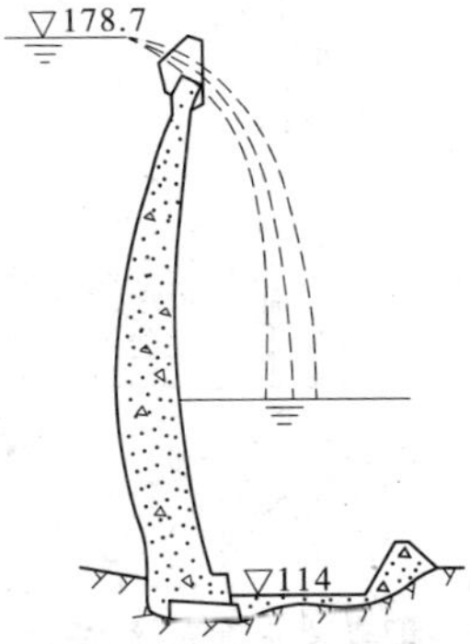

图7-24　自由跌流式拱坝剖面　（单位：m）

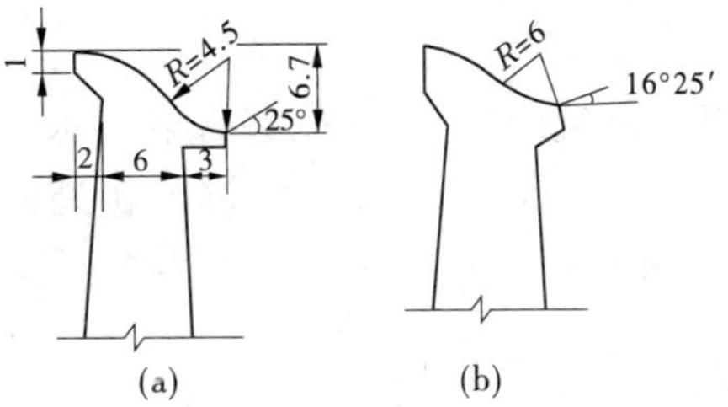

图7-25　鼻坎挑流式拱坝头剖面　（单位：m）

3. 坝面泄流

坝面泄流是指将水流顺坝面下泄至底部后，经挑流鼻坎或消力池消能的泄水方式（见图7-26）。其一般只适用于断面较厚且下游面有一个比较规则坡度的重力拱坝。

4. 滑雪道式

滑雪道式的溢流面由坝顶曲线段、泄槽段和挑流鼻坎段3部分组成。泄槽常为坝体轮廓以外的结构部分，可以是实体结构，也可做成架空或利用电站厂房顶构成，如图7-27所示。水流过坝后，流经滑雪道式泄槽，由槽末端的鼻坎挑出，使水流在空中扩散，下落到距坝较远的地点，以保证大坝的安全。滑雪道可布置在河床中央或拱坝两端，两侧溢流可使两股水舌互相撞击消杀能量，减轻冲刷。这种泄水形式适用于流量大、河床较窄或河床基岩条件较差需要水流挑至更远处的情况。

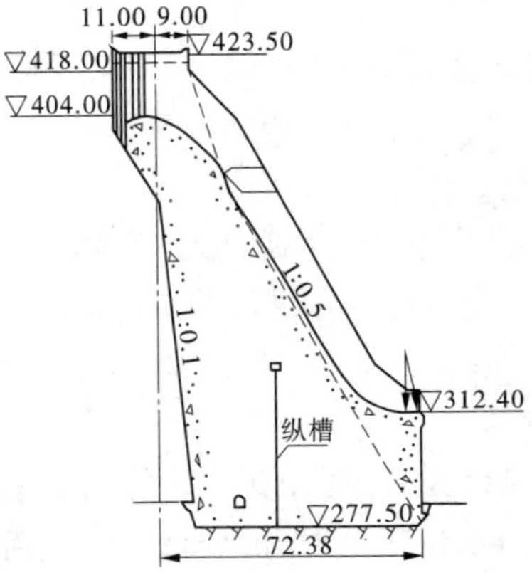

图7-26　坝面泄流拱坝　（单位：m）

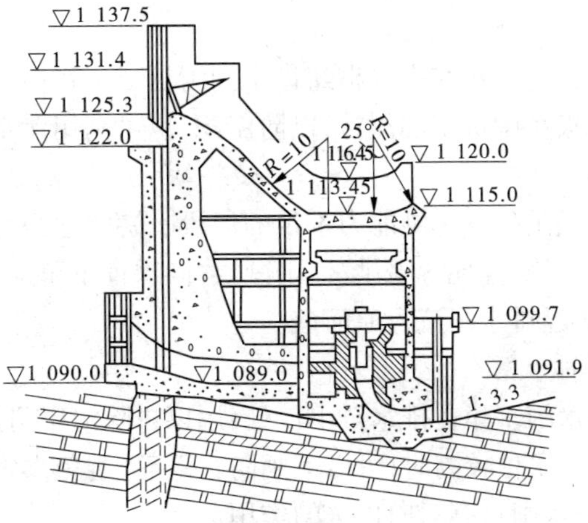

图7-27　电站厂房滑雪道式泄流　（单位：m）

5. 坝身孔口泄流

在拱坝的中部、中高部或低部开设孔口用来辅助泄洪、放空水库或排沙的均属坝身孔口泄流，如图 7-28 所示。泄水孔位于拱坝坝体中部偏上的称为中孔，位于坝体中部偏下的称为深孔，位于底部附近的称为底孔。

如果拱坝坝身设有多个泄水孔，为了取得下游消能的效果，各泄水孔的出口高程可以相互错开。例如我国二滩拱坝有 6 个中孔，出口就分布在三个不同的高程。

坝身开孔泄流的优点是：能够将射出水流送得很远，同时也可以做到对水流落点、挑射轨迹的人为控制；高速水流流道短；初泄流量大，对调洪有利。

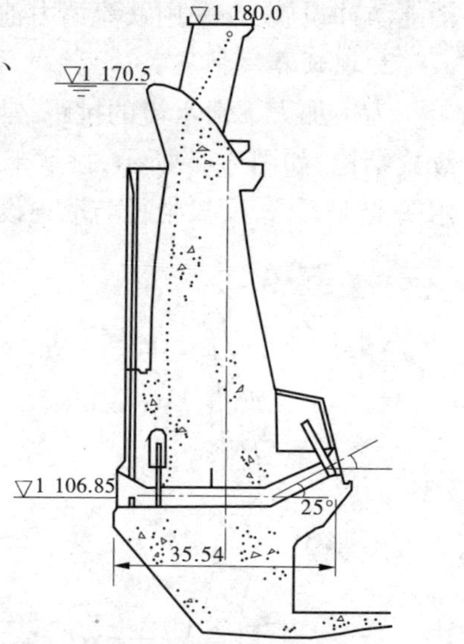

图7-28 坝身泄水孔布置形式 （单位：m）

四、水闸

水闸是一种利用闸门的启闭来调节水位、控制流量的低水头水工建筑物，既能挡水又能泄水，常与堤坝、船闸、鱼道、水电站、抽水站等建筑物组成水利枢纽，以满足防洪、灌溉、发电、排涝、航运等要求。

（一）水闸的类型

1. 按照水闸所承担的任务分类

1）进水闸

常在河道、湖泊的岸边或渠道的首部建造进水闸，用于引水灌溉或满足其他用水需要。位于干渠首部的进水闸又称渠首闸；位于支渠首部的进水闸常称为分水闸，位于斗、农渠首部的进水闸常称为斗、农门。

2）节制闸

节制闸横跨河道或渠道，并位于干、支、斗渠分水口的下游，用以调节水位和流量，以满足上游引水或航运的要求。拦河建筑的节制闸也叫拦河闸。

3）冲沙闸

冲沙闸多建在引水枢纽进水闸附近或渠系中沉沙池的末端，用于排除进水闸、节制闸前河道或渠系中沉积的泥沙，以防淤积，也可利用泄水闸排沙。

4）分洪闸

分洪闸建在泄洪能力不足的河段上游的适当地点，用于将超过下游河道安全泄量的洪水泄入湖泊、洼地等滞洪区，削减洪峰，保证下游河道的安全。进入滞洪区的水，待外河水低落时，再经排水闸流入原河道。

5）排水闸

排水闸多建在排水渠出口处，用以排除河岸附近低洼地区的积水，使农田不受涝渍。当汛期外河水位较高时，可以关闸防止倒灌，避免洪灾；外河水位较低时开闸排涝，防止涝害。因此，排水闸具有双向挡水的作用。

6）挡潮闸

沿海地区为了防止海潮倒灌入河，需在海岸稳定的河口修建挡潮闸。挡潮闸还可以用来抬高内河水位，满足蓄淡灌溉的需要。内河感潮河段两岸受涝时，可利用挡潮闸在退潮时排涝。建有通航孔的挡潮闸，可在平潮时开闸通航。

各类水闸的具体布置如图 7-29 所示。

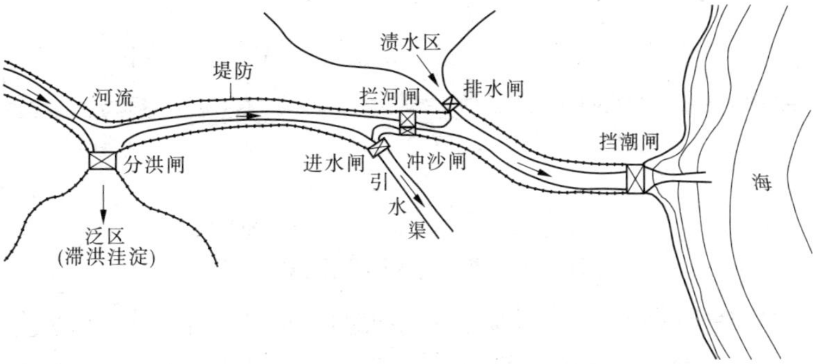

图 7-29　各类水闸的具体布置

2. 按照闸室的结构形式分类

1) 开敞式水闸

开敞式水闸的闸室上面是开敞的，没有填土，是水闸中广为采用的形式。有排冰、过木要求的水闸，应采用开敞式水闸，泄洪闸也宜采用这种形式(见图 7-30(a))。

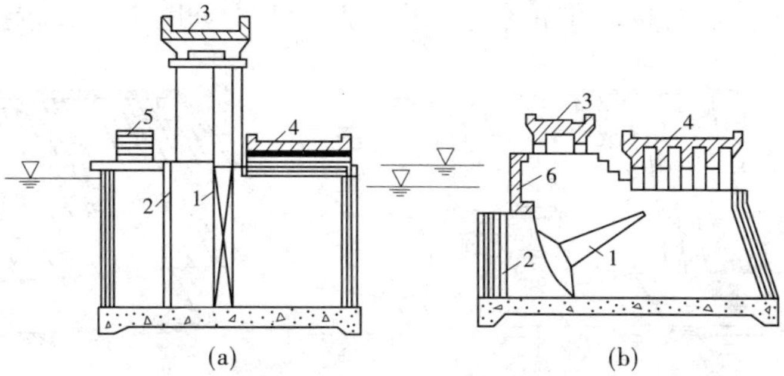

1—工作闸门；2—检修闸门槽；3—工作桥；4—交通桥；5—便桥；6—胸墙

图 7-30　开敞式水闸和胸墙式水闸结构形式

当上游水位变幅较大而过闸流量不很大时，可采用胸墙式水闸。它是开敞式水闸加设胸墙形成的一种水闸(见图 7-30(b))。胸墙式水闸可降低闸门高度，并减小启门力。

2) 涵洞式水闸

水闸修建在河(渠)堤之下时，则成为涵洞式水闸。它的适用条件基本上与胸墙式水闸相同。涵洞式水闸的填土顶部高程应不低于两侧堤顶高程。根据水流条件的不同，涵洞式水闸分为有压式和无压式两类(见图 7-31)。

(二) 水闸的工作特点

水闸多修建在土基上，是既挡水又泄水的建筑物。当水闸挡水时，在上下游水位差的作用下，闸基和两岸均易产生渗流，渗流所产生的向上的渗透压力会削减水闸的有效重量；上下游水位差较大，产生的水平向水压力也较大，有可能使水闸向下游滑动，降低了水闸的抗滑稳定性。因此，水闸必须有足够的重量维持自身的稳定。

渗流还可能引起闸基和两岸产生管涌和流土等渗透变形，严重时会使闸基和两岸的土

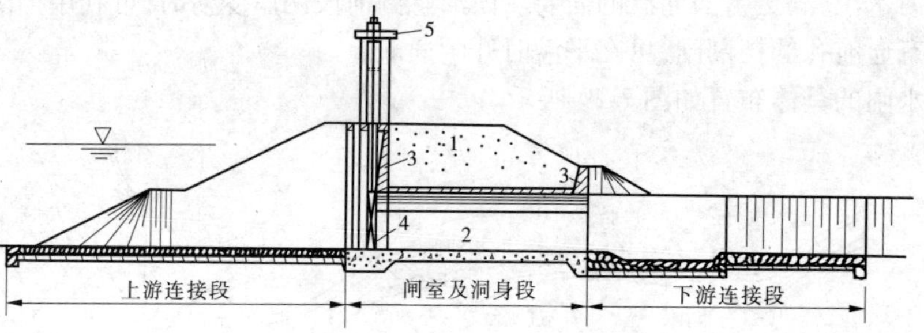

1—堤坝;2—涵洞;3—挡土墙;4—工作闸门

图 7-31　涵洞式水闸闸室结构形式

壤被淘空,危及水闸的安全。因此,水闸应有妥善的防渗设施,防止产生渗透变形。

水闸过水时,过闸水流具有较大的动能,对下游会产生严重的冲刷,引起水闸失事。因此,水闸下游必须采取有效的消能防冲设施,防止产生冲刷破坏。

土基上的水闸,由于地基的抗剪强度低,压缩性较大,在自重和外荷载的作用下,可能产生较大的沉陷,导致水闸倾斜,严重的会引起水闸断裂。因此,必须选择合理的水闸形式、施工程序及地基处理的方法等,以减小过大沉降和不均匀沉降。

(三)水闸的组成

水闸由闸室段、上游连接段和下游连接段三部分组成,如图 7-32 所示。

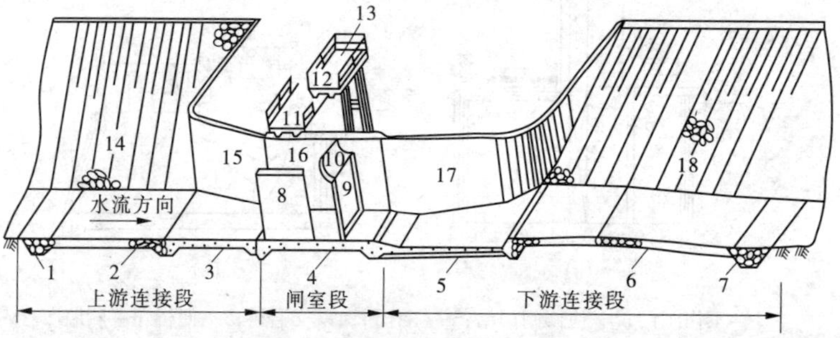

1—上游防冲槽;2—上游护底;3—防渗铺盖;4—闸室底板;5—消力池;6—海漫;7—下游防冲槽;8—闸墩;9—闸门;10—胸墙;11—交通桥;12—工作桥;13—启闭机;14—上游护坡;15—上游翼墙;16—边墩;17—下游翼墙;18—下游护坡

图 7-32　水闸的组成

1. 闸室段

闸室段是水闸的主体,其作用是调节水位和控制流量,包括闸室底板、闸墩、闸门、胸墙、工作桥和交通桥等。闸室底板是闸室的基础,承受闸室的全部荷载,并传递给地基。水闸利用底板与地基间的摩擦力维持闸室的稳定,底板还兼起防渗和防冲的作用。闸墩的作用是分隔闸孔,支承闸门和上部的桥梁。工作桥供布置启闭设备和工作人员操作、检修之用。交通桥用于连接两岸交通。

2. 上游连接段

上游连接段的主要作用是将上游来水平顺地引进闸室,防止冲刷,包括防渗铺盖、上游护底、上游防冲槽、上游翼墙和上游护坡等。铺盖起防渗和防冲作用。上游护底、防冲槽和两岸护坡主要是防止进闸水流冲刷上游河床及岸坡,以免引起闸室破坏。

3. 下游连接段

下游连接段的主要作用是消能防冲,包括消力池、海漫、下游防冲槽、下游翼墙、下游护坡等。消力池紧接闸室布置,其主要作用是消能,兼起防冲的作用。海漫的作用是进一步消除水流余能,均匀扩散水流,防止河床产生冲刷破坏。防冲槽是防止下游河床产生的冲坑向上游蔓延的防冲加固措施。下游翼墙的作用是引导过闸水流均匀扩散,保护两岸免受冲刷,在海漫和防冲槽范围内,两岸应做护坡,防止岸坡受到冲刷。

(四)水闸的构造

1. 消力池

水闸过水时,易产生多种不利的水流形态,会对下游产生有害冲刷,必须采取相应的消能措施。水闸的消能方式一般都采用底流式消能。底流式消能通常要设置消力池。消力池构造组成(见图7-33):消力池护坦,其作用为形成消力池底,并保护河道底不产生冲刷;斜坡段,其作用为将水流平稳引入池内;护坦末端处的尾槛,主要作用是促成底流式流态的形成并与下游侧的海漫连接;护坦的中后部一般应设排水孔,在护坦底部铺设反滤层。排水孔孔径一般为5~25 cm,间距为1.0~3.0 m,呈梅花形布置。

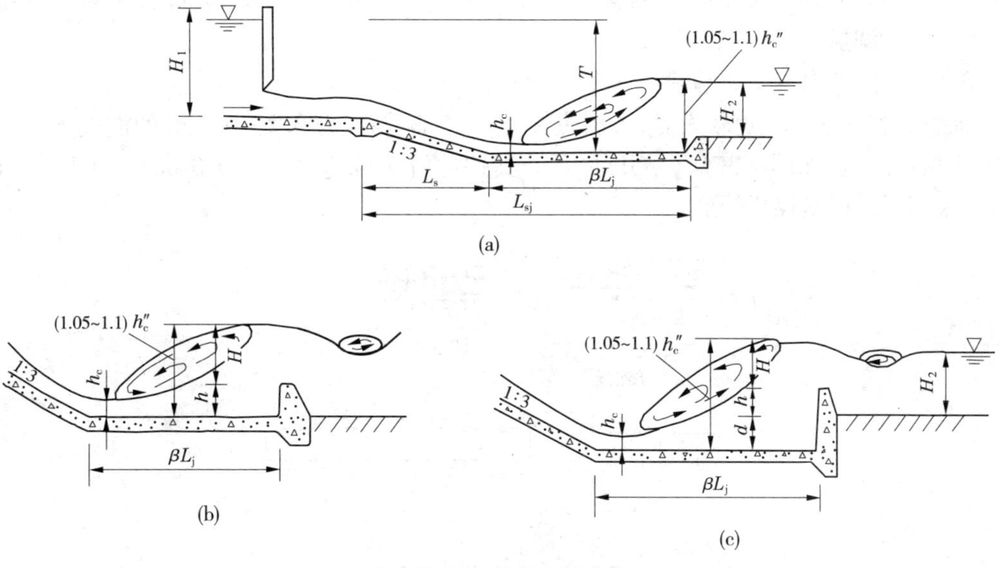

图7-33 消力池构造

消力池底板同闸室底板和下游翼墙之间均应设缝,以适应地基的不均匀沉陷和混凝土温度变形。

2. 海漫

过闸水流经消力池消能后,仍有部分剩余能量,对河床和岸坡产生冲刷。因此,在消力池的后面仍应采取防冲加固措施,进一步消除水流余能。土基上水闸采用的下游防冲加固措施通常是设置海漫和防冲槽(见图7-34)。

海漫的长度取决于水流剩余能量的大小,水流扩散情况及河床土质的防冲能力。海漫的材料要求有一定的柔性、粗糙度和透水性。常用的海漫形式有干砌石海漫、浆砌石海漫、混凝土和钢筋混凝土海漫。

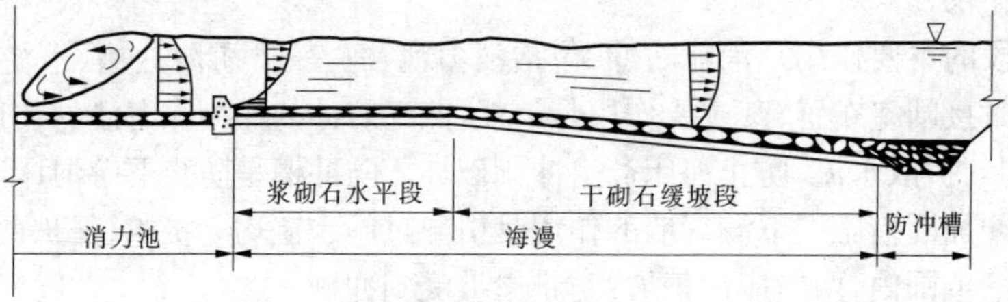

图 7-34　海漫布置示意图

1）干砌石海漫

如图 7-35（a）所示，块石直径应大于 30 cm，厚度为 0.3 ~ 0.6 m，下面铺设厚度各为 10 ~ 15 cm的粗砂、碎石垫层。其抗冲流速为 2.5 ~ 4.0 m/s。干砌石海漫多设置在海漫中后段。

2）浆砌石海漫

浆砌石海漫常以粒径大于 30 cm 的块石，用强度等级 M5 或 M8 的水泥砂浆砌筑而成，厚度为 0.3 ~ 0.5 m。其抗冲流速为 3.0 ~ 6.0 m/s。浆砌石海漫一般设于海漫前端 5 ~ 10 m 的范围内，因为此处水流流速较大，紊动剧烈。浆砌石海漫透水性差，因此其上多设有排水孔，下面铺设滤层（见图 7-35（b））。

3）混凝土、钢筋混凝土海漫

缺少石料地区或流速较大时，可用边长为 2 ~ 5 m、厚度为 0.2 ~ 0.3 m 的混凝土或钢筋混凝土板做海漫，如图 7-35（c）、（d）所示。其抗冲流速可达 6.0 ~ 10.0 m/s。为增加粗糙度，可采用斜面或城垛拼铺形式。

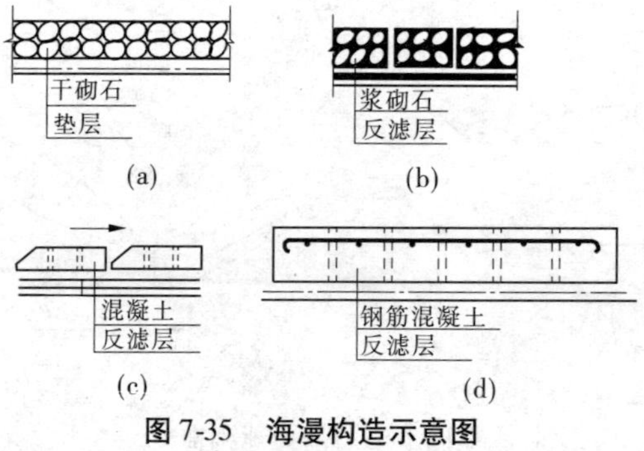

图 7-35　海漫构造示意图

海漫的布置，在紧接消力池的一段，因流速较大，水流紊动剧烈，可设成水平的，宜采用混凝土海漫、浆砌块石海漫或用较大块石铺砌，下面铺设反滤层。接下来的斜坡段，可用干砌石铺筑，下设垫层。

3. 防冲槽

海漫虽然可以进一步消除水流余能，但仍不能完全避免冲刷。为使下游河床不产生冲刷破坏，在海漫末端设防冲槽，槽内填以块石。当海漫后河床发生冲刷时，槽内块石自动塌下保护冲刷坑的上游斜坡，防止冲刷坑向上游扩展。防冲槽多做成梯形断面，槽内块石量稍多于冲刷坑形成后上游坡护面所需要的块石量。为了便于施工，实际工程中多采用宽浅式断面的防冲槽，槽深为 1.5 ~ 2.0 m，梯形断面的两腰按河床土质的安全坡度确定（见图 7-36）。

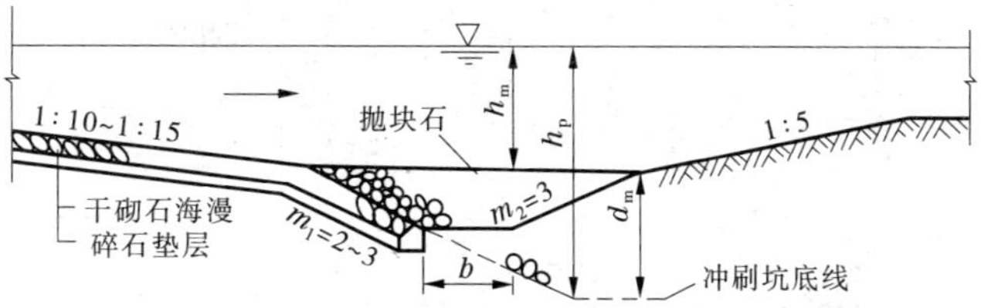

图 7-36　抛石型防冲槽

距河床不深处有坚硬土层时,可在海漫末端将板桩打入或深齿墙做到坚硬土层中去,形成截断式防冲槽。如坚硬土层很深,应将齿墙或板桩打到可能的冲坑深度以下,在墙或板桩后再用堆石保护(见图 7-37)。

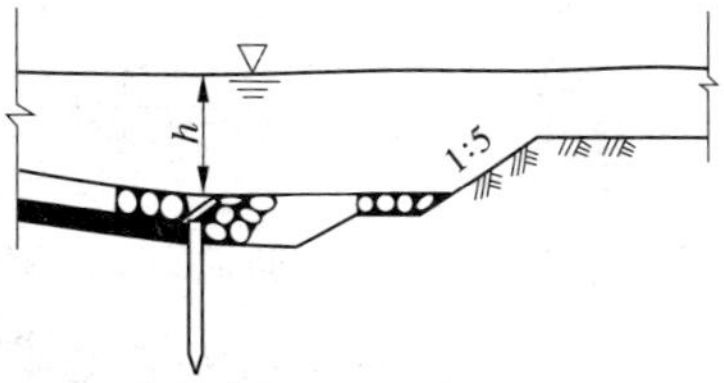

图 7-37　板桩结合抛石型防冲槽

4. 上游河床和上下游岸坡的保护

水流自上游河床流向闸室,流速逐渐加大,对河床和岸坡可能造成冲刷。因此,应在上游靠近铺盖的一段河床和岸坡用砌石保护一定的长度。其顺水流方向的长度,一般为 3 ~5 倍上游水深。愈靠近铺盖的一段,流速愈大,可用浆砌块石护底护坡;愈向上游,流速渐进正常状态,可用干砌块石保护。土质抗冲能力较低时,护底的上游端还应设置厚度为 1.0 m 左右的防冲槽。块石保护的厚度通常取 0.3 ~0.5 m,其下应铺设垫层。

下游岸坡因受较大流速和水面波动的影响,应设护坡。护坡的长度应大于河底防护长度。护坡下应铺设垫层,以防止水流淘刷或水位降落时河岸土粒被渗流带走。护坡末端应设置深度较大的砌石齿墙一道。

为了增加护砌的稳定性,把护砌(特别是干砌块石)可能发生破坏的面积限制在一定的范围内,在块石护砌段,纵、横向每隔 8 ~10 m 设置浆砌块石石埂一道,断面尺寸为 0.3 m×0.5 m。

(五)水闸的两岸连接建筑物

水闸与两岸连接处应设置连接建筑物,它们包括上、下游翼墙,边墩或岸墙,刺墙和导流墙等。连接建筑物的作用是导流、挡土、防渗、防冲和改善闸室受力状况,是水闸中比较重要的组成部分,工程量一般占总工程量的 15% ~40% ,孔数越少,所占比重越大。

1. 两岸连接建筑物的布置

1)上、下游翼墙的布置

上、下游翼墙顺水流方向的投影长度,应分别大于或等于铺盖、消力池的长度。平面上上游翼墙的收缩角可适当大一些,下游扩散角应有所限制,不宜大于 7° ~12°。翼墙顶高程,一般均应高于最不利的上、下游最高水位。

翼墙的布置形式有以下几种:

(1)反翼墙。翼墙自闸室向上、下游延伸一段距离,然后垂直流向插入河岸。为改善水流条件,可在转角处做成圆弧形,如图 7-38(a)所示,或者将上、下游翼墙都做成圆弧形。若为单向水头水闸,下游翼墙尽量采用八字墙,如图 7-38(a)所示。小型水闸的翼墙自闸室处即垂直插入堤岸,叫做一字墙,如图 7-38(b)所示。

(2)扭曲面翼墙。翼墙迎水面是由与闸室连接处的铅直面,向上、下游逐渐变为倾斜

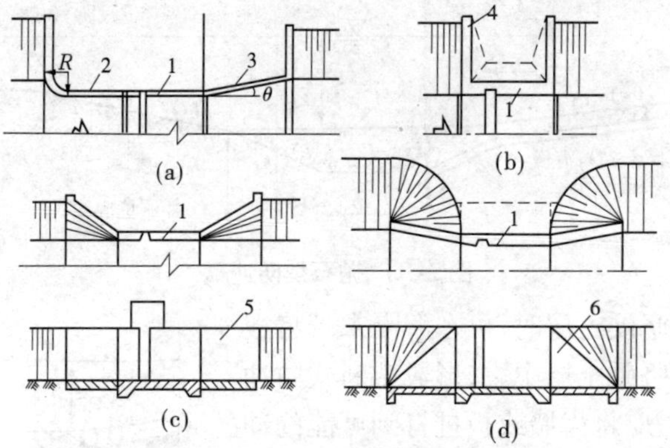

1—边墩;2—反翼墙;3—八字墙;4—一字墙;5—扭曲面;6—斜降墙

图 7-38　翼墙平面布置形式

面,与河岸的护坡同坡度并相连。断面形式在闸室端为重力式挡土墙断面,另一端则为护坡形式,如图 7-38(c)所示。这种布置形式的水流条件好,工程量小,但施工复杂,墙身易产生断裂。

(3)斜降墙。翼墙在平面上布置成八字形,随着翼墙向上、下游延伸,其高度逐渐降低,最后与河底相连,如图 7-38(d)所示。这种布置形式防渗条件差,泄流时闸孔附近易产生立轴漩涡,但工程量较省,施工简单,故水头差较小的小型水闸多采用这种形式。

2)边墩或岸墙的布置

边墩或岸墙是闸室段的两岸连接建筑物。边墩一般是靠近岸边的闸墩,岸墙则是一种挡土结构。工程中常见的有以下几种布置形式:

(1)边墩连接式。当闸室不太高或地基承载力较大时,可利用边墩直接与两岸或土坝连接。边墩和闸室底板可以连成整体也可分开(见图 7-39)。此时,边墩除起支承闸门及上部结构、防冲、防渗、导水作用外,还要起挡土作用。

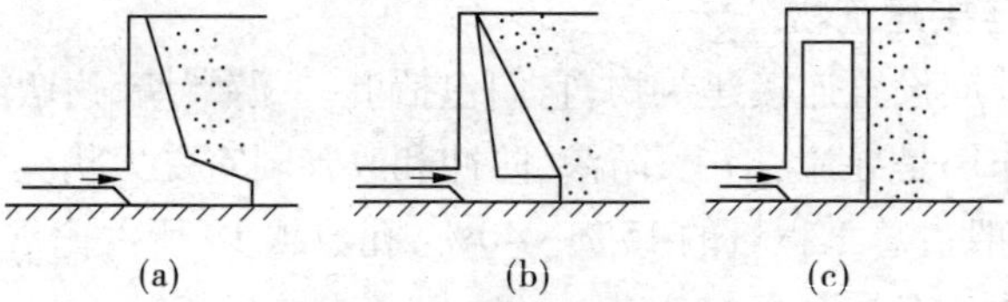

图 7-39　边墩直接挡土形式

(2)边墩之后岸墙连接式。当闸室较高或地基软弱时,在边墩后面另设置岸墙,起挡土作用,边墩只起闸墩作用。这种布置可以减小边墩和底板的内力,减少不均匀沉陷,如图 7-40所示。其优点是可大大减轻边墩负担,改善闸室受力条件。

图 7-40　岸墙连接形式

(3)护坡连接式。当地基承载力过低时,还可采用保持河岸的原有坡度或将土坝修整成稳定边坡,用钢筋混凝土挡土墙连接边墩与河岸或土坝,边墩不挡土的形式,如图7-41所示。

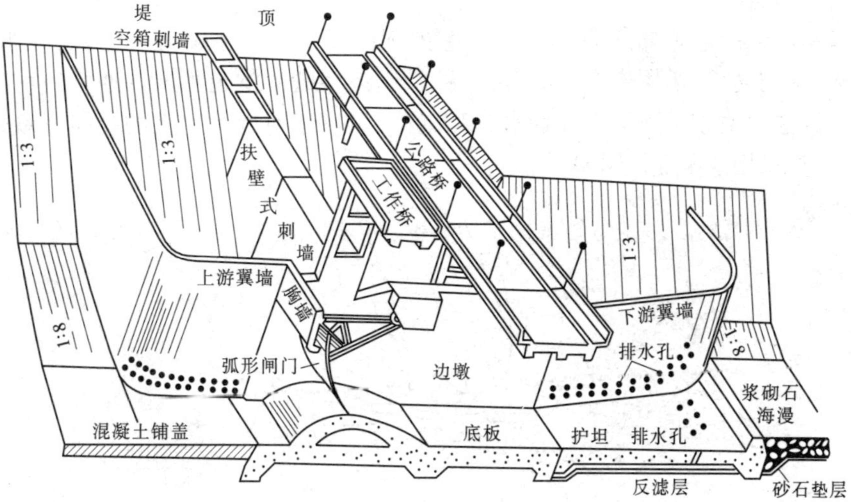

图7-41　护坡连接形式

2. 边墩、岸墙和翼墙的结构形式

两岸连接建筑物的结构形式主要有重力式、悬臂式、扶壁式和空箱式等。

(1)重力式。墙身用混凝土或浆砌石建造,高度一般不大于5~6 m,底板常用混凝土浇筑,厚0.4~0.6 m,如图7-42(a)所示。为减小土压力,重力式挡土墙可做成衡重式,如图7-42(b)所示。

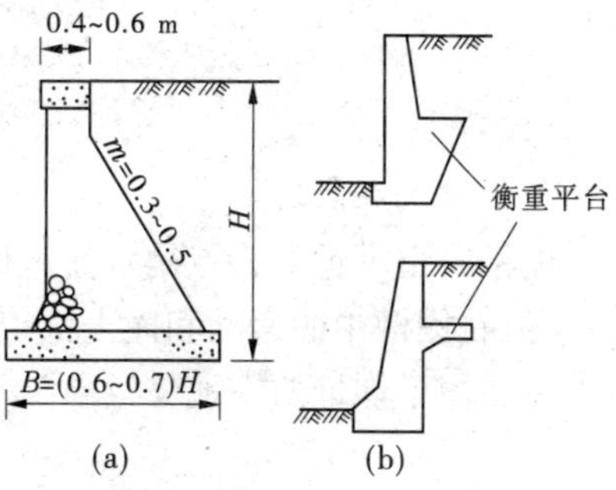

图7-42　重力式挡土墙

(2)悬臂式。用钢筋混凝土建造,由直墙和底板组成的一种轻型挡土结构(见图7-40(a)),直墙高度一般不大于6~9 m。用做翼墙时,断面为倒T形;用做岸墙时,则为L形。

(3)扶壁式。由直墙、底板和扶壁(或称扶垛)三部分组成(见图7-40(b)),利用直墙和扶壁共同挡土。可采用钢筋混凝土结构,也可采用浆砌石结构。

(4)空箱式。当挡土高度较高,且地基承载能力较低时,可采用空箱式(见图7-40(c))。空箱式多用钢筋混凝土结构,也有用浆砌块石建造墙身,而底板为钢筋混凝土材料的。

五、河岸式溢洪道

溢洪道是水库枢纽中的主要建筑物之一,它承担着宣泄洪水、保护工程安全的重要作用。

溢洪道可以与拦河坝相结合,做成既能挡水又能泄水的溢流坝式(河床式溢洪道),也可以在坝体以外的河岸上修建溢洪道(河岸式溢洪道)。当拦河坝的坝型适于坝顶溢流时,采用前者是经济合理的;但当拦河坝是土石坝时,几乎都采用河岸溢洪道;在薄拱坝或轻型支墩坝的水库枢纽中,当水头高、流量大时,也应以河岸溢洪道为主;在重力坝的水库枢纽中,河谷狭窄、布置溢流坝和坝后电站有矛盾,而河岸又有适于修建溢洪道的条件时,也应考虑修建河岸溢洪道。因此,河岸溢洪道的应用是很广泛的。

(一)正常溢洪道

1. 正槽式溢洪道

正槽式溢洪道的形式如图7-43所示。它的泄水槽与堰上水流方向一致,故水流平顺,超泄能力大,结构简单,运用安全可靠,是一种采用最多的溢洪道形式。通常所称的河岸溢洪道即指这种溢洪道。其适用于各种水头和流量,当枢纽附近有适宜的马鞍形垭口和有利的地质条件时,采用这种溢洪道最为合理。

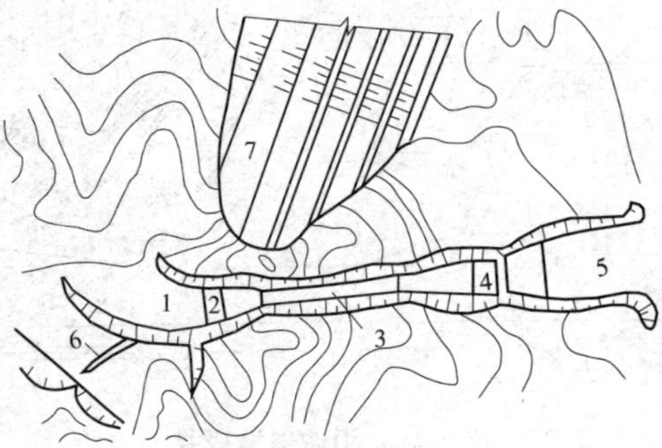

1—引水渠;2—溢流堰;3—泄槽;4—消力池;
5—尾水渠;6—非常溢洪道;7—土石坝

图7-43 正槽式溢洪道

2. 侧槽式溢洪道

侧槽式溢洪道的特点是水流过堰后约转90°弯经泄水槽流入下游,如图7-44所示。因此,水流在侧槽中的紊动和撞击都很强烈,且距坝头较近,直接关系到大坝的安全。侧槽式溢洪道适用于坝址两岸地势较高、岸坡较陡的中小型水库。

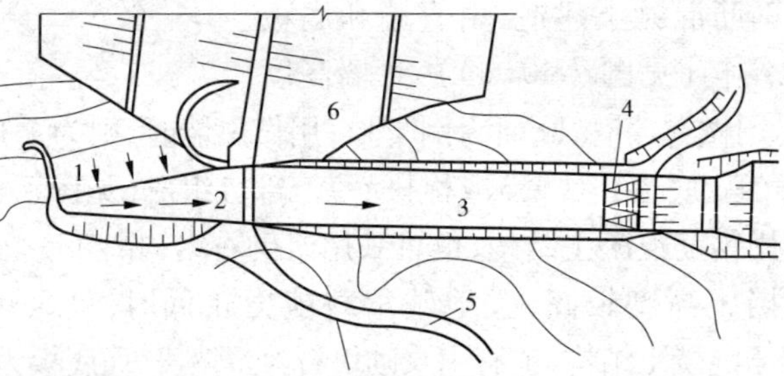

1—溢流堰;2—侧槽;3—泄槽;4—消能段;5—上坝公路;6—土石坝

图7-44 侧槽式溢洪道

3. 井式溢洪道

井式溢洪道的形式如图7-45所示。它由进水喇叭口、渐变段、竖井和泄水隧洞等部分组成。进水喇叭口是一个环形的溢流堰,水流过堰后,经竖井和泄水隧洞流入下游。泄水隧洞若能利用施工导流隧洞可使溢洪道的造价大为降低。井式溢洪道适用于岸坡较陡峻、地质条件好、地形条件适宜的情况。其缺点是水流条件复杂,超泄能力低,应用较少。

4. 虹吸式溢洪道

虹吸式溢洪道是由具有虹吸作用的曲管和淹没在上游水位以下的进口(又叫遮檐)所

组成的，如图7-46所示。在水库正常高水位以上设有通气孔，当上游水位超过正常高水位时，淹没通气孔，水流溢过曲管顶部经挑流坝下泄，虹吸作用发生而自动泄水。当水库水位下降至通气孔以下时，由于进入空气，虹吸作用自动停止。这种溢洪道的优点是可自动调节水位；缺点是构造复杂，超泄能力较小，且易堵塞，应用较少。

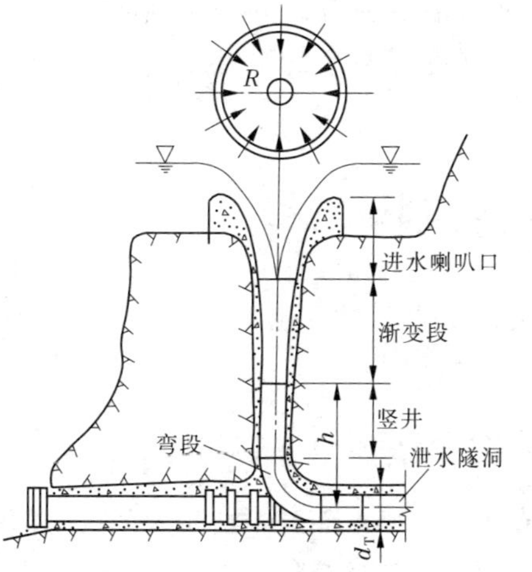

图7-45　井式溢洪道

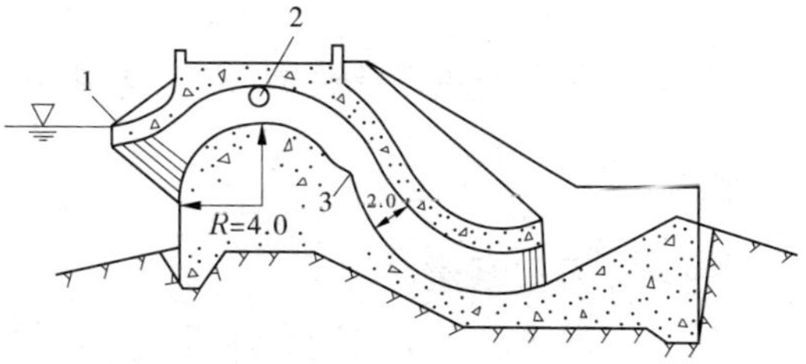

1—遮檐；2—通气孔；3—挑流坎

图7-46　虹吸式溢洪道　（单位：m）

由于正槽式溢洪道和侧槽式溢洪道的整个流程是完全开敞的，故又称为开敞式溢洪道；而把井式溢洪道和虹吸式溢洪道叫做封闭式溢洪道。

（二）非常溢洪道

溢洪道是水库安全运行的保证，但它只在遇洪水时才启用。一般常遇洪水只需启用正常溢洪道，但当遇有超过设计标准的洪水时，正常溢洪道不能及时宣泄超标准洪水情况下，应启用非常溢洪道。由于超标准洪水出现机会极少，所以可用构造简单的非常溢洪道来宣泄。非常溢洪道比较常用的有漫顶自溃式、引冲自溃式和爆破引溃式三种。

1. 漫顶自溃式非常溢洪道

漫顶自溃式非常溢洪道由自溃式土石坝、溢流堰和泄槽组成，如图7-47所示，正常情况下可以拦蓄洪水，当水位超过一定高程时，水流漫顶自动冲开土石坝泄洪。这种形式的优点是结构简单，造价较低，施工方便，但需要有合适的地形地质条件；缺点是运行的灵活性较差，无法进行人工控制，可能造成溃坝的提前或延迟，一般只适用于自溃坝高度较低，分担泄洪比重不大的情况。

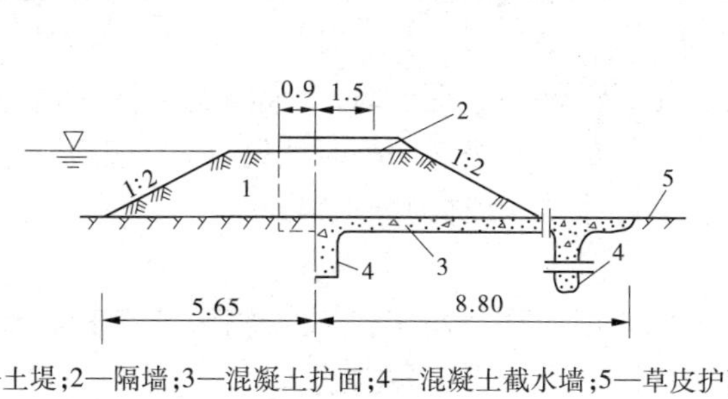

1—土堤；2—隔墙；3—混凝土护面；4—混凝土截水墙；5—草皮护面

图7-47　漫顶自溃式非常溢洪道　（单位：m）

2. 引冲自溃式非常溢洪道

引冲自溃式非常溢洪道是在自溃坝顶部设置低于坝顶的引冲槽，当水位上升时，水流经过引冲槽冲开缺口,而后向两侧扩展,使土石坝在较短的时间内自行溃决。该种自溃坝的优点是溃决过程中泄量逐渐增加,对下游防护较有利。当设置较长的自溃坝时,可采用分段并在不同坝顶高程设引冲槽,泄洪效果更好。

3. 爆破引溃式溢洪道

爆破引溃式溢洪道是利用炸药的爆炸能量,使非常溢洪道进口的副坝坝体形成一定尺寸的爆破缺口,起引冲槽作用使整个副坝溃决来泄放库区里多余的水量。其优点是引爆破坝可靠程度较高,因此保护主体大坝安全度较高。

第三节　输水建筑物

本节主要介绍渠道以及渡槽、水工隧洞、倒虹吸等几种主要的输水建筑物。

一、渠道

(一)渠道及渠系建筑物

渠道是用来输送水流以满足灌溉、发电、排水或通航等要求而开挖或填筑的人工河槽。

当渠道越过障碍时,需要在渠系上修建各种类型的建筑物,统称为渠系建筑物。渠系建筑物的种类较多,按其主要作用可分为以下几种。

(1)控制建筑物:也称配水建筑物,主要用以控制渠道的水位和分配流量,以满足用水要求,如进水闸、分洪闸等,如图 7-29 所示。

(2)泄水建筑物:是为了保护渠道及建筑物的安全,用以泄放多余水量或放空渠水的建筑物,如溢流堰、泄水闸、退水闸等。

(3)交叉建筑物:是指渠道与山岗、河谷、洼地、道路、桥梁等交叉时所修建的建筑物,以跨越障碍,输送水流,有渡槽、倒虹吸管、涵洞、隧洞、桥梁等。

(4)落差建筑物:也称衔接建筑物,是指渠道通过地面坡度较大的地段时,为使渠底纵坡符合设计要求,避免深挖高填,调整渠底比降,将渠道落差集中所修建的建筑物,如跌水、陡坡等。

(5)量水建筑物:是指用以计量输水或配水的专门设施,如量水堰、量水槽、量水喷嘴等。工程中常利用水闸、渡槽、陡坡、跌水、倒虹吸等建筑物进行量水。

(6)冲沙和沉沙建筑物:为防止渠道淤积,在渠首或渠系中设置冲沙和沉沙设施,如冲沙闸、沉沙池或沉沙条渠等。

灌溉渠道一般可分为干、支、斗、农、毛五级,构成灌溉系统,如图 7-48 所示。

其中,前四级为固定渠道,最后一级多为临时性渠道。一般干、支渠主要起输水作用,称为输水渠道;斗、农渠主要起配水作用,称为配水渠道。

(二)渠道的选线

渠道的线路选择关系到灌区合理开发、渠道安全输水及降低工程造价等关键问题,应综合考虑地形、地质、施工条件及管理要求等各因素。

1. 地形条件

在平原地区,渠道路线最好选为直线,并力求选在挖方与填方相差不大的地方。若不能满足这一条件,应尽量避免深挖方和高填方地带,转弯也不应过急。对于有衬砌的渠道,转

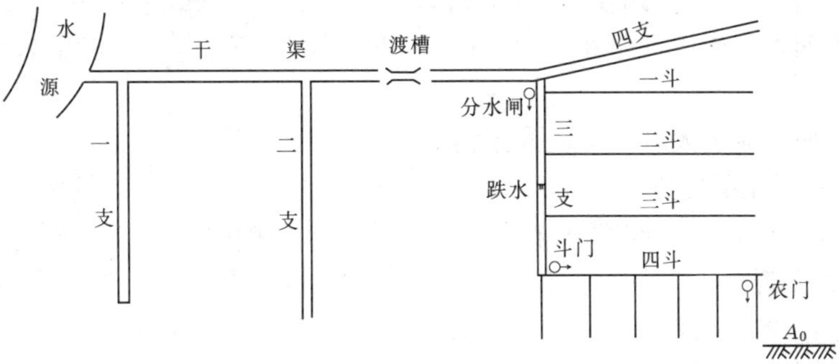

图 7-48 灌区渠系布置示意

弯半径应不小于 2.5 倍的渠道水面宽度；对于不衬砌的渠道，转弯半径应不小于 5 倍渠道水面宽度。

在山坡地区，渠道路线应尽量沿等高线方向布置，以避免过大的挖填方量。当渠道通过山谷、山脊时，应对高填、深挖、绕线、渡槽、穿洞等方案进行比较，从中选出最优方案。

2. 地质条件

渠道线路应尽量避开渗漏严重、流沙、泥泽、滑坡以及开挖困难的岩层地带。必要时，可采用多种方案进行比较，如采取防渗措施以减少渗漏，采用外绕回填或内移深挖以避开滑坡地段，采用混凝土或钢筋混凝土衬砌以保证渠道安全运行等方案。

3. 施工条件

为了改善施工条件，确保施工质量，应全面考虑施工时的交通运输、水和动力供应、机械施工场地、取土和弃土位置等条件。

4. 管理要求

渠道的线路选择要和行政区划分与土地利用规划相结合，确保每个用水单位均有独立的用水渠道，以便于运用和管理维护。

总之，渠道的线路选择必须重视野外踏勘工作，从技术、经济等方面仔细分析比较，才能使渠道运用方便、安全可靠、经济合理。

（三）渠道的纵、横断面设计

合理的渠道断面，应能满足以下几个方面的具体要求：

（1）有足够的输水能力，以满足用水需要；

（2）有足够的水位，以满足自流输水的要求；

（3）有稳定的边坡，以保证渠道不坍塌、不滑坡；

（4）有适宜的渠道水流速度，以满足渠道不冲、不淤或周期性冲淤平衡的要求；

（5）有合理的断面形式，以减少渗透损失，提高输水利用系数；

（6）适合满足综合利用要求，做到一专多能；

（7）尽量使工程量最小，以有效地降低工程投资。

1. 渠道的纵断面

渠道纵断面设计合理与否关系到渠道输水能力的大小、控制灌溉面积的多少、工程造价的高低及渠道的稳定与安全。因此，渠道纵坡选择时应注意以下几项原则：

（1）地形方面。一般尽量接近地面坡度，以避免深挖高填。

(2)地质方面。易冲刷的渠道,纵坡宜缓;地质条件好的渠道,纵坡可适当陡一些。

(3)泥沙方面。水流含沙量小时,应注意防冲,纵坡宜缓;水流含沙量大时,应注意防淤,纵坡宜陡。

(4)流量方面。流量大时纵坡宜缓,流量小时可陡些。

渠道的纵坡 i 应根据地形、地质条件和渠道的重要性而定。一般干渠纵坡为 1/5 000 ~ 1/10 000,支渠为 1/1 000 ~ 1/3 000,农渠和毛渠可陡于 1/1 000。在进行纵坡设计时,应尽量使挖方和填方大致相等。

为了便于渠道的运用管理和保证渠道的安全,堤顶应有一定的宽度和超高。一般情况下,可以根据渠道设计流量的大小,参考表 7-5 确定。如果渠道的堤顶与交通道路相结合,则堤顶应根据交通要求确定。

表 7-5　堤顶宽度和安全超高数值

项 目	田间毛渠	固定渠道流量(m^3/s)						
		<0.5	0.5 ~ 1	1 ~ 5	5 ~ 10	10 ~ 30	30 ~ 50	>50
超高(m)	0.1 ~ 0.2	0.2 ~ 0.3	0.2 ~ 0.3	0.3 ~ 0.4	0.4	0.5	0.6	0.8
顶宽(m)	0.2 ~ 0.5	0.5 ~ 0.8	0.8 ~ 1	1 ~ 1.5	1.5 ~ 2	2 ~ 2.5	2.5 ~ 3	3 ~ 3.5

2. 渠道的横断面

渠道横断面的形状一般采用梯形,它便于施工,并能保持渠道边坡的稳定,如图 7-49(a)、(c)所示。在坚固的岩石中开挖渠道时,宜采用矩形断面,以节省工程量,如图 7-49(b)、(d)所示。当渠道通过城镇工矿区或斜坡地段,渠宽受到限制时,可采用混凝土等材料予以砌护,如图 7-49(b)、(d)所示。

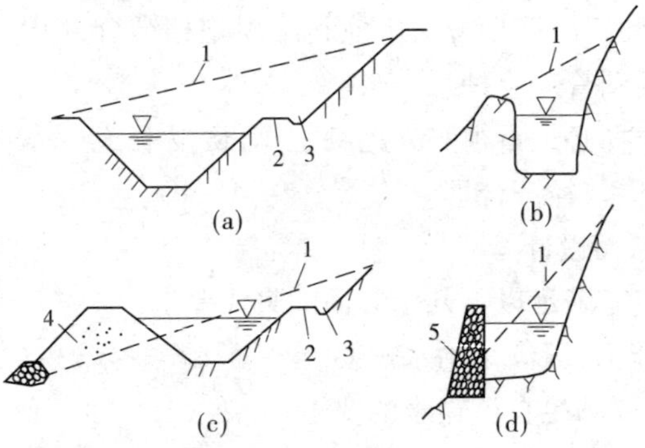

1—原地面线;2—马道;3—排水沟;4—填方堤;5—浆砌石堤

图 7-49　渠道横断面

渠道的断面尺寸,一般应根据使用要求,通过水力计算确定。设计时应根据设计流量设计,按照加大流量校核。

对于梯形渠道,断面设计参数主要包括边坡系数 m、糙率 n、渠底纵坡 i、断面宽深比 α($\alpha = b/h$,b为底宽,h 为渠道水深)等,根据设计参数即可由明渠均匀流公式确定渠道断面尺寸。流量公式 $Q = AC\sqrt{Ri}$,其中,A 为过水断面面积,C 为谢才系数,$C = \frac{1}{n}R^{1/6}$,R 为水力半径。此外,还需满足渠床稳定要求,即渠道满足不冲不淤要求。

梯形土质渠道两侧的边坡系数应根据土质情况和开挖深度或填土高度确定，一般取1～2。对于挖深大于5 m或填土高度超过3 m的土坡，必须根据稳定条件确定，计算方法同土石坝的边坡稳定计算。为使边坡稳定及便于管理，对于边坡较高的情况，沿高度每隔4～6 m设一马道，马道宽1.5～2 m，在马道内侧设排水沟，如图7-50所示。

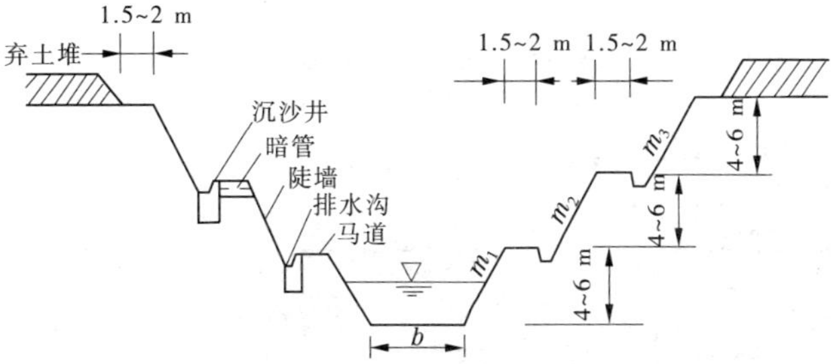

图7-50　深挖方渠道横断面图

渠道的糙率n是反映渠床粗糙程度的指标，主要依据渠道有无护面、养护、施工情况等选择确定。一般渠道可参考有关水力计算表格加以选定，应尽量接近实际值，大型渠道应通过试验分析确定。

渠道的纵坡i应根据纵断面设计要求确定，一般情况下，可参考表7-6所列数值。

表7-6　渠道坡降一般数值

渠道级别	干渠	支渠	斗渠	农渠
平原灌区	1/5 000～1/10 000	1/3 000～1/5 000	1/2 000～1/5 000	1/1 000～1/3 000
滨湖灌区	1/8 000～1/15 000	1/6 000～1/8 000	1/4 000～1/5 000	1/2 000～1/3 000
丘陵灌区	1/2 000～1/5 000	1/1 000～1/3 000	石渠1/500，土渠1/2 000	石渠1/300，土渠1/1 000

对于渠道断面宽深比α：一般情况下，流量大，含沙量小，渠床土质较差时多用宽浅式渠道，即α取大值；反之，宜采用窄深式渠道，即α取小值。

（四）渠道的构造

渠道的边坡系数m取决于土壤的条件，填方的边坡要比挖方的边坡平缓，深水渠道的边坡要比浅水渠道的边坡平缓，土渠一般采用$m=1\sim2$。

复式断面的渠道，为使边坡稳定和管理方便，每隔4～6 m深应设一平台，平台宽1.5～2 m，并在平台内侧设排水沟。

渠道可以设衬砌以防渗漏、保护边坡不受冲刷、减小糙率和增加稳定性。渠道衬砌的形式很多，常用的有砌石护面、沥青护面、混凝土护面、土工膜、无纺布及混凝土膜袋等。

二、渡槽

渡槽是为渠道跨越河渠、道路、山谷等而修建的过水的桥，如图7-51所示。

渡槽由槽身、支承结构、基础及进出口建筑物等部分组成。渠道通过进出口建筑物与槽身相连，槽身置于支承结构上，槽身重及槽中水重通过支承结构传给基础，再传至地基。

（一）渡槽的类型

按渡槽的支承结构分类，主要有梁式渡槽（见图7-51）、拱式渡槽（见图7-52）等。

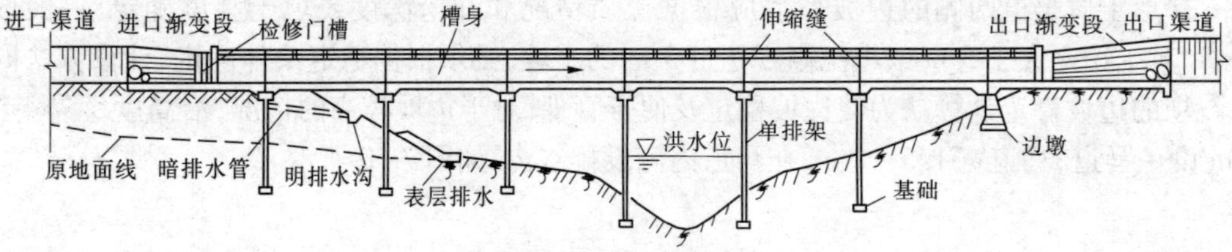

图 7-51　梁式渡槽纵剖面

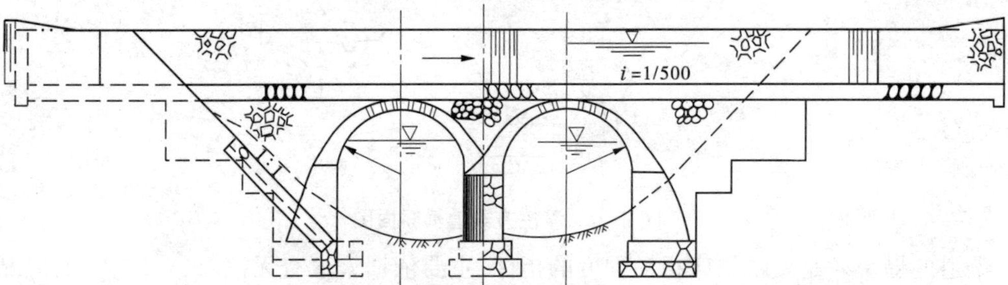

图 7-52　拱式渡槽

按槽身断面分类，常见的有矩形槽（如图 7-53（a）所示为有拉杆矩形槽身，图 7-53（b）所示为无拉杆矩形槽身）和 U 形槽（见图 7-53（c））两大类。

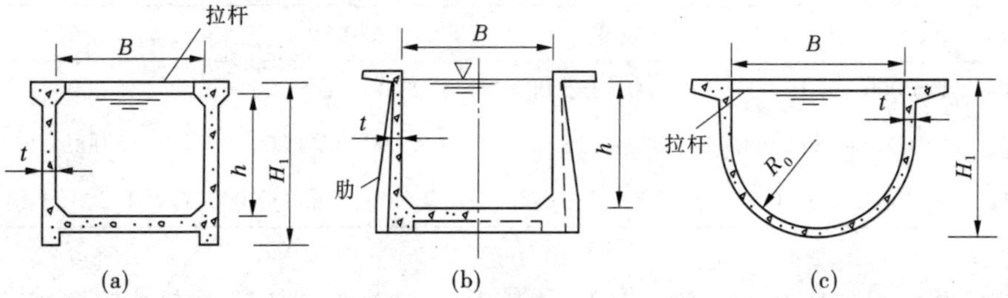

图 7-53　槽身断面形式

按所用材料分类，有木渡槽、砖石渡槽、混凝土渡槽、钢筋混凝土渡槽、钢丝网水泥渡槽等。

按施工方法不同分类，有现浇整体式渡槽、预制装配式渡槽及预应力渡槽。

（二）梁式渡槽

梁式渡槽的槽身置于槽墩或槽架上，因其纵向受力与梁相同，故称为梁式渡槽。

1. 梁式渡槽的类型

根据支承位置的不同，可分为简支梁式渡槽、双悬臂梁式渡槽、单悬臂梁式和连续梁式渡槽。

1）简支梁式渡槽

简支梁式渡槽槽身分缝位置在支承结构处，如图 7-51 所示。其特点是结构形式简单，施工吊装方便，但跨中弯矩较大，整个槽身底板受拉，不利于抗裂防渗，因此限制了渡槽的跨度。

2）双悬臂梁式渡槽

双悬臂梁式渡槽槽身分缝位置在支承结构之外的跨间，如图 7-54（a）所示。与简支梁式相比,其跨中最大弯矩较小,因此可选用较大的跨度,但由于其重量大,施工吊装较困难,当悬臂顶端变形时,接缝处止水容易被拉裂。

3)单悬臂梁式渡槽

单悬臂梁式渡槽一般用在靠近两岸的槽身,或双悬臂梁向简支梁式过渡时采用,如图 7-54(b)所示。

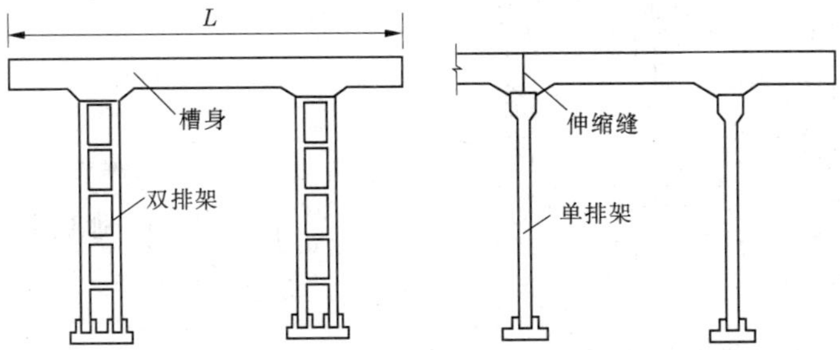

(a)双悬臂梁式　　(b)单悬臂梁式

图 7-54　悬臂梁式渡槽

4)连续梁式渡槽

连续梁式渡槽为超静定结构,弯矩较小,但是适应不均匀沉陷的能力较差。

2. 梁式渡槽的槽身

1)槽身断面形状

梁式渡槽的槽身横断面形状多为矩形,小流量一般采用矩形,也可采用 U 形断面。槽身多为钢筋混凝土结构,U 形槽还可采用钢丝网水泥结构。中小型渡槽无通航要求时,可在槽顶设拉杆,增加稳定性,拉杆间距为 1 ~2 m。

2)槽身构造

为适应变形,各节槽身之间及渡槽与进出口建筑物之间应设变形缝,缝宽一般为 3 ~5 cm,缝内设止水。梁式渡槽的槽身搁置在墩架上,跨径在 10 m 以内时,一般不设专门的支座,直接支承在油毡或水泥砂浆的垫层上,垫层厚度不应小于 10 mm。跨径较大时,在支点处设置两块支座钢板。

3. 梁式渡槽的支承结构

梁式渡槽的支承结构一般有槽墩式和排架式两种。

1)槽墩式

槽墩一般为重力式,包括实体墩和空心墩,如图 7-55 所示。

实体墩的墩头多为半圆形或尖角形。墩长应略大于槽身宽度,每边外伸约 20 cm。墩顶设混凝土墩帽,厚为 0.3 ~0.4 m,四周外挑 5 ~10 cm,并配构造筋。墩身两侧可做成 20∶1 ~30∶1的斜坡。墩帽上设支座。实体墩的高度一般为 8 ~15 m,由混凝土或浆砌石建造。

空心墩的体型及各部分尺寸与实体墩基本相同。其截面形式有圆矩形、矩形、双工字形、圆形等,如图 7-56 所示。其壁厚一般为 15 ~30 cm,为加强整体性和便于起吊施工,竖向每隔 2.5 ~4.0 m 设横梁一道,并在墩顶和墩底设进人孔。空心墩常采用混凝土浇筑或由混凝土预制块砌筑而成。

渡槽与两岸连接时常用重力式边槽墩,简称槽台,因其形式与桥梁基本类似,所以在此

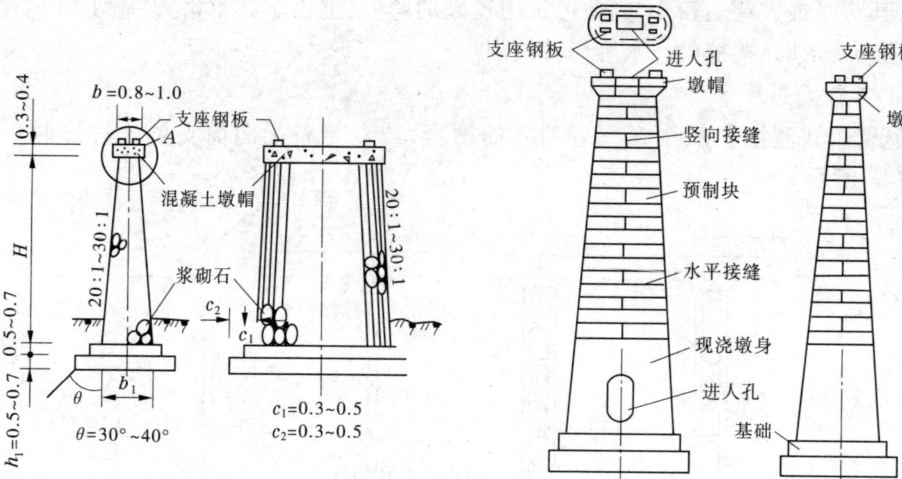

(a)浆砌石实体墩　　(b)空心重力墩

图 7-55　槽墩形式　(单位:m)

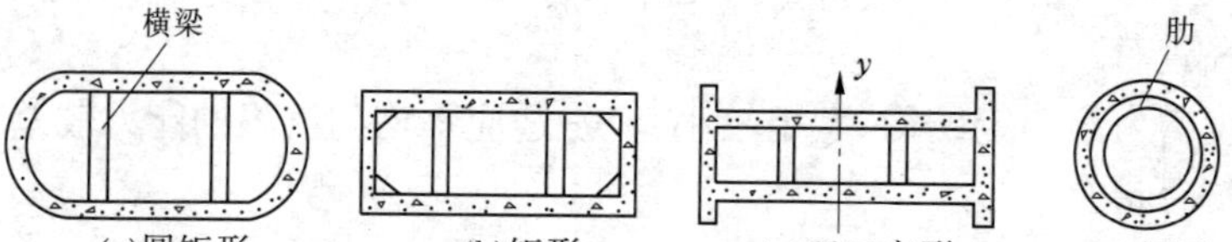

(a)圆矩形　(b)矩形　(c)双工字形　(d)圆形

图 7-56　空心墩横剖面形式

将不再赘述。

2)排架式

排架式一般为钢筋混凝土排架结构,有单排架、双排架、A 字形排架和组合式槽架等形式,如图 7-57 所示。

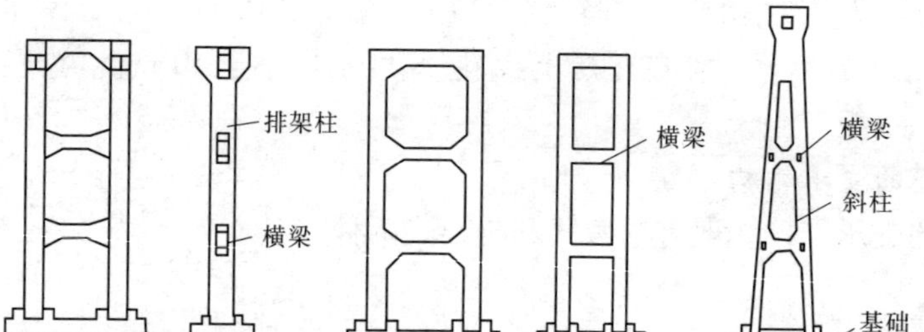

(a)单排架　(b)双排架　(c)A字形排架

图 7-57　排架形式

单排架是由两根支柱和横梁所组成的多层刚架结构,其具有体积小、重量轻、可现场浇筑或预制吊装等优点,在工程中被广泛应用。双排架由两个单排架及横梁组合而成,属于空间框架结构。在较大的竖向及水平向荷载作用下,其强度、稳定性及地基应力均较单排架容易满足要求,适用高度通常为 15 ~25 m。A 字形排架由两片 A 字形单排架组成,其稳定性能好,适用高度较大,但施工较复杂,造价也较高。组合式槽架适用于跨越河道主河槽部位,在最高洪水位以下为重力墩,其上为槽架,槽架可为单排架,也可为双排架。

4. 梁式渡槽的排架基础

1) 基础形式

渡槽的基础与桥梁基本相同,但由于渡槽上部结构相对较轻,其支承结构选用排架式的情况较多,因此除刚性基础、深基础外,对应于排架式支承结构还常有整体板式基础(见图7-58)。此种基础基底面积较大,采用钢筋混凝土梁板结构建造。由于设计时考虑其弯曲变形而按梁计算,故又称柔性基础。这种基础可在较小埋置深度下获得较大的底面积,具有体积小、施工方便、适应变形能力强等特点,一般适用于地基较差、不均匀沉陷较大的情况。

2) 排架与基础的连接

排架与基础的连接形式有固接和铰接两种,如图7-58所示。一般现浇时,排架与基础常整体结合,排架竖向钢筋直接伸入基础内。

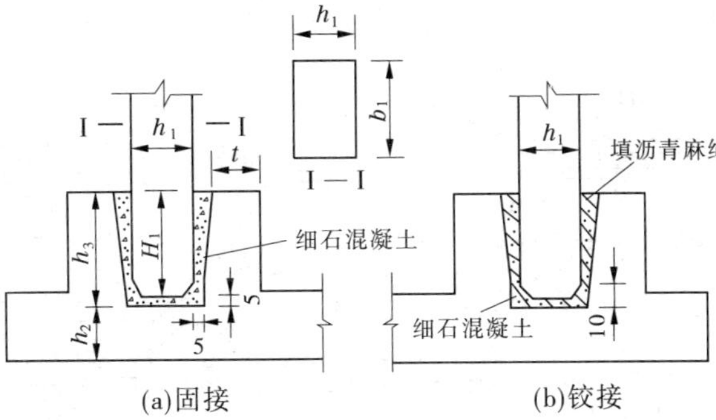

图7-58　排架与基础的连接形式　(单位:cm)

预制装配式排架根据杯口处理方式而定。对于固接,立柱与杯形基础连接时,在杯口底浇灌细石混凝土,然后将立柱插入杯口内,在其四周再浇灌细石混凝土,如图7-58(a)所示。对于铰接,杯口的深度应略大于支柱插入深度,杯壁厚度取15~30 m。在立柱底部填5 cm高的细石混凝土且抹平,将立柱插入杯口后,在四周灌5 cm厚的细石混凝土,最后在其上填以沥青麻绳等柔性材料,如图7-58(b)所示。

(三)拱式渡槽

拱式渡槽是指槽身置于拱式支承结构上的渡槽。与梁式渡槽相比,拱式渡槽的支承结构除槽墩外,又增加了主拱圈、拱上结构两部分。

按照主拱圈的结构形式可分为板拱、肋拱和双曲拱等拱式渡槽,按材料又可分为砌石、混凝土和钢筋混凝土等拱式渡槽。

板拱式渡槽的主拱圈横截面形状为矩形,主拱圈为一块拱形的板,多为砌石或混凝土实体结构,如图7-52所示,故常称石拱渡槽。小型渡槽主拱圈也可采用砖砌。

肋拱式渡槽的主拱圈由几根拱肋组成,拱肋间每隔一定距离设置一道横系梁连接,以增加整体性和稳定性,拱上结构一般为排架,如图7-59所示,肋拱渡槽一般为钢筋混凝土结构。

双曲拱式渡槽主要由拱肋、拱波、横系梁(或横隔板)等部分组成,其主拱圈纵横向截面均为拱形,如图7-60所示。

拱式渡槽主拱圈的拱轴线形式有圆弧形、悬链线形和二次抛物线形三种。

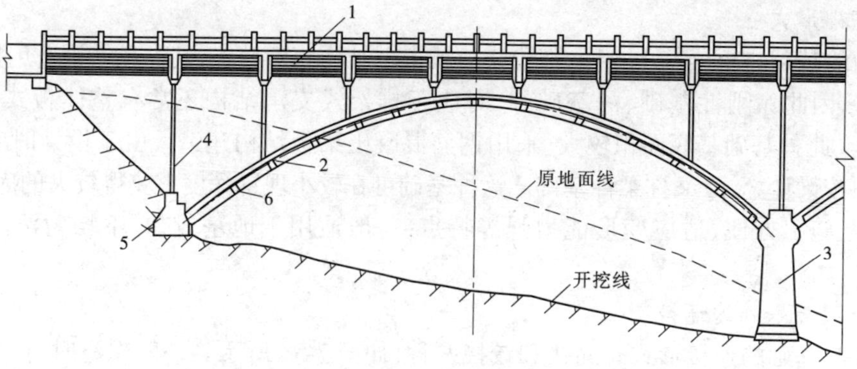

1—槽身;2—肋拱;3—槽墩;4—排架;5—拱座;6—横系梁

图 7-59　肋拱式渡槽

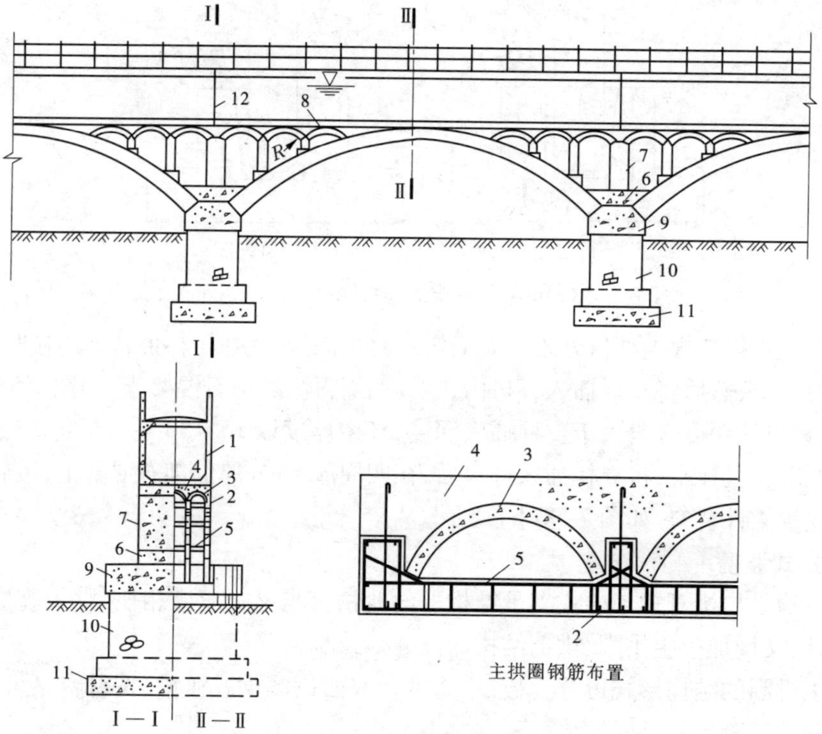

1—槽身;2—拱肋;3—预制拱波;4—混凝土填平层;5—横系梁;6—护拱;7—腹拱横墙;8—腹拱;9—混凝土墩帽;10—槽墩;11—混凝土基础;12—伸缩缝

图 7-60　双曲拱式渡槽及构造

三、水工隧洞

水利工程中为输送水流而在山体或地下开凿的隧洞称为水工隧洞。

(一)水工隧洞的类型

1. 按用途分类

(1)导流隧洞:在水利工程施工阶段,用于施工导流。

(2)泄洪隧洞:宣泄洪水,保证工程安全。

(3)排沙隧洞:排放泥沙,避免淤积而损失库容。

(4)放空隧洞:以利检修或满足人防要求。

(5)发电引水隧洞:集中落差,引水发电。

(6)输水隧洞:穿越山体,为灌溉或城镇供水输送水流。

就其工作性质,前四类隧洞可归纳为泄水隧洞,洞内水流流速较高;后两类属引水隧洞,洞内水流流速较小。

如图 7-61 所示为我国甘肃白龙江上的碧口水利枢纽布置图,拦河坝为 101 m 的心墙坝,左右两岸建有泄洪洞,与右岸坝肩处溢洪道共同泄洪。其中,右岸泄洪洞在施工期兼作导流洞;左岸排沙洞,在运用期用以排除库内部分泥沙;左岸还设有发电引水隧洞。

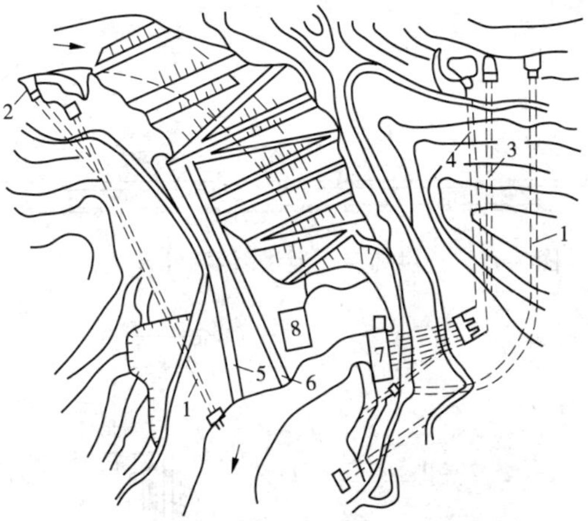

1—泄洪洞;2—导流洞;3—排沙洞;4—发电引水洞;
5—溢洪道;6—过木道;7—电站;8—开关站

图 7-61 碧口水利枢纽布置

2. 按洞内水流状态分类

(1)无压隧洞:洞内为明流,有稳定的自由水面,水面上有一定的净空,一般工作闸门在进口处。如图 7-62 所示为刘家峡无压泄洪隧洞示意。

(2)有压隧洞:水流充满整个隧洞断面,洞内水压力的大小主要取决于洞口之上水的深度,一般工作闸门在出口处。如图 7-63 所示为响洪甸有压泄洪隧洞示意。

(二)水工隧洞的进口建筑物(取水建筑物)

水工隧洞由进口建筑物、洞身段、出口建筑物三部分组成。

水工隧洞进口的构造组成有进水口(曲线段)、拦污栅、闸室段、渐变段、通气孔和平压管等。按其结构形式及闸门操纵方式分类有竖井式、塔式、岸塔式和斜坡式等。

1. 竖井式进水口

竖井式进水口是在隧洞进口处的岩体中开挖竖井,井壁用钢筋混凝土衬护,井下设闸门,启闭设备及操纵室布置在井顶,如图 7-64 所示。

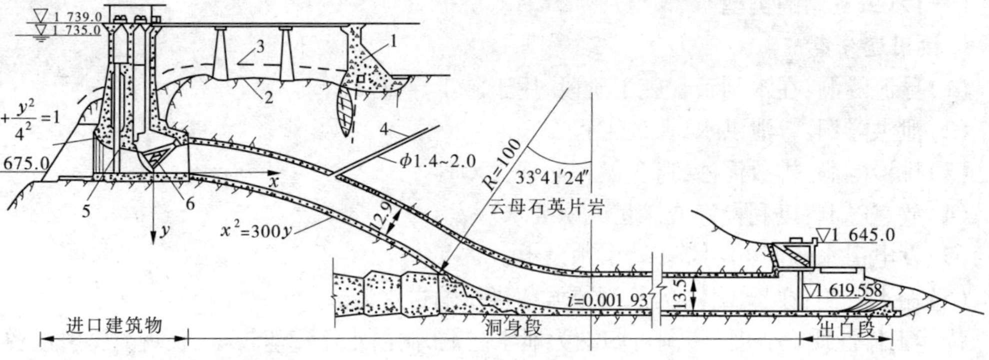

1—混凝土副坝;2—岩面线;3—原地面线;4—通风洞;5—检修闸门;6—弧形工作闸门

图 7-62　刘家峡无压泄洪隧洞　(单位:m)

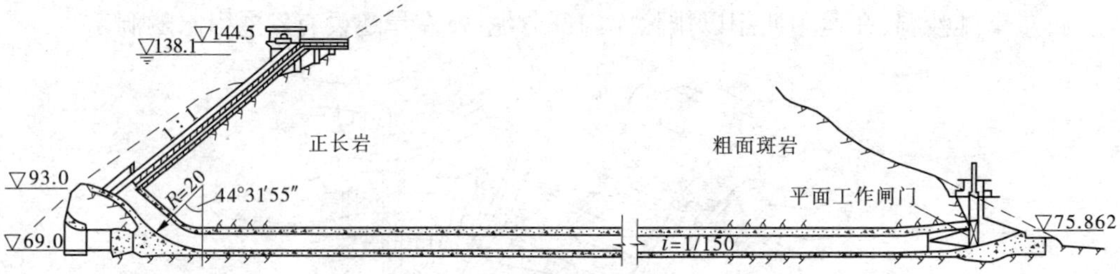

图 7-63　响洪甸有压泄洪隧洞　(单位:m)

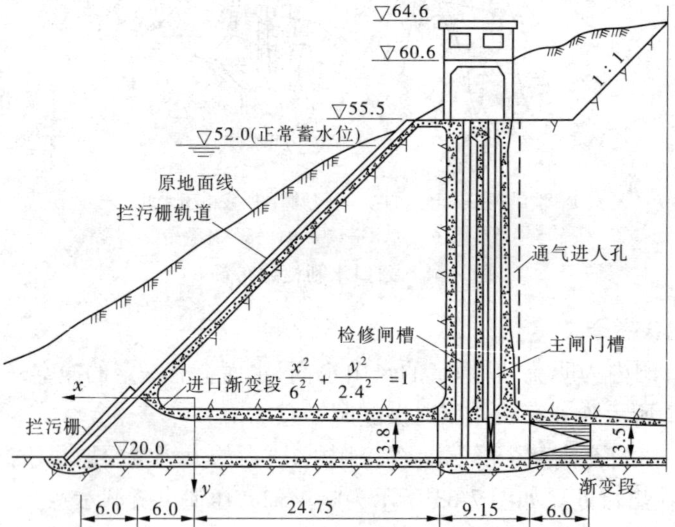

图 7-64　竖井式进水口　(单位:m)

竖井式进水口的优点是结构简单,不需设工作桥,不受风浪、冰冻的影响,抗震性和稳定性好;缺点是竖井开凿困难,闸前部分隧洞常处于水下,检修不便。这种形式适用于岩石条件好的情况。

2. 塔式进水口

塔式进水口是在隧洞进口建造不依靠岸坡的塔,塔底设闸门,塔顶设操纵平台和启闭机室，通过工作桥与岸坡相连，如图7-65所示。塔式进水口常用于岸坡岩石较差，覆盖层较厚，不宜采用靠岸设置进水口的情况。其缺点是：受风、浪、冰、地震影响大，稳定性较差，需较长的工作桥。

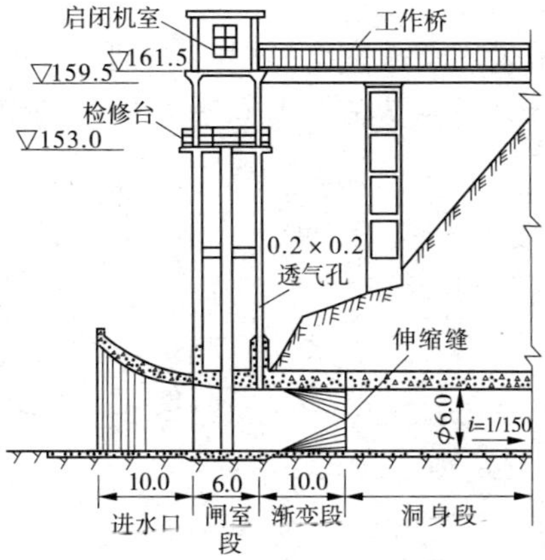

图7-65　塔式进水口　（单位：m）

3. 岸塔式进水口

岸塔式进水口靠在开挖后洞脸的岩坡上修建的直立或倾斜的进水塔，如图7-66所示。塔身依靠在岸坡上，其稳定性比塔式进水口好，对岸坡还有一定的支承作用。这种形式适用于岸坡较陡且岩石坚硬稳定的情况，其施工、安装都比较方便，不需工作桥。

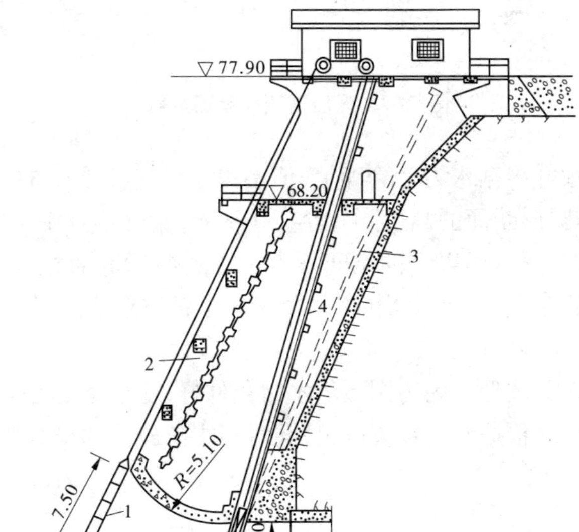

1—拦污栅；2—固定式拦污栅；3—通气孔；4—闸门轨道

图7-66　岸塔式进水口　（单位：m）

4. 斜坡式进水口

斜坡式进水口是直接在岩坡上进行平整开挖、护砌而修建的进水口，闸门和拦污栅的轨道直接安装在斜坡的护砌上。其优点是结构简单，施工方便，造价低；缺点是闸门不易靠自重下降,检修困难。一般只用于中小型工程或仅作为安装检修闸门的进口。

(三)洞身的断面形状和构造

1. 洞身的断面形状和尺寸

1)无压隧洞的断面形状和尺寸

无压隧洞的断面形状通常采用圆拱直墙形(城门洞形),如图7-67(a)所示。当地质条件较差时,可采用马蹄形或卵形(见图7-67(b)、(c)),也可采用圆形断面。

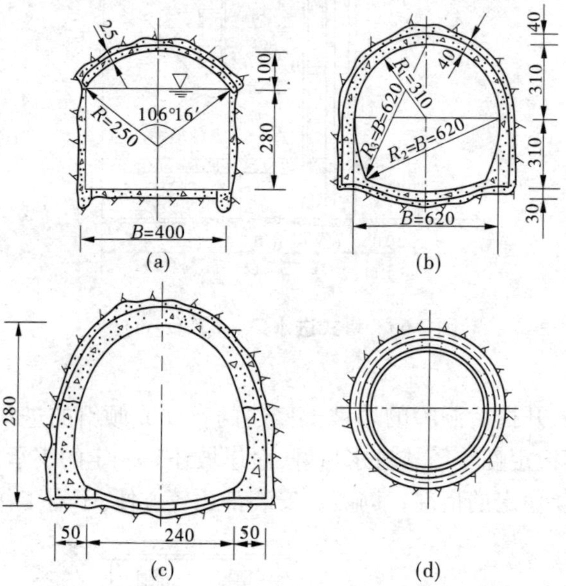

图7-67 无压隧洞横断面形状

无压隧洞的断面尺寸根据水力计算确定,但不得小于施工要求的尺寸。圆形断面的内径不宜小于1.8 m;非圆形断面的高度不宜小于1.8 m,宽度不宜小于1.5 m。洞内水面以上应留有足够的空间,一般水面以上的空间不宜小于隧洞断面面积的15%,其净空高度不应小于40 cm。当采用圆拱直墙形断面时,水面线不应超过直墙范围。

2)有压隧洞的断面形状和尺寸

有压隧洞的断面多为圆形。因为圆形的水力条件好,适于承受均匀内水压力。

有压隧洞的断面尺寸根据水力计算确定,同时不小于施工和检修要求的最小尺寸。

2. 隧洞衬砌

1)衬砌的作用

(1)承受山岩压力、内水压力和其他荷载,使围岩保持稳定,不致塌落。

(2)减小糙率,改善水流条件,减少水头损失。

(3)防止水流、空气、温度变化和干湿变化等因素对岩石的冲刷、风化、侵蚀等破坏。

(4)防止渗漏。

2)衬砌的类型

衬砌按设置衬砌的目的可分为平整衬砌和受力衬砌两类。按衬砌所用的材料分为混凝土衬砌、钢筋混凝土衬砌和浆砌石衬砌等。此外,还有预应力衬砌、装配式衬砌和喷锚衬砌等。

3)衬砌的分缝和止水

在混凝土及钢筋混凝土衬砌中一般设有施工缝和永久横向变形缝。

围岩地质条件比较均一的洞身段只设施工缝。施工缝有纵向和横向两种。环向缝沿洞线的分段长度一般采用6～12 m,底板、边墙、顶拱的环向缝不得错开。环向缝一般要凿毛处理,并采取必要的接缝处理措施。纵向施工缝应设置在衬砌结构内力较小的部位,圆形隧洞常设在与垂直中心线夹角为45°处。城门洞形隧洞,为便于施工可设在顶拱、边墙、底板交界附近。纵向施工缝必须凿毛处理,必要时缝内设键槽,如图7-68所示。

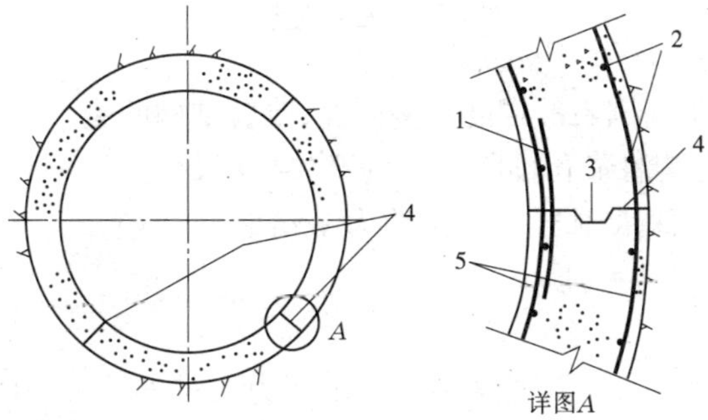

1—插筋;2—分布钢筋;3—止水片;4—纵向施工缝;5—受力筋

图7-68　纵向施工缝

隧洞在穿过断层、破碎带以及和竖井交界处,或其他可能产生较大的相对变形处,应设置永久横向变形缝。变形缝的缝面不凿毛,分布钢筋不穿过,有防渗要求的,缝内应设止水片及充填沥青油毛毡或其他填料(见图7-69)。

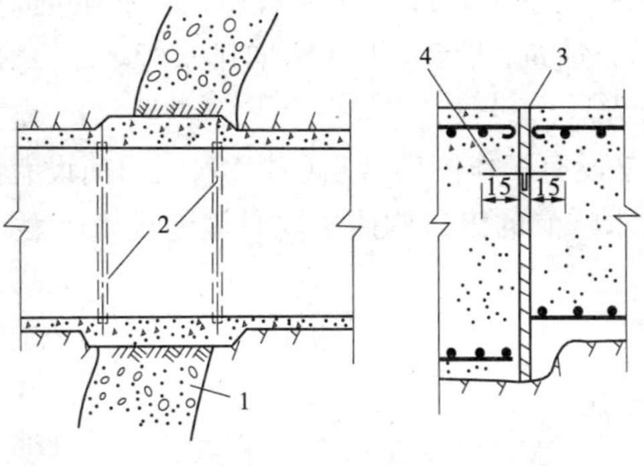

1—断层破碎带;2—沉陷缝;3—沥青油毛毡厚1～2 cm;4—止水片或止水带

图7-69　永久性横缝　(单位:cm)

3.隧洞灌浆

隧洞灌浆有回填灌浆和固结灌浆两种。

1)回填灌浆

回填灌浆的目的是填充衬砌与围岩之间的空隙,使之结合紧密,共同受力,改善传力条件和减少渗漏。回填灌浆的范围一般在顶拱中心角90°～120°以内,孔距和排距一般为2～6 m,灌浆孔应深入围岩5 cm以上,灌浆压力一般为200～300 kPa。隧洞衬砌在顶拱砌筑时,预留灌浆管,待衬砌完毕后通过预埋管进行灌浆,如图7-70所示。

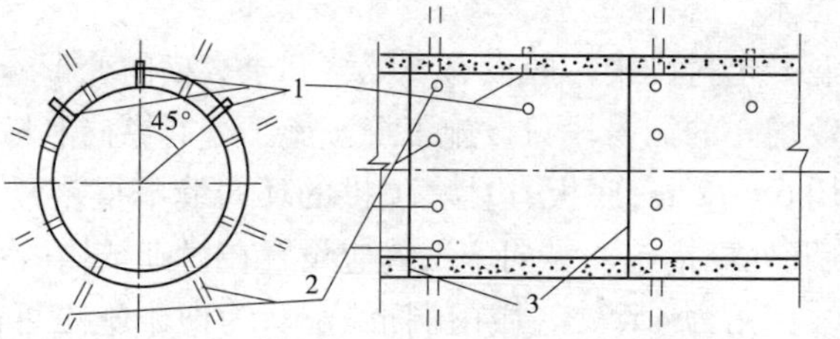

1—回填灌浆孔;2—固结灌浆孔;3—伸缩缝

图 7-70　灌浆孔布置

2)固结灌浆

固结灌浆的目的是提高围岩的强度和整体性,改善结构的受力条件,并减少渗漏。固结灌浆孔排距一般为 2 ~4 m,每排不宜少于 6 孔,对称布置。深入围岩的孔深约为 1 倍隧洞半径。灌浆压力为 1.5 ~2.0 倍的内水压力。

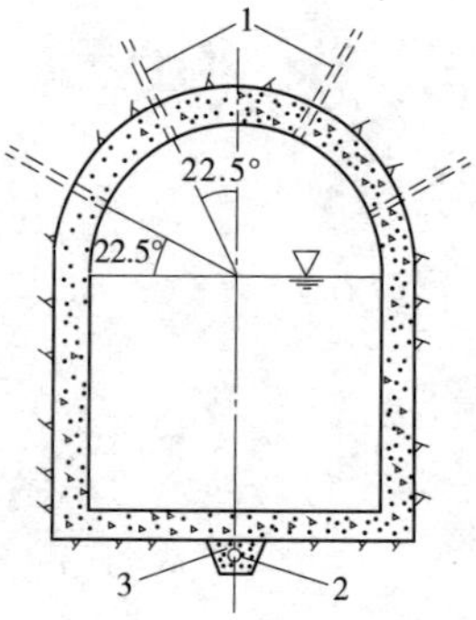

1—径向排水孔;2—纵向排水孔;3—小石子

图 7-71　无压隧洞排水布置

4. 隧洞排水

排水的目的是降低作用在衬砌外壁上的外水压力。对于无压隧洞,在洞底设纵向排水管将外水排向下游,或在洞内水面线以上,通过衬砌设置径向排水孔,将地下水直接引入洞内,如图 7-71所示。排水孔间距、排距以及孔深一般为 2 ~4 m。

对于有压圆形隧洞,外水压力一般不起控制作用,可不设排水设备。当外水压力很大时,可在衬砌底部外侧设纵向排水管,通至下游,纵向排水管由无砂混凝土管或多孔瓦管做成。必要时,可沿洞轴线每隔 6 ~8 m 设一道环向排水槽,可用砾石铺筑,将渗水汇入纵向排水管。

(四)出口建筑物的构造

有压泄水隧洞的出口常设有工作闸门及启闭机室,闸门前设有渐变段,闸门后设有消能设施(见图 7-72)。无压泄水隧洞的出口构造主要是消能设施。

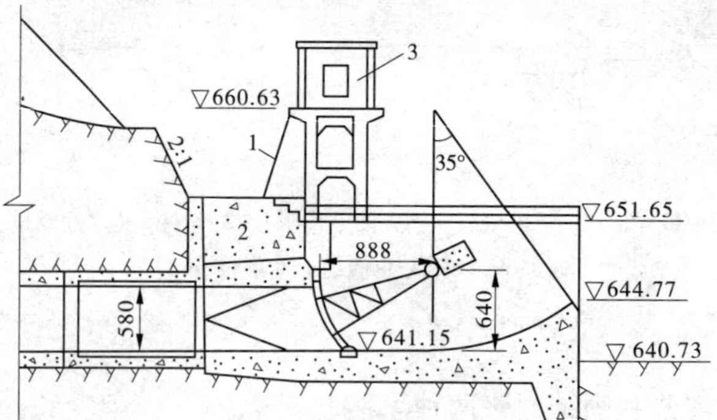

1—钢梯;2—混凝土块压重;3—启闭机室

图 7-72　有压隧洞出口布置　(单位:m)

泄水隧洞出口水流的特点是单宽流量集中,所以常在隧洞出口外设置扩散段,使水流扩散,减小单宽流量,然后再以适当的方式进行消能。

四、倒虹吸

当渠道跨越山谷、河流、道路或其他渠道时,除渡槽外还可采用埋设在河流、道路、渠道等下面或直接沿地面敷设压力管道,这种压力管道叫做倒虹吸管。

(一)倒虹吸管的特点和使用条件

倒虹吸管属于交叉建筑物,是指设置在渠道与河流、山沟、谷地、道路等相交叉处的压力输水管道。其管道的特点是两端与渠道相接,而中间向下弯曲。与渡槽相比,倒虹吸管具有结构简单、造价较低、施工方便等优点。但是,输水时水头损失较大,运行管理不如渡槽方便。

倒虹吸管一般适用于以下几种情况:①渠道跨越宽深河谷,修建渡槽、填方渠道或绕线方案困难或造价较高时;②渠道与原有渠、路相交,因高差较小不能修建渡槽、涵洞时;③修建填方渠道,影响原有河道泄流时;④修建渡槽,影响原有交通时等。

(二)倒虹吸管的类型

倒虹吸管一般分为进口段、管身段和出口段三部分。

根据管路埋设情况及高差的大小,倒虹吸管通常可分为竖井式、斜管式、曲线式和桥式四种类型。

1. 竖井式倒虹吸管

竖井式倒虹吸管是由进出口竖井和中间平洞所组成的,如图 7-73 所示。其一般适用于流量不大、压力水头小于 3 ~5 m 的穿越道路倒虹吸。

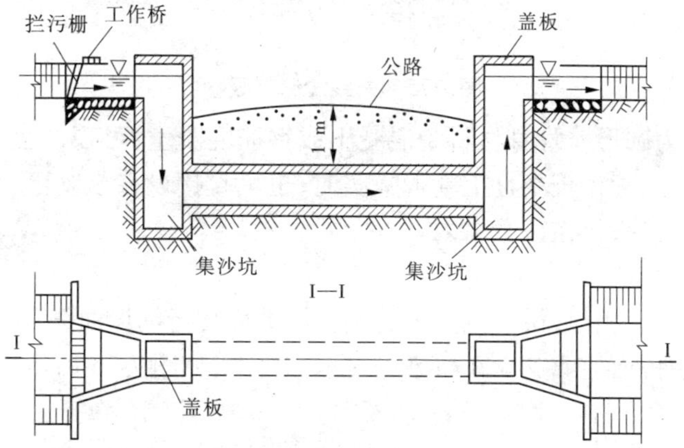

图 7-73　竖井式倒虹吸管

竖井的断面为矩形或圆形,并在底部设置深均 0.5 m 的集沙坑,以便于清除泥沙及检修管路时排水。平洞的断面一般为矩形、圆形或城门洞形。

竖井式倒虹吸管构造简单,管路较短,占地较少,施工较容易,但水力条件较差。

2. 斜管式倒虹吸管

斜管式倒虹吸管管道进出口段为斜管段,而中间为平直段,如图 7-74 所示。其一般用于穿越渠道、河流而与之高差不大且压力水头较小、两岸坡度较平缓的情况。与竖井式倒虹吸管相比,其特点是:水流顺畅,水头损失较小,构造简单,但斜管施工不便。

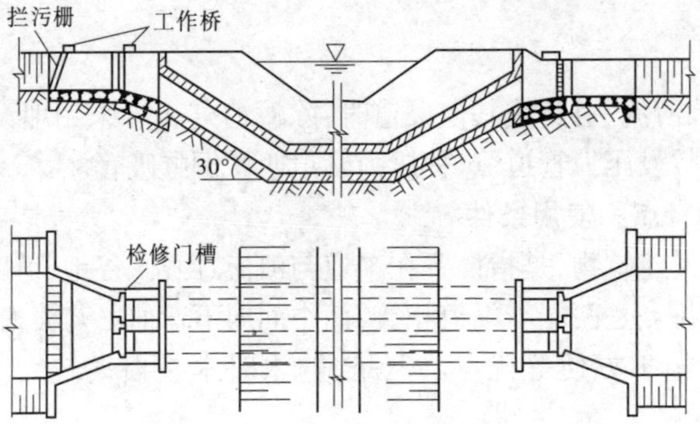

图 7-74　斜管式倒虹吸管

3. 曲线式倒虹吸管

曲线式倒虹吸管的管道一般是沿坡面的起伏爬行铺设而成为曲线形，如图 7-75 所示。主要适用于跨越河谷或山沟，且两者高差较大的情况。为了保证管道的稳定性，并减少施工的开挖量，铺设管道的岸坡应比较平缓。

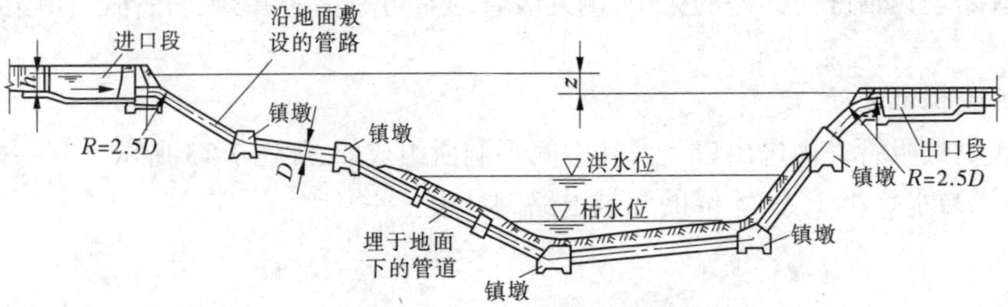

图 7-75　曲线式倒虹吸管

管身断面一般为圆形。管身材料为混凝土或钢筋混凝土，可现场浇筑，也可预制安装。管身一般设置管座，当管径较小且土基很坚实时，也可直接设在土基上。在管道转弯处，应设置镇墩，并将圆管接头包在镇墩之内。

4. 桥式倒虹吸管

与曲线式倒虹吸管相似，桥式倒虹吸管是在沿坡面爬行铺设曲线形的基础上，在深槽部位建桥，管道铺设在桥面上或支承在桥墩等支承结构上，如图 7-76 所示。

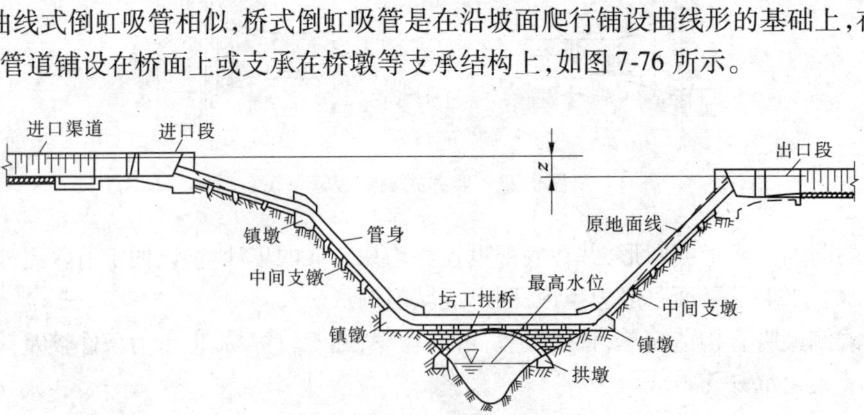

图 7-76　桥式倒虹吸管

这种形式多用于渠道与较深的复式断面或窄深河谷交叉的情况。其主要特点是：可以降低管道承受的压力水头，减小水头损失，缩短管身长度，并可避免在深槽中进行管道施工的困难。

（三）倒虹吸管的组成及构造

倒虹吸管由进口段、管身段和出口段三部分组成。

1. 进口段

进口段要与渠道平顺连接，一般都设渐变段，以减少水头损失。首部设铺盖、护底等防渗、防冲措施。为防止漂浮物进入管内，进口段设有拦污栅，并设检修闸门，以便对管道进行检修，有时还在进口前设置沉沙池或沉沙井。

2. 管身段

管身断面形状常为矩形或圆形，矩形管可用浆砌石或钢筋混凝土砌筑，适用于低水头或地基较差的工程；圆形管多采用钢筋混凝土管，高低水头均可采用。

埋设时管道水平段距渠底的距离不应小于 1.0 m；若与河道交叉，则应埋在河底冲刷深度以下 0.5 ~ 0.7 m。为防止管线的不均匀沉陷及温度变形，沿管长度设置沉降缝（管长小于 30 m 可不设），管内流速采用 1.5 ~ 2.0 m/s。

1）管身的断面

倒虹吸的管身断面一般为圆形，因其水力条件和受力条件较好。对于低水头的管道，也可使用矩形或城门洞形断面。

2）管身材料和壁厚

倒虹吸管的材料应根据压力大小、流量的多少、就地取材、施工方便、经久耐用等原则综合分析选择。常用的材料主要有混凝土、钢筋混凝土、预应力钢筋混凝土、铸铁和钢材等。

对于水头小于 3 m 的矩形或城门洞形小型管道，也可采用砖、石等材料砌筑。

（1）混凝土管：适用于水头较低、流量较小的情况，一般水头为 4 ~ 6 m，有时也可达 10 余 m。为了防止管身裂缝以及接缝处严重漏水现象经常发生，应严格把握材料强度、施工技术及质量等因素。

（2）钢筋混凝土管：适用于较高水头，一般为 30 m 左右，可达 50 ~ 60 m，管径通常不大于 3 m。管壁厚度的初步拟定，可根据管径和作用水头，参考图 7-77 进行。

（3）预应力钢筋混凝土管：适用于高水头，与钢筋混凝土管相比，具有弹性较好、不透水性和抗裂性好等优点，且能够充分发挥材料的性能。管壁厚度比钢筋混凝土管稍薄，初步拟定时可参考表 7-7。预应力钢筋混凝土管与金属管相比，可以节省钢材用量 80% ~ 90%。

（4）铸铁管与钢管：多用于高水头（60 m 以上）地段，为了增强管道的刚度，可在管身的外壁每隔一定的距离设置加劲环和支承环。由于这种形式耗用金属材料较多，所以应用上受到了较大限制。

3）管段长度和分缝止水

为防止管道因地基不均匀沉陷、温度变化以及混凝土的干缩而产生过大的纵向应力，使管身发生横向裂缝，应将管身进行分段，设置沉陷缝或伸缩缝，并在缝内设置止水。

管段长度即为横缝的间距，应根据地基、管材、施工、气温等条件确定。现浇钢筋混凝土管缝的间距，在土基上一般为 15 ~ 20 m，在岩基上一般为 10 ~ 15 m。为了减小岩基对管身的收缩约束作用，可采取在管身与岩基之间设置油毛毡垫层等措施。这时，管身采用分段间隔浇筑，缝的间距可以增大到30 m。

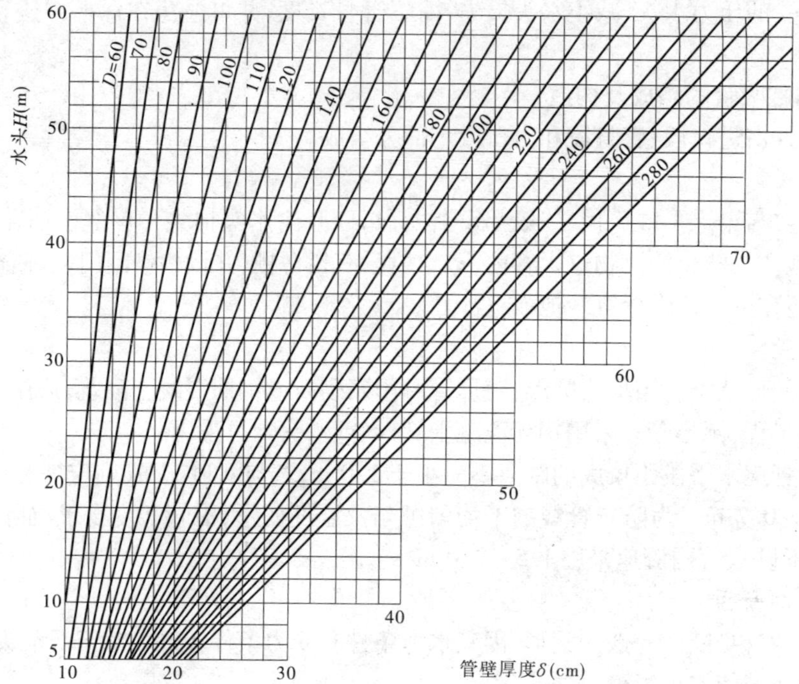

图7-77　钢筋混凝土倒虹吸管管壁厚度选择曲线

表7-7　预应力钢筋混凝土管的管径及管壁厚度

管径 D(mm)	600	800	1 000	1 200	1 400	2 000
管壁厚度 δ(mm)	55	60	70	80	90	130

预制钢筋混凝土管及预应力钢筋混凝土管管节长度可达5～8 m。

伸缩缝的形式主要有平接、套接、企口接以及预制管的承插式接头等，如图7-78所示。缝的宽度一般为1～2 cm，缝中堵塞沥青麻绒、沥青麻绳、柏油杉板或胶泥等。

现浇管一般采用平接或套接，缝间止水多采用金属止水片。此外，止水的形式还有塑料止水、环氧基液贴橡皮止水等。

4）泄水冲沙孔、进人孔

为了泄空管内积水、清除管内淤积泥沙以及便于检查维护，一般要在管身设置泄水冲沙孔，其底部标高应与河道枯水位齐平。对于桥式倒虹吸管道，泄水冲沙孔可设在管道的最低部位。

对于大型倒虹吸管，为了便于观察检修，应设置进人孔。通常，进人孔与泄水冲沙孔结合布置，并尽可能布置在镇墩上，进人孔的孔径不应小于60 cm。

5）支承结构

倒虹吸管的支承结构，按其构造和受力特征，可分为管床、管座、支墩及镇墩等形式。

（1）管床和管座。对于小型钢筋混凝土倒虹吸管，若地基条件较好，可采用弧形土基管床、三合土管床或分层夯实的矿石管床，如图7-79（a）、（b）所示。

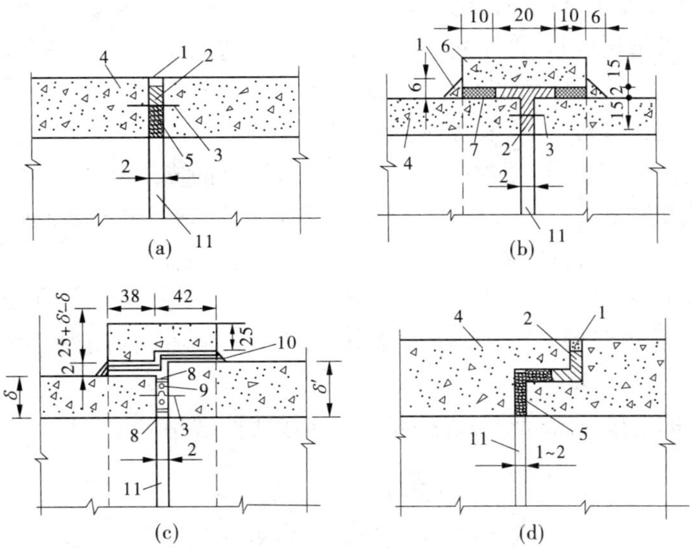

1—水泥砂浆封口;2—沥青麻绒;3—金属止水片;4—管壁;5—沥青麻绳;6—套管;
7—石棉水泥;8—柏油木板;9—沥青石棉;10—油毛毡;11—伸缩缝

图 7-78　管身伸缩缝形式　(单位:cm)

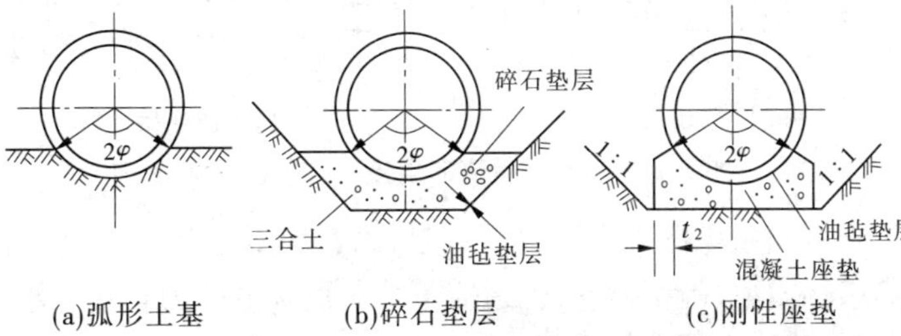

图 7-79　管床、管座构造

对于大中型的倒虹吸管,应采用砌石或混凝土刚性管座,以增加管身的抗滑稳定性,并改善地基的受力条件,如图 7-79(c)所示。

在岩石地基上修建倒虹吸时,可以在岩石中直接开槽,将管身直接浇筑在岩基上,也可在槽内浇筑混凝土垫层,然后再敷设管道,如图 7-80 所示。

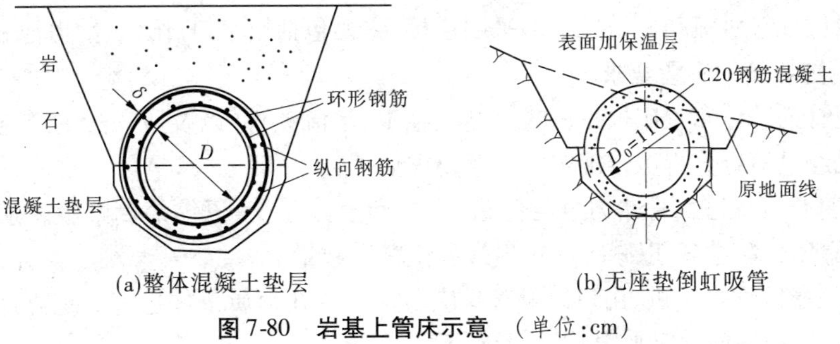

图 7-80　岩基上管床示意　(单位:cm)

(2)支墩。在承载力较大的地基上敷设中小型倒虹吸管道时,可以不设连续式的管座,而采用设置中间支墩的形式。支墩的构造应保证管道轴向移动的可能性,一般采用摆动或滑动的形式，管径小于100 cm时，也可采用鞍型支墩。

支墩的间距可根据地基、管径大小、管节的长度等情况而定，一般采用2 ~ 8 m。包角2φ一般为90° ~ 135°，管身与支墩间铺沥青油毛毡。

对于支墩的建造材料，一般采用浆砌石、混凝土等。

(3)镇墩。镇墩是为了连接和固定管道而专门设置的支承结构。设置镇墩的位置，一般在倒虹吸管的变坡处、转弯处、不同管壁厚度的连接处、管身分段处或管坡较陡及长度较大的斜管中部。镇墩的设置个数应结合地形、地质条件而定。

镇墩的材料主要为砌石、混凝土或钢筋混凝土。对于砌石镇墩，可在管道周围包一层混凝土，多用于小型倒虹吸管。在岩基上的镇墩，为了提高管身的稳定性，也可以加设锚杆与岩基相连接。

镇墩与管道的连接形式有刚性连接和柔性连接两种，如图7-81所示。

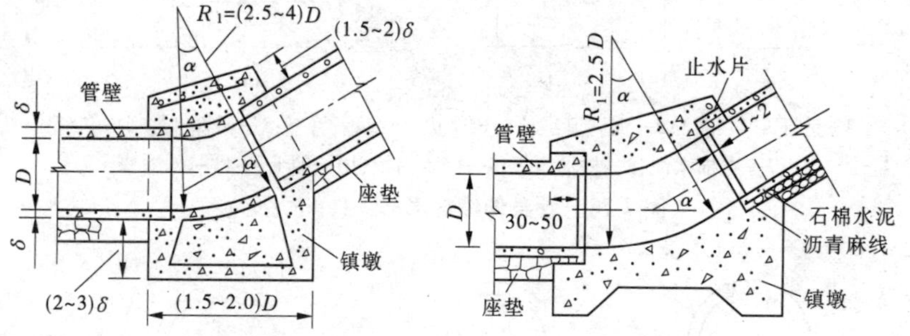

(a)刚性连接　　(b)柔性连接

图7-81　镇墩与管道的连接　(单位:cm)

刚性连接是把管端与镇墩混凝土浇筑在一起，砌石镇墩是将管端砌筑在镇墩内。这种连接形式的特点是结构简单，施工方便，但适应不均匀沉降的能力较差。刚性连接一般用于斜管坡度较陡、地基承载能力较大的土基或岩基。

柔性连接是用伸缩缝将管身与镇墩分开，缝中设有止水，以防止漏水。这种连接的特点是适应不均匀沉陷的能力较好，但是施工比较复杂。柔性连接通常用在斜坡较缓的土基上。

在斜坡段上设置的中间镇墩与管道的连接形式，上部一般为刚性连接，下部多为柔性连接。

3. 出口段

出口段应注意水流与下游渠道的平顺连接，主要包括出水口、闸门、消力池和渐变段等。

(四)倒虹吸管的布置要求

倒虹吸管的总体布置应根据形式、地质、施工、水流条件，以及所通过的道路、河道洪水等具体情况经过综合分析比较确定。一般要求如下：

(1)管身长度最短。管路力争与河道、山谷和道路正交，以缩短倒虹吸管道的总长度。此外，还应避免转弯过多，以减少水头损失和镇墩的数量。

(2)岸坡稳定性好。进、出口以及管身应尽量布置在地质条件稳定的挖方地段，避免建在高填方地段，并且地形应平缓，以便于施工。

(3)开挖工程量少。管身应适应地形坡度变化布置，以减少开挖的工程量，降低工程造价。

(4)进、出口平顺。为了改善水流条件,倒虹吸管进、出口与渠道的连接应当平顺。

(5)管理运用方便。结构的布置应安全、合理,以便于管理运用。

第四节　治河防洪工程

河道对人类的生产、生活有着巨大的影响,人类对河道的要求随着社会的发展而日益提高。因此,必须对河道进行整治,河道整治与国家建设息息相关,与国民经济发展紧密相连。

洪涝灾害是我国大部分地区经常遭受的主要灾害之一,其所造成的损失是第一位的。新中国成立以来,虽然在全国兴建了大量的水利工程,取得了非常显著的防洪效益,但江河洪水威胁仍是社会经济发展的重大隐患。随着社会和经济的发展,社会财富的积累,洪涝灾害造成的损失也越来越大。防洪就是根据洪水规律与洪灾特点,研究并采取各种措施与对策,以防止或减轻洪水灾害的水利工作。

一、治河工程

(一)河道整治的必要性

(1)防洪需要河道整治。通过河道整治可使河道行洪能力加强,河道抵抗洪水破坏的能力得以提高,从而有效地减小或消除洪水造成的损失。

(2)航运需要河道整治。航道、港口、码头要求河道水流平顺,无过度弯曲,无过难卡口,深槽稳定,并要求有一定的航深、航宽及流速,且流速不能过大,跨河建筑物应满足船舶的水上净空要求,这些只有靠河道整治来实现。

(3)引水工程及滩区农业生产需要河道整治。涵闸等引水工程要求有稳定的取水口,滩区群众要求有稳定的河势。

(4)桥渡工程需要河道整治。桥渡处要求上下游水流能平顺衔接,防止因河道摆动冲毁桥头引堤,造成运输中断。另外,桥渡附近必须平缓过渡,以免形成严重的折冲水流,加剧河床冲刷,危及桥墩安全。

(二)河道整治建筑物的分类

按照建筑材料和建筑物的使用年限,可将整治建筑物分为轻型(或临时性)和重型(或永久性)整治建筑物。前者是用竹、木、秸、梢、柳等轻型材料修建的,抗冲及防腐性能较弱,寿命也较短;后者是用土、石、金属、混凝土等材料筑成的,抗冲和防腐朽能力强,且寿命长。

按照建筑物与水位的关系,可将整治建筑物分为非淹没整治建筑物和淹没整治建筑物。在各种水位下均不淹没的称非淹没整治建筑物;在洪水时淹没,而在中水、枯水时不淹没,或在各种水位均被淹没的称淹没整治建筑物。

按照建筑物的作用及其与水流的关系,整治建筑物分为透水建筑物、不透水建筑物、环流整治建筑物。透水和不透水建筑物都是修在水中的,对水流起挑流、导流和缓流落淤等作用,其本身透水的称为透水建筑物,其本身不允许水流通过的称为不透水建筑物。环流整治建筑物是用人工激起环流,用以调整水、沙运动方向,达到整治的目的。建筑物的选用主要考虑整治目的和建筑材料的来源。

(三)整治建筑物的结构形式

河道整治工程的形式主要有堤防、险工和控导工程。整治建筑物一般以丁坝为主、垛为辅,坝垛之间必要时修平行于水流的护岸。对于一处整治工程来说,上段宜修垛,下段宜修坝,个别地方辅以护岸。

1. 丁坝

丁坝是一端与河岸相连,另一端伸向河槽的坝形建筑扬,在平面上与岸连接如丁字形。

1)丁坝的类型

丁坝坝身长度较长,不仅能护岸、护坡,且能将主流挑向对岸,但产生的回流较强,局部冲刷较大,因此较适用于来流方向与坝的迎水面的夹角较小的情况,如图 7-82(a)所示。垛即短丁坝,如图 7-82(b)所示,坝身长度较短,仅起到护坡作用,只能局部地将水流挑离岸边,垛前水流沟刷较浅,产生的回流也弱,对来流的适应性较好,在来流方向与坝(垛)的迎水面的夹角较大时,修垛比较合适。

图 7-82　丁坝示意

用透水材料修筑的丁坝称为透水丁坝,其主要作用是缓流落淤,如编篱坝、透水柳坝等。凡用不透水材料修建的丁坝称为不透水丁坝,其主要起挑流和导流作用。

2)丁坝的布置形式

丁坝的平面形式如图 7-83 所示。坝与堤或滩岸相连的部位称为坝根,伸入河中的前头部分为坝头,坝头与坝根之间称为坝身。在不直接遭受水流淘刷的坝根及坝身的后部,只修土坝即可,在可能被水流淘刷的坝头及坝身的上游面需要围护,以保证坝的安全。坝头的上游拐角部分称为上跨角。从上跨角向坝根进行围护的迎水部分称为迎水面,从下跨角向坝根进行围护的背水部分称为背水面。坝头的前端称为前头,坝头向下游拐角的部分称为下跨角。

坝头的平面形状对水流和坝身的安全都有一定的影响。目前,采用的坝头形状有圆头形坝、拐头形坝和斜线形坝 3 种,如图 7-84 所示。圆头形坝能适应各种来流方向,施工简单,但控制流势差,坝下回流大。拐头形坝送流条件好,坝下回流小,但对来流方向有严格的要求,坝上游回流大。斜线形坝的优点和缺点介于以上两者之间。通常,圆头形坝修筑在一处工程的首部,以发挥其适应各种来流方向的优点;而拐头形坝布置在工程的下部,用做关门坝;斜线形坝多用在工程的中部以调整水流。

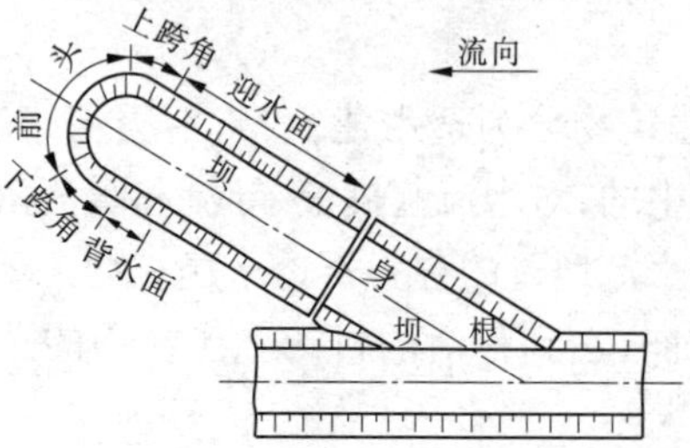

图 7-83　丁坝平面

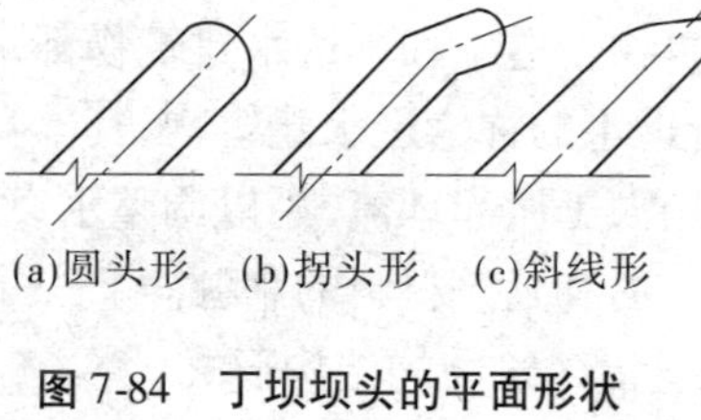

图 7-84　丁坝坝头的平面形状

3)丁坝的剖面结构

如图7-85所示,丁坝由土坝体、护坡和护根组成。

(1)土坝体是坝的主体,一般由壤土筑成。当不得已用砂性土料填筑时,一定要用黏性大的土包边盖顶,厚度一般为0.5~1.0 m,在不进行裹护的地方,边坡采用1:2,在进行裹护的地方,其边坡采用护坡断面的内坡值。土坝体顶宽一般为10~14 m,坝高由设计水位及超高决定。

(2)护坡是为了保护土坝体,用抗冲材料将可能被水流淘刷的坝坡裹护起来。

①乱石护坡:如图7-85所示。这是采用最多的形式,它是在已修好的土坝体外,按设计断面抛堆块石而成的。这种形式的护坡坡度较缓,坝坡稳定性好,能适应基础变形,险情易于暴露,便于抢护,施工简单,但坝面粗糙,需经常维修加固。

②扣石护坡:如图7-86所示。它是用石料在坡面随坡砌筑或扣筑而成的。这种形式的护坡坡度较缓,坝体稳定性好,抗冲能力强,用料较省,水流阻力小,但对基础要求高,一旦出险抢护困难,施工技术要求高。

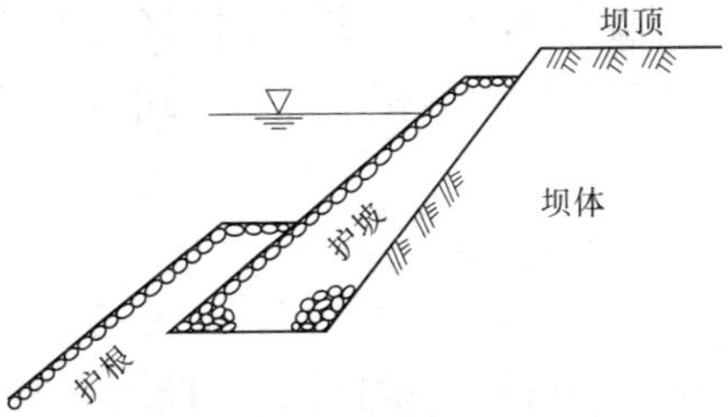

图7-85 乱石坝断面

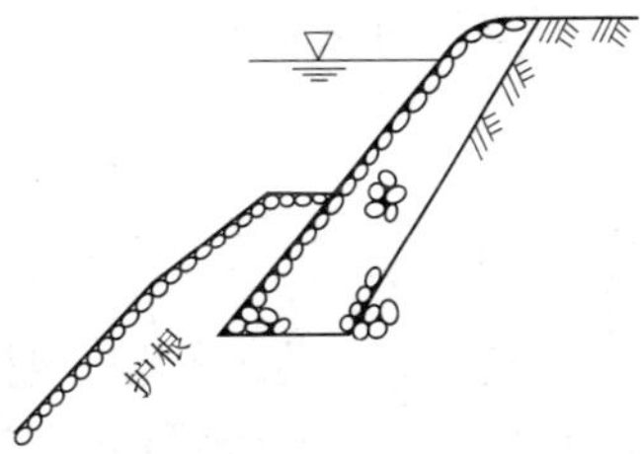

图7-86 扣石坝断面

③重力式砌石坝:如图7-87所示。它是用石料砌垒而成的实体挡土墙,凭借本身的重量承受坝体的土压力和抵抗水流的冲刷。其主要优点是坡度陡,易于抛石护根,坝面平整抗冲能力强,砌筑严密,整齐美观,但对基础的承载能力要求高,坝体大,用料多,施工技术复杂。

(3)护根是为了防止河床冲刷,维持护坡的稳定而在护坡以下修建的基础工程。由于护根的主要材料是石料,习惯上称为根石。

2. 顺坝

顺坝是坝身顺着水流方向,坝根与河岸相连,坝头与河岸相连或有缺口的整治建筑物,如图7-88所示。顺坝的作用主要是导流和束窄河床,有时也做控导工程的联坝。坝顶高程视其作用而异,若是整治枯水河床,坝顶略高于洪水位。

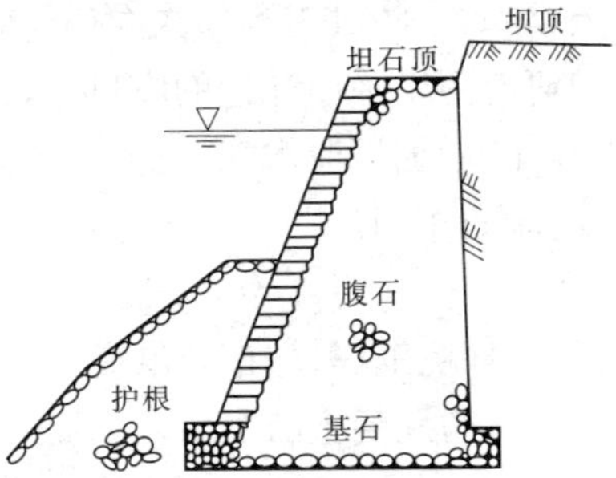

图7-87 重力式砌石坝

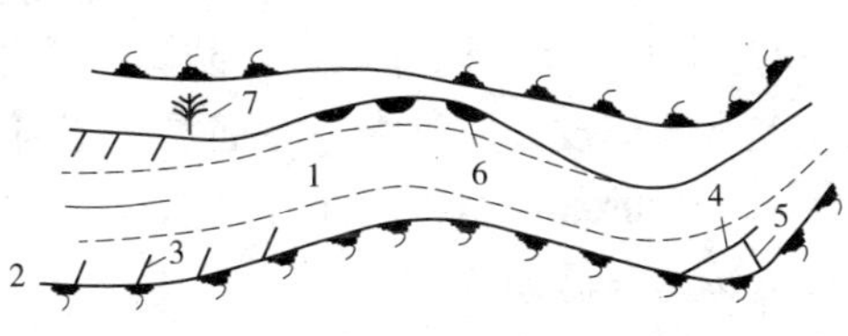

1—整治线;2—大堤;3—丁坝;4—顺坝;
5—格坝;6—柳石垛;7—活柳坝

图7-88 多种坝型联合布置

3. 护岸

护岸的外形平顺，是沿着堤防或滩岸的坡面修建的防护性工程。江河湖海岸坡和堤防岸坡的防护主要是防止水流和波浪对岸坡基土的冲蚀和淘刷造成的侵蚀、塌岸等现象。堤岸防护应根据防洪规划和河流治导线的要求，并按因势利导的原则，根据具体条件确定工程布局、形式和适宜的材料。

护岸工程一般布设在受水流冲刷严重的险工险段，其长度一般应从开始塌岸处至塌岸终止点，并加一定的安全长度。坡式护岸工程一般以枯水位为界分为两部分，枯水位以上称护坡工程，以下称护脚工程。护岸工程的原则是先护脚后护坡。堤岸护坡工程的形式一般可分为以下几种：

(1)坡式护岸，或称平顺护岸，即顺岸坡及坡脚一定范围内覆盖抗冲材料。这种护岸形式对河床边界条件改变和对近岸水流条件的影响均较小，是一种较常采用的形式。

(2)坝式护岸，即修建丁坝，将水流挑离堤岸，以防止水流、波浪或潮汐对堤岸边坡的冲刷。这种形式多用于游荡性河流的护岸。

(3)墙式护岸，即顺堤岸修筑竖直陡坡式挡墙。这种形式多用于城区河流或海岸防护。

(4)复合形式护岸，如护岸与丁坝，墙式与坡式、打桩等相结合的形式。

二、防洪工程

防洪建设首先要进行防洪规划，根据当地流域的地理和社会情况，并考虑洪水规律、洪灾特点、工程现状、地区内经济发展情况及重要性和河流下游情况等，按照国家的方针政策和对防洪工作的要求，制定出合理的防洪标准和防洪方案，以指导以后的防洪工程建设。

防洪方案包括工程措施与非工程措施。工程措施是防洪减灾的基础，通过工程建筑来改变不利于防洪的自然条件。工程措施包括防洪堤坝、分洪区建设、河道整治、水库建设和水土保持等，通过这些工程措施可以拦蓄洪水、扩大河道泄量、疏浚洪水，从而达到减轻洪水灾害的目的；非工程措施主要指洪水预报与调度、洪水警报、防洪通信系统建设、分洪区管理等，通过这些措施可以预报或避开洪水的侵袭，更好地发挥工程措施的作用，减轻人民群众生命财产的损失。

(一)筑堤防洪工程

筑堤防洪是平原地区历史最悠久的防洪措施，堤防又是现代江河防洪工程体系的重要组成部分，是防止洪水泛滥、增加河道泄量的基本措施。由于一些大江大河至今还没有建成对下游防洪起决定性作用的控制性水库，在这些河道上，堤防在防洪工程体系中仍起着主要作用，也是汛期主要的防守对象。防洪堤的作用是保护河流两岸平原洼地的农村和城市，使它们不受洪水淹没。防洪堤一方面扩大了河道的过水断面，增加了泄水能力；另一方面也增加了河道本身的蓄水容积。此外，还有约束水流、稳定河床的作用。

1. 堤防工程的分类

堤防工程按其作用或功能可分为江河堤防、湖泊围堤、圩垸围堤、城市防洪堤。

堤防工程按堤身材料又可分为土堤、石堤、混凝土堤、钢筋混凝土防洪墙。土堤造价低，便于就地取材，应用最广。土堤按其填筑方法又分为在陆地上用人工或机械填筑和压实的土堤、用挖泥船筑填的土堤。石堤大多用于堤防的面墙，如洪泽湖大堤的石工面墙就是用条石浆砌的，四川鳡江堤防大部分面板是用卵石浆砌的。混凝土堤在我国用得较少，混凝土也往往只用于表层,北京郊区永定河左堤就是混凝土面板护堤。钢筋混凝土防洪墙一般多用于城市防洪墙,以减小堤身断面和减少占地。

堤防工程的形式应按照因地制宜、就地取材的原则,根据堤段所在的地理位置、重要程度、堤址地质、筑堤材料、水流风浪特性、施工条件、运用和管理要求、环境景观、工程造价等因素,经过技术经济比较,综合确定。

2. 堤防工程的防洪标准及级别

堤防工程防护对象的防洪标准应按照现行国家标准《防洪标准》(GB 50201—94)确定。堤防工程的防洪标准应根据防洪区内防洪标准较高的防护对象的防洪标准确定。堤防工程的级别应符合表 7-8 的规定。

表 7-8 堤防工程的级别

防洪标准(重现期(年))	≥100	<100 且≥50	<50 且≥30	<30 且≥20	<20 且≥10
堤防工程的级别	1	2	3	4	5

(二)河道整治工程

为扩大河道的过水能力,使洪水能畅通下泄,必须进行河道整治。

1. 疏浚、拓宽河道

将过于窄浅的阻水河段疏通、浚深、拓宽,以增加泄洪能力。如因河道两岸的防洪堤间距狭窄,壅阻水流,则需退建堤防,展宽河道,以增加泄洪能力,降低上游壅高的水位,减轻洪水威胁和防洪负担,如图 7-89 所示。

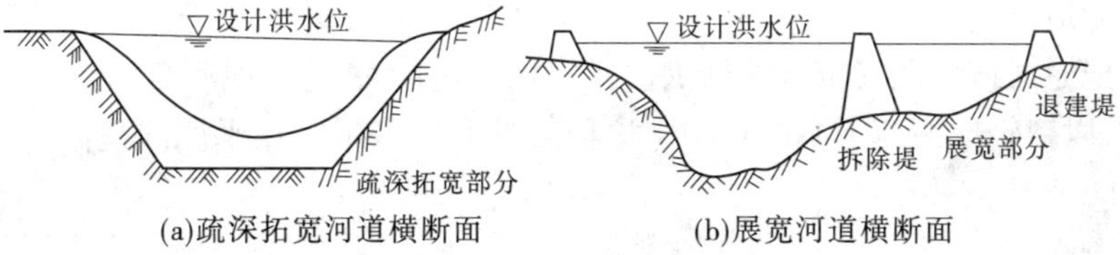

图 7-89 疏浚、拓宽及展宽河道

2. 截弯取直

由于河弯过多和曲率过大,往往泄洪不畅,需要进行人工截弯取直,使洪水下泄畅通,如图 7-90 所示。对于大型河流的截弯取直,由于影响较大,必须谨慎行事。

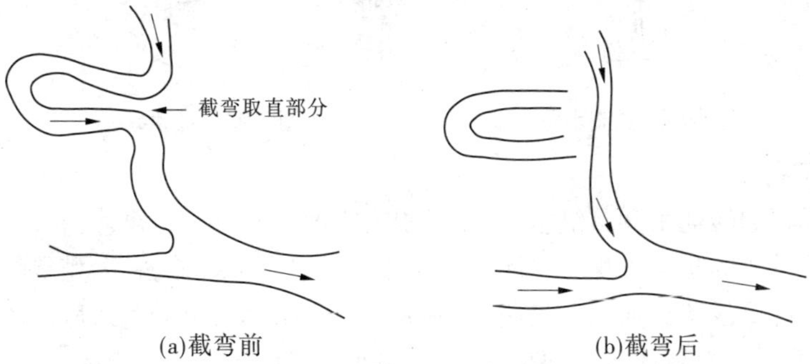

图 7-90 截弯取直示意图

3. 护岸工程

为了防止洪水冲刷河道凹岸引起河岸坍塌及堤防崩溃,需做护岸工程,特别是在重要城镇附近,对工厂企业、桥梁、码头等建筑物,更应加以保护。护岸工程还有防止河弯发展及稳定河床的作用,对泄洪有利。

4. 清除障碍

在河床范围内的滩地上种植的芦苇、树木和大大小小建筑物,都会给泄洪造成障碍,需要清除。如桥梁、码头等建筑物阻碍泄洪,需要改建。有些河流为了宣泄特大洪水,除对中下游阻水河段采取整治措施外,有的还采取行洪区的临时措施。当遇到特大洪水时,在事先预定的河段,将干堤间阻水的圩堤临时拆除,利用圩内的耕地通过洪水,以扩大过水断面,降低行洪区上游的水位,从而减轻洪水的威胁,而行洪区在一般年份可照常耕种。

(三)分洪工程

分洪工程是通过工程建筑物,可用调节径流的方法,把超过河道安全泄量的洪峰,分流到其他河流、湖泊或海洋,称为减洪。分洪工程也可把超过河道安全泄量的洪峰暂时分泄在河道两岸的适当地区,待洪峰过后,再流入原河道,称为滞洪。分洪建筑物有分洪闸、分洪道、泄洪闸、分洪区围堤和整治建筑物。

1. 减洪工程

减洪的形式有减流及改流。

减流是在平原河道的适当位置建分洪闸,开发新河,使原河道无法安全宣泄的洪水直接入海、入湖,如图 7-91 所示。这种减洪形式多用于处于河道下游入海口处的地区,特别是当河道上游流域面积大,而入海河道又比较小,洪水溢流出槽,严重威胁下游地区安全时,采用这种形式更为适宜。

改流是把原河道无法安全宣泄的洪水,经由引河引入邻近其他河流,而这部分水流不再流入原河道,以减轻原河道下游的负担。这种减洪形式多用于在平原河道附近有泄洪能力较大的河道的情况。

2. 滞洪工程

滞洪工程是在河流上端建闸,由分洪闸或分流渠将洪水引入湖泊、洼地,待洪峰过后,再汇入原河道,如图 7-92 所示。这种分洪形式应用广泛。

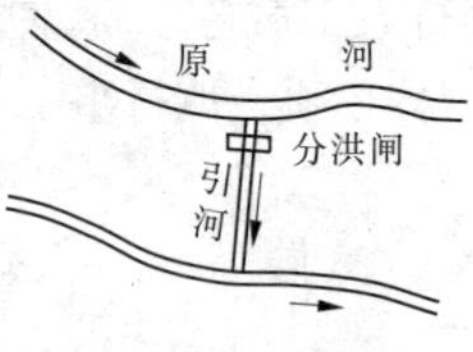

图 7-91 减流示意

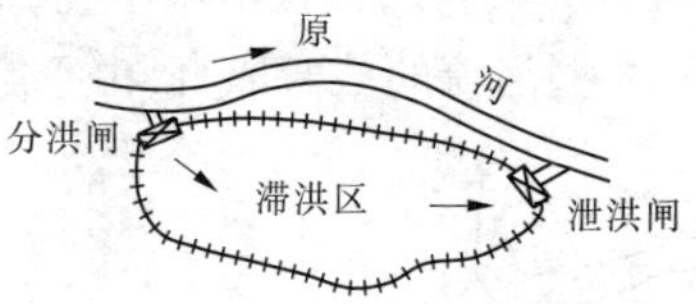

图 7-92 滞洪示意

(四)蓄洪工程

利用水库或湖泊洼地来调蓄洪水,防止洪水灾害的措施称为蓄洪。

水库是一种重要的防洪工程。水库一般还具有发电、供水、旅游、养殖等综合效益,但防洪往往是水库的首要任务。根据事先制定的调度办法,水库可以调蓄入库洪水,降低出库洪峰流量,或错开下游洪水高峰,使下游被保护区的河道流量保持在一定的安全限度之内。

山丘区往往是暴雨洪水的主要发源地,水库也大都修建在河道的上中游山丘区,水库库容一般受淹没损失和移民安置的限制。在平原地区修建的水库,大都是在湖泊洼地周围加筑堤防而形成的。

许多江河的洪水威胁必须通过修建水库才能缓解和消除,尤其是能在河道上找到优越的地理位置,修建控制性水库,就可以对流域防洪起到关键性作用,大大提高下游的防洪标准。

(五)水土保持工程

防治江河洪水,应当保护、扩大流域林草植被,涵养水源,加强流域水土保持综合治理。搞好水土保持,把工程措施与生物措施紧密结合起来,不仅可以保护和合理利用当地水土资源,改变水土流失地区的自然和经济面貌,建立良好的生态环境,而且对下游江河防洪和减少泥沙淤积有积极作用。

江河防洪工程是一个巨大的系统工程。防治江河洪水,应当蓄泄兼施,充分发挥河道行洪能力和水库、洼淀、湖泊调蓄洪水的功能,加强河道防护,因地制宜地采取定期清淤疏浚等措施,保持行洪畅通。河道堤防是江河防洪工程系统中的基础措施;水库可以拦蓄洪水,削减洪峰,对下游防洪有不同程度的控制作用,提高下游防洪能力,除害结合兴利;蓄滞洪区在江河防洪系统中是对付较大洪水的应急措施,在一般常见洪水时并不使用。

复习思考题

1. 什么是水利工程?其主要类型有哪些?
2. 水库的几个特征水位具有什么含义?
3. 水工建筑物有哪些类型?什么是水利枢纽?
4. 水利枢纽分几等?是如何分等的?水工建筑物分几级?是如何分级的?
5. 什么是重力坝?其有哪些特点?
6. 什么是土石坝?其有哪些特点?
7. 土石坝的坝体排水设施有哪几种?各有什么特点?
8. 什么是拱坝?其有哪些特点?
9. 拱坝的坝身泄水有哪几种形式?各自的特点是什么?
10. 什么是水闸?水闸的类型有哪些?其作用是什么?
11. 水闸的组成有哪几部分?各部分的作用是什么?
12. 河岸式溢洪道的作用及其类型有哪些?
13. 水工隧洞的作用是什么?按水流状态分有哪几种?其进口建筑物的类型有哪些?
14. 水工隧洞的衬砌有什么作用?类型有哪些?
15. 渠道的纵断面设计应注意哪些问题?横断面形式有哪几种?
16. 渡槽的作用及类型有哪些?其支承结构有哪些类型?
17. 倒虹吸管的作用及类型是什么?
18. 常见的河道整治建筑物有哪些?各自的作用是什么?
19. 常用的防洪工程有哪些?各自的作用是什么?

第八章 土木工程施工

【学习指导】

本章主要介绍了基础工程和上部结构等的现代施工技术、流水施工原理、工程网络计划技术和施工组织设计等。要求通过学习了解现代施工技术的特点,重点掌握流水施工参数计算、网络计划编制和施工组织设计,学会网络计划的关键线路确定。

第一节 概 述

土木工程施工是生产建筑产品的活动,建筑产品是指各种建筑物和构筑物。它与其他工业生产相比,具有独特的技术经济特点。

施工是一个复杂的过程,按施工图施工、按规范要求施工,遵从施工工序的先后顺序对保证施工质量是至关重要的。土木工程施工可分为施工技术与施工组织两大部分。

施工技术是以各工种工程(土方工程、基础工程、混凝土结构工程、结构安装工程、装饰工程等)的施工技术为研究对象,以施工方案为核心,结合具体施工对象的特点,选择最合理的施工方案,确定最有效的施工技术措施。

施工组织是以一个工程的施工过程为研究对象,科学编制出指导施工的施工组织设计文件,以合理地使用人力、物力、空间和时间,着眼于各工种工程施工中关键工序的安排,使之有组织、有秩序地完成整个施工过程。

概括起来,施工的研究对象就是研究最有效地建造各类土木工程的理论、方法和有关的施工规律,以科学的施工组织设计为先导,以先进可靠的施工技术为基础,保证工程项目高质量、安全和经济地顺利建成。

土木工程施工与土木工程材料、材料力学、结构力学、混凝土结构学以及钢结构等课程均有密切的关联,在学完这些课程的基础上才能学习土木工程施工课程。土木工程施工又是一门实践性、应用性强的课程,很多内容直接来自工程施工的经验总结。因此,对国内外最新动态及相关的实践环节,应予以足够的重视。

施工规范、规程是土木工程界进行工程施工的标准。它以科学、技术和实践经验的综合成果为基础,经有关方面协商一致,由国务院有关部委批准、颁发,作为全国土木工程施工必须共同遵守的准则和依据。其分为国家、行业(部)、地方和企业四级。在施工及验收规范中,对施工工艺要求、施工技术要点、施工准备工作内容、施工质量控制以及检验方法等均作了具体、明确或原则性的规定。因此,凡新建、改建、修复等工程,在设计、施工和竣工验收时,均应遵守相应的施工及验收规范。

规程(条例等)一般比规范涉及范围窄一些,内容规定更为具体,一般为行业标准,由各部委或重要的科学研究单位编制,呈报规范的管理单位批准或备案后发布试行。它主要是为了及时推广一些新结构、新材料、新工艺而制定的标准。规程试行一段时间后,在条件成熟时也可以升级为国家规范。规程的内容应与规范一致,若有不同,应以规范为准。随着设计与施工水平的不断提高,规范和规程每隔一定时间就要进行一次修订。

第二节　施工技术

一、现代施工的特点

工程施工是一项非常复杂的生产活动。它涉及的范围十分广泛，需要处理大量的、复杂的技术问题，耗费大量的人力、物资，动用大量的设备。为了保证施工的顺利进行，保证施工在规定的时间内完成，必须对土木工程施工进行有效的科学管理。根据不同的施工工艺进行施工组织，以保质、保量、保时、保效益地顺利完成土木工程产品。土木工程产品的生产和一般工业产品比较，有很多自己的特点。

（一）土木工程产品在空间上的固定性及其生产的流动性

土木工程是根据建设单位的要求，在满足城市规划的前提下，在指定的地点进行建造。土木工程产品基本上是定做的。这就要求土木工程产品及其生产活动需要在该产品固定的地点进行，形成了土木工程产品在空间上的固定性。

由于土木工程产品的固定性，造成施工人员、材料和机械设备等随产品所在地不同而进行流动。每变更一次施工地点，就要筹建一次必要的生产条件。由于施工空间的局限，随着土木工程产品施工部位的不同，需要施工人员流动作业。

土木工程产品由于其具有空间的固定性和生产的流动性，其生产不得不考虑当地的气候、环境而选择相应的施工方法，根据相应的施工方法选择相应的施工方案，而涉及的技术问题、人员资金配备问题等都要具体问题具体分析。所以，土木工程施工作业比一般的产品生产要复杂得多。

（二）土木工程产品的多样性及其生产的单件性

由于使用功能的不同，产品所在地、环境条件的不同，形成了产品的多样性。产品的不同，对施工单位来讲，其施工准备工作、施工工艺、施工方法、施工设备的选用也不相同，因此导致组织标准化的难度大，形成了生产的单件性。

（三）土木工程产品体型大，生产周期长

土木工程产品同一般的产品比较，生产过程中耗用的人工、材料、机械设备等资源众多。由于其体型大，施工阶段允许在不同的空间施工，形成了多专业化工种、多工序同时生产的综合性活动，这样就需要有组织地进行协调施工和科学的管理。

工业产品一般都是在一个固定的生产地点生产或组装成产品后运输销售给使用者的，唯独土木工程产品是固定不动的。土木工程施工不能自己设计一个理想空间，选定一套稳定工艺组织生产，而是服从产品设定地点的需要，不断地按工程要求、流动设备与人员，使自己的生产最有效地适应工程特定的空间，包括环境、交通、气象、地质等。因此，因地制宜是土木工程施工的基本原则。

没有一种工业产品可与土木工程产品比体量。一幢大楼几百米高，一座桥几百米长，生产一个产品要动用成百上千台设备与成千上万名员工，从开工到竣工，少则数月，多达几年。其生产过程是通过不断变换的人流将物资有机地凝聚成逐步扩大的产品，而最终产品是一个需要符合一系列功能的统一体。所以，土木工程产品的生产是一个多维的系统工程。土木工程施工必须把握施工方案多样性的特点，经过科学论证选取最佳方案。

由于土木工程产品单一、固定与庞大的特性，决定了土木工程施工的复杂性，没有统一的模式与章法。施工技术必须兼顾天时、地利、人和，因时、因地、因人制宜，充分认识主客观条件，选用最合适的方法，经过科学组织来实现施工。所谓的施工，也就是施工技术加施工管理，其中施工技术一般就是指完成一个主要工序或分项工程的单项技术，施工管理则是优化组合单项技术，科学地实施物化劳动与活劳动的结合，最终形成土木工程产品。

二、基础工程施工技术

(一)人工地基施工技术

人工地基施工技术包括地基加固、承载桩、钢管桩等技术。

(1)地基加固：有换土、预压、强夯、水泥土旋喷和深层搅拌技术等。

(2)承载桩：有渣土桩、水泥土桩、木桩、混凝土桩（混凝土预制桩、预应力管桩、现浇灌注桩）、钢桩（钢管桩、H 型钢桩）、特殊桩（成槽机施工的巨型桩、扩头桩）等。目前，我国施工的灌注桩最大直径达 3 m，深度达 104 m，工艺上可加注浆。国外有的更大，还可以扩大头部。如果用连续墙成槽机做巨型现浇灌注桩，还可以做得更大更深。如日本的水平多轴式回转钻机（EM 型），成桩壁厚 1 200 ~ 3 200 mm，深度达到 170 m。

(3)钢管桩：一般直径 600 ~ 900 mm，深度 50 ~ 60 m，而上海金茂大厦管桩深度达 83 m，直径 900 mm，最大桩锤 30 t。

(二)基坑支护技术

基坑支护广义上包括挡土结构、隔水帷幕、支承技术、降水技术及环境保护技术等方面。

1. 挡土结构

挡土结构包括重力坝、钢筋混凝土地下连续墙、劲性水泥土桩等。

(1)重力坝：用深层搅拌、旋喷等工艺形成的水泥土重力坝形式作为挡土和隔水，可不用支承，上海博物馆工程基坑就采用该类型挡土结构，深度达到 9.8 m。

(2)钢筋混凝土地下连续墙：这种工艺在世界上已经有 50 年历史，可以挡土和隔水，有现场浇筑与成槽后插入预制地下墙两种。对于现场浇筑地下墙，我国已做到深度 60 m，有的国家已经在考虑生产成槽能力 200 m 以上的水平多轴式回转钻机，壁厚可达到 4 m，预制地下墙深度可达 30 m。

(3)劲性水泥土桩（SMW 工法）：在水泥土排桩内插入型钢，以型钢受力，水泥土作为隔水帷幕。此法在日本使用较多。

2. 隔水帷幕

隔水帷幕有水泥土排桩、注浆帷幕、薄型地下连续墙等。日本最近制成称之为 TRUST－21 型的成槽机，成槽最小壁厚仅为 0.2 m，深度 200 m，采用泥浆固化成壁。

3. 支承技术

支承技术主要包括以下几种形式。

(1)型钢支撑（见图 8-1）：传统采用型钢支撑。

图 8-1　型钢支撑

(2)钢筋混凝土支撑：为适应不规则基坑的体型并使挖土有较大空间，在我国特别是在上海地区创造与发展了一种钢筋混凝土支撑体系，有对撑、角撑、排撑及拱形支撑和环圈形支撑。上海最大环圈直径达92 m，天津施工了直径100余m的大环圈。采用钢筋混凝土支撑体系的优点是一次性投入少，适应性强；其最大的缺点是只能一次性使用，社会资源浪费大，爆破拆除时对环境有影响。

(3)双向双股复加预应力钢管支撑：双股井字形接头可以解决传统的钢支撑空间小的缺点，以方便挖土。双向施加预应力还可以针对土的流变特性，复加预应力控制变形。在一些重要地段，特别是在地铁隧道边的深基坑施工都采用此法。

(4)土锚杆(土钉)拉锚：在挡土结构处侧向向基坑外土体深部打入锚杆，可以加预应力，以达到锚桩挡土的目的。这种方法一般适用于土质较好的大型深基坑。

4. 降水技术

地下水位较高的地区和较深的基坑都需要采取降水措施，常用的有：轻型井点，可深至3~7 m；喷射井点，可深至7~15 m；深井及加真空深井，可深至10 m以下；大口径明排水管井，在土质好的北京等地区常有应用。

5. 环境保护技术

环境保护技术主要包括以下技术。

(1)井点回灌技术：目的是控制基坑外的水位，防止坑外管线、道路、建筑物产生固结沉降。

(2)堵漏技术：目的是控制向基坑内渗水，有各种即时堵漏及注浆技术。

(3)信息监测与信息化施工技术：基坑支护的应力应变计算往往由于参数选取不准，有时计算值只能是一个参考值。为保护环境，须在工程进行中监测即时变形，并采取可靠的即时加固措施，以防事故发生。应用计算机可以提供施工过程中支护体系及环境的受力状态及变形数据，由于信息技术及各种加固技术的提高，已经可以实现毫米级的变形控制。调节变形的技术手段主要有：可以在基坑内外进行双液快硬注浆，可以对支撑施加预应力或增加支撑，也可以调整挖土速度及支撑施工的程序。即充分考虑土体变形的时空效应以施工速度的变化来减小变形。

(三)大体积混凝土施工技术

土木工程构件三个方向的最小尺寸超过800 mm的混凝土施工称为大体积混凝土施工。由于水泥在水化过程中发热，引起混凝土构件在升、降温过程中因各部位温差应力加上混凝土本身的收缩等因素，易产生危及结构安全的裂缝。过去，大体积混凝土施工是一个重大技术难题，20多年前，南京梅山铁矿高炉基础浇筑时曾因温度裂缝出现质量问题，但自从宝钢转炉基础7 200 m^3一次浇捣无裂缝获得成功后，大体积混凝土施工技术开始有了新的飞跃，其中主要采取了以下四类措施：

(1)减少混凝土本身发热量；

(2)内降温、外保温，运用信息监测技术，及时调整和控制结构内外部分的温差在25 ℃之内；

(3)延长并做好养护工作；

(4)尽可能科学地组织施工，提高浇筑强度。

目前，上海地区大体积混凝土施工水平为：最大基础厚度6 m；最高的混凝土强度等级C50；最大一次浇捣混凝土量为24 000 m^3；最高浇筑强度660 m^3/h。上海虹桥世贸商城工程共启用20辆泵车、200辆搅拌输送车、10个集中搅拌站同时供应商品混凝土,其规模与水平为世界之最。

(四)逆作法施工技术

逆作法是基础与上部结构同时施工的先进工艺,有减少和取消临时支护措施、降低成本及大大加快施工进度等优点,20世纪70年代前后被一些发达国家采用,我国于20世纪80年代进行研究试验,90年代在广州、上海等地应用。逆作法施工工序如图8-2所示,其施工的关键技术是:

(1)用地下连续墙作为永久地下室外壁;

(2)对建筑主体结构柱子下的承载桩,在成桩过程中要预先增加型钢支柱;

(3)先施工地面板,支承在型钢支柱与地下墙上,此地面板又是在挖土过程中对地下墙的支撑;

(4)在地下室最下部底板施工前,上部结构施工高度要控制在钢支柱桩的安全承载力之内;

(5)各支柱及地下墙在施工过程中的沉降差要控制在结构允许范围之内;

(6)施工有顶盖的地下部分要保证安全与一定的效率。

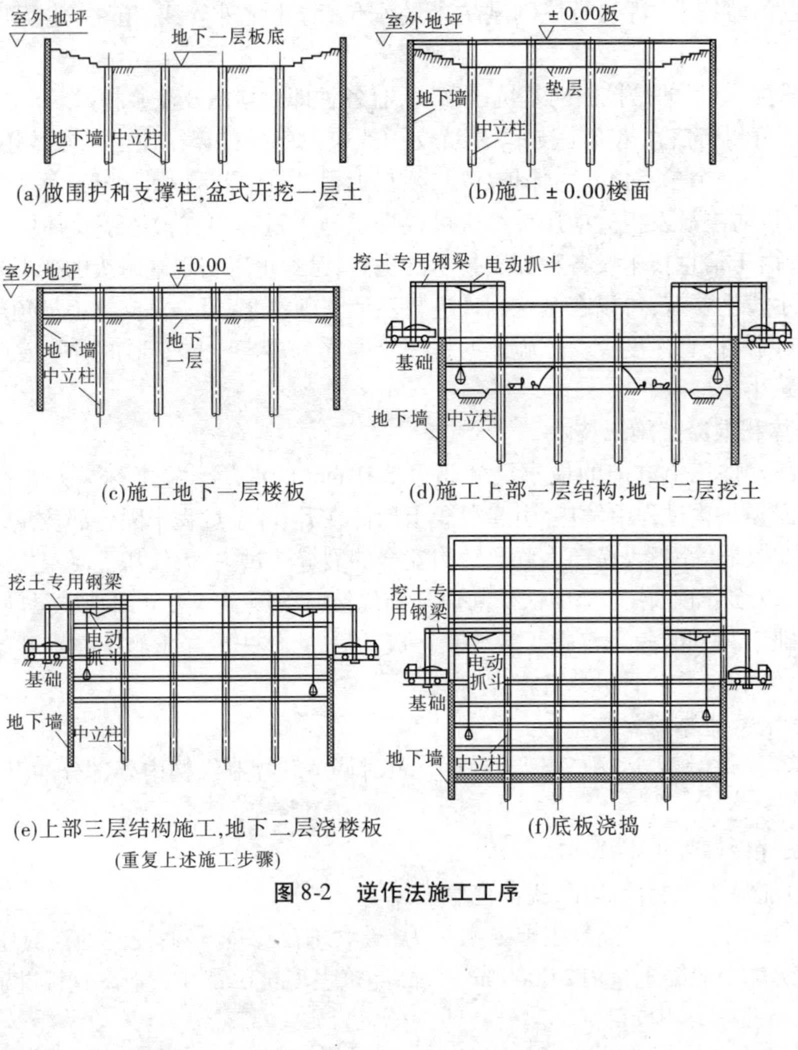

(a)做围护和支撑柱,盆式开挖一层土　(b)施工±0.00楼面

(c)施工地下一层楼板　(d)施工上部一层结构,地下二层挖土

(e)上部三层结构施工,地下二层浇楼板
(重复上述施工步骤)　(f)底板浇捣

图8-2　逆作法施工工序

三、上部结构施工技术

结构施工技术范围很广，包括砖石结构、木结构、钢结构、钢筋混凝土结构及其他特种结构，下面仅介绍当前钢筋混凝土结构中的模板、钢筋、混凝土以及结构吊装的先进水平及先进工艺技术。

（一）模板技术

我国自20世纪70年代开始引进日本钢管脚手架与组合钢楼板技术，80年代后期逐步发展成自己的型钢骨架加大型贴面模板。各种新型的平面模板体系有传统的支架模板以及改进了的台模、飞模、排架式快拆模体系、独塔式快拆模体系等。各种竖向模板与脚手架体系如下：

（1）爬模体系。直爬模板已大量推广应用于高层建筑。斜爬模为上海黄浦江上3座大桥的桥塔及武汉、广东几座斜拉桥所采用。其原理是利用模板与爬架交替支承在结构上，并用简易起重设备交替上升安装支架与模板。

（2）滑模体系。滑模是相对成熟和比较老的施工技术，在烟囱等筒体上早有应用，以后又在高层建筑的剪力墙、框架上应用。滑模又分直接滑模浇捣与滑框倒模等工艺。北京、天津电视塔为滑模最高的筒体结构；武汉国贸大厦是墙柱梁整体滑升的最大滑模工程，平台面积达2 300 m^2，结构高度为200 m。

（3）液压整体提升模板体系。滑模的缺点是每次只能滑升若干厘米，混凝土要连续浇捣，混凝土结构体与模板一直在相对运动，所以混凝土表面容易出现横条纹甚至被拉裂，施工安排也比较烦琐。近年来，在原滑模技术的基础上有所改进，原滑模动力体系仅作为提升设备，并加强支柱的力量，将模板做成整体，从而使模板可每层一次整体提升到位，混凝土分层浇筑。

（4）块提升式大模板。作为一种专用模板体系，如德国的PERI，在国外使用的很多，该模板体系支承在已完成的结构上，由专用液压机进行自升，技术较先进，但价格较贵，马来西亚吉隆坡双塔大厦工程就应用了该项技术。

（5）升板机整体式提升模板脚手体系。这是利用升板机较大的提升能力，借助结构自身强度，提升钢制平台，而模板与脚手架就悬挂在钢平台上，随结构的上升而上升，是一种比较经济高效的模板体系。该技术曾在上海东方明珠电视塔、金茂大厦等工程上采用，最高速度达一个月13层，这种体系快速、安全、经济，其成本仅是德国PERI液压提升模板的1/10。

（二）钢筋施工技术

钢筋施工技术主要包括如下技术：

（1）钢筋点焊网片。由钢筋工厂生产焊接卷网，在施工现场进行钢筋焊接骨架整体安装。

（2）钢筋接头。有长度搭接、绑条焊接、对焊、电渣焊、压力焊接、套筒冷压连接、套筒斜螺纹连接、可调螺纹连接等多种方式，特别是直螺纹等强接头，它利用加工过程使钢筋螺纹接头强度提高，可以保证接头强度超过母材，使接头位置与数量不受限制。

（3）预应力技术。预应力技术早在20世纪30年代已有方案提出，到50年代在世界上开始推广，此项技术使钢筋与混凝土充分发挥各自特性达到结构的最佳组合，以提高结构刚度和抗裂性能，减小结构物断面。现在在一些大型大跨度的钢筋混凝土结构工程上几乎均采用预应力技术。

以上海地区为例,上海东方明珠电视塔竖向预应力连续长度为300 m,南浦大桥大梁的水平方向预应力一次张拉长达100 m,上海国际航运大厦基础地下室采用了无黏结钢绞线预应力结构等。

(三)混凝土技术

近百年来,混凝土结构主宰了土木工程业,没有一个重大工程可以离开混凝土。混凝土技术随土木工程业的发展而发展,特别是近年来发展得更快。

1. 混凝土组分的发展

混凝土已在一般的水泥(胶凝料)、砂子(细骨料)、石子(粗骨料)加水的组分的基础上,增加了很多新的品种。比如增加掺合料:粉煤灰(可改善混凝土性能)、磨细矿渣粉(可提高强度,改善性能)等。掺加化学外加剂:可适应减水、快硬、增塑、增稠、缓凝、抗冻、可泵送、自密实等功能的要求。掺加各种纤维:如玻璃纤维、钢纤维、塑料纤维、碳纤维等,以提高混凝土强度与抗裂性。

2. 混凝土强度的发展

20世纪50年代以前,我国主要以1∶2∶4和1∶3∶6体积配比的混凝土为主,50年代主要为110号、140号、170号、210号混凝土,60~70年代主要为150号~300号混凝土,80年代主要为200号、300号、400号混凝土,90年代发展为C20~C80高强混凝土。如上海杨浦大桥采用C50混凝土,东方明珠电视塔采用C60混凝土,新上海国际大厦第21层试点采用C80混凝土,上海明天广场大量应用C80混凝土,辽宁物产大厦下部柱采用C80混凝土,北京静安中心大厦地下三层柱采用C80混凝土等。我国已能在实验室配制C100以上的混凝土,但在实际应用中最高的是C80混凝土。

在国外,如美国ACJ在1984年确定C50以上为高强混凝土,马来西亚吉隆坡双塔大厦底层受压结构采用C80混凝土;美国芝加哥South Wacker大厦底层桩为C95混凝土;美国西雅图双联大厦3 m直径的钢管混凝土采用C130混凝土,为国际上混凝土应用的最高强度等级。虽然理论上可以配制C200以上的混凝土,但是由于强度太高带来的脆性问题尚未根本解决,因此目前在使用高强度混凝土方面仍有一定的限制。

3. 商品混凝土及泵送混凝土

商品混凝土发展很快,发达国家的一些大城市几乎都采用商品混凝土,占总量的60%~80%。我国近20年来发展也很快,1996年全国预拌混凝土已接近3 000万m^3,仅上海一地已达1 000万m^3。泵送混凝土是与商品混凝土一起发展起来的,与此同时,泵送技术也有了很大提高。如上海一次泵送C60混凝土达到350 m高度,已在东方明珠电视塔与金茂大厦工程上实践成功。但和发达国家相比,我国的预拌混凝土比例仍十分低,美国的这一比例为84%,瑞典为83%,日本、澳大利亚也在60%以上,而我国目前预拌混凝土所占比例只有20%。

4. 高性能混凝土及其发展

高性能混凝土即HPC,国际上提出这个名词只不过10多年,但不少发达国家都在这方面投入大量人力、物力研究与实施。为实现符合多种要求的特殊功能,如高强、耐久、耐油、抗裂,目前世界各国都有许多研究与实施计划。如日本1988年提出新P.C计划,并在明石海峡大桥的2个桥墩上分别实现24万 m^3 与15万 m^3 不用振捣的自密实混凝土；英国北海油田海上平台的混凝土28 d 抗压强度达100 MPa，可在海水中耐久100年；法国也提出了“混凝土新法”着重解决混凝土的耐久性问题。由于国外高性能混凝土取得了突破，混凝土施工也打破了传统习惯，20 m 高的混凝土墙体可以一次浇捣。

（四）结构吊装技术

目前，国内外的结构吊装技术都有了突飞猛进的发展，开始由传统的机械吊装向大型化与多机组合吊装发展。

1. 整体提升

整体提升技术和用计算机控制、钢绞线承重、液压整体提升技术等。如上海万人体育馆采用整体提升技术，日本某体育馆分3次提升就位等。

2. 平面滑行安装技术

当安装机具无施工位置时，利用已安装的结构单体进行平面滑行安装，也是非常实用的方法。如日本博多饭店大楼就采用此法施工。

（五）房屋工厂的设想与实践

由于房屋建筑的固定与庞大的特性，房屋生产没有工厂与流水线，建筑工人露天作业的状况沿袭至今。日本一家建筑公司设想改变这种状况，其方案是：在建造高层建筑时，先用一个带各种机具与控制设备的顶盖，套在建设中的房屋结构上，在往上进行房屋结构施工的同时，大屋盖也跟着往上提升，成为一个全天候建筑施工的工厂，目前已由五洋建设与大成建设联合体进行实践。如图8-3所示是一幢地下2层、地上20层的商住大楼，高85 m，为钢结构，内部大部分采用装配式的构配件。

四、特殊施工技术

在现代土木工程施工中，有大量的特殊施工技术，如水利工程的定向控制爆破、隧道工程的顶管施工等，下面仅将隧道和桥梁列为特殊施工技术进行简要介绍。

（一）地下长距离管沟、隧道施工技术

1. 盾构法

盾构法是一种在地下进行机械化暗挖作业的隧道施工方法，它靠盾构头部掘土，或用大刀盘切削土体，然后拼装预制的混凝土管片建成隧道环。边前进边建环，环环相接，最终形成长距离的隧道，施工既快速又安全（见图8-4）。

我国1963年开始在上海试验性地采用盾构法掘进隧道，最初为直径仅4.2 m的敞胸干挖法，后逐步发展为干出土的网格式盾构和水力出土的盾构施工法。20世纪60年代末北京也试验用盾构法建造地铁，以直径7 m的半机械化盾构成洞78 m长，后由于北京有条件采用明挖法，从经济上考虑而停止试验。

1991年上海地铁一号线引进7台加泥式土压平衡盾构，采用大刀盘开挖、螺旋输送机排土，同时备有同步压浆、计算机控制系统等，性能比较完善。利用这7台盾构机完成了18.5 km长的隧道施工，建成上海地铁一号线隧道。其直径为5.5～6.2 m，衬砌混凝土块厚度0.35 m，每环6块，环宽1 m，单块最大质量3.75 t，盾构进尺为4～6 m/d，最高达18 m/d，地面沉降控制在10～30 mm。在上海繁华闹市地段南京路、西藏路地下施工时，地面上没有

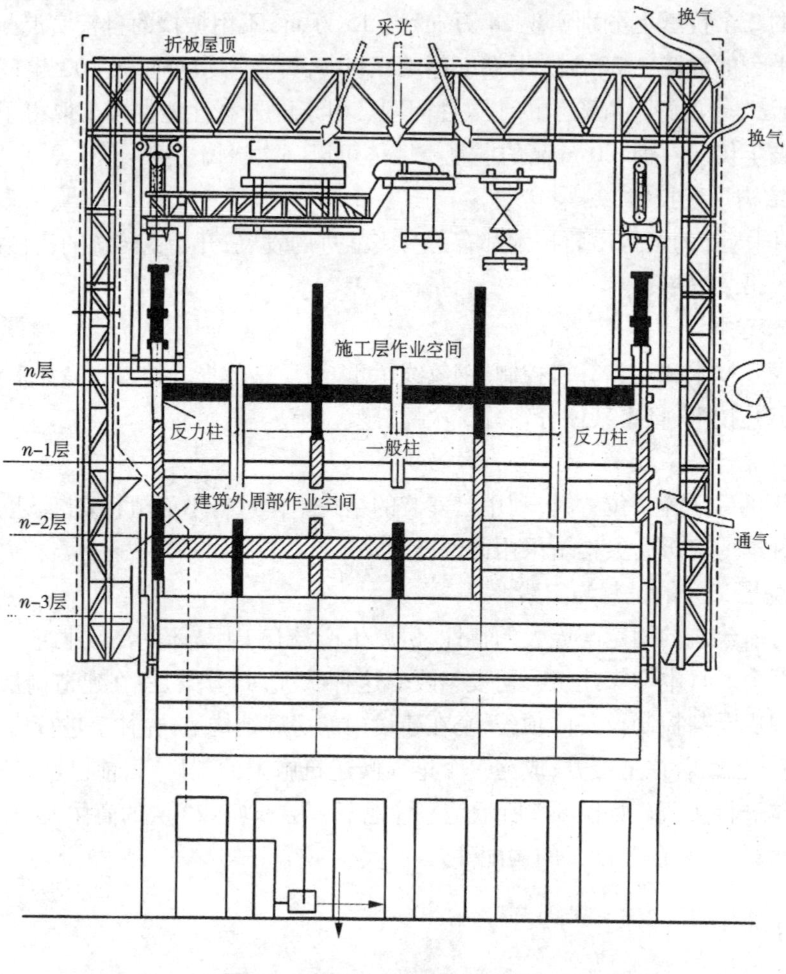

图 8-3　房屋工厂施工方法示意

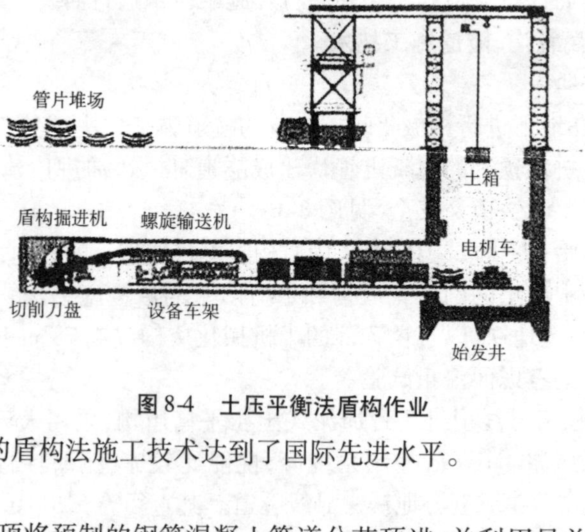

图 8-4　土压平衡法盾构作业

感觉。可以说,我国的盾构法施工技术达到了国际先进水平。

2. 顶管法

顶管法是用千斤顶将预制的钢筋混凝土管道分节顶进,并利用最前面的工具头进行挖土的一项地下掘进技术。以往对直径较小的地下管道可采用顶管法施工,目前随着技术的进步,直径较大的管道也可以用顶管法施工,甚至可与盾构法媲美。在上海黄浦江上游引水工程中,将直径3.5 m 的钢管一次顶进1 743 m,创世界之最。目前,顶管技术最先进的国家是德国。

3. 沉管法

沉管法是在干船坞内或大型驳船上先预制钢筋混凝土管段或全钢管段,将其两头密封,然后浮运到指定的水域,再进水沉埋到设计位置固定,建成需要的过江管道或大型水下空间。沉管法是正在发展中的施工技术,国内外都有许多施工实例,香港过海隧道、广州珠江隧道都采用这种方法施工。珠江隧道工程为我国大型沉管工程开创了成功的先例。

4. 冻结法

冻结法是在含水土层内先钻孔打入钢管,导入循环的液氮,使周边的地层冻结,形成坚硬的冻土壳。它不仅能保证地层稳定,还能起隔水作用,可以进行深基坑的挖土。我国一些煤矿井筒工程中用此法施工较多,已有300多个井用此法完成,最长达500 m。近年来,此法已推广到其他土木工程中。北京20世纪70年代地铁施工中,遇流砂曾用冻结法解决;90年代上海延安东路越江隧道盾构在浦西段出口处,遇有大量城市管网,也采用冻结法保护周边环境及施工安全。

(二)桥梁施工技术

斜拉桥是新型的桥梁形式,这种形式大桥的主桥分两大部分:桥塔及索拉桥面。桥塔的施工与建筑工程相同,但有的呈斜面,施工有一定困难。在采用斜爬模施工技术后,取得了比较经济和快速的效果。由于斜拉桥桥面材料有不同的组合,可分为钢桥、钢与混凝土叠合桥及钢筋混凝土桥。上海杨浦大桥主跨为602 m,在叠合桥中跨度为世界第一。举世瞩目的世界第一大跨径斜拉桥——苏通大桥于2007年6月胜利合龙,苏通大桥的合龙贯通刷新了世界桥梁建设最深基础、最高桥塔、最长拉索、最大主跨四项纪录。

悬索桥是世界上较早出现的桥型之一,跨度可以达到1 km以上,世界上较著名的为美国旧金山大桥,施工方法是先建锚墩与桥塔,再在锚墩与桥塔之间拉上工作索,在工作索下设操作平台,并装上机具,然后安装主索,主索分散安装。钢索安装校正后,即可将分段预制的桥面从船上用钢索吊起固定。目前,世界上最大跨度的该类桥梁是日本明石大桥,主跨为1 990 m,桥塔高297 m,主索直径达1.2 m。我国江阴长江大桥主跨为1 385 m,桥塔高200 m,主索直径0.9 m。

21世纪初,许多国家正在规划超长跨桥,技术问题已经解决,如西班牙至摩洛哥的Gibraltar海峡大桥主跨长5 000 m,日本津轻海峡大桥主跨长约4 000 m。

第三节 流水施工原理

一、流水施工概述

在组织同类项目或将一个项目分成若干个施工区段进行施工时,可以采用不同的施工组织方式,如依次施工、平行施工、流水施工等组织方式。其中,流水施工是组织产品生产的理想方法,也是项目施工最有效的科学组织方法。下面我们将流水施工与依次施工、平行施工进行一下对比分析。

（一）依次施工

依次施工组织方式是将拟建工程项目的整个施工过程分解成若干个施工过程，按照一定的施工顺序，前一个施工过程完成后，后一个施工过程开始施工；或前一个工程完成后，后一个工程才开始施工。它是一种最基本、最原始的施工组织方式。

（二）平行施工

在拟建工程项目任务十分紧迫、工作面允许以及资源供应能够保证的条件下，可以组织几个相同的工作队，在同一时间、不同的空间上进行施工，这样的施工组织方式称为平行施工组织方式。

（三）流水施工

流水施工组织方式是将拟建工程项目的整个施工建造过程分解成若干个施工过程，也就是划分成若干个工作性质相同的分部、分项工程或工序。同时，将拟建工程项目在平面上划分成若干个劳动量大致相等的施工段。在竖向上划分成若干个施工层，按照施工过程分别建立相应的专业工作队。各专业工作队按照一定的施工顺序投入施工，完成第一个施工段上的施工任务后，在专业工作队的人数、使用机具和材料不变的情况下，依次、连续地投到第二、三……一直到最后一个施工段的施工，在规定的时间内完成同样的施工任务。不同的专业工作队在工作时间上最大限度地、合理地搭接起来：当第一个施工层各个施工段上的相应施工任务全部完成后，专业工作队依次地、连续地投入到第二、三……施工层，保证拟建工程项目的施工全过程在时间上、空间上有节奏且连续、均衡地进行生产，直到完成全部施工任务。

与依次施工、平行施工相比较，流水施工具有以下特点：

（1）科学地利用了工作面，争取了时间，工期比较短。

（2）工作队及其生产工人实现了专业化施工，可使工人的操作技术熟练，更好地保证工程质量，提高劳动生产率。

（3）专业工作队及其生产工人能够连续作业。

（4）单位时间投入施工的资源较为均衡，有利于资源供应。

（5）为工程项目的科学管理创造了有利条件。

二、流水施工的主要参数

在组织拟建工程项目流水施工时，用以表达流水施工在工艺流程、空间布置和时间安排等方面开展状态的参数，称为流水参数，主要包括工艺参数、空间参数和时间参数三类。

（一）工艺参数

在组织流水施工时，用以表达流水施工在施工工艺上开展顺序及其特征的参数称为工艺参数。具体地说，工艺参数是指在组织流水施工时，将拟建工程项目的整个建造过程分解为施工过程的种类、性质和数目的总称，它通常包括施工过程和流水强度。

1. 施工过程

在工程项目施工中，施工过程所包括的范围可大可小，既可以是分部工程、分项工程，又可以是单位工程、单项工程，它是流水施工的基本参数之一。根据工艺性质不同，分为制备类施工过程、运输类施工过程和砌筑安装类施工过程三种。施工过程数一般用 n 表示。

（1）制备类施工过程：是指为了提高建筑产品的装配化、工厂化、机械化和生产能力而形成的施工过程，如混凝土、砂浆、构配件、制品和门窗等的制备过程。它一般不占有施工对象的空间，不影响项目总工期，因此一般在项目施工进度表上不表示。只有当其占有施工对象的空间，要影响项目总工期时，在项目施工进度表上才列入，如在拟建车间、实验室等场地内预制或组装的大型构件等。

(2)运输类施工过程：是指将建筑材料、构配件、(半)成品、制品和设备等运到项目工地仓库或现场操作使用地点形成的施工过程。它一般不占有施工对象空间，不影响项目总工期，通常也不列入项目施工进度计划中。只有当其占有项目施工的空间，要影响项目总工期时，才列入项目施工进度计划中，如结构安装工程中，采取随运随吊方案的运输过程。

(3)砌筑安装类施工过程：是指在施工对象的空间上直接进行加工，最终形成建筑产品的过程，如地下主体工程、结构安装工程、屋面工程和装饰工程等的施工过程。它占有施工对象的空间，影响工期的长短，因此必须列入项目施工的进度表上，而且是项目施工进度表的主要内容。砌筑安装类施工过程按其在项目生产中的作用、工艺性质和复杂程度等不同，可以划分为不同的施工过程。

2. 流水强度

某施工过程在单位时间内所完成的工程量，称为该施工过程的流水强度，可分为机械操作流水强度和人工操作流水强度。

(1)机械操作流水强度

$$V_i = \sum_{j=1}^{x} R_{ij} S_{ij} \tag{8-1}$$

式中 V_i——某施工过程 i 的机械操作流水强度；

R_{ij}——投入施工过程 i 的 j 种施工机械台数；

S_{ij}——投入施工过程 i 的 j 种施工机械产量定额；

x——投入施工过程 i 的施工机械类数。

(2)人工操作流水强度

$$V_i = R_i S_i \tag{8-2}$$

式中 V_i——某施工过程 i 的人工操作流水强度；

R_i——投入施工过程 i 的专业工作队工人数；

S_i——投入施工过程 i 的专业工作队平均产量定额。

(二)空间参数

在组织流水施工时，用以表达流水施工在空间布置上所处状态的参数，称为空间参数。空间参数主要有工作面、施工段和施工层。

1. 工作面

某专业工种的工人在从事建筑产品生产加工过程中，必须具备一定的活动空间，这个活动空间称为工作面。它的大小是根据相应工种单位时间内的产量定额、建筑安装操作规程和安全规程等的要求确定的。工作面确定合理与否直接影响专业工种工人的劳动生产率，因此必须认真加以对待，合理确定。

主要工种专业工作面参考数据见表 8-1。

表 8-1　主要工种专业工作面参考数据

工作项目	每个技工的工作面		说明
砖基础	7.6	m/人	以 $1\frac{1}{2}$ 砖计 2 砖乘以 0.8 3 砖乘以 0.55
砌砖墙	8.5	m/人	以 1 砖计 $1\frac{1}{2}$ 砖乘以 0.71 2 砖乘以 0.57
毛石墙基	3	m/人	
毛石墙	3.3	m/人	以 60 cm 计
混凝土柱、墙基础	8	m^2/人	以 40 cm 计
混凝土设备基础	7	m^2/人	机拌、机捣
现浇钢筋混凝土柱	2.45	m^2/人	机拌、机捣
现浇钢筋混凝土梁	3.20	m^2/人	机拌、机捣
现浇钢筋混凝土墙	5	m^2/人	机拌、机捣
现浇钢筋混凝土楼板	5.3	m^2/人	机拌、机捣
预制钢筋混凝土柱	3.6	m^2/人	机拌、机捣
预制钢筋混凝土梁	3.6	m^2/人	机拌、机捣
预制钢筋混凝土屋架	2.7	m^2/人	机拌、机捣
预制钢筋混凝土平板、空心板	1.91	m^2/人	机拌、机捣
预制钢筋混凝土大型屋面板	2.62	m^2/人	机拌、机捣
混凝土地坪及面层	40	m^2/人	机拌、机捣
外墙抹灰	16	m^2/人	机拌、机捣
内墙抹灰	18.5	m^2/人	
卷材屋面	18.5	m^2/人	
防水水泥砂浆屋面	16	m^2/人	
门窗安装	11	m^2/人	

2. 施工段

为了有效地组织流水施工，通常把拟建工程项目在平面上划分成若干个劳动量大致相等的施工段落，这些施工段落称为施工段。施工段的数目通常用 m 表示，它是流水施工的基本参数之一。

划分施工段是组织流水施工的基础，建筑产品体型庞大的固有特征，又为组织流水施工提供了空间条件。可以把一个体型庞大的“单件产品”划分成具有若干个施工段、施工层的“批量产品”，使其满足流水施工的基本要求。在保证工程质量的前提下，为专业工作队确定合理的空间活动范围，使其按流水施工的原理，集中人力和物力，依次、连续地完成各施工段的任务，为后续专业工作队尽早地提供工作面，达到缩短工期的目的。

施工段的划分，在不同的分部工程中，可以采用相同或不同的划分办法。同一分部工程最好采用统一的段数，但也不排除特殊情况，如在单层工业厂房的预制工程中，柱和屋架的施工段划分就不一定相同。

施工段数要适当。施工段数过多,会减少工人数而延长工期;施工段数过少,又会造成资源供应过分集中,不利于组织流水施工。因此,为了使施工段划分得更科学、更合理,通常应遵循以下原则:

(1)专业工作队在各个施工段上的劳动量要大致相等。

(2)对于多层或高层建筑物,施工段的数目要满足合理组织流水施工的要求。

(3)为了充分发挥工人、主导施工机械的生产效率,每个施工段要有足够的工作面,使其所容纳的劳动力人数和机械台数能满足合理劳动组织的要求。

(4)为了保证拟建工程项目结构的完整性,施工段的分界线应尽可能与结构的自然界线(如沉降缝、伸缩缝等)相一致;如果必须将分界线设在墙体中间,应将其设在对结构整体性影响较小的门窗洞口等部位,以减少留槎,便于修复。

(5)对于多层的拟建工程项目,既要划分施工段,又要划分施工层,以保证相应的专业工作队在施工段与施工层之间能够有节奏、连续、均衡地组织流水施工。

3. 施工层

在组织流水施工时,为了满足专业工作队对操作高度和施工工艺的要求,将拟建工程项目在竖向上划分为若干个操作层,这些操作层称为施工层,一般用 r 来表示。施工层的划分,要根据工程项目的具体情况,如建筑物的高度、楼层等来确定。

(三)时间参数

在组织流水施工时,用以表达流水施工在时间排序上的参数,称为时间参数。时间参数通常包括流水节拍、流水步距、平行搭接时间、技术间歇时间和组织间歇时间等五种类型。

1. 流水节拍

在组织流水施工时,每个专业工作队在各个施工段上完成相应的施工任务所需的工作延续时间,称为流水节拍,通常用 t_i 来表示。它是流水施工的基本参数之一。

流水节拍的大小可以反映出流水施工速度的快慢、节奏感的强弱和单位时间内资源消耗量的多少。影响流水节拍数值大小的因素主要有:工程项目施工时所采取的施工方案,各施工段投入的劳动力人数或施工机械台数,工作班次,以及该施工段工程量的多少。

为避免专业工作队转移时浪费工时,流水节拍在数值上最好是一个(或半个)台班的整数倍。其数值的确定,可按以下方法进行。

1)定额计算法

定额计算法是根据各施工段的工程量、能够投入的资源量(工人数、机械台数和材料量等),按下式进行计算

$$t_i = \frac{Q_i}{S_i \cdot R_i \cdot N_i} = \frac{P_i}{R_i \cdot N_i} \tag{8-3}$$

或

$$t_i = \frac{Q_i \cdot H_i}{R_i \cdot N_i} = \frac{P_i}{R_i \cdot N_i} \tag{8-4}$$

$$P_i = \frac{Q_i}{S_i}(\text{或 } P_i = Q_i \cdot H_i) \tag{8-5}$$

式中　t_i——某专业工作队在第 i 施工段的流水节拍;

Q_i——某专业工作队在第 i 施工段要完成的工程量；

S_i——某专业工作队的计划产量定额；

H_i——某专业工作队在第 i 施工段的计划时间定额；

R_i——某专业工作队在第 i 施工段投入的工作人数或机械台数；

N_i——某专业工作队的工作班次；

P_i——某专业工作队在第 i 施工段需要的劳动量或机械台班数量。

2)经验估算法

经验估算法是依据以往的施工经验进行估算流水节拍的方法。一般为了提高其准确程度,往往先估算出该流水节拍的最长估算时间、最短估算时间和正常(即最可能)估算时间三种时间,然后据此求出期望时间,作为某专业工作队在某施工段上的流水节拍。所以,本法也称为三种时间估算法,其计算公式如下

$$t_i = \frac{a_i + 4c_i + b_i}{6} \tag{8-6}$$

式中 t_i——某施工过程 i 在某施工段上的流水节拍；

a_i——某施工过程 i 在某施工段上的最短估算时间；

b_i——某施工过程 i 在某施工段上的最长估算时间；

c_i——某施工过程 i 在某施工段上的正常估算时间。

这种方法多用于采用新工艺、新方法和新材料等没有定额可循的工程。

3)工期计算法

对在规定时间必须完成的施工项目,往往采用按工期倒排进度法。具体步骤如下:

(1)根据工期倒排进度,确定某施工过程的工作延续时间。

(2)确定某施工过程在某施工段上的流水节拍。

若同一施工过程流水节拍不等,则用估算法。若流水节拍相等,则用下式计算

$$t_i = \frac{T_i}{m} \tag{8-7}$$

式中 t_i——流水节拍；

T_i——某施工过程 i 的工作持续时间；

m——某施工过程划分的施工段数。

当施工段数确定后,流水节拍大,则工期相应就长。因此,从理论上讲,总是希望流水节拍越小越好。但实际上,由于受工作面的限制,每一施工过程在各施工段上都有最小的流水节拍,其数值可按下式计算

$$t_{\min} = \frac{A_{\min}\mu}{s} \tag{8-8}$$

式中 $t_{\min}$——某施工过程在某施工段上的最小流水节拍；

$A_{\min}$——每个工人或每台机械所需的最小工作面；

μ——单位工作面上的工程量含量；

s——产量定额。

通过公式算出的最小流水节拍数值应取整数(或半个工日)的整倍数,根据工期计算的流水节拍应大于最小流水节拍。

2. 流水步距

在组织流水施工时，相邻两个专业工作队在保证施工顺序、满足连续施工、最大限度地搭接和保证工程质量要求的条件下，相继投入施工的最小时间间隔，称为流水步距。流水步距用 $K_{j,j+1}$ 表示，它是流水施工的基本参数之一。确定流水步距应遵循如下几项原则：

(1)流水步距要满足相邻两个专业工作队在施工顺序上的相互制约关系。

(2)流水步距要保证各专业工作队连续作业。

(3)流水步距要保证相邻两个专业工作队在开始作业的时间上最大限度地、合理地搭接。

(4)流水步距的确定要保证工程质量，满足安全生产。

3. 平行搭接时间

在组织流水施工时，有时为了缩短工期，在工作面允许的条件下，如果前一个专业工作队完成部分施工任务后，能够提前为后一个专业工作队提供工作面，后者提前进入前一个施工段，两者在同一施工段上平行搭接施工，这个搭接时间称为平行搭接时间，通常用 $C_{j,j+1}$ 表示。

4. 技术间歇时间

在组织流水施工时，除要考虑相邻专业工作队之间的流水步距外，有时根据建筑材料或现浇构件等的工艺性质，还要考虑合理的工艺等待时间，这个时间称为技术间歇时间，常用 $Z_{i,j+1}$ 表示。

5. 组织间歇时间

在组织流水施工中，由于施工组织的原因造成的间歇时间称为组织间歇时间，常用 $G_{j,j+1}$ 表示。如墙体砌筑前的墙体位置弹线，施工人员、机械设备转移及回填土前地下管道检查验收等。

三、流水施工的基本方式

流水施工根据各施工过程时间参数的不同特点，可以分为等节拍流水、异节拍流水和无节奏流水几种基本方式。

(一)等节拍流水

在组织流水施工时，如果所有的施工过程在各个施工段上的流水节拍彼此相等，这种流水施工组织方式称为等节拍流水，也称固定节拍流水或全等节拍流水或同步距流水。它是一种最理想的流水施工组织方式。

等节拍流水具有如下特点：

(1)流水节拍彼此相等。如果有 n 个施工过程，流水节拍为 t_i，则

$$t_1 = t_2 = \cdots = t_i = \cdots = t_{n-1} = t_n = t(\text{常数}) \tag{8-9}$$

(2)流水步距彼此相等，而且等于流水节拍。

(3)每个专业工作队都能够连续施工，施工段没有空闲。

(4)专业工作队数(n_1)等于施工过程数(n)。

(二)异节拍流水

异节拍流水是指在组织流水施工时，如果同一施工过程在各施工段上的流水节拍彼此相等，不同施工过程在同一施工段上的流水节拍彼此不等，而且均为某一常数的整数倍的流

水施工组织方式,称为异节拍流水,也称成倍节拍流水。有时,为了加快流水施工速度,在资源供应满足的前提下,对流水节拍长的施工过程,组织几个同工种的专业工作队来完成同一施工过程在不同施工段上的作业任务,从而形成了一个工期最短的、类似于等节拍流水的等步距的异节拍流水施工方案。

异节拍流水具有如下特点:

(1)同一施工过程在各施工段上的流水节拍彼此相等,不同的施工过程在同一施工段上的流水节拍彼此不等,但均为某一常数的整数倍。

(2)流水步距彼此相等,且等于流水节拍的最大公约数。

(3)各专业工作队能够保证连续施工,施工段没有空闲。

(4)专业工作队数不小于施工过程数,即 $n_1 \geqslant n$。

(三)无节奏流水

在实际施工中,通常每个施工过程在各个施工段上的工程量彼此不等,各专业工作队的生产效率相差较大,导致大多数的流水节拍也彼此不相等,不可能组织等节拍流水或异节拍流水。在这种情况下,往往利用流水施工的基本概念,在保证施工工艺、满足施工顺序要求的前提下,按照一定的计算方法,确定相邻专业工作队之间的流水步距,使其在开工时间上最大限度地、合理地搭接起来,形成每个专业工作队都能够连续作业的流水施工方式,称为无节奏流水,也称分别流水,它是流水施工的普遍形式。

无节奏流水具有如下特点:

(1)每个施工过程在各个施工段上的流水节拍不尽相等。

(2)在多数情况下,流水步距彼此不相等,而且流水步距与流水节拍二者之间存在着某种函数关系。

(3)各专业工作队都能够连续施工,个别施工段可能有空闲。

(4)专业工作队数等于施工过程数,即 $n_1 = n$。

第四节　工程网络计划技术

一、概述

20 世纪 50 年代以来,为适应生产发展和科学研究工作开展的需要,国外陆续采用了一些计划管理的新方法。这些方法尽管名目繁多,但内容却大同小异,我国华罗庚教授把它概括成统筹方法。

统筹方法是采用网络计划的方法表达各项工作的先后顺序和相互关系,这种方法逻辑严密,主要矛盾突出,有利于计划的优化调整和电子计算机的应用,因此在工业、农业、国防和关系复杂的科学研究计划管理中都得到了广泛应用。

在建筑施工中,应用统筹方法编制建筑安装工程的施工进度计划,首先是绘制工程施工网络图,其次是分析各个施工过程(或工序)在网络图中的地位,找出关键工作和关键线路,然后按照一定的目标不断改进计划安排,选择最优方案,并在计划实施过程中进行有效的控制与监督,保证以最小的消耗取得最大的经济效果。

二、工程网络计划的分类

（一）按网络计划的编制对象划分

（1）总体网络计划：是以整个建设项目为对象编制的网络计划，如一个新建工厂、一个建筑群的施工网络计划。

（2）单位工程网络计划：是以一个单位工程为对象编制的网络计划，如一幢办公楼、教学楼、住宅楼的施工网络计划。

（3）局部网络计划：是以单位工程中的某一分部工程或某一建设阶段为对象编制的网络计划，如按基础、主体、装饰等不同施工阶段编制或按不同专业编制的网络计划。

（二）按网络计划的性质和作用划分

（1）控制性网络计划：其工作划分较粗，主要作用是控制工程建设总体进度，作为决策层领导和上级管理机构指导工作、检查和控制工程进度的依据。

（2）实施性网络计划：其工作划分较细，主要作用是具体指导现场施工，应以控制性网络计划为依据编制。

（三）按网络计划的时间表达方式划分

（1）无时标网络计划：这种网络计划中的各项工作的持续时间通常以数字的形式标注在工作箭线（或工作节点）的下边（也称标时网络计划），箭线的长短与持续时间无关。

（2）时标网络计划：这种网络计划是以横坐标为时间坐标，箭线的长度受时间的限制，箭线在时间坐标上的投影长度可直接反映工作的持续时间。

此外，按网络计划的图形表达和符号所代表的含义，可划分为双代号网络计划、单代号网络计划、流水网络计划、时标网络计划等。

三、网络图及网络图的绘制

（一）网络图的基本概念

网络计划技术是采用网络图的形式编制工作进度计划，并在计划实施过程中加以控制，以保证实现预定目标的计划管理技术。

网络图是由箭线和节点组成的有向、有序的网状图形。根据图中箭线和节点所代表的含义不同，可将其分为双代号网络图和单代号网络图。本书以双代号网络图为例进行介绍。

在双代号网络图中，箭线代表工作（工序、活动或施工过程）。通常将工作名称写在箭线的上面（或左侧），将工作的持续时间写在箭线的下面（或右侧），如图 8-5 所示。

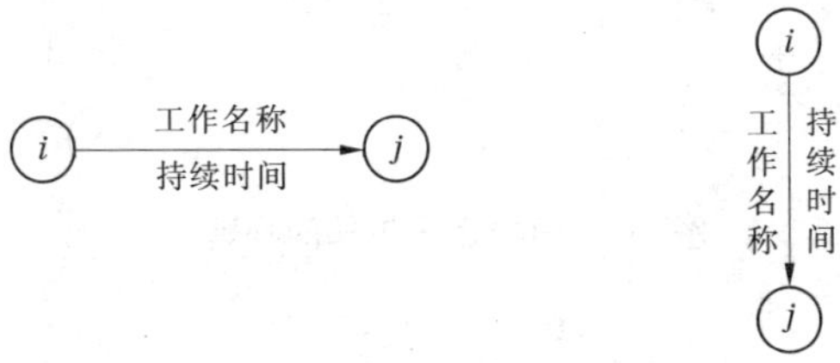

图 8-5　双代号网络图中工作的表示方法

在网络计划中，各项工作之间的先后顺序关系称为逻辑关系。逻辑关系又分为工艺关系和组织关系。其中，工艺关系是由生产工艺客观上所决定的各项工作之间的先后顺序关系；组织关系是在生产组织安排中，考虑劳动力、机具、材料或工期的影响，在各项工作之间主观上安排的先后顺序关系。

在网络图中，相对于某一工作（称其为本工作）来讲，紧挨在其前边的工作称为紧前工作，紧挨在其后边的工作称为紧后工作，与本工作同时进行的工作称为平行工作。从网络图起点节点开始到达本工作之前为止的所有工作称为本工作的先行工作，从紧后工作开始到达网络图终点节点的所有工作称为本工作的后续工作。从网络图的起点节点开始，到达网络图终点节点的一系列箭线、节点的通路称为线路。

（二）双代号网络图的绘制规则

（1）正确表达各项工作的逻辑关系。在绘制网络图时，首先要清楚各项工作之间的逻辑关系。用网络形式正确表达出某一项工作必须在哪些工作完成后才能进行，这项工作完成后可以进行哪些工作，哪些工作应该与该工作同时进行。

在绘制双代号网络图时，为了正确表达各项工作之间的逻辑关系，可能需要应用虚工作。虚工作是既无工作内容，也不需要时间和资源，仅仅是为使各项工作之间的逻辑关系得到正确表达而虚设的工作。虚工作一般用虚箭线表示。

（2）网络图中不允许出现循环回路。如图8-6所示的网络图中，从节点②出发经过节点③和节点④又回到节点②，形成了一个循环回路，这是不允许的。

（3）在网络图中，不允许出现带有双向箭头或没有箭头的连线。图8-7（a）为带有双向箭头的连线，图8-7（b）为没有箭头的连线，这都是不允许的。

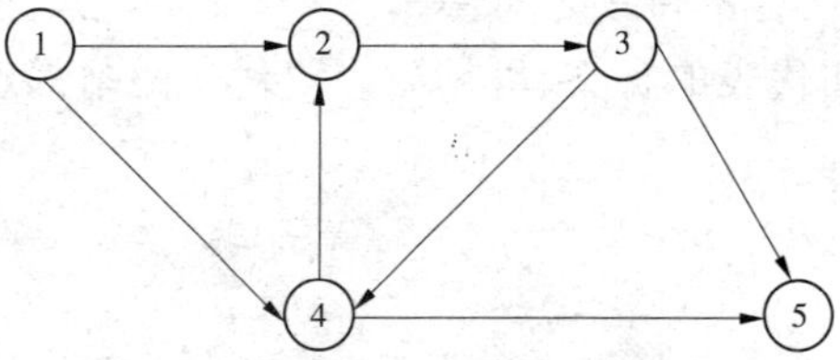

图8-6　有循环回路的网络图

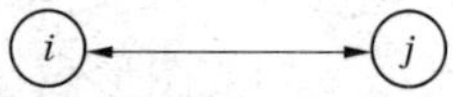

(a)带有双向箭头的连线

(b)没有箭头的连线

图8-7　箭线的错误画法

（4）在一张网络图中，一般只允许出现一个起点节点和一个终点节点。

（5）在一张网络图中，不允许出现同样代号的多项工作。如图8-8（a）所示，A和B两项工作有同样的代号，这是不允许的。如果它们的所有紧前工作和所有紧后工作都一样，可以通过增加虚工作的办法解决，如图8-8（b）所示。

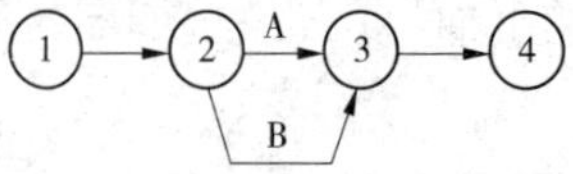

(a)

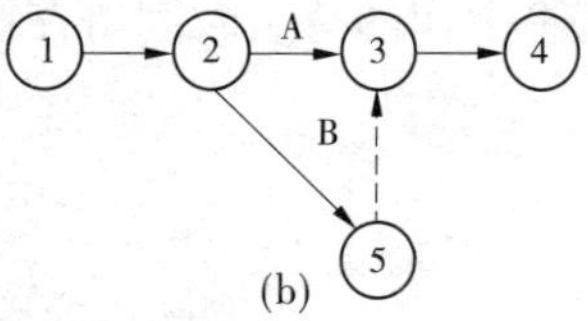

(b)

图8-8　同样代号工作的处理

（三）网络图节点编号原则

绘制出完整的网络图之后，要对所有节点进行编号，节点编号原则上只要不重复、不漏编、每根箭线的箭头节点编号大于箭尾节点编号即可。但一般的编号方法是：网络图的第一个节点编号为1，其他节点编号按自然数从小到大依次连续编排，最后一个节点的编号就是网络图中节点的个数。

四、双代号网络计划时间参数计算

(一)双代号网络计划时间参数及其含义

双代号网络计划的时间参数分为工作的时间参数、节点的时间参数和网络计划的工期三类。

1. 工作的时间参数

(1)工作的持续时间(D_{i-j}):指完成该工作所需的工作时间。

(2)工作的最早开始时间(ES_{i-j}):指该工作最早可能开始的时间。

(3)工作的最早完成时间(EF_{i-j}):指该工作最早可能完成的时间。

(4)工作的最迟开始时间(LS_{i-j}):指该工作最迟必须开始的时间。

(5)工作的最迟完成时间(LF_{i-j}):指在不影响工期的前提下,该工作最迟必须完成的时间。

(6)工作的总时差(TF_{i-j}):指在不影响工期的前提下,该工作所具有的最大机动时间。

(7)工作的自由时差(FF_{i-j}):指在不影响紧后工作最早开始时间的前提下,该工作所具有的机动时间。

2. 节点的时间参数

(1)节点的最早时间(ET_i):指节点(也称为事件)的最早可能发生时间。

(2)节点的最迟时间(LT_i):指在不影响工期的前提下,节点的最迟发生时间。

3. 网络计划的工期

(1)计算工期(T_c):指通过计算求得的网络计划的工期。

(2)计划工期(T_p):指完成网络计划的计划(打算)工期。

(3)要求工期(T_r):指合同规定或业主要求、企业上级要求的工期。

(二)按工作计算法计算时间参数

时间参数的计算可以按工作计算法和节点计算法计算,这里只介绍按工作计算法的计算。

1. 工作时间参数与工期的计算公式

1)工作的最早开始时间(ES_{i-j})

对于无紧前工作的工作,通常令其最早开始时间等于零;有紧前工作的工作,其最早开始时间等于所有紧前工作的最早完成时间的最大值,即

当 $i=1$ 时 $$ES_{i-j} = 0 \quad (8\text{-}10)$$

当 $i\neq1$ 时 $$ES_{i-j} = \max\{EF_{n-i}\} \quad (8\text{-}11)$$

式中:$i=1$ 表示该工作的开始节点为网络计划的起点节点;工作 $n-i$ 表示所有本工作$i-j$的紧前工作(下同)。

2)工作的最早完成时间(EF_{i-j})

工作的最早完成时间等于本工作的最早开始时间与持续时间之和,即

$$EF_{i-j} = ES_{i-j} + D_{i-j} \quad (8\text{-}12)$$

3)网络计划的工期

(1)计算工期(T_c)。网络计划的计算工期等于所有无紧后工作的工作的最早完成时间

的最大值,即

$$T_c = \max\{EF_{i-n}\} \tag{8-13}$$

式中:n 表示网络计划的终点节点(下同)。

(2)计划工期(T_p)。网络计划的计划工期要分两种情况确定,即

当工期无要求时,令 $$T_p = T_c \tag{8-14}$$

当工期有要求时,令 $$T_c \leqslant T_p \tag{8-15}$$

4)工作的最迟开始时间(LS_{i-j})

工作的最迟开始时间等于本工作的最迟完成时间减去本工作的持续时间,即

$$LS_{i-j} = LF_{i-j} - D_{i-j} \tag{8-16}$$

5)工作的最迟完成时间(LF_{i-j})

工作的最迟完成时间分两种情况计算:对于无紧后工作的工作,其最迟完成时间等于计划工期;而有紧后工作的工作,其最迟完成时间等于所有紧后工作最迟开始时间的最小值,即

当 $j = n$ 时 $$LF_{i-j} = T_p \tag{8-17}$$

当 $j \neq n$ 时 $$LF_{i-j} = \min\{LS_{j-k}\} \tag{8-18}$$

式中:下角标 $j-k$ 表示本工作 $i-j$ 的所有紧后工作(下同)。

6)工作的总时差(TF_{i-j})

工作的总时差等于本工作的最迟开始时间与最早开始时间之差,或本工作的最迟完成时间与最早完成时间之差,即

$$TF_{i-j} = LS_{i-j} - ES_{i-j} \tag{8-19}$$

$$TF_{i-j} = LF_{i-j} - EF_{i-j} \tag{8-20}$$

7)工作的自由时差(FF_{i-j})

工作的自由时差也要分两种情况计算:对于无紧后工作的工作,其自由时差等于计划工期减去本工作的最早完成时间;对于有紧后工作的工作,其自由时差等于所有紧后工作的最早开始时间的最小值减去本工作的最早完成时间,即

当 $j = n$ 时 $$FF_{i-j} = T_p - EF_{i-j} \tag{8-21}$$

当 $j \neq n$ 时 $$FF_{i-j} = \min\{ES_{j-k}\} - EF_{i-j} \tag{8-22}$$

2.用六时标准法计算时间参数

网络计划时间参数计算的方法有分析计算法、图上计算法、表上计算法、电算法等。本书仅介绍图上计算法。

【例 8-1】 下面结合图 8-9,用前面介绍的时间参数计算公式,计算每项工作的最早开始时间、最早完成时间、最迟开始时间、最迟完成时间、总时差、自由时差等六个时间参数和网络计划的计算工期及计划工期,并且每计算出一个时差参数,就随即将其标注在图上。六时标准法的图上标准方法如图 8-10 所示。

解 (1)工作的最早开始时间和最早完成时间的计算。

这两个时间参数的计算是从网络计划的起点节点开始的,自左向右顺箭头方向依次计算,计算过程如下

$ES_{1-2} = 0$

$EF_{1-2} = ES_{1-2} + D_{1-2} = 0 + 3 = 3$

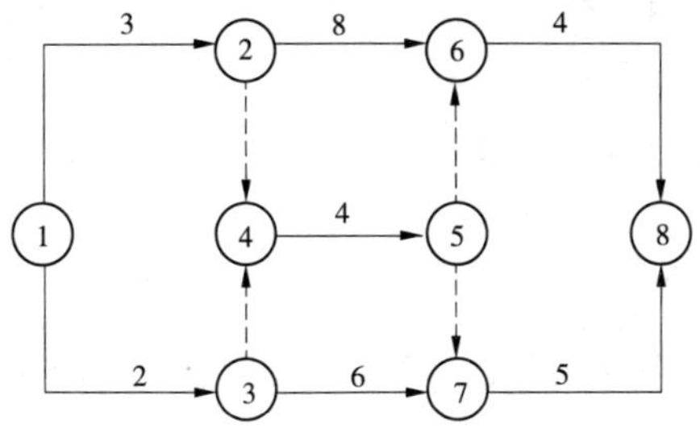

图 8-9　双代号网络计划

$ES_{1-3} = 0$

$EF_{1-3} = ES_{1-3} + D_{1-3} = 0 + 2 = 2$

$ES_{2-6} = \max\{EF_{1-2}\} = \max\{3\} = 3$

$EF_{2-6} = ES_{2-6} + D_{2-6} = 3 + 8 = 11$

$ES_{4-5} = \max\{EF_{1-2}, EF_{1-3}\} = \max\{3,2\} = 3$

$EF_{4-5} = ES_{4-5} + D_{4-5} = 3 + 4 = 7$

$ES_{3-7} = \max\{EF_{1-3}\} = \max\{2\} = 2$

$EF_{3-7} = ES_{3-7} + D_{3-7} = 2 + 6 = 8$

$ES_{6-8} = \max\{EF_{2-6}, EF_{4-5}\} = \max\{11,7\} = 11$

$EF_{6-8} = ES_{6-8} + D_{6-8} = 11 + 4 = 15$

$ES_{7-8} = \max\{EF_{4-5}, EF_{3-7}\} = \max\{7,8\} = 8$

$EF_{7-8} = ES_{7-8} + D_{7-8} = 8 + 5 = 13$

将上述计算结果标注在每项工作的 ES_{i-j}、EF_{i-j}位置上。

(2)网络计划工期的计算

$$T_c = \max\{EF_{6-8}, EF_{7-8}\} = \max\{15,13\} = 15$$

本题无工期要求,令 $T_p = T_c = 15$

将计算和确定的工期标注在网络计划结束节点右侧的方框内。

(3)工作的最迟开始时间和最迟完成时间的计算。

这两个时间参数的计算是从网络计划的终点节点开始的,自右向左逆箭头方向依次计算,计算过程如下

$LF_{7-8} = T_p = 15$

$LS_{7-8} = LF_{7-8} - D_{7-8} = 15 - 5 = 10$

$LF_{6-8} = T_p = 15$

$LS_{6-8} = LF_{6-8} - D_{6-8} = 15 - 4 = 11$

$LF_{3-7} = \min\{LS_{7-8}\} = \min\{10\} = 10$

$LS_{3-7} = LF_{3-7} - D_{3-7} = 10 - 6 = 4$

$LF_{2-6} = \min\{LS_{6-8}\} = \min\{11\} = 11$

$LS_{2-6} = LF_{2-6} - D_{2-6} = 11 - 8 = 3$

$LF_{4-5} = \min\{LS_{6-8}, LS_{7-8}\} = \min\{11,10\} = 10$

$LS_{4-5} = LF_{4-5} - D_{4-5} = 10 - 4 = 6$

$LF_{1-3} = \min\{LS_{3-7}, LS_{4-5}\} = \min\{4,6\} = 4$

$LS_{1-3} = LF_{1-3} - D_{1-3} = 4 - 2 = 2$

$LF_{1-2} = \min\{LS_{2-6}, LS_{4-5}\} = \min\{3,6\} = 3$

$LS_{1-2} = LF_{1-2} - D_{1-2} = 3 - 3 = 0$

将上述计算结果标注在每项工作的 LS_{i-j}、LF_{i-j}位置上。

(4)工作的总时差的计算。

工作的总时差可以从网络计划的任一部位开始,但一般采用从网络计划的起点节点开始,自左向右依次计算

$TF_{1-2} = LS_{1-2} - ES_{1-2} = 0 - 0 = 0$

$TF_{1-3} = LS_{1-3} - ES_{1-3} = 2 - 0 = 2$

$TF_{2-6} = LS_{2-6} - ES_{2-6} = 3 - 3 = 0$

$TF_{4-5} = LS_{4-5} - ES_{4-5} = 6 - 3 = 3$

$TF_{3-7} = LS_{3-7} - ES_{3-7} = 4 - 2 = 2$

$TF_{6-8} = LS_{6-8} - ES_{6-8} = 11 - 11 = 0$

$TF_{7-8} = LS_{7-8} - ES_{7-8} = 10 - 8 = 2$

将工作总时差的计算结果标注在每项工作的 TF_{i-j}位置上。

(5)工作的自由时差的计算。

工作的自由时差应从网络计划的终点节点开始,自右向左依次计算

$FF_{7-8} = T_p - EF_{7-8} = 15 - 13 = 2$

$FF_{6-8} = T_p - EF_{6-8} = 15 - 15 = 0$

$FF_{3-7} = \min\{ES_{7-8}\} - EF_{3-7} = \min\{8\} - 8 = 8 - 8 = 0$

$FF_{4-5} = \min\{ES_{7-8}, ES_{6-8}\} - EF_{4-5} = \min\{8,11\} - 7 = 8 - 7 = 1$

$FF_{2-6} = \min\{ES_{6-8}\} - EF_{2-6} = \min\{11\} - 11 = 11 - 11 = 0$

$FF_{1-3} = \min\{ES_{3-7}, ES_{4-5}\} - EF_{1-3} = \min\{2,3\} - 2 = 2 - 2 = 0$

$FF_{1-2} = \min\{ES_{2-6}, ES_{4-5}\} - EF_{1-2} = \min\{3,3\} - 3 = 3 - 3 = 0$

将工作的自由时差的计算结果标注在每项工作的 FF_{i-j}位置上。至此,时间参数计算工作结果如图 8-10 所示。

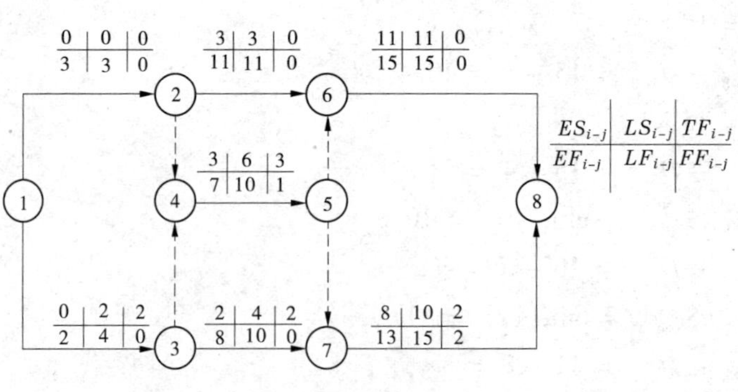

图 8-10　双代号网络计划时间参数计算的六时标注法

五、关键线路的确定

（一）关键工作与关键线路的概念

在网络计划中，总时差最小的工作称为关键工作。当网络计划的计划工期等于计算工期时，总时差等于零的工作（即没有机动时间的工作）就是关键工作。

从网络计划的起点节点开始，经过一系列箭线到达终点节点的通路称为线路。将每条线路所包括的各项工作的持续时间相加，即得每条线路的总持续时间，其中总持续时间最长的线路称为关键线路。

位于关键线路上的工作均为关键工作，或者说，关键线路是由关键工作组成的。在每一个网络计划中，至少存在一条关键线路，也可能存在多条关键线路。关键线路通常用双线、粗线或彩色线标出。

（二）确定关键线路的方法

确定关键线路的方法有多种，本书介绍以下三种方法。

1. 比较线路长度法

比较线路长度法是根据关键线路的概念寻找关键线路的方法。具体做法是：找出网络计划中的所有线路，并比较各条线路的总持续时间长短，其中最长的线路即为关键线路。如在图 8-10 中，共有 6 条线路，其中总持续时间最长的线路为①－②－⑥－⑧，总持续时间为 15，该条线路即为关键线路。

2. 计算时差法

计算时差法是通过对网络计划时间参数的计算，找出总时差最小的工作，这些工作为关键工作。

由关键工作组成的线路即为关键线路。如在图 8-10 中的①－②、②－⑥、⑥－⑧工作的总时差最小（均为零），这三项工作为关键工作，由它们组成的线路即为关键线路。

3. 标号法

标号法是直接在网络计划图上寻找关键线路的一种方法。具体做法是：从网络计划的起点节点开始，对每个节点用源节点和标号值进行标号，标号完结后，从网络计划的终点节点开始，自右向左按源节点寻找出关键线路。网络计划的终点节点的标号值即为计算工期。

第五节　施工组织设计

一、施工组织总设计

施工组织总设计是以若干个相互联系的单位工程或整个建设项目为对象编制的，用以指导全工地的施工准备和组织施工的技术文件，是实现建筑企业科学管理，保证优质、按期完成施工任务的有效措施。

施工组织总设计的主要内容由五部分组成：工程概况，施工部署，施工总进度计划及资源供应计划，施工总平面图，技术经济指标。

（一）工程概况

工程概况是对该项工程的总说明、总分析，一般包含以下内容：

（1）建设项目的名称、性质、规模、总期限，分期分批投入使用的项目、期限，总占地面积、建筑面积，主要工种工程量，设备安装及其吨数、总投资，建筑安装工程量、生产工艺流程，建筑结构类型，新技术的复杂程度等。

（2）建设地区的自然条件和技术经济条件，如气象、水文、地质情况，能为该工程服务的施工单位、人力、机具和设备情况，工程材料的来源及供应情况，建筑构件的生产能力，交通情况及当地能提供给工程施工用的水、电、建筑物情况。

（3）建设单位和承包合同对施工单位的要求。

（4）施工单位对施工项目经理部的要求。

（二）施工部署

施工部署是用文字来阐述对整个建设工程进行施工的总体设想，是带有全局性的战略意图。在施工部署中，要阐述国家和主管部门对建设项目的要求以及建设项目的性质，并确定好各建筑物总体开工程序，另外要规划有关全工地性的为施工服务的建设项目，如水、电、道路及临时房屋的建设，预制构件厂和其他工厂的数量及其规模，生活供应上需要采取的重大措施等。

施工部署主要包括以下内容：

（1）施工任务划分和组织安排。建立施工现场全工地性的统一指挥系统及其职能部门，明确各施工承包单位的任务，确定综合的和专业化的施工组织，划分施工阶段，明确分期分批的主次项目和穿插项目。

（2）安排好主要准备工作。施工准备工作是顺利完成建设项目施工任务的一个重要阶段，要认真做好技术准备和物资准备等工作。首先安排好场内外运输、施工干道、水电源及其引入方案，安排好场地的平整方案；同时，要安排好生产、生活基地，规划混凝土构件预制厂、木结构制品加工厂等。

在进行安排时，应注意充分利用已有的加工厂、基地，若建设地点附近无永久性加工厂，或其生产能力不满足要求，则应考虑新建或扩建生产基地。

（3）拟定主要建筑物施工方案。主要是确定某些重点工程（主要单位工程及特殊的分部、分项工程）的施工方案，其目的是进行技术和资源的准备工作，同时也为施工进程的顺利开展和现场的合理布置打下基础。

在施工部署中，重点工程的施工方案只需提出方案性问题（详细的施工方案和措施则到编制单位工程施工规划时再行拟定）。如哪些构件采用现浇，哪些构件采用预制；是现场就地预制还是由预制厂生产；构件的吊装采用什么机械；采用什么新材料、新工艺、新技术等。也就是说，对涉及的全局性问题作原则性的考虑。

（4）建设工程施工程序安排。对于大型建筑工程项目来说，根据产品的生产工艺流程，分为主体生产系统、辅助生产系统及附属生产系统等。

在安排主体工程的施工程序时，应考虑以下几个因素：①保证各系统工程生产流程的合理性；②尽量利用已开工生产车间的生产能力；③确定各系统工程施工所需的合理工期；④分期建设时，须先期投产系统的主体工程优先安排。

对辅助、附属工程的施工程序安排，既要考虑生产时为企业服务，又要考虑在基建施工时为施工服务的可能性，一般把某些辅助工程安排在主体工程之前，即“辅—主—辅”。“辅”在“主”之前，既可为生产准备服务，又可为施工服务。一般先施工场外的中心设施及干线。

（三）施工总进度计划及资源供应计划

施工总进度计划是全现场施工活动在时间上的体现，是根据施工部署中建设工程分期分批投产顺序以及主要建筑物的施工方案，将各个单位工程分别列出并做出时间上的安排。

若建设工程的规模不大，可直接安排总进度计划，但编制计划时，必须征求各方意见，使计划现实性尽量得到保证。施工总进度计划的作用在于确定各个系统及其主要工种工程、准备工程和全工地性工程的施工期限及其开工和竣工的日期，从而确定所需劳动力、材料、成品、半成品的数量和调配，附属企业的生产能力，加工区占地面积以及生活区建筑面积等。正确编制及执行施工总进度计划是保证建设工程按期完成、充分发挥投资效益的重要条件。

1.施工总进度计划的编制

（1）分工种工程计算拟建项目及全工地性工程的工程量。分工种工程是指把每个建筑物的主要工种工程分别列出，其中包括为施工服务的全工地性工程，如场地平整、修筑道路、建造临时设施等，并粗略计算其工程量。计算的目的是拟定施工方案，选用主要机械，初步规划主要工程的流水施工，估算劳动力数量以及各种资源需用量。

（2）确定各单位工程（或单个建筑物）的施工期限。单位工程的施工期限与建筑类型、结构特征、施工方法、施工技术和管理水平以及现场施工条件等因素有关，故确定工期时应综合考虑，也可参考有关的工期定额来确定。

（3）确定各单位工程开、竣工时间和相互搭接关系。

（4）编制总进度计划。总进度计划以表格形式表示。目前，表格形式并不统一，项目和进度的划分也不一致。

从总进度计划的目的、作用来看，没有必要搞得过细。总进度计划主要起控制总工期的作用，计划搞得过细，不利于调整。对于跨年度工程，通常第一年进度按月划分，第二年及以后各年按季划分。

2.编制劳动力、材料、机具需要量计划

根据施工总进度计划，即可编制下列各种需要量计划：

（1）综合劳动力及主要工种劳动力计划。这是组织劳动力和规划临时设施所需要的。按计算出来的各建筑物分工种的工程量，查预算定额或有关资料，可得该工种的单位工程量所需劳动力数量，与工程量相乘，就得到该工种所需劳动力需要量。经汇总后，可得到综合劳动力需要量。

（2）构件、半成品及主要建筑材料需用量计划。查找定额或有关资料，即可得出各建筑物所需的建筑材料、半成品及成品的需要量，再根据总进度计划，估算出各个时期的需要量。

（3）主要机具需要量计划。根据施工部署和主要建筑物施工方案、技术措施以及总进度计划的要求，即可提出必需的主要施工机具的数量及使用时间。

（四）施工总平面图

施工总平面图是表示整个工程在施工期间所需各项设施和永久性建筑（已建的和拟建的）之间的空间关系，按施工部署、施工总进度计划的要求，对施工用交通道路、材料仓库、附属生产企业、临时建筑、临时水电管线等作出合理规划。它对指导现场进行有组织、有计划的文明施工具有重大意义。

建设项目的施工过程是一个变化的过程，工地上的实际情况随时在变，所以施工总平面图也应随之作必要的修改。施工总平面图的比例尺一般为1∶1 000或1∶2 000。

1. 设计施工总平面图所需的资料

（1）设计资料：建筑总平面图、竖向设计、地形图、区域规划图及建设项目范围内已有的和拟建的地下管网位置等。

（2）建设地区的自然条件和技术经济条件。

（3）施工总进度计划和主要建筑物的施工方案。

（4）各种建筑材料、构件、半成品、施工机械和运输工具需要量一览表，以便规划施工场地内的运输线路。

（5）为全工地施工服务的临时性设施一览表。

2. 施工总平面图的内容

（1）原有地形等高线、测量基准点，作为安排运输、排水、工程定位等工作的依据。

（2）一切已有的和拟建的地上和地下的房屋、构筑物及其他设施的位置和尺寸。

（3）为施工服务的一切临时设施的布置。

3. 施工总平面图的设计方法与步骤

设计全工地性的施工总平面图时，首先应从大宗材料、成品、半成品等进入工地的运输方式入手。当材料等由公路运入工地时，由于汽车线路可以灵活布置，因此亦可先布置场内仓库和加工厂，然后再布置场外交通道路的引入。

（1）运输路线的布置。主要材料进入工地的方式不外乎铁路、公路和水路。当由铁路运输时，需根据建筑总平面图中永久性铁路线，布置主要运输干线，引入时应注意铁路的转弯半径和竖向设计。当由水路运输时，应考虑码头的吞吐能力，码头数量一般不少于两个，其宽度应大于2.5 m。

（2）仓库的布置。材料由铁路运入工地时，仓库可沿铁路线布置，但应有足够的卸货场地。材料由汽车运入工地时，仓库布置较灵活，此时应考虑尽量利用永久性仓库。仓库位置距各使用地点要比较适中，以使运输工作量（t·km）尽可能小。

一般仓库应邻近公路和施工地区布置，钢筋、木材仓库应布置在其加工厂附近，水泥库、砂石场则布置在搅拌站附近，油库、氧气站、危险品库宜布置在僻静、安全之处。

（3）加工厂的布置。一般建设工程设有混凝土、木材、钢筋和金属结构等加工厂。布置这些加工厂时，主要考虑原材料运至工厂和成品、半成品运往使用地点的总运输费用最小，还应使加工厂的生产和工程施工互不干扰。在大多数情况下，把加工厂集中在一个地区，布置在工地的边缘。这样，既便于管理，又能降低铺设道路、动力管线及给水排水管道的费用。

（4）工地供水的布置。工地上临时供水包括三方面，即生产用水、生活用水及消防用水。布置时，应尽量利用永久性给水系统。工地上给水系统有明管与暗管两种，一般采用暗管。暗管布置应与场地平整统一规划。

临时水池应设在地势较高处，临时排水干管沿主要干道布置。布置方式通常有环形和树枝状两种。究竟采用何种方式，主要由单位工程使用点的情况及供水需要而定。

过冬的临时管道，要加设防冻保温措施。消防站一般布置在工地的出入口附近，沿道路设置消火栓，间距不应大于100 m，距路边缘不应大于2 m。

（5）工地供电的布置。关于电源，应尽量利用施工现场附近原有变电所。如在新辟地区施工,则应考虑临时供电设施。如工地附近现有电源满足要求,则仅需在建筑工地上设立变电所和变压器,将外来高压电降低为低压电。另外,由于受供电半径的限制,在大型工地上,往往需设多个变电所。临时输电干线沿主要干道布置成环形线路。

应当指出的是,上述布置并不能截然分开,而应相互结合,统一考虑,反复修正,直到合理。当有几个布置方案时,应进行方案比较,从中择优。

(五)技术经济指标

施工组织总设计中的技术经济指标有:

(1)施工周期。从建设项目开工到全部竣工、投产使用的时间。

(2)全员劳动生产率(元/(人·年))。其表达式为

全员劳动生产率 = 完成的建安工作量/(全部在册职工人数 + 合同工、临时工人数)　(8-23)

(3)劳动力不均衡系数。其表达式为

劳动力不均衡系数 = 施工期高峰人数/施工期平均人数　(8-24)

(4)单位面积用工数。其表达式为

单位面积用工数 = 工日/每平方米竣工面积　(8-25)

(5)临时工程费用比。其表达式为

临时工程费用比 = 全部临时工程费/建安工程总值

(6)综合机械化程度。其表达式为

综合机械化程度 =(机械化施工完成的工作量/建安工程总工作量)×100%

(7)单位面积造价。其表达式为

单位面积造价 = 建安工程总价/总建筑面积

技术经济指标主要用来衡量施工企业的生产能力、技术水平,找出与同行业的差距等。

二、单位工程施工组织设计

(一)单位工程施工组织设计的编制内容

单位工程施工组织设计的编制内容,根据工程性质、规模、繁简程度的不同,其深度和广度要求不同,不强求一致,但基本内容必须齐全、简明扼要,使其真正起到指导现场施工的作用。单位工程施工组织设计较完整的内容一般包括:

(1)工程概况及施工特点。

(2)施工方案。

(3)施工进度计划。

(4)施工准备工作计划。

(5)劳动力、材料、构件、加工品、施工机械和机具等需要计划。

(6)施工平面图。

(7)保证质量、安全、降低成本等技术组织措施。

(8)各项技术经济指标。

(二)单位工程施工组织设计的编制程序

单位工程施工组织设计的编制程序如图 8-11 所示。

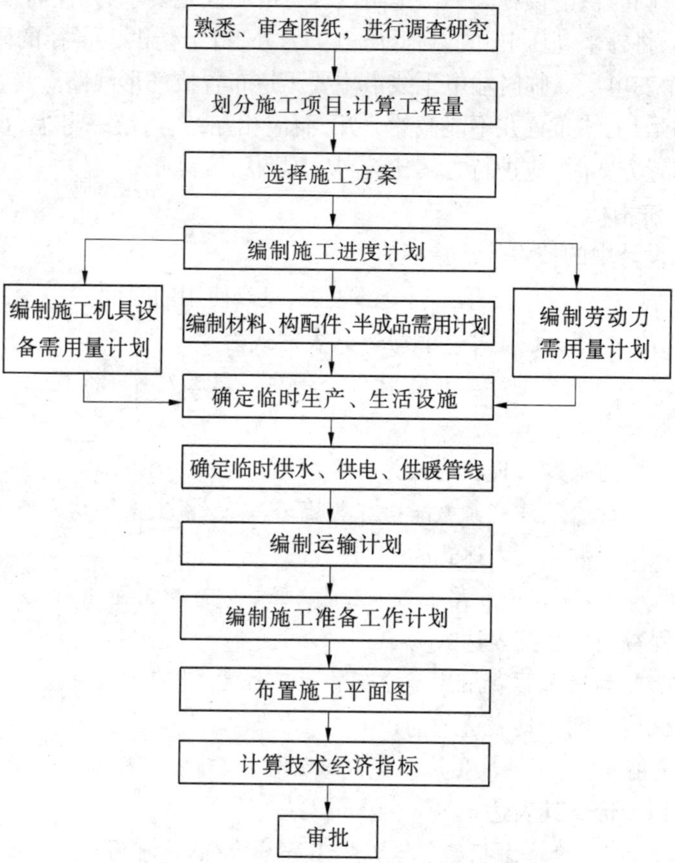

图 8-11　单位工程施工组织设计的编制程序

（三）施工方案

施工方案是单位工程施工组织设计的核心。施工方案合理与否直接影响工程的施工效率、质量、工期和技术经济效果,因此必须给予足够的重视。施工方案的内容一般包括确定施工程序、确定施工起点流向、确定施工顺序、选择施工方法和施工机械。

1. 确定施工程序

单位工程的施工程序一般为:接受任务阶段—开工前准备阶段—全面施工阶段—竣工验收阶段。每阶段都必须完成规定的工作内容,并为下一阶段工作创造条件。

2. 确定施工起点流向

确定施工起点流向就是确定单位工程在平面或竖向上施工开始的部位和开展的方向,它涉及一系列施工活动的开展和进程,是组织施工活动的重要环节。

3. 确定施工顺序

施工顺序是指分部分项工程施工的先后次序。确定施工顺序时,一般应考虑以下几项因素:

(1)遵循施工程序;

(2)符合施工工艺要求;

(3)与施工方法一致;

(4)符合施工组织的要求;

(5)考虑施工安全和质量;

(6)考虑当地气候的影响。

4.选择施工方法和施工机械

选择施工方法和施工机械是施工方案中的关键问题,它直接影响施工进度、施工质量和安全以及工程成本。在编制施工组织设计时,必须根据工程项目的建筑结构、抗震要求、工程量的大小、工期长短、资源供应情况、施工现场条件和周围环境,制定出可行方案,并且进行技术经济比较,确定出最优方案。

(四)施工进度计划

单位工程施工进度计划是在既定施工方案的基础上,根据规定工期和各种资源供应条件,按照施工过程的合理施工顺序及组织施工的原则,用横道图或网络图对一个工程从开始施工到工程全部竣工(包括土建施工、结构吊装、设备吊装等不同施工内容),确定其全部施工过程在时间和空间上的安排和相互配合关系。

1.施工进度计划的作用

(1)控制单位工程的施工进度,保证在规定工期内完成满足质量要求的工程任务。

(2)确定单位工程各个施工过程的施工顺序、施工持续时间及相互衔接和合理配合关系。

(3)为编制季度、月度生产作业计划提供依据。

(4)是确定劳动力和各种资源需要量计划以及编制施工准备工作计划的依据。

2.施工进度计划的表示方法

施工进度计划一般用图表来表示,有两种形式的图表,即横道图和网络图。

3.编制步骤和内容

(1)划分施工过程。在编制进度计划时,首先应按照图纸和施工顺序,将拟建单位工程的各个施工过程列出,并结合施工方法、施工条件、劳动组织等因素,加以适当调整,使其成为编制施工进度计划所需的施工过程。

(2)计算工程量。在计算工程量时,一般可以采用施工图预算的数据,但应注意有些项目的工程量应按实际情况作适当调整。在计算柱基土方工程量时,应根据土壤的级别和采用的施工方法(单独基坑开挖、基槽开挖还是大开挖,放边坡还是加支撑)等实际情况进行计算。

(3)确定劳动量和机械台班数量。劳动量和机械台班数量应当根据分部分项工程的工程量、施工方法和现行的施工定额,并结合当时当地的具体情况加以确定。一般应按下式计算

$$P = Q/S \tag{8-26}$$

或

$$P = Q \cdot H \tag{8-27}$$

式中 P——完成某施工过程所需的劳动量或机械台班数量,工日或台班;

Q——完成某施工过程的工程量,m^3,m^2,t 等;

S——某施工过程的产量定额,m^3/工日或台班,m^2/工日或台班,t/工日或台班等;

H——某施工过程的时间定额,工日或台班/m^3,工日或台班/m^2,工日或台班/t 等。

(4)确定各施工过程的施工天数。计算各分部分项工程施工天数的方法有两种:

①根据工程项目经理部计划配备在该分部分项工程上的施工机械数量和各专业工人人数确定,其计算公式如下

$$t = \frac{P}{R \cdot N} \tag{8-28}$$

式中 t——完成某分部分项工程的施工天数；

P——某分部分项工程所需的机械台班数量或劳动量；

R——每班安排在某分部分项工程上的施工机械台数或劳动人数；

N——每天工作班次。

②根据工期要求倒排进度。首先根据规定总工期和施工经验，确定各分部分项工程的施工时间；然后再按各分部分项工程需要的劳动量或机械台班数量，确定每一分部分项工程每个工作班所需要的工人数或机械台数。公式如下

$$R = \frac{P}{t \cdot N} \tag{8-29}$$

(5)编制施工进度计划的初始方案。在编制施工进度计划时，必须考虑各分部分项工程的合理施工顺序，尽可能组织流水施工，力求主要工种的工作队连续施工。

(6)施工进度计划的检查与调整。

(五)各项资源需要量计划的编制

各项资源需要量计划可用来确定建筑工地的临时设施，并按计划供应材料、调配劳动力，以保证施工按计划顺利进行。在单位工程施工进度计划正式编制完后，就可以着手编制各项资源需要量计划。

1. 劳动力需要量计划

劳动力需要量计划主要是作为安排劳动力的平衡、调配和衡量劳动力耗用指标、安排生活福利设施的依据。其编制方法是将施工进度计划表内所列各施工过程每天(或旬、月)所需工人人数按工种汇总而得，其表格形式如表8-2所示。

表8-2　劳动力需要量计划

<table>
<tr><th rowspan="3">序号</th><th rowspan="3">分项工程名称</th><th rowspan="3">工种</th><th colspan="2">需要量</th><th colspan="6">需要时间</th><th rowspan="3">备注</th></tr>
<tr><th rowspan="2">单位</th><th rowspan="2">数量</th><th colspan="3">×月</th><th colspan="3">×月</th></tr>
<tr><th>上旬</th><th>中旬</th><th>下旬</th><th>上旬</th><th>中旬</th><th>下旬</th></tr>
<tr><td></td><td></td><td></td><td></td><td></td><td></td><td></td><td></td><td></td><td></td><td></td><td></td></tr>
<tr><td></td><td></td><td></td><td></td><td></td><td></td><td></td><td></td><td></td><td></td><td></td><td></td></tr>
</table>

2. 主要材料需要量计划

主要材料需要量计划是备料、供料和确定仓库、堆场面积及组织运输的依据。其编制方法是将施工进度计划表中各施工过程的工程量按材料品种、规格、数量、使用时间计算汇总而得，其表格形式如表8-3所示。

表8-3　主要材料需要量计划

<table>
<tr><th rowspan="2">序号</th><th rowspan="2">材料名称</th><th rowspan="2">规格</th><th colspan="2">需要量</th><th rowspan="2">供应时间</th><th rowspan="2">备注</th></tr>
<tr><th>单位</th><th>数量</th></tr>
<tr><td></td><td></td><td></td><td></td><td></td><td></td><td></td></tr>
<tr><td></td><td></td><td></td><td></td><td></td><td></td><td></td></tr>
<tr><td></td><td></td><td></td><td></td><td></td><td></td><td></td></tr>
</table>

某分部分项工程是由多种材料组成时，应按各种材料分类计算，如混凝土工程应换算成水泥、砂、石、外加剂和水的数量列入表格。

3. 构件和半成品需要量计划

建筑结构构件、配件和其他加工半成品的需要量计划主要用于落实加工订货单位，并按照所需规格、数量、时间，组织加工、运输和确定仓库或堆场，可根据施工图和施工进度计划编制，其表格形式如表 8-4 所示。

表 8-4　构件和半成品需要量计划

序号	构件和半成品名称	规格	图号、型号	需要量		使用部位	加工单位	供应日期	备注
				单位	数量				

4. 施工机械需要量计划

施工机械需要量计划主要用于确定施工机械的类型、数量、进场时间，可据此落实施工机械来源，组织进场。其编制方法是：将单位工程施工进度表中的每一个施工过程、每天所需的机械类型与数量和施工日期进行汇总，即得施工机械需要量计划，其格式如表 8-5 所示。

表 8-5　施工机械需要量计划

序号	机械名称	类型、型号	需要量		货源	使用起止日期	备注
			单位	数量			

（六）施工平面图

单位工程施工平面图是一个建筑物或构筑物施工现场的平面规划和空间布置图。它是根据工程规模、特点和施工现场的条件，按照一定的设计原则，正确地解决施工期间所需的各种暂设工程和其他临时设施等同永久性建筑物和拟建工程之间的合理位置关系。

其主要作用表现在：单位工程施工平面图是进行施工现场布置的依据，是实现施工现场有组织、有计划文明施工的先决条件，因此也是施工组织设计的重要组成部分。贯彻和执行合理施工平面布置图，会使施工现场井然有序，施工顺利进行，保证进度，提高效率和经济效益；反之，则造成不良后果。单位工程施工平面图的绘制比例一般为 1∶500 ~ 1∶2 000。

1. 单位工程施工平面图的设计内容

（1）建筑物总平面图上已建的地上和地下一切房屋、构筑物以及其他设施（道路和各种管线等)的位置和尺寸。

(2)测量放线标桩位置、地形等高线和土方取弃地点。

(3)自行式起重机开行路线、轨道式起重机轨道布置和固定式垂直运输设备位置。

(4)各种加工厂、搅拌站、材料、加工半成品、构件、机具的仓库或堆场。

(5)生产和生活性福利设施的布置。

(6)场内道路的布置及引入的铁路、公路和航道位置。

(7)临时给水管线、供电线路、蒸汽及压缩空气管道等布置。

(8)一切安全及防火设施的位置。

2. 设计的步骤

单位工程施工平面图设计的一般步骤如图 8-12 所示。

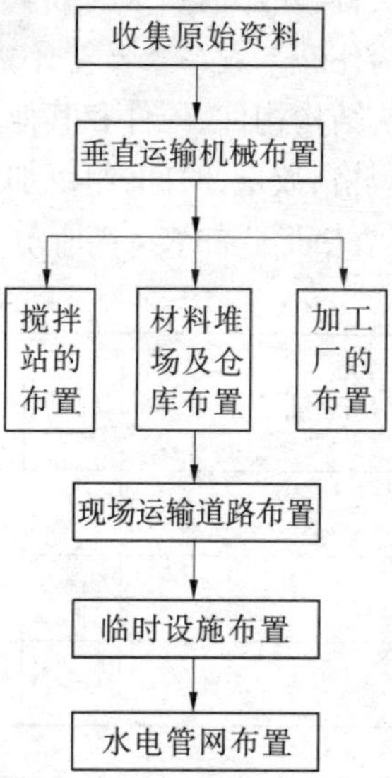

图 8-12　单位工程施工平面图设计的一般步骤

复习思考题

1. 施工技术和施工组织的含义是什么?
2. 现代施工技术的特点是什么? 现代施工技术主要体现在哪些方面?
3. 在土木工程领域,现代施工技术有哪些应用?
4. 在现代,隧道和桥梁的施工采用了哪些特殊的施工技术?
5. 大体积混凝土的施工要求是什么?
6. 什么是流水施工? 流水施工有什么特点?
7. 流水施工的主要参数有哪些? 如何合理确定流水参数?
8. 流水施工的基本方式及其特点有哪些?
9. 网络计划的类型与作用有哪些?
10. 什么是网络图? 如何绘制?
11. 网络图中各项工作之间的逻辑关系有哪两种? 各自的特点是什么?
12. 双代号网络图的绘制规则是什么?
13. 双代号网络图有哪些时间参数? 怎样进行时间参数的计算?
14. 什么是线路? 什么是关键线路? 什么是计划工期? 什么是计算工期和要求工期?
15. 根据表 8-6 中所给各活动之间的逻辑关系完成以下各题:

表 8-6　各活动之间的逻辑关系

施工过程	A	B	C	D	E	F	G	H	I
活动持续时间(d)	2	3	4	3	5	4	2	3	5
紧前活动	—	A	B	B	B	C、D	C、E	C	F、G、H

(1)绘制双代号网络图；

(2)列出所有线路，并计算各线路持续时间；

(3)确定关键线路和计算工期 T_c。

16. 施工组织设计的主要内容包括哪些方面？

17. 施工进度计划的编制步骤和主要内容是什么？

18. 施工总平面布置的含义是什么？布置要求与主要内容各是什么？

19. 单位工程施工组织设计的编制内容和编制程序是什么？

第九章　土木工程项目管理

【学习指导】

本章主要介绍了工程项目基本建设程序、建筑设计的程序和依据、工程费用的组成与计算、工程招标投标及工程监理等内容。要求重点掌握工程概预算，了解基本建设程序和项目招标与投标办法，了解工程监理工作的业务内容、监理程序以及监理工程师的权利和责任，了解工程验收和物业管理的基本内容。

现存的许多古代建筑，如长城、都江堰水利工程、大运河、故宫等，建筑规模宏大、施工工艺精湛，至今还发挥着经济和社会效益，实在令人叹为观止。

有项目必然有项目管理，在如此复杂的项目中必须有相当高的项目管理水平相配套，否则将难以想象。虽然人们从史书上看不到当时项目管理的情景，但可以肯定在这些工程建设中各活动之间必然有统筹的安排，必然有一套严密的甚至是军事化的组织管理，必然有时间（工期）上的安排（计划）和控制，必然有费用的计划和核算，必然有预定的质量要求、质量检查和控制。工程项目中必然有“运筹帷幄”，必然有“神机妙算”。

新中国成立以来的基本建设实践告诉我们，违反建设程序、疏于管理，工程就会出乱子，甚至会带来不可挽回的重大损失。土木工程建设的复杂性和特殊性，更要求我们建立和完善建设法规，严格按基本建设程序办事，科学统筹，严格管理，在国家宏观调控的前提下，形成以市场化运作为主的机制。

第一节　建设程序

一、建设项目和建设程序的概念

（一）建设项目

建设项目是指按照一个设计任务书，按一个总体进行施工，由若干个单项工程组成，经济上实行独立核算，行政上具有独立的组织形式的基本建设单位。建设项目按其组成内容，从大到小可以划分为若干个单项工程、单位工程、分部工程和分项工程。

1. 单项工程

单项工程是指具有独立的设计文件，自成独立系统，可独立施工，建成后可以独立发挥生产能力或效益的工程。如一所学校的教学楼、办公楼、宿舍、食堂等。

2. 单位工程

单位工程是单项工程的组成部分。它是指具有单独设计图样，可以独立施工，但竣工后不能独立发挥生产能力和效益的工程。如办公楼通常可以分为建筑工程、安装工程两类。

3. 分部工程

分部工程是指按照工程的部位、施工的工种、使用材料等不同而划分的工程。如房屋的建筑部分按部位可以划分为基础、主体、屋面和装修等。

4. 分项工程

分项工程是分部工程的组成部分。它是按分部工程的施工方法、使用的材料、结构构件的规格等不同因素划分的。如房屋的混凝土工程可以分为支模板、绑扎钢筋、浇筑混凝土等分项工程。基本建设项目的划分如图 9-1 所示。

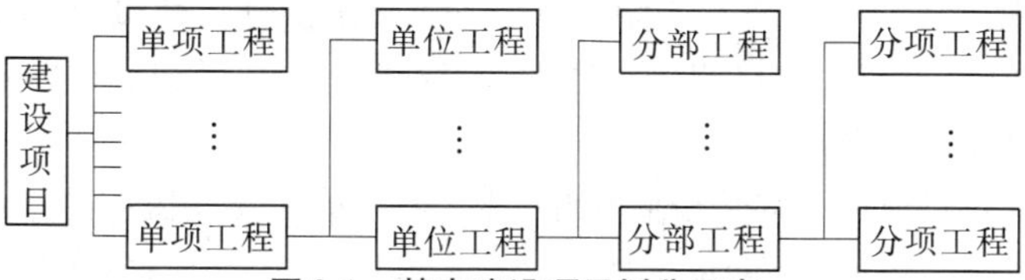

图 9-1　基本建设项目划分示意

(二) 建设程序

建设程序是指建设项目在整个建设过程中的各项工作必须遵循的先后次序，包括项目的设想、选择、评估、决策、设计、施工以及竣工验收、投入生产等的先后顺序。这个顺序不是任意安排的，是人们在认识客观规律的基础上制定出来的，是经过多年实践而逐步被认识到的。目前，我国基本建设程序的主要阶段是项目建议书阶段、可行性研究报告阶段、设计工作阶段、建设准备阶段、建设实施阶段和竣工验收阶段。工程项目建设程序如图 9-2 所示。

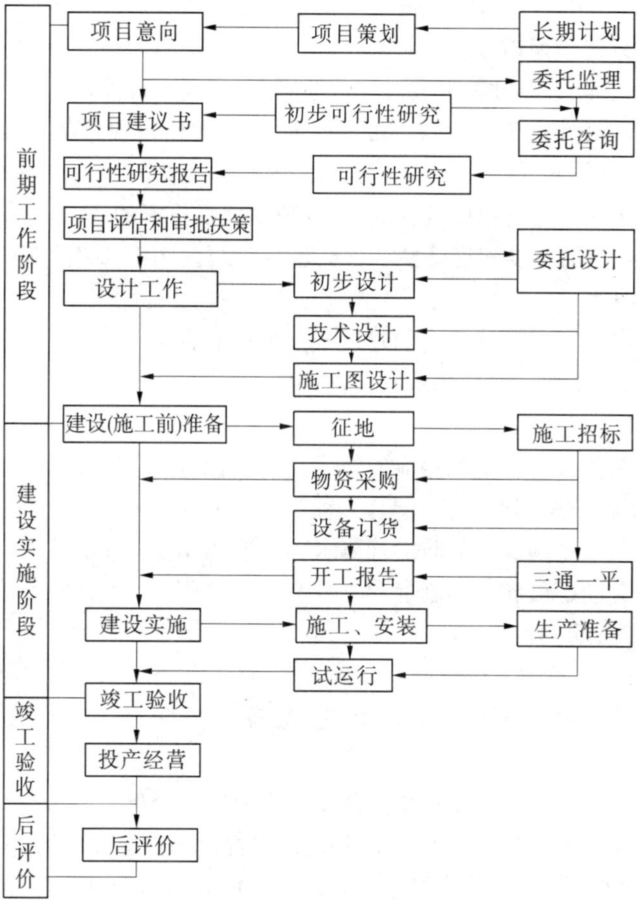

图 9-2　工程项目的建设程序

二、基本建设程序的步骤和内容

(一)项目建议书阶段

项目建议书是要求建设某一具体工程项目的建议文件,是基本建设程序中最初阶段的工作,是投资决策前对拟建项目的轮廓的设想。它主要是从宏观上来分析项目建设的必要性,看其是否符合国家长远规划的方针和要求。同时,初步分析建设的可能性,看其是否具备建设条件,是否值得投资。项目建议书经批准后,可以进行详细的可行性研究工作,项目建议书不是项目的最终决策。

项目建议书的内容视项目的情况而繁简不同,但一般应包括以下几个方面:

(1)建设项目提出的必要性和依据;

(2)产品方案、拟建规格和建设地点的初步设想;

(3)资源情况、建设条件、协作关系等的初步分析;

(4)投资估算和资金筹措设想;

(5)经济效益和社会效益的估计。

各部门和地区及企业与事业单位根据国民经济和社会发展的长远规划、行业规划、地区规划等要求,经过调查、预测分析后,提出项目建议书。项目建议书按要求编制完成后,按照建设总规范和限额划分的审批权限报批。

(二)可行性研究报告阶段

项目建议书一经批准,即可着手进行可行性研究,形成可行性研究报告。可行性研究报告是确定建设项目、编制设计文件的重要依据。所有基本建设项目都要在可行性研究通过的基础上,选择经济效益最好的方案编制可行性研究报告。通过可行性研究可以从技术、经济和财务等几个方面论证建设项目是否得当,以减少项目投资的盲目性,提高科学性。可行性研究报告必须有相当的深度和准确性。各类建设项目的可行性报告内容不尽相同,一般应包括以下几个方面:

(1)根据经济预测、市场预测确定的建设规模和产品方案;

(2)资源、原材料、燃料、动力、供水和运输条件;

(3)建厂条件和厂址方案;

(4)技术工艺、主要设备选型和相应的技术经济指标;

(5)主要单项工程公用辅助设施、配套工程;

(6)环境保护、城市规划、防震、防洪等要求和采取的相应措施方案;

(7)企业组织、劳动定员和管理制度;

(8)建设进度和工期;

(9)投资估算和资金筹措;

(10)项目的经济评价,包括经济效益和社会效益。

(三)设计工作阶段

可行性研究报告获批准的建设项目应通过招标和投标择优选择设计单位,按照批准的可行性研究报告的内容和要求进行设计,编制设计文件。根据建设项目的不同情况,设计过程一般划分为两个阶段,即初步设计和施工图设计。重大项目及技术复杂项目可根据不同行业的特点和需要,增加技术设计阶段。

1. 初步设计的主要内容

(1)设计指导思想。

(2)建设地点、规模的选择。

(3)总体布置和工艺流程。

(4)设备选型和配置、主要材料用量。

(5)主要技术经济指标,劳动定员。

(6)主要建筑物、构筑物、公用设施和生活区的建设。

(7)占地面积和征地数量。

(8)综合利用、环境保护和抗震措施等。

(9)分析各项技术经济指标。

(10)总概算文字和图样。

2. 技术设计

技术设计是根据初步设计进一步编制的,具体地确定初步设计中所采用的工艺、土建结构等方面的主要技术问题。

3. 施工图设计

施工图设计是在初步设计和技术设计的基础上,将工程的建筑外形、内部空间的分割、结构类型、结构体系、周围环境等完整地表现出来。

(四)建设准备阶段

项目在开工建设之前要切实做好各项准备工作,其主要内容包括:

(1)征地、拆迁和场地平整。

(2)完成施工用水、电、路等工程。

(3)组织设备、材料订货。

(4)准备必要的施工图样。

(5)组织施工招标和投标,择优选定施工单位。

(6)建立项目管理班子,调集施工力量。

(7)招聘并培训人员。

(8)材料、构件、半成品的定货或生产与储备等。

新开工的项目还必须具备按施工顺序需要至少有 3 个月以上的工程施工图样,否则不能开工建设。

(五)建设实施阶段

生产准备是施工项目投产前所要进行的一项重要工作。生产准备完成后,具备开工条件,正式开工建设。建设单位在建设实施中起着重要的作用,对工程进度、质量、费用的管理和控制责任重大。

(六)竣工验收阶段

竣工验收是工程建设过程的最后一环,是全面考核基本建设成果、检验设计和工程质量的重要步骤,也是基本建设转入生产或使用的标志。

第二节　建筑设计

建筑设计是指为满足建筑物的功能和艺术要求,在建筑物建造之前对建筑物的使用、造型和施工作出全面筹划和设想并用图样和文件表达出来的过程。

一、建筑设计的内容

典型的建筑工程是房屋工程，它包括房屋的规划、勘察、设计、施工等几个方面，目的是为人们提供生产与生活的场所。建筑工程相关单位工作分工如表9-1所示。一幢好的建筑需要各工种相互配合、协调，才能实现其功能。

表9-1　建筑工程相关单位工作分工

<table>
<tr><th>建设单位</th><th colspan="2">规划部门</th><th colspan="2">设计单位</th><th colspan="2">施工单位</th></tr>
<tr><td rowspan="4">1. 提出使用要求，编制设计任务书
2. 确定土地使用范围
3. 保证落实建设资金
4. 通过招标发包，选择设计、施工单位</td><td rowspan="4">城市规划师</td><td rowspan="4">城市总体规划和小区规划</td><td>勘察工程师</td><td>(1)勘察测量房屋所在地段的地质和地形
(2)提供地质(含水文)资料、地形图
(3)提出对房屋结构基础设计的建议
(4)提出对不良地基的处理意见</td><td rowspan="4">施工工程师</td><td rowspan="4">1. 施工组织设计和施工现场布置
2. 确定施工技术方案和选用施工设备
3. 建筑材料的购置、检验和使用，熟练技工和劳动力的组织
4. 确保工程质量和工期进度</td></tr>
<tr><td>建筑设计师</td><td>(1)与规划的协调，房屋体型和周围环境的设计
(2)合理布置和组织房屋室内空间
(3)解决好采光、隔声、隔热等建筑技术问题
(4)艺术处理和室内外装饰</td></tr>
<tr><td>结构工程师</td><td>(1)确定房屋结构承受的荷载，并合理选用结构材料
(2)正确选用结构体系和结构形式
(3)解决好结构承载力、变形、稳定、抗倾覆等技术问题
(4)解决好结构的连接构造和施工方法问题</td></tr>
<tr><td>设备工程师</td><td>(1)确定水源和给排水
(2)确定热源和供热、制冷、空调系统
(3)确定电源和照明、弱电、动力用电系统
(4)使水、暖、电系统和建筑及结构系统协调一致</td></tr>
</table>

建筑设计的目的在于确定使用空间的存在形式，它在整个建筑工程设计中起着主导和先行的作用，具体包括以下两方面内容：

(1)建筑空间环境的组合设计，主要是通过对建筑空间的限定、塑造和组合来解决建筑的功能、技术、经济和美观等问题，其具体内容有建筑总平面设计、建筑平面设计、建筑剖面设计与立面设计。

(2)建筑空间环境的构造设计，主要是通过确定房屋各组成部分的材料和构造方式来解决建筑功能、技术、经济和美观等问题，内容包括对基础、墙体、楼地板层、屋顶、楼梯、门窗等构件进行详细的构造设计。

广义的建筑设计的主要内容包括总体设计、建筑专业设计、结构专业设计、各专业设计及概预算等。

二、建筑设计的程序

(一)设计的准备工作

1. 熟悉设计任务书

设计任务书是建设单位给设计单位下达的主要文件之一,是设计的依据。要充分体现建设单位的工程意图,其内容应包括建设项目的要求:建筑面积、建筑层数、房间数量、面积分配、项目投资、单方造价、基地范围、地物地貌、能源供应和设计期限等。设计人员必须认真熟悉设计任务书,分析其要点,并对其中的某些内容提出修改或补充意见。

2. 收集设计资料

在开始设计前,应收集的原始数据有以下几个方面。

(1)基地情况:如地形、地貌、地物、周围建筑及树木现状等。

(2)气象资料:包括所在地区的温度、湿度、日照、雨雪、风向、风速、土壤冻结深度等。

(3)水文地质:用做基地的土壤类别、承载力、地质构造、有无冲沟、河道、古墓以及地下水等不良的地质情况。

(4)市政设施:如给水(包括消防)排水、煤气、热力管网的排供能力,电力负荷能力等。

(5)道路交通:是否有路可通,通行车种及运输能力等。

(6)设计范围的要求及有关定额指标、规范规程等。

3. 设计前的调查研究

(1)建筑物的使用要求。应深入访问使用单位的有关人员,认真调查同类型已建成房屋的设计特点及实际使用情况,通过分析和总结,掌握所设计建筑物的使用要求和特点。

(2)建筑材料供应及结构、施工等技术条件。应深入了解房屋所在地区的建筑材料供应的品种、规格、价格等情况,如预制构件和门窗的规格与供应等,施工机具的装备程度,施工人员的技术水平和管理能力,保证设计能顺利实施。

(3)基地勘察。应深入了解城市规划部门所划定的基地范围,深入进行现场勘察。从基地的类型、方位、面积、形状等条件,以及基地周围的原有道路、原有建筑、城市绿化等多方面的因素,考虑建筑物的具体位置、形状、体型和总面积布局等的安排。

(4)熟悉当地的生活习俗与建筑经验。应深入了解房屋所在地区的传统经验、文化传统、生活习惯和民间风俗等,使设计的建筑成为人们喜闻乐见的建筑形象。

(二)设计阶段

建筑设计可分为初步设计阶段、技术设计阶段和施工图设计阶段。分为两个阶段时,初步设计阶段的任务和内容包括了三个阶段时初步设计和技术设计阶段的任务和内容。施工图设计阶段是建筑设计的最后阶段,它的任务是编制满足施工要求的全套图样。

施工图设计的内容包括:确定全部工程尺寸和用料,绘制建筑、结构、设备等全部施工图样,编制工程说明书、结构计算书和工程预算书等。

施工图设计的图样及设计文件包括以下几项内容。

(1)图样目录:列出全套图样的目录、类别、各类图样的图名与图号。

(2)施工总说明:主要说明工程概况和总的要求,包括工程设计依据、设计标准和施工要求。

(3)建筑施工图:主要表示建筑物的总体布局、内部空间分隔、外部造型、细部构造、内外装修及施工技术要求等。图样内容包括:①建筑总平面图;②各层建筑平面图、各立面图及必要的剖面图;③建筑构造节点详图,主要为檐口、墙身、楼梯、门窗以及各部分的详图等。

(4)结构施工图:表示建筑物的各承重构件(如基础、承重墙、柱、梁、板、屋架、屋面板等)的布置、形状、大小、数量、类型、材料、做法以及相互关系和结构形式等。结构施工图主要包括以下内容:①结构设计说明;②结构平面图,如基础平面图、楼层结构布置平面图及屋面结构平面图等;③构件详图,如基础、梁、板、柱、楼梯、屋架等的结构详图。

(5)专业施工图:表示建筑内各种设备的设置情况。主要包括:

①给水排水施工图。分为室内给水排水施工图和室外给水排水施工图。室内给水排水施工图是表示房屋内部给水排水管网的布置、用水设备以及附属配件的设置;室外给水排水施工图是表示某一区域的给水排水管网的布置以及各种取水、储水、净水结构和水处理的设置。其主要图样包括室内给水排水平面图、给水排水系统图、节点详图和说明,室外给水排水平面图及有关详图等。

②采暖施工图。分为室外采暖施工图和室内采暖施工图两部分。室外采暖施工图表示一个区域的采暖管网的布置情况,其主要图样有设计施工说明、总平面图、管道剖面图、管道纵断面图和详图等。室内采暖施工图表示一幢建筑物的采暖工程,其主要图样有设计施工说明、采暖平面图、系统图、详图或标准图及通用图。

③建筑电气施工图。是将现代房屋建筑中安装的许多电气设施经专门设计,表达在图样上。主要包括首页图、供电总平面图、变(配)电室的电气平面图、室内电气平面图、室内电气系统图、避雷平面图等。

(6)建筑、结构及设备等的说明书。

相关图样上无法表示清楚的内容通过文字加以叙述。

(7)结构及设备的计算书。

(8)工程概算书。用科学的方法编制和确定的建设项目从筹建至竣工交付使用所需全部费用的文件。

三、单项工程施工图设计的步骤

(1)若为工业建筑,则依据工艺条件,如工艺流程、设备布置和吊车吨位等具体条件;若为民用建筑,则依据使用功能,由建筑专业工程师提出较成熟的初步设计方案。

(2)结构专业工程师则依据建筑方案进行结构选型和结构布置,确定有关结构尺寸,对建筑方案进行必要的修正。

(3)建筑专业工程师根据修改后的建筑方案进行建筑施工图设计。

(4)结构专业工程师根据建筑图样进行结构施工图的设计。

(5)其他水、暖、电、空调等专业亦应配合进行。

四、建筑设计的要求

(一)满足建筑功能要求

建筑物满足生产和生活需要的能力称为建筑功能。满足建筑功能要求,为人们的生产和生活活动创造良好的环境,是建筑设计的首要任务。例如,设计学校时,首先要考虑满足教学活动的需要,教室设置应分班合理,采光通风良好,同时还要合理安排教师备课、办公、储藏和厕所等行政管理和辅助用房，并配置良好的体育场和室外活动场地等。

(二)采用合理的技术措施

技术措施包括建筑材料、结构和施工技术等。正确选用建筑材料，根据建筑空间组合的特点，选择合理的结构、施工方案，使房屋坚固耐久、建造方便。如近年来，我国设计建造的一些覆盖面积较大的体育馆，由于屋顶采用空间网架结构和整体提升的施工方法，既节省了建筑物的用钢量，也缩短了施工期限。

(三)具有良好的经济效果

建造房屋是一个复杂的物质生产过程，需要大量的人力、物力和资金，在房屋的设计和建造中，要因地制宜、就地取材，尽量做到节省劳动力、节约建筑材料和资金。设计和建造房屋要有周密的计划和核算，重视经济领域的客观规律，讲究经济效果。

(四)考虑建筑美观要求

建筑物既是物质产品，也是文化财富。在满足使用要求的同时，还需要考虑人们对建筑美观方面的要求。建筑设计要努力创造简洁、明朗、朴素、大方，反映时代和精神面貌的建筑形象。历史上创造的具有时代印记和特色的各种建筑形象，往往是一个国家、一个民族文化传统宝库中的重要组成部分。

(五)符合整体规划要求

单体建筑是总体规划的重要组成部分，它必须与周围环境相协调。周围环境指的是原有建筑的状况(平面形状与立体形象)、道路的走向、绿化布置等内容。新设计的单体建筑，应使所在基地形成协调的室外空间组合及良好的室外环境。

五、建筑设计的依据

(一)尺度

尺度包括人体尺度及人体活动所占的空间尺寸，是确定民用建筑内部各种空间尺寸的主要依据。如门洞、窗台及栏杆的高度，走道、楼梯、踏步的高度和宽度，家具、设备尺寸以及建筑内部使用空间的尺寸等都与人体尺寸及人体活动所需的空间尺度直接或间接有关。

(二)家具、设备及使用空间

家具、设备尺寸及使用它们所需的活动空间尺寸是考虑房间内各尺寸的主要依据。

(三)温度、湿度、日照、雨雪、风向、风速等气候条件

气候条件包括大气中的温度、湿度、日照、雨雪、风向、风速等因素，气候条件对建筑物的设计有较大影响，建筑物的保温、隔热、防水、排水、朝向、采光等都取决于气象条件。例如：建筑处于炎热地区，房屋设计应考虑隔热、通风和遮阳等问题；建筑处于较开敞、寒冷地区，房屋设计则应考虑采暖和保温等问题，建筑处理较封闭；雨量较大的地区特别注意屋顶形式、屋面排水的方式。

日照、主导风向对房屋的朝向和间距关系密切，风速是高层建筑的结构布置和体型设计要考虑的重要内容之一。

(四)地形、地质条件和地震烈度

建筑基地地形的平缓起伏、基地的地质构成、土的特性和地基承载力大小，对建筑的空间组合、结构布置和建筑体型都有影响。

地震烈度表示地面及房屋遭受地震破坏的程度。在烈度 6 度以下的地区，地震对建筑物的破坏较小;烈度为7度以上的地区,结构设计要进行计算。

(五)水文条件

了解当地地下水的水位及地下暗河的位置及走向、最高洪水水位等,以便决策和采取相应的技术对策。

第三节　工程概预算

一、工程概预算投资分类

(一)投资估算

投资估算一般是指投资前期阶段,建设单位向国家申请建设项目或国家对拟建项目进行决策时,确定建设项目在规划、项目建议书、可行性研究报告等不同阶段的相应投资总额而编制的经济文件。

投资估算是项目建议书和可行性研究报告的重要组成部分,是建设项目经济评价中支出费用的关键部分。项目建议书是基本建设程序中最初的前期工作阶段及是否立项的重要依据。可行性研究报告是基本建设程序中决策的前期工作阶段,是建设项目是否可行的重要论据。项目建议书的投资估算与可行性研究报告中的投资估算作用不同,其内容的深浅程度也不尽相同。

(二)设计概算

设计概算简称概算,是在初步设计阶段根据设计图纸、概算定额、费用定额、设备和材料预算价格、工资标准等资料编制的比较粗略的技术经济文件。它的作用主要是用来控制基本建设投资。概算一经批准,它所确定的工程概算造价便成为控制投资的最高限额,一般不允许突破,无论是基本建设年度计划的安排,建设银行的拨款和贷款,以及竣工决算,都不应超过这个限额。

(三)修正总概算

修正总概算是指采用三阶段设计的建设项目,在技术设计阶段所编制的技术经济文件。建设项目采用两阶段设计时,不编制修正总概算。

(四)施工图预算

施工图预算简称预算,是在施工图设计阶段,根据施工图纸、预算定额、费用定额、设备和材料预算价格、工资标准等资料编制的技术经济文件。它是在设计概算的基础上和概算造价的范围内所作的必要修正和进一步具体化。它的主要作用是通过对基建产品的分项精细估价,核实投资,确定工程的预算价格,即建筑产品的计划价格。

施工图预算所提供的货币指标和实物指标是施工企业编制施工计划,进行施工准备、组织劳动力和材料供应的依据。

(五)施工预算

施工预算是指在施工阶段,在施工图预算的控制下,施工单位根据施工图设计计算的分项工程量、施工定额、施工组织设计或分部分项工程施工过程的设计及其他有关技术资料,通过工料分析,计算和确定完成一个工程项目或一个单位工程或其中的分部分项工程所需的人工、材料、机械台班消耗量及其他相应费用的技术经济文件。

施工预算是施工单位进行成本控制与成本核算的依据，也是施工单位进行劳动组织与安排，以及进行材料和机械管理的依据，对施工组织和施工生产有着极为重要的作用。

（六）竣工决算

竣工决算又称竣工成本决算。它包括施工企业的竣工结算和基本建设项目的竣工决算。竣工结算是施工企业在所承包的工程按照合同规定内容全部完工交付之后，向发包单位进行的最终工程价款结算。竣工结算由施工企业的预算部门负责编制，提交建设单位预算部门审查，最后交双方财务部门办理财务清算。竣工结算最终确定承包企业应结工程价款收入额，用来考核其最终工程实际成本是降低或超支。

建设项目的竣工决算包括从筹建到竣工投产全过程的全部实际支出费用，即建筑工程费用、安装工程费用、设备及工器具购置费用和其他费用等。竣工决算由两部分构成：一部分是建设单位自身开支和自营工程决算，另一部分是发包工程在每项单位工程完工后施工企业向建设单位办理的竣工结算。

基本建设项目竣工决算是基本建设经济效果的全面反映，是核定新增固定资产和流动资产价值，办理其交付使用的依据。通过竣工决算与概算和预算的对比分析，考核建设成本，总结经验教训，积累技术经济资料，促进提高投资效果。

二、建设项目工程造价及其内容组成

建设项目工程造价一般是指进行某项工程建设所花费的全部费用，它由建筑安装工程费、设备及工器具购置费、工程建设其他费用和预留费用组成。

建筑安装工程费是指建设单位支付给从事该项目建筑安装工程施工单位的全部生产费用，包括直接发生在各单位工程上的人工、材料、机械使用费，以及分摊到各单位工程中去的管理、服务费用和利税等。

设备及工器具购置费是指按照建设项目设计文件的要求，建设单位购置或自制达到固定资产标准的设备和新建、扩建项目配置的首套不够固定资产标准的工器具及生产家具所需的费用。

工程建设其他费用是指未纳入上述两项但由项目投资支付的其他费用。它大致可分为三类：第一类是为完成建设项目，部分转移价值的货币表现；第二类主要是包括建设单位、设计单位和施工企业等在内的建设项目总体劳动者所创造部分价值的货币表现；第三类是为项目建设和投产创造必要条件所需的费用。

三、建筑安装工程费项目组成

建筑安装工程费由直接工程费、间接费、计划利润、税金等四个部分组成。

（一）直接工程费

直接工程费由直接费、其他直接费、现场经费组成。

1. 直接费

直接费是指在施工过程中耗费的构成工程实体和有助于工程形成的各种费用，包括人工费、材料费和施工机械使用费。

1）人工费

人工费是指直接从事建筑安装工程施工的生产工人开支的各项费用，内容包括：

(1)基本工资,是指发放给生产工人的基本工资。

(2)工资性补贴,是指按规定标准发放的物价补贴,煤、燃气补贴,交通费补贴,住房补贴,流动施工津贴,地区津贴等。

(3)生产工人辅助工资,是指生产工人除年有效施工天数外非作业天数的工资,包括职工学习、培训期间的工资,调动工作、探亲、休假期间的工资,因气候影响的停工工资,女工哺乳时间的工资,病假在6个月以内的工资及产、婚、丧假期的工资。

(4)职工福利费,是指按规定标准计提的职工福利费。

(5)生产工人劳动保护费,是指按规定标准发放的劳动保护用品的购置费及修理费、防暑降温费和在有碍身体健康环境中施工的保健费用等。

2)材料费

材料费是指在施工过程中耗用的原材料、辅助材料、构配件、零件、半成品的费用和周转使用材料的摊销(或租赁)费用,内容包括:

(1)材料原价(或供应价)。

(2)供销部门手续费。

(3)包装费。

(4)材料自来源地运至工地仓库或指定堆放地点的装卸费、运输费及途耗。

(5)采购及保管费。

3)施工机械使用费

施工机械使用费是指使用施工机械作业所发生的机械使用费以及机械组拼、拆卸磨损、维修和进出场费用,内容包括:

(1)折旧费。

(2)大修费。

(3)经修费。

(4)安装拆卸费及场外运输费。

(5)燃料动力费。

(6)人工费。

(7)运输机械养路费、车船使用税及保险费。

2. 其他直接费

其他直接费是指除直接费外在施工过程中发生的其他费用,内容包括:

(1)冬、雨季施工增加费。

(2)夜间施工增加费。

(3)二次搬运费。

(4)仪器仪表使用费,是指通信、电子等设备安装工程所需安装、测试仪器仪表摊销及维修费用。

(5)生产工具用具使用费,是指施工生产所需不属于固定资产的生产工具及检验用具等的购置、摊销和维修费,以及支付给工人的自备工具补贴等。

(6)检验试验费,是指对建筑材料、构件和建筑安装物进行一般鉴定、检查所发生的费用,包括自设实验室进行试验所耗用的材料和化学药品等费用,以及技术革新和研究试制试验费。

(7)特殊工种培训费。

(8)工程定位复测、工程点交、场地清理等费用。

(9)特殊地区施工增加费,指铁路、公路、通信、输电、长距离输送管道等工程在原始森林和高原及沙漠等特殊地区施工增加的费用。

3. 现场经费

现场经费是指为施工准备、组织施工生产和管理所需的费用,内容包括临时设施费和现场管理费。

1)临时设施费

临时设施费是指施工企业为进行建筑安装工程施工所需的生活和生产用的临时建筑物、构筑物和其他临时设施费用等。临时设施包括:临时宿舍、文化福利及公用事业房屋与构筑物,仓库、办公室、加工厂以及规定范围内道路、水、电、管线等临时设施和小型临时设施。临时设施费用内容包括临时设施的搭设、维修、拆除费或摊销费。

2)现场管理费

(1)现场管理人员的基本工资、工资性补贴、职工福利费、劳动保护费等。

(2)办公费:是指现场管理办公用的文具、纸张、账表、印刷、邮电、书报、会议、水、电和集体取暖(包括现场临时宿舍取暖)用煤等费用。

(3)差旅交通费:是指职工因公出差期间的差旅费、住勤补助费,市内交通费和误餐补助费,职工探亲路费,劳动力招募费,职工离退休、退职一次性路费,工伤人员就医路费,工地转移费以及现场管理使用的交通工具的油料、燃料、养路费及牌照费。

(4)固定资产使用费:是指现场管理及试验部门使用的属于固定资产的设备和仪器等的折旧费、大修费、维修费或租赁费等。

(5)工具用具使用费:是指现场管理使用的不属于固定资产的工具、器具、家具、交通工具和检验、试验、测绘、消防用具等的购置、维修和摊销费。

(6)保险费:是指施工管理用财产、车辆保险,高空、井下、海上作业等特殊工种的安全保险等。

(7)工程保修费:是指工程竣工交付使用后,在规定保修期以内的修理费用。

(8)工程排污费:是指施工现场按规定交纳的排污费用。

(二)间接费

间接费由企业管理费、财务费用和其他费用组成。

1. 企业管理费

企业管理费是指施工企业为组织施工生产经营活动所发生的管理费用,内容包括:

(1)管理人员的基本工资、工资性补贴及按规定标准计提的职工福利费。

(2)办公费,是指企业办公用文具、纸张、账表、印刷、邮电、书报、会议、水、电、燃煤(气)等费用。

(3)固定资产折旧、修理费,是指企业属于固定资产的房屋、设备、仪器等折旧及维修等费用。

工具用具使用费,是指企业管理使用不属于固定资产的工具、用具、家具、交通工具、检验、试验、消防等的摊销及维修费用。

(4)工会经费,是指企业按职工工资总额一定比例计提的工会经费。

(5)职工教育经费,是指企业为职工学习先进技术和提高文化水平按职工工资总额的一定比例计提的费用。

(6)劳动保险费,是指企业支付离退休职工的退休金(包括提取的离退休职工劳保统筹基金)、价格补贴、医药费、异地安家补助费、职工退休金、六个月以上的病假人员工资、职工死亡丧葬补助费、抚恤费、按规定支付给离休干部的各项费用。

(7)职工养老保险费及待业保险费,是指职工退休养老金的积累及按规定标准计提的职工待业保险费。

(8)保险费,是指企业财产保险、管理用车辆等保险费用。

(9)差旅交通费,是指企业职工因公出差、工作调动的差旅费、住勤补助费,市内交通费及误餐补助费,职工探亲路费,劳动力招募费,离退休职工一次性路费及交通工具的油料、燃料、牌照、养路费等。

(10)税金,是指企业按规定交纳的房产税、车船使用税、土地使用税、印花税及土地使用费等。

(11)其他,包括技术转让费、技术开发费、业务招待费、排污费、绿化费、广告费、公证费、法律顾问费、审计费、咨询费等。

2. 财务费用

财务费用是指企业为筹集资金而发生的各项费用,包括企业经营期间发生的短期贷款利息净支出、汇兑净损失、调剂外汇手续费、金融机构手续费,以及企业筹集资金发生的其他财务费用。

3. 其他费用

其他费用是指按规定支付给工程造价(定额)管理部门的定额编制管理费、劳动定额管理部门的定额测定费,以及按有关规定支付的上级管理费。

(三)计划利润

计划利润是指按规定应计入建筑安装工程造价的利润。计划利润依据不同投资来源或工程类别实施差别利率。

(四)税金

税金是指国家税法规定的应计入建筑安装工程造价内的营业税、城市维护建设税及教育费附加。

第四节 工程项目招标与投标

一、概述

工程项目招标与投标是国际上通用的比较成熟的科学合理的工程发包方式。许多国家用立法的形式规定了企业及事业单位承包工程项目的可行性研究、勘察设计、施工、设备安装、物资和机械设备采购等必须采用招标与投标方式。

工程项目招标与投标中的标又叫标的,是指拟发包工程项目内容的标明。招标与投标是在商品经济中运用于工程项目中的一种交易方式。它的特点是由专一的买主(招标单位)设定以建筑商品质量、价格、工期为主的标的,邀请若干个卖主(投标企业)对建筑工程的价格和施工方案等条件进行竞争,进而通过开标、评标择优,确定承包单位与之达成交易协议。

工程项目招标就是建设单位(招标单位)在发包工程项目前,发布招标公告,由咨询公司、勘察设计单位、建筑公司、安装公司等各类公司的多家承包企业分阶段前来投标,最后建设单位从中择优选定承包企业的一种经济行为。招标单位发布招标公告时必须编制招标书及图纸资料文件,并在招标投标管理机构审批合格的基础上提出招标要求,明确招标项目内容和投标、开标的时间。招标单位根据投标企业填报的投标资料,按其投标报价的高低、技术水平、施工经验、财务状况、企业信誉等方面进行综合评价,选出优胜企业为中标单位,并与之签订工程项目承包合同,达成工程项目成交协议。

工程项目投标就是投标企业在同意招标单位拟订的招标文件所提条件的前提下,对招标项目提出实施方案和报价的过程。投标企业在获得投标资料以后,要认真研究招标文件,调查工程环境,确定投标策略,仔细编制标书,妥善处理好工程造价与工程质量、工期的关系,依据招标单位的要求和条件,对所投标的工程项目估算成本与造价,按规定的投标期限向招标单位递交投标文件,并准时参加开标会。经过评标、定标过程,投标企业中标后及时与招标单位签订工程施工承包合同并履行合同。

二、招标方式与分类

(一)招标方式

《中华人民共和国招标投标法》规定我国招标方式有两种,即公开招标和邀请招标。

(1)公开招标,又称无限竞争性招标。由业主在国内外主要报纸、行业刊物上或在电视、电台上发布招标广告,凡对此招标项目感兴趣的承包商都可以在规定的时间内报名购买资格预审文件,参加资格预审,经业主资格预审合格者均可购买招标文件参加投标。这种投标方式的优点是:业主有较大的选择范围,能更好地实施竞争,打破垄断,有利于降低工程造价。但这种招标方式投标单位较多,审查投标者资格和标书的工作量也较大,所花费用较多,招标过程需要的时间较长。

(2)邀请招标,又称为有限制性选择招标。业主可根据自己的经验和资料或咨询公司提供的材料,依据企业的信誉、技术水平,以往承担的类似工程的质量、资金、技术力量、设备状况、经营能力等条件,邀请某些承包商来参加投标。邀请招标的承包商的数量可根据工程规模来确定,一般以 5 ~ 10 家为宜,但不能少于 3 家。邀请的承包商名单要经过慎重选择,应尽量保证选定的单位都符合招标条件要求,以利评标时主要依据报价的高低来选定中标单位。

这种方式因参加投标的承包商数量有限,既可以节省招标费用、缩短招标时间,又可提高承包商的中标几率,对业主和承包商都有利。但这种方式限制了竞争范围,可能漏掉一些技术上、报价上有竞争力的后起承包商。

(二)招标分类

按工程项目建设程序,招标可分为以下三种:

(1)项目开发招标。它是指业主对工程建设项目进行可行性研究的工程咨询单位实行竞争性选择的过程,其标的是可行性研究报告。

(2)勘察设计招标。它是根据通过的可行性研究报告所提出的项目设计任务书,择优选择勘察设计单位。这种招标的标的是勘察设计的成果。

(3)工程施工招标。在工程项目初步设计或施工图设计完成的基础上,业主用招标的方式选择信誉好、技术水平高、管理和施工经验多的施工单位。这种招标的标的是施工单位向业主交付按设计规定的建筑产品。

按工程项目招标的范围分类,招标可分为:

(1)全过程招标。是指从项目的可行性研究、勘察设计、物资供应、施工安装、职工培训、生产准备和试生产、交付使用都由一个总承包商负责承包的招标。

(2)专项工程承包招标。是指在工程承包招标中,对工程规模大、工程内容复杂、专业性强、施工和制作要求特殊的单项工程,实施单独选择承包商的过程。

三、工程项目招标应具备的条件

工程项目实施施工招标应具备如下条件:

(1)概算已经有关部门批准;

(2)工程建设项目已正式列入国家、部门或地方的年度投资计划;

(3)建设用地的征用工作已经完成;

(4)有能够满足施工需要的施工图纸及技术资料;

(5)建设资金和主要建筑材料、设备的来源已经落实;

(6)已被建设项目所在地规划部门批准,施工现场的“三通一平”已经完成或一并列入施工招标范围。

不具备上述招标条件的工程,要积极创造条件,待条件成熟后再行招标。

四、工程项目施工招标工作程序

保证工程项目施工招标工作规范化运作,坚持公平、公正、等价、有偿、信用的原则,维护建筑市场的良好秩序,施工招标应遵循如下程序:

(1)向政府招标投标办事机构提出招标申请。

(2)建立招标班子,开展招标工作。

(3)编制招标文件。招标文件是招标单位行动的指南,也是投标企业投标的准则,招标文件编制的好坏将影响整个投标工作,因此要求招标文件内容详细、准确、完整。招标文件的内容有:资格预审文件,工程项目概况,满足投标企业计算报价、拟订施工组织设计、制订工程进度计划安排的工程项目设计图纸和技术资料,工程量清单,建设资金证明和工程款的支付方式及预付款的比率,主要消耗材料与设备的供应方式、加工定货情况,材料设备价差的处理方法,特殊工程的技术要求以及采用的技术规范,编制投标书的要求,投标、开标、评标活动日程的安排,施工合同条件及调整要求,要求投标单位交纳投标保证金的数额。

(4)编制与审定标底。其数额必须控制在批准的总概算或投资包干的限额内,一个招标工程项目只能编制一个标底,计算标底价格必须和招标要求一致。标底编制后必须报招标投标管理机构审定,为保证标底的机密,标底的审定时间可安排在投标截止日期到开标前的时间内。

(5)发布招标公告或招标邀请书。

(6)接受投标企业的投标申请书。申请书的主要内容包括企业名称、地址、负责人姓名、企业所有制性质及隶属关系、联系人及电话号码等。

(7)审查投标企业的资质。审查的主要内容有:投标企业的营业执照,企业资质等级证书,工程技术人员和管理人员的经验和胜任程度,管理机构情况以及企业以往履约情况,历年完成类似工程的合同额、工程质量、工期保证情况,企业流动资金及目前负债数额,企业拥有的施工机械设备等。

(8)发售招标文件。向资质审查合格的投标企业发售招标文件,同时向投标企业收取投标保证金。

(9)招标工程交底、踏勘施工现场及答疑。招标文件发售后,招标单位按规定日程召开专门会议,向各投标企业进行工程项目交底,并组织其踏勘施工现场,介绍现场准备情况,为投标企业提供编制标书的依据。同时,解答投标企业就招标文件、设计图纸等方面的质询,并将书面答复的所有质询问题送往所有投标企业。

(10)接受投标文件。

(11)开标。开标前招标单位要做好准备。首先,要建立组织机构,由招标单位及其上级领导组成招标领导小组,负责领导、监督招标的全过程;其次,成立评标委员会,评委由招标单位提出,人数视工程规模确定,参加人员一般为建设单位、工程项目主管部门、开户银行、设计单位、工程监理单位、质量监督部门、造价管理单位的专业人员。对重大项目可聘请有关专家参加。开标时如有下列情况之一者,投标书宣布作废:①未密封;②无单位和法定代表人或法定代表人委托的代理人的印鉴;③未按规定的格式填写、内容不全或字迹模糊、辨认不清;④逾期送达;⑤投标企业未参加开标会议。

(12)评标。评标委员会将各投标企业的报价、工期、质量、主要材料用量、施工方案、企业信誉按百分制划分评分,也可进行综合评议,投票表决,将得分最高的一、二、三名,报招标领导小组最后审定。

(13)定标。以评标委员会排列的名次,一般应以得分或票数最多的为中标单位。定标后通知中标企业,同时抄送未中标企业,未中标企业抓紧时间办理招标文件和图纸资料的退还工作,向招标单位要回投标保证金和投标书。

(14)签订施工合同。中标企业接到中标通知书后,在规定的时间内按时签订施工合同,并向招标单位交纳履约保证金,之后双方按照合同条款,各自履行其权利和义务。

五、工程项目投标工作程序

(一)组建精干的投标班子

建立一个强有力的、内行的投标班子是投标获得成功的根本保证。该班子应由具备以下基本条件的人员组成:精明的决策人员;精干的投标专业人员;有丰富的现场施工经验的总工程师或主管工程师(他们熟悉施工组织设计,针对现场的实际情况,能编制出科学的施工方案,能够对招标文件中的设计图纸在满足原工程项目基本设计要求的前提下,提出既可缩短工期又能降低工程造价的改进方案,赢得招标单位的信赖);有熟悉建筑材料、设备、物资供应的管理人员(他们了解市场行情,熟悉供给渠道,能为工程项目估价提供重要资料);有精通工程项目预算的经济师;有政策性强、懂税收、保函、保险、涉外管理和结算等知识的财会人员。

（二）投标工作程序和内容

（1）通过广播、电视、专业期刊等渠道获得工程项目招标信息。

（2）实施前期投标决策。

（3）向招标单位申报资格预审书。内容包括：申请者的身份、营业执照、资质等级和组织机构；过去的详细履历；拟用于本工程的主要施工机械、设备详细情况；从事本工程项目主要管理者的资历和经验；近几年的主要同类工程业绩；过去两年经审计的财务状况；近年内介入的诉讼情况等，并填好申请人、申请合同、组织机构及框图、财务、公司人员、施工机械设备、业绩、在建项目、介入诉讼案件等登记表格。

（4）购买招标文件。在通过资格预审，获得参加投标的通知后，到招标单位购买招标文件，并交纳一定数量的投标保证金。

（5）澄清招标文件中的有关问题。投标企业购买到招标文件后，应组织人员进行仔细阅读和研究，若发现招标文件及设计图纸有遗漏、错误、词义含糊等情况，应书面向招标单位质询或在答疑会上提出，由招标单位予以解释。

（6）研究招标文件，调查工程环境，确定投标策略。重点是：招标文件的工程综合说明；施工图纸和相应说明书及工程量清单；所需材料、设备的供应方式；合同条款及投标企业的权利和义务；投标、开标、评标日程安排及编制标书的其他要求；派人参加招标单位组织的现场踏勘活动，调查招标工程自然、经济和社会环境，了解现场“三通一平”，地上、地下障碍物的清除，土质、水位、坐标点及电力供应，建筑材料市场行情，各投标企业的实力等情况，为编制投标书提供重要依据。

（7）编制投标书。其顺序是：在审核工程量的基础上首先制定施工组织设计；依次计算工程造价，确定报价，提出主要材料消耗量，依据投标策略，决定是否调整各类主要材料消耗量；确认合同主要条款，特别是有关工期、质量、造价调整、付款条件、材料供应、设备提供、争议、仲裁的条款，有需修改的应在投标书内提出；最后编写标书的综合说明。

（8）递送投标书。投标企业对编制好的标书要保证其整洁、纸张一致、字迹清楚、装帧美观，给评委留下该企业重视质量的好印象。标书盖上投标企业的印鉴、法定代表人或法人代表委托的代理人印鉴，反复校对文字和报价数据，确认无误后分正、副本分别包装，且要求用内外两层信封包装和密封。外信封写明招标单位地址和投标工程名称。内信封写上投标企业的地址和名称，以备招标单位将投标文件退还投标者时邮寄用。密封后的标书按截止日期前送达。标书送出后，如发现其内容有误或需修改报价，要在投标截止日期前用正式函件更正，此函件与投标书具有同等效力，原标书相应部分应以更正函件为准。

（9）开标。投标单位按招标文件规定的时间、地点参加开标会，要求投标企业法定代理人或其委托人必须亲自出席。在招标单位启封投标文件前，投标企业要复验本单位的投标书密封情况。投标企业一般按抽签顺序或递交标书的时间顺序依次唱标，并按招标会议上宣布的唱标时间、范围，宣读投标标书的主要内容。当招标单位对宣读的标书提出有关问题时，投标企业应及时解释清楚，但不允许投标企业修改投标报价和工期等重要内容。

（10）询标、议标。开标会一般不能当场定标，招标单位经过审查投标文件，对投标书中的疑问还要向投标企业进行询标，有时还会同一家或几家实力雄厚均有中标可能的投标企业进一步议标，此时，参加询标、议标的投标企业应积极主动与招标单位配合，认真解释和提供必要的资料,积极创造条件争取招标。

(11)中标、签约。投标企业接到招标单位的中标通知书后,即成为工程项目的承建单位,应按招标文件和投标的内容及有关规定,按期同招标单位签订工程承包合同,并办理投标保证金退回手续,向发包单位提交银行信用证明或履约保函、履约保证金。

接到招标单位未中标通知的投标企业,在定标后10 d内向招标单位退回招标文件及有关资料,并收回押金和投标保证金。

(三)投标书内容

(1)投标书封面。它应填写招标单位、工程项目名称、投标企业名称及其负责人姓名、送达标书的日期。

(2)标书主文。主要是根据招标文件提供的设计图纸、技术说明和合同条件,投标企业承担施工任务提出的工程总标价及其构成情况、总工期、主要材料指标、机械设备数量、工程质量标准、主要施工技术组织措施、安全施工保证措施以及要求建设单位提供的配合条件,这些是招标单位评标、定标的主要依据。

(3)投标书附属材料。主要包括:工程量清单或单位工程主要分部分项标价明细表;单位工程主要材料、设备标价明细表;详细的施工方案、施工进度计划表、人力安排计划表、特殊材料的样本和技术说明等;按招标文件所附的格式,由建设单位同意的银行出具的投标保函;详细的致函;如欲将部分项目分包给其他施工单位,则应附有分包企业的详细情况。

第五节　建设工程监理

一、概述

(一)建设工程监理的概念

建设工程监理是指具有相应资质的监理单位受工程项目建设单位的委托,依据国家有关工程建设的法律、法规,经建设主管部门批准的工程项目建设文件、建设工程委托监理合同及其他建设工程合同,对工程建设实施的专业化监督管理。实行建设工程建设监理制的目的在于提高工程建设的投资效益和社会效益。

从事建设工程监理活动,应当遵循守法、诚信、公正、科学的准则。

(二)建设工程监理的范围

为了确定必须实行监理的建设工程项目的具体范围和规模标准,规范建设工程监理活动,根据《中华人民共和国建筑法》和《建设工程质量管理条例》,下列建设工程必须实行监理:

(1)国家重点建设工程,是指依据《国家重点建设项目管理办法》所确定的对国民经济和社会发展有重大影响的骨干项目。

(2)大中型公用事业工程,是指项目总投资额在3 000万元以上的下列工程项目:①供水、供电、供气、供热等市政工程项目;②科技、体育、文化等项目;③旅游、商业等项目;④卫生、社会福利等项目;⑤其他公用事业项目。

(3)成片开发建设的住宅小区。工程建筑面积在5万m^2以上的住宅建设工程必须实行监理;5万m^2以下的住宅建设工程可以实行监理,具体范围和规模由省、自治区、直辖市人民政府建设行政主管部门规定。

为保证住宅质量，对高层住宅及地基、结构复杂的多层住宅应当实行监理。

(4)利用外国政府或者国际组织贷款、援助资金的工程，包括：①使用世界银行、亚洲开发银行等国际组织贷款资金的项目；②使用国外政府及其机构贷款资金的项目；③使用国际组织或者国外政府援助资金的项目。

(5)国家规定必须实行监理的其他工程，是指：①项目总投资额在3 000万元以上的关系社会公共利益、公众安全的项目；②学校、影剧院、体育场馆等项目。

国务院建设行政主管部门商同国务院有关部门后，可以对本规定确定的必须实行监理的建设工程具体范围和规模进行调整。

省、自治区、直辖市的政府和建设行政主管部门根据本地区的情况，对建设工程监理范围还有补充规定的，按补充规定执行。

(三)建设工程监理的内容

建设工程监理分为勘察设计阶段、施工招标阶段、施工阶段和保修阶段的监理。各阶段监理的主要内容包括控制工程建设的投资、建设工期和工程质量，进行工程建设的合同管理，协调有关单位间的工作关系等。

一般情况下，监理工作的主要业务内容有以下几个方面。

1. 勘察设计阶段的监理工作

(1)协助业主提出设计要求，组织评选设计方案。

(2)协助选择勘察、设计单位，协助签订建设工程勘察、设计合同，并监督合同的履行。

(3)督促设计单位限额设计、优化设计。

(4)审核设计是否符合规划要求，能否满足业主提出的功能使用要求。

(5)审核设计方案的技术、经济指标的合理性，审核设计方案能否满足国家规定的具体要求和设计规范。

(6)分析设计的施工可行性和经济性。

2. 工程施工招标阶段的监理工作

(1)受业主委托组织招标，编制与发送招标文件(包括编制标底)。

(2)协助业主考察投标单位的承包能力和水平，提出考察意见。

(3)协助业主依法招标、评标和定标。

(4)协助业主与承建单位签订建设工程施工合同。

3. 工程施工阶段的监理工作

(1)协助业主与承建单位编写开工报告，协助业主办理开工手续。

(2)确认承建单位选择的分包单位。

(3)参加施工图会审和设计交底。

(4)审查承建单位提出的施工组织设计、施工技术方案、施工进度计划、施工质量保证体系和施工安全保证体系，并提出审查意见。

(5)督促、检查承建单位执行建设工程施工合同和国家工程技术规范、标准，协调业主和承建单位之间的关系和争议。

(6)审核承建单位或业主提供的材料、构配件和设备的清单及所列规格、技术性能与质量。

(7)审批承建单位报送的施工总进度计划;审批承建单位编制的年、季、月度施工计划;分阶段协调施工进度计划,及时提出调整意见;督促承建单位实施进度计划。

(8)根据施工进度计划协助业主编制用款计划;审核经质量验收合格的工程量,并签证工程款支付申请表;协助业主进行工程竣工结算工作。

(9)督促承建单位严格按现行规范、规程、强制性质量控制标准和设计要求施工,控制工程质量。

(10)检查工程使用的材料、构配件和设备的规格、技术性能及质量。

(11)督促、检查、落实施工安全保证措施和防护措施。

(12)负责施工现场签证。

(13)检查工程进度和施工质量,进行技术复核和隐蔽工程验收,组织有关单位人员进行检验批和分项工程、分部(子分部)工程的验收,编写地基与基础、主体结构和其他主要分项工程、分部(子分部)工程和单位(子单位)工程的质量评估报告,阶段工程质量评估报告,并报政府质量监督机构备案。

(14)参加、督促对工程质量事故的调查、分析和处理。

(15)督促整理合同文件、施工技术档案资料和竣工资料。

(16)协助业主组织设计、施工和有关单位进行工程竣工初步验收,编写工程竣工验收报告,协助业主办理工程竣工的备案手续。

(17)协助业主审查工程结算。

(18)督促承建单位及时完成未完工程尾项和维修工程出现的缺陷。

4. 工程保修阶段的监理工作

负责检查工程,鉴定质量问题的责任,督促承建单位回访和保修。

(四)项目监理工作程序

工程项目施工阶段的监理是指工程项目已经完成施工图设计,并已经完成施工投标招标工作、签订建设工程施工合同以后,从工程项目的承建单位进场准备、审查施工组织设计开始,一直到工程竣工验收、备案、竣工资料存档的全过程实施的监理。

监理工作程序如图 9-3 所示。

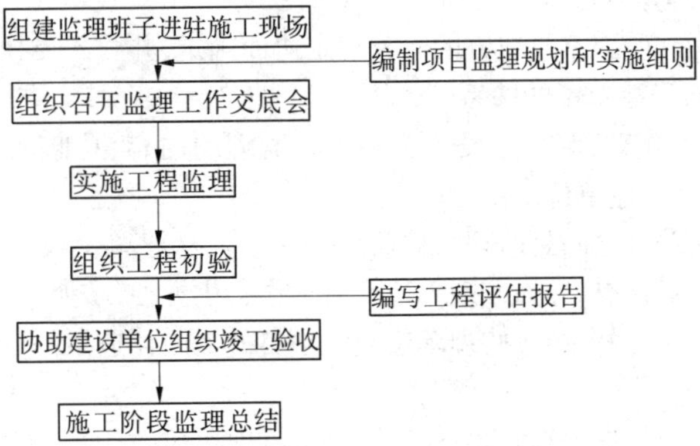

图 9-3　监理工作程序

二、监理单位

工程监理单位是社会上建设工程监理企业（工程建设监理公司或工程建设监理事务所）受业主的委托和授权，以自己合格的技能和丰富的经验为基础，依照国家有关工程建设的法律、法规、政策、技术标准和设计文件、建设工程委托监理合同、建设工程施工合同等，对工程项目建设的活动所实施的监督、管理，包括对工程建设活动的组织、协调、监督控制和服务等一系列技术服务活动，亦即实现工程项目建设活动监督管理的专业化和社会化。

（一）监理单位的资质管理

监理单位的资质是指从事建设工程监理业务的工程监理企业应当具备的注册资本、专业技术人员的素质、管理水平及工程监理业绩等。

工程监理企业的资质等级分为甲级、乙级和丙级，并按照工程性质和技术特点划分为若干工程类别。

（二）监理单位与建设单位的关系

（1）建设单位与监理单位的关系是平等的合同约定关系，是委托与被委托的关系。

监理单位所承担的任务由双方事先按平等协商的原则确定于合同之中，建设工程委托监理合同一经确定，建设单位不得干涉监理工程师的正常工作；监理单位依据监理合同中建设单位授予的权力行使职责，公正独立地开展监理工作。

（2）在工程建设项目监理实施的过程中，总监理工程师应定期（月、季、年度）根据委托监理合同的业务范围，向建设单位报告工程进展情况、存在问题，并提出建议和打算。

（3）总监理工程师在工程建设项目实施的过程中，严格按建设单位授予的权力执行建设单位与承建单位签署的建设工程施工合同，但无权自主变更建设工程施工合同，可以及时向建设单位提出建议，协助建设单位与承建单位协商变更建设工程施工合同。

（4）总监理工程师在工程建设项目实施的过程中是独立的第三方；当建设单位与承建单位在执行建设工程施工合同过程中发生任何争议时，均须提交总监理工程师调解。总监理工程师接到调解要求后，必须在30日内将处理意见书面通知双方。如果双方或其中任何一方不同意总监理工程师的意见，在15日内可直接请求当地建设行政主管部门调解，或请当地经济合同仲裁机关仲裁。

（5）工程建设监理是有偿服务活动，酬金及计提办法由建设单位与监理单位依据所委托的监理内容、工作深度、国家或地方的有关规定协商确定，并写入委托监理合同。

（三）监理单位与承建单位的关系

（1）监理单位在实施监理前，建设单位必须将监理的内容、总监理工程师的姓名、所授予的权限等，书面通知承建单位。

监理单位与承建单位之间是监理与被监理的关系。承建单位在项目实施的过程中，必须接受监理单位的监督检查，并为监理单位开展工作提供方便，按照要求提供完整的原始记录、检测记录等技术和经济资料。监理单位应为项目的实施创造条件，按时按计划做好监理工作。

（2）监理单位与承建单位之间没有合同关系，监理单位对工程项目实施中的行为具有监理身份有以下三个方面的原因：一是建设单位的授权，二是在建设单位与承建单位为甲、乙方的建设工程施工合同中已经事先予以承认，三是国家建设监理法规赋予监理单位具有监督实施有关法规、规范、技术标准的职责。

(3)监理单位是存在于签署建设工程施工合同的甲乙双方之外的独立一方,在工程项目实施的过程中,监督合同的执行,体现其公正性、独立性和合法性;监理单位不直接承担工程建设中进度、造价和工程质量的经济责任和风险。监理人员也不得在受监工程的承建单位任职、合伙经营或发生经营性隶属关系,不得参与承建单位的盈利分配。

(四)监理单位与质量监督机构的区别

建设工程监理和质量监督是我国建设管理体制改革中的重大措施,是为确保工程建设的质量、提高工程建设的水平而先后推行的制度。质量监督机构在加强企业管理、促进企业质量保证体系的监理、确保工程质量、预防工程质量事故等方面起到了重要作用,两者关系密不可分、相互紧密联系。工程监理单位要接受政府委托的质量监督机构的监督和检查;工程质量监督机构对工程质量的宏观控制也有赖于项目监理机构的日常管理、检查等微观控制活动。监理机构在工程建设中的地位和作用,也只有通过在工程中的一系列控制活动才能得到进一步加强。对工程质量监督机构和监理单位正确认识和了解,将有助于工程项目管理工作更好地开展。

三、监理工程师

(一)监理工程师的责任

在工程施工阶段,监理工程师的责任是根据国家的法规、技术标准、设计文件、监理合同、建设工程施工合同等,对工程项目施工的全过程进行监督、管理。包括控制工程建设的投资、建设工期和工程质量,进行工程建设合同管理和信息管理,协调有关单位间的工作关系。具体内容是:

(1)协助业主考查、选择、确定施工队伍,并参加合同谈判。

(2)有权发布开工令、停工令、复工令以及在授权范围内的其他指令。

(3)认可施工组织设计或施工方案。

(4)有权要求撤换不合格的工程建设分包单位和工程项目建设负责人及有关人员。

(5)在工程实施的过程中,及时进行隐蔽工程验收、签证。

(6)审查有关材料的性能、质量与操作工艺,监督有关工程试验。

(7)签认工程项目有关款项的支付凭证。

(8)处理有关工程变更事项。

(9)处理有关索赔事项。

(10)参加工程质量事故的调查、分析和处理。

(11)组织有关单位人员进行检验批、分项工程、分部(子分部)工程和单位(子单位)工程的验收,对地基与基础、主体结构和其他主要分项工程、分部工程、单位工程质量写出评估报告。

(12)签发施工单位提交的工程竣工报告,参加由建设单位组织的工程竣工验收工作。

(二)监理工程师的权力

监理工程师的权力应在委托监理合同中写明,并正式通知承建单位。在一般情况下,建设单位应赋予监理工程师的权力是:

(1)发现建设工程设计不符合建筑工程质量标准或者合同约定的质量要求的,应当报告建设单位要求设计单位改正。

(2)认为工程施工不符合设计要求、施工技术标准和合同约定的,或者可能产生工程质量或安全隐患的,有权要求建筑施工企业改正。

(3)对影响建设工程主体结构质量和安全的建筑材料、构配件和设备,未经签字认可,不得在工程上使用或者安装;对其他质量不合格的建筑材料、构配件和设备,要求施工单位停止使用;未经监理工程师签字认可,建筑材料、构配件和设备不得在工程上使用或者安装,施工单位不得进行下一道工序施工。

(4)对隐蔽工程进行验收;未经总监理工程师签字认可,不进行竣工验收。

(5)建议撤换不合格的承接建设工程项目的单位、项目负责人或者有关人员。

(6)建议撤换不合格的建设单位项目负责人,并有权向有关主管部门反映。

(7)计划进度与建设工期上的确认与否决权。

(8)工程计量、工程款支付与结算上的确认与否决权。

(9)施工组织协调上的主持权。

在特殊情况下,若出现了危及生命、工程或财产安全的紧急事件,监理工程师有权指令承建单位实施解除这类危险的作业,或必须采取其他的措施。

除在建设工程施工合同和监理合同中明确规定外,监理工程师无权解除合同规定的承建单位的任何权利和义务。

第六节　工程验收与物业管理

一、工程验收

(一)建设工程竣工验收的依据和标准

工程的竣工是指工程通过施工单位的施工建设,业已完成了设计图纸或合同中规定的全部工程内容,达到建设单位的使用要求,标志着工程建设任务的全面完成。

工程竣工验收是施工单位将竣工的产品和有关资料移交给建设单位,同时接受对产品质量的技术资料审查验收的一系列工作,它是工程建设过程的最后一环,是全面考核基本建设成果、检验设计和工程质量的重要步骤。通过竣工以结束合同的履行,解除各自承担的经济与法律责任。

建设工程符合下列要求方可进行竣工验收:

(1)完成工程设计和合同约定的各项内容。

(2)施工单位在工程完工后,对工程质量进行了检查,确认工程质量符合有关法律、法规和工程建设强制性标准,符合设计文件及合同要求并提出工程竣工报告。工程竣工报告应经项目经理和施工单位有关负责人审核签字。

(3)对委托监理的工程项目,监理单位对工程进行了质量评估,具有完整的监理资料,并提出工程质量评估报告。工程质量评估报告应经总监理工程师和监理单位有关负责人审核签字。

(4)勘察和设计单位对勘察、设计文件及施工过程中由设计单位签署的设计变更通知书进行检查,并提出质量检查报告。质量检查报告应经项目勘察、设计负责人和勘察设计单位有关负责人审核签字。

(5)有完整的技术档案和施工管理资料。

(6)有工程使用的主要建筑材料、建筑构件及配件和设备的进场试验报告。

(7)建设单位已按合同的约定支付工程款。

(8)有施工单位签署的工程质量保修书。

(9)城市规划行政主管部门对工程是否符合规划设计要求进行检查,并出具认可文件。

(10)有公安、消防、环保等部门出具的认可文件或者准予使用文件。

(11)建设行政主管部门及其委托的工程质量监督机构等有关部门责令整改的问题全部整改完毕。

(二)工程技术档案

工程技术档案是指在工程建设活动中直接形成的具有归档保存价值的文字、图表、声像等各种形式的历史记录,简称工程档案。工程技术档案源于工程技术资料,是工程技术管理人员在施工过程中记载、收集、积累起来的。工程竣工后,这些资料经过整理,移交给技术档案管理部门汇集、复印、立案存档,其中一部分作为交工资料移交给建设单位归入基本建设档案。

工程技术档案是施工企业总结施工经验、分析查找工程质量事故原因、提高企业施工技术管理水平的重要基础工作。同时,交工档案也可为建设单位日后进行工程的扩建、改建、加固、维修提供必要的依据。

工程技术档案的内容包括工程准备阶段文件、监理文件、施工文件、竣工图、竣工验收文件等五方面。

1. 工程准备阶段文件

(1)立项文件:包括项目建议书、可行性研究报告及审批意见等。

(2)建设用地、征地、拆迁文件:包括建设用地批准书、建设用地规划许可证及其附件、国有土地使用证等。

(3)勘察、测绘、设计文件:包括工程和水文地质勘察报告、自然条件、地震调查、地形测量和拨地测量成果报告,设计图样和说明及设计计算书等。

(4)招标、投标文件:包括招标、投标文件和承包合同等。

(5)开工审批文件:包括建筑工程施工许可证、投资许可证、开工审查表等。

(6)财务文件:包括工程的概预算材料等。

(7)建设、施工、监理机构及负责人名单。

2. 监理文件

监理文件包括监理规划、有关质量问题、进度控制、质量控制、造价控制、分包资质、监理通知、监理工作总结等。

3. 施工文件

1)建筑安装工程

(1)土建(建筑与结构工程):包括施工技术准备文件、施工现场准备、地基处理记录、工程图样变更记录、施工材料与预制构件质量证明文件及复试试验报告、施工试验记录、隐蔽工程检查记录、施工记录、工程质量事故处理记录等。

(2)排水、消防、采暖、通风、空调、燃气、建筑智能化、电梯工程:包括一般施工记录,图样变更记录,设备与产品质量检查、安装记录、预检记录,隐蔽工程检查记录,施工试验记录,质量事故处理记录,工程质量检验记录,室外安装和室外建筑环境等。

2)市政基础设施工程

(1)施工技术准备:包括施工组织设计、技术交底、图样会审记录等。

(2)施工现场准备:包括工程测量资料、施工安全措施等。

(3)设计变更、洽商记录。

(4)原材料、成品、半成品、构配件、设备出厂质量合格证及试验报告:包括砂、石、砌块、水泥、钢筋(材)、石灰、沥青、涂料、混凝土外加剂、防水材料、黏结材料、防腐保温材料、焊接材料等的试验材料,混凝土预制构件、管材、管件、钢结构构件等试验材料、合格证书等,厂站工程的成套设备、预应力混凝土张拉设备、各类地下管线进室设施、产品等汇总表及说明书等。

(5)施工试验记录:包括砂浆、混凝土试块强度,钢筋(材)焊连接、填土、路基强度试验等材料,桩基础试(检)验报告,工程物质进场报验记录等。

(6)施工记录:包括地基与基槽验收记录、桩基施工记录、构件设备安装和调试记录、预应力张拉记录、管道及箱涵等工程项目推进记录、施工测温记录等。

(7)预检记录:包括模板预检记录,大型构件和设备安装前预检记录,管道安装检查记录,供水、供热、供气管道吹(冲)洗记录等。

(8)隐蔽工程检查(验收)记录。

(9)工程质量检查评定记录:包括工序工程、部位工程、分部工程质量评定记录。

(10)功能性试验记录:包括道路工程的弯沉试验记录,桥梁工程的动、静载试验记录,压力管道的强度试验、严密性试验、通球试验等记录,水池满水试验、电气照明、动力试运行记录等。

(11)质量事故处理记录:包括工程质量事故报告和事故处理记录。

(12)竣工测量资料:包括建筑物、构筑物竣工测量记录及测量示意图。

(13)地下管线工程竣工测量记录。

4.竣工图

1)建筑安装工程竣工图

(1)综合竣工图:包括总平面布置图,室外给水排水、热力、燃气等管网综合图及专业图等。

(2)专业竣工图:包括建筑、结构、装修(装饰)工程竣工图,电气工程(智能化工程)竣工图,给水排水、采暖、燃气等工程竣工图。

2)市政基础设施工程竣工图

市政基础设施工程竣工图包括道路工程,桥梁工程,广场工程,隧道工程,铁路、公路、航空、水运等交通工程,水利防灾工程,污水处理、垃圾处理工程等竣工图。

5.竣工验收文件

1)工程竣工总结

工程竣工总结包括工程概况表、工程竣工总结。

2)竣工验收记录

(1)建筑安装工程:包括工程质量验收记录、竣工验收证明书及报告、质量保修书等。

(2)市政基础设施工程。

(3)财务文件:包括决算文件、交付使用财产总表和财产明细表。

(4)声像、缩微、电子档案。

(三)建筑工程竣工验收工作的组织和程序

1. 竣工验收工作的组织

工程竣工验收工作由建设单位负责组织实施,勘察、设计、施工、监理等单位参加。

2. 工程竣工验收的程序

(1)工程完工后,施工单位向建设单位提交工程竣工报告,申请工程竣工验收。实行监理的工程竣工报告须经总监理工程师签署意见。

建设单位收到工程竣工报告后,对符合竣工验收要求的工程组织勘察、设计、施工、监理等单位和其他有关方面的专家组成验收组并制定验收方案。

(2)建设单位应当在工程竣工验收 7 个工作日前将验收的时间、地点及验收组名单书面通知负责监督该工程质量的监督机构。

(3)建设单位组织工程竣工验收。

(四)施工总结和工程保修、回访

竣工验收之后,施工单位还有施工总结和交工后保修、回访两项工作要做。

1. 施工总结

施工结束后,施工单位应该认真总结本工程施工的经验和教训,以提高技术和管理水平。施工总结包括技术、经济与管理等方面。

2. 交工后保修、回访

工程交工后,施工单位还要依照法律规定,在一定时期内对施工的工程进行保修,以保证工程的正常使用。在保修期满之前均应组织一次质量回访检查,若有属于本单位应予以保修范围之内的工作,应进行返修。

二、物业管理

(一)物业管理的产生

随着我国经济体制改革的深入发展,房地产业迅速崛起,成为一个独立的行业,但是,各地普遍出现“重建设,轻管理”的倾向,住户投诉日益增多。随后出现“谁出售,谁管理”的政策,在一定程度上扭转了“重开发,轻管理”的倾向。后又提出了“谁开发,谁组织管理”,即开发企业可以自己管,也可以委托他人管,于是物业管理应运而生。

物业管理是由专门的物业管理机构受物业所有者委托,运用先进的维修养护技术和科学的管理方法以经济手段对已竣工验收投入使用的各类房屋建筑和附属配套设施、场地、周围环境、清洁卫生、安全保卫、公共绿化、道路养护等实施统一的专业化管理和维修养护,为居民生活提供高效、优质、便捷、经济的综合性服务。

物业管理是我国房地产业发展到一定阶段的必然产物,已成为新兴的、行之有效的房屋管理模式。广州市从 1981 年在东湖新村开始实行新型住宅区管理的试点;1981 年 3 月深圳市房地产公司建成几个涉外商品房住宅小区,随即成立物业管理公司,参照香港的管理方式进行专业管理。目前,物业管理企业已作为一个新兴的行业在迅速发展,并逐渐趋于成熟

（二）物业管理实务

物业管理实务主要包括以下几个方面：

(1)物业的验收和接管。

(2)入户手续的办理。

(3)装修规定及管理。

(4)房屋的维修养护与管理。

(5)机电及消防设备的维修保养与管理。

(6)清扫保洁的实施与管理。

(7)治安管理。

(8)车辆的停放与管理。

(9)绿化的养护与管理。

(10)住宅区管理与公共服务。

（三）物业管理发展趋势

1. 物业管理计算机化

随着房地产体制改革的不断深化，有关物业的数据越来越复杂，人们对物业信息的处理要求日益提高，因此采用计算机作为物业管理的工具是历史发展的必然，电子计算机在此领域的应用是物业管理手段现代化的发展方向。

只有利用计算机进行物业管理，特别是进行联网管理，才可能实现物业信息的标准化和规范化，为物业管理工作提供准确、及时的信息，有助于管理部门进行管理并作出相关决策；同时，也使物业管理公司及时、准确地了解运营状况，作出经营决策，这样才能使物业管理走向现代化。

2. 公用设备管理

现代化物业管理要求对公用设备进行智能化集中管理，主要包括对建筑的采暖热交换系统、生活热交换系统、水箱液位、照明回路、变配电系统等进行信号采集和控制，实现设备管理系统自动化，起到集中管理、分散控制、节能降耗的作用。

根据上述要求，需对小区的各类公用设备的智能化管理做到运行安全、可靠、精确高效、节省能源、节省人力。设备管理内容主要包括：

(1)电源开关状态及故障报警。

(2)给水排水系统智能化管理。给水排水系统无论缺水或溢出都是很大的故障，监测系统可对给水排水系统进行全面监控。电脑屏幕以动画图形显示给水排水系统的运行状况，一有异常情况，自动调出报警画面，显示故障位置及原因并提供声响报警和报警打印。

(3)温度、压力、流量检测。

(4)风机的启停状态。送排风应依清晨、上班、午休、夜间及楼层特性，自动调整风机启停及节电周期运转。有以下送排风系统的智能化运转功能可供选择：按不同时段及楼层属性自动控制风机启停，送排风机状态监控、故障报警，火警发生时自动开闭送排风机、正压送风机，正压送风机状态监控、故障报警。

(5)照明智能化。电梯口夜间警戒时段由红外人体侦测联动照明。自动启动 CCTV 系统录像。庭院照明、节日彩灯、泛光灯、广告霓虹灯、喷泉彩灯、航空障碍照明灯等的定时开关控制及各种图形及效果控制。立面、广告灯及路灯时序控制。

(6)电梯运行状态及故障报警。

(7)闭路电视监控系统。用于整个小区范围内的监视,可将各监视点设于小区的各主要出入通道、车库、电梯等地,对小区的人流进行动态控制。

(8)巡更系统。其作用是保证小区保安值班人员能够按照预先随机设定的路线有顺序地对小区内各巡更点进行巡视,同时保护巡更人员的安全。

3. 家庭智能管理

家庭智能管理是指将业主家中的温(湿)度、电器、照明、安全防范及对外通信等进行集中的智能化操控,使整个住宅动作在最佳状态。它是小区物业管理不可缺少的部分,也是未来住宅智能化的发展趋势。

采用在每户设置集中控制盒的方式来实现业主家庭的智能化管理,包括以下几个方面:

(1)信息采集。收集业主家居运行的各种参数,包括三表数据、居室温度等。这些数据既可以在其自带的显示屏上显示,又可以上传至物业管理中心进行统计和计费。

(2)可视可讲。自带可视对讲功能,业主可通过它与访客对讲,观察访客,开启单元门。可视对讲的门口机配备 IC 卡接口,本楼住户进入时使用小区发放的 IC 卡。

(3)家用电器的启停管理。对业主家中的空调等主要电器设备进行控制。家用电器的控制方式如下:业主在外时可通过双音频电话机或手机拨打专用电话号码,若家中无人应答,集中控制机自动接听电话,并给业主提供语音信息,业主在语音提示下进行相应的操作,遥控启动家中空调等电器,使其在业主到家之前提前开始工作,以提供舒适的环境。

(4)信息服务。业主通过集中控制盒可以了解自己家庭运作的各种参数,如房间温、湿度,三表读数,被控家电状态等;同时,可通过网络进行各种所交费用的简单查询,并可通过集中控制盒上自带的 IC 卡接口进行费用的结算。

物业管理部门可通过小区网络及控制盒向业主发出交费通知及其他有关物业管理方面的通知等。

(5)申请社区服务。业主需要维修、搬运、送货等社区服务时,通过集中控制盒提供的直通语音功能可直接同小区的社区服务中心联系。具体操作是:业主只要拿起集中控制机上的听筒并按下社区服务按键,就与社区服务人员建立了直接的语音联系,业主此时可说出自己的要求,而社区服务中心的工作站会自动显示出要求服务的业主的楼号和房号记录。

(6)防入侵报警。连接门磁开关、双鉴探头等防入侵探测器,当有入侵发生时及时发出报警信息至物业管理部门和小区保安部门。

集中控制盒具有紧急呼救功能,有紧急情况发生时,业主按动紧急呼救按键通知物业和保安部门采取紧急措施。

4. 信息网络系统

小区信息网络系统工程建设总目标和规划如下:建成小区网络系统,为小区提供公用设备管理、物业管理、房屋智能管理及安防系统的信息基础设施和运行环境,在物业管理处建成网络中心,实现网络运行中心(NOC)和网络信息中心(NIC);建立社区运行中心、物业管理系统,实行有效的社区管理、物业管理、安全管理、计费管理等;建立以信息交换、信息发布和查询应用为主的计算机网络应用基础环境,为满足住户间信息交流、物业公司的管理等提供先进的支持手段,通过网络中心连接 Internet 网,满足小区住户获取丰富信息的追求;提供接入服务,为远在异地的住户同小区的沟通或上网服务提供方便,网络主干选用较为先进的千兆以太网技术,满足目前及未来应用对带宽的需求。

复习思考题

1. 建设项目是如何进行划分的?建设项目各组成之间的关系有哪些?
2. 什么是基本建设程序?基本建设程序包括哪几个阶段?
3. 基本建设程序的步骤和内容是什么?
4. 什么是建筑设计?它包括哪两个方面的内容?
5. 建筑设计的准备工作有哪些?设计要求如何?
6. 施工图设计阶段的图样及设计文件的主要内容有哪些?
7. 单项工程施工图设计的步骤是什么?
8. 可行性研究报告的内容主要有哪些?其主要意义如何?
9. 工程概预算的分类有哪些?
10. 竣工决算是如何编制的?竣工决算和竣工结算有何区别?
11. 建设项目的工程造价由哪些费用组成?
12. 建筑安装工程费用包括哪四项?每一项的费用组成如何?
13. 工程项目招标方式与各自的含义如何?
14. 工程项目招标与投标的工作程序是什么?
15. 建设工程监理的含义与监理范围是什么?
16. 项目监理工程程序是什么?
17. 监理工程师的权利和责任如何?
18. 建筑工程竣工验收应具备的条件和验收程序是什么?
19. 工程技术档案包括哪些内容?
20. 物业管理实务主要包括哪几个方面的内容?

参考文献

[1] 郑万勇,杨振华. 水工建筑物[M]. 郑州:黄河水利出版社,2004.
[2] 刘宗仁. 土木工程概论[M]. 北京:机械工业出版社,2008.
[3] 刘祥柱,郝和平,陈宇翔. 水利水电工程施工[M]. 郑州:黄河水利出版社,2008.
[4] 吕元平. 水利工程概论[M]. 北京:水利电力出版社,1984.
[5] 张立伟. 土木工程概论[M]. 北京:高等教育出版社,2006.
[6] 段树金. 土木工程概论[M]. 北京:中国铁道出版社,2005.
[7] 叶志明,江见鲸. 土木工程概论[M]. 北京:高等教育出版社,2006.
[8] 丁大钧,蒋永生. 土木工程概论[M]. 北京:中国建筑工业出版社,2006.
[9] 刘光忱. 土木建筑工程概论[M]. 大连:大连理工大学出版社,2006.
[10] 徐学东,姬宝霖. 水利水电工程概预算[M]. 北京:中国水利水电出版社,2007.
[11] 成虎. 工程项目管理[M]. 北京:中国建筑工业出版社,2006.
[12] 张立忠. 水利水电工程造价管理[M]. 北京:中央广播电视大学出版社,2004.
[13] 刘汉东. 岩土力学[M]. 北京:中央广播电视大学出版社,2008.
[14] 崔长江. 建筑材料[M]. 郑州:黄河水利出版社,2006.
[15] 田平. 道路勘测设计[M]. 北京:机械工业出版社,2006.
[16] 高辉巧. 水土保持[M]. 北京:中央广播电视大学出版社,2005.
[17] 沈副煦. 建筑概论[M]. 上海:同济大学出版社,1994.
[18] 沈祖炎,陈扬骥. 网架与网壳[M]. 上海:同济大学出版社,1997.
[19] 钱仲侯. 高速铁路概论[M]. 北京:中国铁道出版社,1997.
[20] 吴湘兴. 建筑地基基础[M]. 广州:华南理工大学出版社,1997.
[21] 李祯祥. 房屋建筑学[M]. 北京:中国建筑工业出版社,1995.